高等学校工程管理类本科指导性专业规范配套教材

高等学校土建类专业"十三五"规划教材

房屋建筑与装饰工程估价

—（全国消耗量定额版）—

程建华　王　辉　主编

化学工业出版社

·北京·

本书重点讲解了房屋建筑与装饰工程估价的基本原理和方法，并根据《房屋建筑与装饰工程工程量计算规范》的工程量计算规则，详细讲解了清单工程量的编制方法。针对现阶段承包人投标报价时都需要以消耗量定额为编制依据的现实，专门以《房屋建筑与装饰工程消耗量定额》，按照《关于印发〈建筑安装工程费用项目组成〉的通知》的要求计算企业管理费和利润，结合人工、材料、机械的市场价格，给出了工程量清单综合单价的组价过程。每章都通过应用案例，详细讲解工程量和综合单价的计算步骤。钢筋工程依据16G101系列平法图集，介绍了钢筋工程量的计算方法。

　　本书既有理论阐述，又有方法、实例，实用性较强。可作为高等院校本科、高职高专工程管理、工程造价、建筑工程等工程造价类课程的教材，也可供建设单位、施工单位、工程造价咨询单位等从事造价管理工作的人员学习参考。

图书在版编目（CIP）数据

房屋建筑与装饰工程估价：全国消耗量定额版/程建华，王辉主编．—北京：化学工业出版社，2017.12（2020.1重印）
高等学校工程管理类本科指导性专业规范配套教材
ISBN 978-7-122-30870-2

Ⅰ.①房…　Ⅱ.①程…　②王…　Ⅲ.①建筑工程-工程造价-高等学校-教材②建筑装饰-工程造价-高等学校-教材　Ⅳ.①TU723.3

中国版本图书馆 CIP 数据核字（2017）第 263512 号

责任编辑：陶艳玲　　　　　　　　　　　装帧设计：韩　飞
责任校对：王　静

出版发行：化学工业出版社（北京市东城区青年湖南街 13 号　邮政编码 100011）
印　　装：北京七彩京通数码快印有限公司
787mm×1092mm　1/16　印张 23½　字数 580 千字　　2020 年 1 月北京第 1 版第 2 次印刷

购书咨询：010-64518888　　　　　　　售后服务：010-64518899
网　　址：http://www.cip.com.cn
凡购买本书，如有缺损质量问题，本社销售中心负责调换。

定　　价：49.00 元　　　　　　　　　　　　　　　　　版权所有　违者必究

　　本书是依据全国《房屋建筑与装饰工程消耗量定额》（TY01-31—2015）、《建设工程工程量清单计价规范》（GB 50500—2013）、《房屋建筑与装饰工程工程量计算规范》（GB 50584—2013）、《建筑工程建筑面积计算规范》（GB/T 50353—2013）、住房和城乡建设部《关于印发〈建筑安装工程费用项目组成〉的通知》（建标［2013］44 号文件）、住房和城乡建设部《关于做好建筑业营改增建设工程计价依据调整准备工作的通知》（建办标［2016］4 号）编写而成。

　　书中除重点论述房屋建筑与装饰工程估价的基本原理和方法外，还根据《房屋建筑与装饰工程工程量计算规范》（GB 50584—2013）的工程量计算规则，详细讲解了清单工程量的编制方法。　针对现阶段承包人投标报价时都需要以消耗量定额为编制依据的现实，专门以《房屋建筑与装饰工程消耗量定额》（TY 01-31—2015）为基础，按照《关于印发＜建筑安装工程费用项目组成＞的通知》（建标[2013]44 号文件）的要求计算企业管理费和利润，结合人工、材料、机械的市场价格，给出了工程量清单综合单价的组价过程。　每章都通过应用案例，详细讲解工程量和综合单价的计算步骤。　钢筋工程依据 16G101 系列平法图集，介绍了钢筋工程量的计算方法。

　　本书内容丰富、新颖，编排严谨，图文并茂，深入浅出，既有理论阐述，又有方法、实例，实用性较强。　可作为高等院校本科、高职高专工程管理、工程造价、建筑工程等需要开设工程造价类课程的教材，也可以为建设单位、施工单位、工程造价咨询单位等从事造价管理工作的人员提供学习参考。

　　全书共 17 章，其中第一章～第四章、第十七章由河南理工大学王辉编写，第五章～第七章由河南理工大学郑艳平编写，第八章～第十章由河南理工大学李开芝编写，第十一章～第十六章由河南理工大学程建华编写。　在编写过程中，参阅了许多相关资料，在此对相关作者表示衷心感谢！

　　鉴于编者水平有限，书中难免会有不当之处，恳请广大读者和同行批评指正！

编者
2017 年 7 月

目 录
Contents

第一章

绪论

第一节　工程估价概述

一、工程估价的概念

（一）工程估价的涵义

工程估价是指工程造价人员在工程建设项目实施的各个阶段，根据各个阶段的具体要求，遵循估价原则和程序，采用科学的计价方法和切合实际的估价依据，对投资项目最可能实现的合理价格做出科学的计算，并编制相应的工程造价的经济文件。

在基本建设程序中，工程建设项目实施的各个阶段是指可行性研究阶段、方案设计阶段、初步设计阶段、施工图设计阶段、招投标阶段、合同实施阶段、工程验收阶段及竣工结算阶段，但在不同阶段，其详细程度和准确度是有差别的。

（二）工程估价的内容

1.投资估算

在编制项目建议书、进行可行性研究阶段，根据投资估算指标、类似工程的造价资料、现行的设备及材料价格并结合工程实际情况，对拟建工程项目的投资需要量进行测算称之为投资估算。投资估算是可行性研究报告的重要组成部分，是判断项目可行性、进行项目决策、筹资控制工程造价的重要依据之一。

目前，大部分省市或部委都编制有投资估算指标，供编制投资估算使用。投资估算由项目业主或业主委托单位的咨询机构编制，经批准的投资估算是工程项目造价的目标限额，是编制概预算的基础。

2.设计概算

在初步设计、技术设计阶段，根据设计文件的总体布置，采用概算定额或概算指标，编制所预计或核定的工程建设项目的工程造价文件称之为设计概算。设计概算是设计文件重要组成部分。在技术设计阶段，随着对初步设计的深化，建设规模、结构性质、设备类型等方面可能要进行必要的修改和变动，初步设计概算也作相应调整，即称之为修正概算。

3. 施工图预算

在施工图设计阶段，根据施工图纸、各种计价依据和有关规定所确定的工程建设项目的工程造价文件称之为施工图预算。施工图预算是施工图设计文件的重要组成部分。

4. 招标控制价

招标人根据国家或省级、行业建设主管部门颁发的有关计价依据和办法以及拟定的招标文件和招标工程量清单，结合工程具体情况编制的招标工程的最高投标限价称之为招标控制价。招标控制价有利于业主控制建设工程项目的投资。

5. 投标报价

投标人在投标时根据招标文件的工程量清单、企业定额以及有关规定，响应招标文件要求报出的对已标价工程量清单汇总后标明的总价称之为投标报价。投标报价是投标文件的重要组成部分。

6. 合同价

承发包双方在工程合同中约定的工程造价称之为签约合同价或合同价。

7. 竣工结算价

在工程竣工验收阶段，发承包双方依据国家有关法律、法规和标准规定，按照合同约定确定的，包括在履行合同过程中按合同约定进行的合同价款调整，是承包人按合同约定完成了全部承包工作后，发包人应付给承包人的合同总金额。

8. 竣工决算价

在工程竣工决算阶段，由建设单位编制的反映建设项目实际造价文件和投资效果的文件，是竣工验收报告的重要组成部分，是基本建设项目经济效果的全面反映，是核定新增固定资产价值，办理其交付使用的依据。

以上说明，工程造价的计价过程是一个由粗到细、由浅入深、由粗略到精确，多次计价后达到实际造价的过程。各计价过程之间是相互联系、相互补充、相互制约的关系，前者制约后者，后者补充前者。

二、工程估价的特征

工程估价的特征有以下几点。

1. 估价的单件性

不同建设项目对用途、规模、功能、环境，对结构、造型、装饰等有不同要求，这直接表现为工程造价上的差异。相同属性的建设项目之间由于时间、空间、管理、生产人员等的不同，也间接表现为工程造价上的差异。建设项目的个体差别决定了每项工程都必须单独估算其工程造价。

2. 估价的多次性

工程项目需要按一定的建设程序进行决策和实施，工程估价也需在不同阶段多次进行，以保证工程造价计算的准确性和控制的有效性。多次估价是个逐步深化、逐步细化和逐步接近实际造价的过程。工程多次计价过程如图 1-1 所示。

3. 估价的组合性

工程造价的计算是分部组合而成，这一特征与建设项目的组合性有关。一个建设项目是一个工程综合体，它可以按单项工程、单位工程、分部工程、分项工程等不同层次分解为许多有内在联系的工程。工程造价的组合过程是：

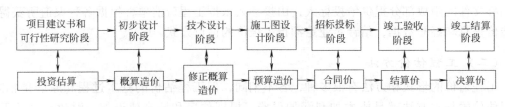

图 1-1　工程多次计价示意图

分部分项工程造价→单位工程造价→单项工程造价→建设项目总造价。

4.估价方法的多样性

工程项目的多次估价有其各不相同的估价依据，每次计价的精确度要求也各不相同，由此决定了估价方法的多样性。例如计算投资估算的方法有设备系数法、生产能力指数估算法等。

5.工程估价的动态性

任何一项工程从决策到竣工交付使用，都有一个较长的建设期间，而且由于不可控因素的影响，在预计工期内，许多影响工程造价的动态因素，如工程变更，设备材料价格，工资标准以及费率、利率、汇率等都可能会发生变化。这种变化必然会影响到造价的变动。所以，工程造价在整个建设期中处于不确定状态，直至竣工决算后才能最终确定工程的实际造价。

6.估价依据的复杂性

由于影响造价的因素多、计价依据复杂，种类繁多。主要可分为以下七类。

（1）计算设备和工程量的依据。包括项目建议书、可行性研究报告、设计文件等。

（2）计算实物消耗量的依据。包括投资估算指标、概算定额、预算定额等。

（3）计算工程单价的价格依据。包括人工单价、材料价格、材料运杂费、机械台班费等。

（4）计算设备单价的依据。包括设备原价、设备运杂费、进口设备关税等。

（5）计算措施项目费、其他项目费的依据，主要是相关的费用定额和指标。

（6）政府规定的税、费。

（7）物价指数和工程造价指数。

三、工程估价方法

（一）工程估价模式

1.基于建设工程定额的工程估价模式

建设工程定额估价是我国长期以来在工程价格形成过程中采用的估价模式，是国家通过颁布统一的估算指标、概算指标、概算定额、预算定额和相应的费用定额，对产品价格进行有计划管理的一种方式。在估价中，以定额为依据，按定额规定的分部分项子目，逐项计算工程量，套用定额（或单位估价表）单价确定直接工程费，然后按规定取费标准确定构成工程价格的其他费用和利税，获得建筑安装工程造价。

2.基于工程量清单的工程估价模式

工程量清单估价方法，是建设工程招标投标中，按照国家统一的工程量清单计价规范，由招标人或委托具有资质的中介机构编制反映工程实体消耗和措施消耗的工程量清单，并作为招标文件的组成部分提供给投标人，由投标人依据工程量清单，根据各种渠道所获得的工程造价信息和经验数据，结合企业定额自主报价的估价方式。

（二）工程估价方法

工程估价的形式和方法有很多种，各不相同，但工程估价的基本过程和原理是相同的。工程估价的基本方法就是成本加利润加税费。根据住房和城乡建设部、财政部《关于印发〈建筑安装工程费用项目组成〉的通知》（建标［2013］44 号）、住房和城乡建设部《关于做好建筑业营改增建设计价依据调整准备工作的通知》（建办标［2016］4 号）文件，建设工程费用项目组成如下：

建设工程费用由分部分项工程费、措施项目费、其他项目费、规费、增值税组成，各项费用组成中均不含可抵扣进项税额。

工程估价程序如表 1-1 所示。

表 1-1 工程估价程序表（一般计税方法）

序号	费用名称	计算公式
1	分部分项工程费	1.1＋1.2＋1.3＋1.4＋1.5
1.1	人工费	
1.2	材料费	
1.3	机械费	
1.4	管理费	
1.5	利润	
2	措施项目费	2.1＋2.2＋3.3
2.1	安全文明施工费	
2.2	单价类措施费	
2.3	费率类措施费	
3	其他项目费	3.1＋3.2＋3.3＋3.4＋1.5
3.1	暂列金额	
3.2	专业工程暂估价	
3.3	计日工	
3.4	总承包服务费	
4	规费	4.1＋4.2＋4.3
4.1	社会保险费	
4.2	住房公积金	
4.3	工程排污费	
5	不含税工程造价	1＋2＋3＋4
6	增值税	5×11%
7	含税工程造价	5＋6

四、工程造价职能

工程造价的职能既是价格职能的反映，又是价格职能在这一领域的特殊表现。它除了具有一般商品价格职能以外，还有自己特殊的职能。

1. 预测职能

由于工程造价的复杂性和多变性，无论是投资者或是承包商都要对拟建工程进行预先测算。投资者预先测算工程造价不仅作为项目决策依据，同时也是筹集资金、控制造价的依据。承包商对工程造价的测算，既为投标决策提供依据，也为投标报价和成本管理提供依据。

2. 控制职能

工程造价的控制职能表现在两方面：一方面是它对投资的控制，即在投资的各个阶段，根据对造价的多次性预估，对造价进行全过程、多层次的控制；另一方面，是对以承包商为代表的商品和劳务供应企业的成本控制。在价格一定的条件下，企业实际成本开支决定企业的盈利水平。成本越高，盈利越低。成本高于价格，就会危及企业的生存。所以，企业要以工程造价来控制成本，利用工程造价提供的信息资料作为控制成本的依据。

3. 评价职能

工程造价是评价总投资和分项投资合理性和投资效益的主要依据之一。评价土地价格、建筑安装产品和设备价格的合理性时，就必须利用工程造价资料；在评价建设项目偿贷能力、获利能力和宏观效益时，也要依据工程造价。工程造价也是评价建筑安装企业管理水平和经营成果的重要依据。

4. 调节职能

工程建设直接关系到经济增长，也直接关系到国家重要资源分配和资金流向，对国计民生都产生重大影响。所以，国家对建设规模、结构进行宏观调节是在任何条件下都不可缺少的，对政府投资项目进行直接调控和管理也是非常必需的。这些都要通过工程造价来对工程建设中的物质消耗水平、建设规模、投资方向等进行调节。

五、工程造价的作用

1. 项目投资决策的依据

建筑业的发展在国民经济中占重要地位，各级政府在安排不同阶段的建筑业发展计划和基本建设规模时，必然要根据财政能力和工程造价水平的发展趋势来确定。而工程造价水平的确定，是依靠长期的工程造价资料的积累和科学合理的方法测算的结果。所以，工程造价资料收集的方法是否科学、数据是否准确，决定了工程造价水平测算结果是否准确，直接影响宏观决策。

2. 建设行政主管部门对工程造价管理的依据

建设行政主管部门只有长期地、系统地、准确地、科学地收集和整理工程造价资料，才能制定出符合当前建筑市场发展的工程造价各项政策并能在一定时期正确地指导，规范建筑市场的发展。

3. 工程定额的编制和管理的依据

定额的编制是在收集大量编制资料的基础上进行的，一类资料来源于各类标准规范以及具体的工程设计、施工组织设计等，属于定额编制的技术资料；另一类资料来源于工程的实际结算资料和建筑市场的劳务建筑材料。施工机械台班的价格等，属于定额编制的经济资料，技术资料是定额编制最基本、最重要的部分，虽然庞杂，但在一定时期内是相对稳定的。经济资料，如建筑材料价格、劳务价格、机械的租赁价格以及与工程建设相关的服务价格都会随着供应情况和市场的需求情况进行自动调节。因此，工程的结算价格随着时间变化而变化，定额编制所收集的造价资料也就不断地变化。我们在定额的编制和管理中，应当及时收集工程造价资料，使定额所反映的价格水平贴近于建筑市场的实际情况。

4. 建设单位制定投资计划和控制的依据

建设单位为了达到投资效益应当不断地总结自己的投资经验，也就是收集整理自己的工程造价资料和投资形成的经济效果；建设单位应当尽可能地收集整理与自身建设相关的工程造价资料，同时还要掌握建筑市场的行情，在投资活动中做出正确的决策。

5. 施工企业经营的需要

工程造价资料是施工企业进行正确经营决策的根本。及时收集整理工程造价资料能使企业了解建筑市场的环境，找出经营中存在的问题和确定自身发展方向。这样，对于准备参与投标的工程项目可以根据企业经营的需要合理的确定投标价格；对于在建工程可以及时掌握经营情况，降低成本，取得最大的收益；对于准备结算的已完工程，要准确地计算结算造价，收回企业应得的资金。

6. 造价咨询单位服务的需要

工程造价资料的积累是工程造价咨询单位经验和业绩的积累，通过不断地积累，才能提供高质量的咨询服务，在社会上树立起名牌企业形象，企业不仅通过服务来积累资料，还应当通过社会上发布的工程造价信息和市场调查来充实资料，以便及时了解建筑市场的行情和有关工程造价的政策法规，为社会提供全面准确的咨询服务。

第二节 工程造价咨询管理制度

在我国建设工程造价管理活动中，分为工程造价咨询企业资质管理和从事建设工程造价管理专业人员的执业资格管理两大类。

一、工程造价咨询企业资质管理

工程造价咨询企业是指接受委托，对建设工程造价的确定与控制提供专业咨询服务的企业。工程造价咨询企业可以为政府部门、建设单位、施工单位、设计单位提供相关专业技术服务，这种以造价咨询业务为核心的服务可以是分阶段的，也可以是全过程的。

工程造价咨询企业从事工程造价咨询活动时，应当遵循独立、客观、公正、诚实信用的原则，不得损害社会公共利益和他人的合法权益。同时，任何单位和个人不得非法干预依法进行的工程造价咨询活动。

（一）资质等级标准

根据《工程造价咨询企业管理办法》（2015 年 5 月 4 日修正版），工程造价咨询企业资质等级分为甲级、乙级两类。

1. 甲级工程造价咨询企业资质条件

申请甲级工程造价咨询企业需满足以下资质条件。

（1）已取得乙级工程造价咨询企业资质证书满 3 年；

（2）企业出资人中，注册造价工程师人数不低于出资人总人数的 60%，且其出资额不低于认缴出资总额的 60%；

（3）技术负责人已取得造价工程师注册证书，并具有工程或工程经济类高级专业技术职称，且从事工程造价专业工作 15 年以上；

(4) 专职从事工程造价专业工作的人员（以下简称专职专业人员）不少于 20 人，其中，具有工程或者工程经济类中级以上专业技术职称的人员不少于 16 人；取得造价工程师注册证书的人员不少于 10 人，其他人员具有从事工程造价专业工作的经历；

(5) 企业与专职专业人员签订劳动合同，且专职专业人员符合国家规定的职业年龄（出资人除外）；

(6) 专职专业人员人事档案关系由国家认可的人事代理机构代为管理；

(7) 企业近 3 年工程造价咨询营业收入累计不低于人民币 500 万元；

(8) 具有固定的办公场所，人均办公建筑面积不少于 10 平方米；

(9) 技术档案管理制度、质量控制制度、财务管理制度齐全；

(10) 企业为本单位专职专业人员办理的社会基本养老保险手续齐全；

(11) 在申请核定资质等级之日前 3 年内无下列行为：

① 涂改、倒卖、出租、出借资质证书，或者以其他形式非法转让资质证书；

② 超越资质等级业务范围承接工程造价咨询业务；

③ 同时接受招标人和投标人或两个以上投标人对同一工程项目的工程造价咨询业务；

④ 以给予回扣、恶意压低收费等方式进行不正当竞争；

⑤ 转包承接的工程造价咨询业务；

⑥ 法律、法规禁止的其他行为。

2.乙级工程造价咨询企业资质标准

乙级工程造价咨询企业资质标准需满足以下资质条件。

(1) 企业出资人中，注册造价工程师人数不低于出资人总人数的 60%，且其出资额不低于认缴出资总额的 60%；

(2) 技术负责人已取得造价工程师注册证书，并具有工程或工程经济类高级专业技术职称，且从事工程造价专业工作 10 年以上；

(3) 专职专业人员不少于 12 人，其中，具有工程或者工程经济类中级以上专业技术职称的人员不少于 8 人；取得造价工程师注册证书的人员不少于 6 人，其他人员具有从事工程造价专业工作的经历；

(4) 企业与专职专业人员签订劳动合同，且专职专业人员符合国家规定的职业年龄（出资人除外）；

(5) 专职专业人员人事档案关系由国家认可的人事代理机构代为管理；

(6) 具有固定的办公场所，人均办公建筑面积不少于 10 平方米；

(7) 技术档案管理制度、质量控制制度、财务管理制度齐全；

(8) 企业为本单位专职专业人员办理的社会基本养老保险手续齐全；

(9) 暂定期内工程造价咨询营业收入累计不低于人民币 50 万元；

(10) 申请核定资质等级之日前无违规、违法行为。

(二) 资质申请与审批

申请甲级工程造价咨询企业资质的，应当向申请人工商注册所在地省、自治区、直辖市人民政府建设主管部门或者国务院有关专业部门提出申请。省、自治区、直辖市人民政府建设主管部门、国务院有关专业部门应当自受理申请材料之日起 20 日内审查完毕，并将初审意见和全部申请材料报国务院建设主管部门；国务院建设主管部门应当自受理之日起 20 日内做出决定。

申请乙级工程造价咨询企业资质的，由省、自治区、直辖市人民政府建设主管部门审查决定。其中，申请有关专业乙级工程造价咨询企业资质的，由省、自治区、直辖市人民政府建设主管部门商同级有关专业部门审查决定。乙级工程造价咨询企业资质许可的实施程序由省、自治区、直辖市人民政府建设主管部门依法确定。省、自治区、直辖市人民政府建设主管部门应当自作出决定之日起 30 日内，将准予资质许可的决定报国务院建设主管部门备案。

申请工程造价咨询企业资质，应当提交下列材料并同时在网上申报：

（1）《工程造价咨询企业资质等级申请书》；

（2）专职专业人员（含技术负责人）的造价工程师注册证书、造价员资格证书、专业技术职称证书和身份证；

（3）专职专业人员（含技术负责人）的人事代理合同和企业为其交纳的本年度社会基本养老保险费用的凭证；

（4）企业章程、股东出资协议并附工商部门出具的股东出资情况证明；

（5）企业缴纳营业收入的营业税发票或税务部门出具的缴纳工程造价咨询营业收入的营业税完税证明；企业营业收入含其他业务收入的，还需出具工程造价咨询营业收入的财务审计报告；

（6）工程造价咨询企业资质证书；

（7）企业营业执照；

（8）固定办公场所的租赁合同或产权证明；

（9）有关企业技术档案管理、质量控制、财务管理等制度的文件；

（10）法律、法规规定的其他材料。

新申请工程造价咨询企业资质的，不需要提交前款第（5）项、第（6）项所列材料。

工程造价咨询企业资质有效期为 3 年。

资质有效期届满，需要继续从事工程造价咨询活动的，应当在资质有效期届满 30 日前向资质许可机关提出资质延续申请。资质许可机关应当根据申请作出是否准予延续的决定。准予延续的，资质有效期延续 3 年。

工程造价咨询企业的名称、住所、组织形式、法定代表人、技术负责人、注册资本等事项发生变更的，应当自变更确立之日起 30 日内，到资质许可机关办理资质证书变更手续。

工程造价咨询企业合并的，合并后存续或者新设立的工程造价咨询企业可以承继合并前各方中较高的资质等级，但应当符合相应的资质等级条件。

工程造价咨询企业分立的，只能由分立后的一方承继原工程造价咨询企业资质，但应当符合原工程造价咨询企业资质等级条件。

（三）工程造价咨询管理

工程造价咨询企业依法从事工程造价咨询活动，不受行政区域限制。

甲级工程造价咨询企业可以从事各类建设项目的工程造价咨询业务。

乙级工程造价咨询企业可以从事工程造价 5000 万元人民币以下的各类建设项目的工程造价咨询业务。

1. 工程造价咨询业务范围

（1）建设项目建议书及可行性研究投资估算、项目经济评价报告的编制和审核；

（2）建设项目概预算的编制与审核，并配合设计方案比选、优化设计、限额设计等工作进行工程造价分析与控制；

（3）建设项目合同价款的确定（包括招标工程工程量清单和标底、投标报价的编制和审核）；合同价款的签订与调整（包括工程变更、工程洽商和索赔费用的计算）及工程款支付，工程结算及竣工结（决）算报告的编制与审核等；

（4）工程造价经济纠纷的鉴定和仲裁的咨询；

（5）提供工程造价信息服务等。

工程造价咨询企业可以对建设项目的组织实施进行全过程或者若干阶段的管理和服务。

2.工程造价咨询企业在承接各类建设项目的工程造价咨询业务时，应当与委托人订立书面工程造价咨询合同

工程造价咨询企业与委托人可以参照《建设工程造价咨询合同》（示范文本）订立合同。

3.工程造价咨询企业从事工程造价咨询业务，应当按照有关规定的要求出具工程造价成果文件

工程造价成果文件应当由工程造价咨询企业加盖有企业名称、资质等级及证书编号的执业印章，并由执行咨询业务的注册造价工程师签字，加盖执业印章。

（四）法律责任

申请人隐瞒有关情况或者提供虚假材料申请工程造价咨询企业资质的，不予受理或者不予资质许可，并给予警告，申请人在1年内不得再次申请工程造价咨询企业资质。

（1）以欺骗、贿赂等不正当手段取得工程造价咨询企业资质的，由县级以上地方人民政府建设主管部门或者有关专业部门给予警告，并处以1万元以上3万元以下的罚款，申请人3年内不得再次申请工程造价咨询企业资质。

（2）未取得工程造价咨询企业资质从事工程造价咨询活动或者超越资质等级承接工程造价咨询业务的，出具的工程造价成果文件无效，由县级以上地方人民政府建设主管部门或者有关专业部门给予警告，责令限期改正，并处以1万元以上3万元以下的罚款。

二、造价工程师执业资格管理

注册造价工程师是指通过全国造价工程师执业资格统一考试或者资格认定、资格互认，获得中华人民共和国造价工程师执业资格证书，并注册取得中华人民共和国造价工程师注册证书和执业印章，从事工程造价活动的专业人员。未取得注册证书和执业印章的人员，不得以注册造价工程师的名义从事工程造价活动。

1.资格考试

注册造价工程师执业资格考试实行全国统一大纲、统一命题、统一组织的办法。原则上每年举行一次。

（1）报考条件。凡中华人民共和国公民，工程造价或相关专业大专及以上学历，从事工程造价业务工作一定年限后，均可申请参加造价工程师执业资格考试。从事工程造价工作学历及年限要求如下。

1）工程造价专业大专毕业，从事工程造价业务工作满5年；工程或工程经济类大专毕业，从事工程造价业务工作满6年。

2）工程造价专业本科毕业，从事工程造价业务工作满 4 年；工程或工程经济类本科毕业，从事工程造价业务工作满 5 年。

3）获上述专业第二学士学位或研究生班毕业和获硕士学位，从事工程造价业务工作满 3 年。

4）获上述专业博士学位，从事工程造价业务工作满 2 年。

（2）考试科目。2013 年开始，造价工程师执业资格考试四个科目为："建设工程造价管理"、"建设工程计价"、"建设工程技术与计量（土建工程或安装工程）"和"建设工程造价案例分析"。

对于长期从事工程造价管理业务工作的专业技术人员，符合一定的学历和专业年限条件的，可免试"建设工程造价管理"、"建设工程技术与计量"两个科目，只参加"建设工程计价"和"建设工程造价案例分析"两个科目的考试。

四个科目分别单独考试、单独计分。参加全部科目考试的人员，须在连续的两个考试年度通过；参加免试部分考试科目的人员，须在一个考试年度内通过应试科目。

（3）证书取得。造价工程师执业资格考试合格者，由省、自治区、直辖市人事部门颁发国务院人事主管部门统一印制，国务院人事主管部门和建设主管部门统一用印的造价工程师执业资格证书，该证书全国范围内有效，并作为造价工程师注册的凭证。

2.注册

注册造价工程师实行注册执业管理制度。取得造价工程师执业资格的人员，经过注册方能以注册造价工程师的名义执业。

（1）初始注册。取得造价工程师执业资格证书的人员，受聘于一个工程造价咨询企业或者工程建设领域的建设、勘察设计、施工、招标代理、工程监理、工程造价管理等单位，可自执业资格证书签发之日起一年内，向聘用单位工商注册所在地的省、自治区、直辖市人民政府建设主管部门或国务院有关部门提出注册申请。

逾期未申请注册的，须符合继续教育的要求后方可申请初始注册。初始注册的有效期为四年。

（2）延续注册。注册造价工程师注册有效期满需继续执业的，应当在注册有效期满 30 日前，按照规定的程序申请延续注册。延续注册的有效期为四年。

（3）变更注册。在注册有效期内，注册造价工程师变更执业单位的，应当与原聘用单位解除劳动合同，并按照规定的程序办理变更注册手续。变更注册后延续原注册有效期。

（4）不予注册。有下列情形之一的，不予注册。

1）不具有完全民事行为能力的；

2）申请在两个或者两个以上单位注册的；

3）未达到造价工程师继续教育合格标准的；

4）前一个注册期内工作业绩达不到规定标准或未办理暂停执业手续而脱离工程造价业务岗位的；

5）受刑事处罚，刑事处罚尚未执行完毕的；

6）因工程造价业务活动受刑事处罚，自刑事处罚执行完毕之日起至申请注册之日止不满五年的；

7）因前项规定以外原因受刑事处罚，自处罚决定之日起至申请注册之日止不满三年的；

8）被吊销注册证书，自被处罚决定之日起至申请注册之日止不满三年的；

9）以欺骗、贿赂等不正当手段获准注册被撤销，自被撤销注册之日起至申请注册之日

止不满三年的;

10）法律、法规规定不予注册的其他情形。

3.执业

（1）执业范围。注册造价工程师的执业范围如下。

1）建设项目建议书、可行性研究投资估算的编制和审核，项目经济评价，工程概算、预算、结算、竣工结（决）算的编制和审核；

2）工程量清单、标底（招标控制价）、投标报价的编制和审核，工程合同价款的签订及变更、调整、工程款支付与工程索赔费用的计算；

3）建设项目管理过程中设计方案的优化、限额设计等工程造价分析与控制，工程保险理赔的核查；

4）工程经济纠纷的鉴定。

（2）权利和义务。

1）注册造价工程师享有下列权利

① 使用注册造价工程师名称；

② 依法独立执行工程造价业务；

③ 在本人执业活动中形成的工程造价成果文件上签字并加盖执业印章；

④ 发起设立工程造价咨询企业；

⑤ 保管和使用本人的注册证书和执业印章；

⑥ 参加继续教育。

2）注册造价工程师应当履行下列义务

① 遵守法律、法规、有关管理规定，恪守职业道德；

② 保证执业活动成果的质量；

③ 接受继续教育，提高执业水平；

④ 执行工程造价计价标准和计价方法；

⑤ 与当事人有利害关系的，应当主动回避；

⑥ 保守在执业中知悉的国家秘密和他人的商业、技术秘密。

4.继续教育

注册造价工程师在每一注册期内应当达到注册机关规定的继续教育要求。注册造价工程师继续教育分为必修课和选修课，每一注册有效期各为 60 学时。经继续教育达到合格标准的，颁发继续教育合格证明。注册造价工程师继续教育，由中国建设工程造价管理协会负责组织。

第三节　工程造价管理制度的产生与发展

一、国外工程造价管理制度的产生与发展

19 世纪初，以英国为首的资本主义国家在工程建设中为了有效地控制工程费用的支出，加快工程进度，开始推行项目的招投标制度。这一制度需要工料测量师在设计完成后，开展建设施工前为业主或承包商进行整个工程工作量的测算和工程造价的预算，以便确定标底或投标报价，于是出现了正式的工程预算专业。随着人们对工程造价确定和工程造价控制理论

与方法不断深入研究，一种独立的职业和一门专门的学科——工程造价管理首先在英国诞生了。1868 年英国皇家测量师学会（RICS）成立，其中最大的一个分会是工料测量师协会，这一工程造价管理专业协会的创立，标志着现代工程造价管理专业的正式诞生，是工程造价及其造价管理发展史上的一次飞跃。

从 20 世纪 30 年代到 40 年代，由于资本主义经济学的发展，使许多经济学的原理开始被应用到了工程造价管理领域。工程造价管理从一般的工程造价确定和简单的工程造价控制的初始阶段，开始向重视投资效益的评估、重视工程项目的经济与财务回收分析等方向发展。在 20 世纪 30 年代末期，已经有人将简单的项目投资回收期计算、项目净现值（NPV）分析与计算和项目内部收益率（IRR）分析与计算等现代投资经济与财务分析的方法应用到了工程项目投资的成本/效益评价中，并且创建了"工程经济学（EE）"等与工程造价管理有关的基础理论和方法。

到 20 世纪 50 年代，1951 年澳大利亚工料测量师协会（Australian Institute of Quantity Surveyors——AIQS）宣布成立。1956 年美国造价工程师协会（American Association of Cost Engineers——AACE）正式成立。1959 年加拿大工料测量师协会（Canadian Institute of Quantity Surveyous——CIQS）也宣告正式成立。这使得 20 世纪 50 年代到 60 年代，成了工程造价管理从理论与方法的研究，到专业人才的培养和管理实践推广等各个方面都有很大发展的时期。

从 20 世纪 70 年代到 80 年代，各国的造价工程师协会先后开始了自己的造价工程师执业资格或工料测量师资质认证所必须完成的专业课程教育以及实践经验和培训的基本要求。

到 20 世纪 80 年代末和 90 年代初，人们对工程造价管理理论与实践的研究进入了综合与集成的阶段。各国纷纷在改进现有工程造价确定与控制理论和方法的基础上，借助其他管理领域在理论与方法上最新的发展，开始对工程造价管理进行更为深入而全面的研究。在这一时期中，以英国工程造价管理学界为主，提出了"全生命周期造价管理（Life Cycle Costing——LCC）"的工程项目投资评估与造价管理的理论与方法。稍后一段时间，以美国工程造价管理学界为主，提出了"全国造价管理（Total Coast Management——TCM）"这一涉及工程项目战略资产管理、工程造价管理的概念和理论；从此，国际上的工程造价管理研究与实践进入了一个全新的阶段。

二、我国工程造价管理制度的产生与发展

我国的工程造价管理大致经过了六个阶段的历史演变。

第一阶段，从建国初期到 20 世纪 50 年代中期（1950—1957 年）属于无统一预算定额与单价情况下的工程造价计价模式。这一时期工程造价的确定主要是按设计图计算工程量。当时没有统一的工程量计算规则，只是有估价员根据企业的积累资料和本人的工作经验，结合市场行情进行工程报价，经过和业主进行双方洽谈，达成的最终工程造价。随着改革开放的深入，原有的静态计划指令模式已经不能适应动态的市场变化，国家建设主管部门推行了一系列的改革措施，来适应动态的市场。

第二阶段，从 20 世纪 50 年代中期到 20 世纪 60 年代中期（1958—1966 年）是概预算定额管理逐渐被削弱的阶段，由于受"左"的错误指导思想的影响，概预算与定额管理权限全部下放，造成后来全国工程量计量规则和定额项目在各地区不统一的现象。各级基层管理机构的概预算部门被精简，设计单位概预算人员减少，只算政治账，不算经济账，概预算控

制投资阶段被削弱。

第三阶段，1967—1976 年，概预算定额管理工作遭到严重破坏的阶段。概预算和定额管理机构被撤销，预算人员改行，大量基础资料被销毁，定额被说成是"管、卡、压"的工具，造成设计无概算、施工无预算、竣工无决算。

第四阶段，1977—1992 年，是造价机构管理工作整顿和发展的时期。国家恢复重建造价管理机构，成立基本建设标准定额局，规划建设管理发展文件，颁布几十项预算定额、概算定额、估算定额。我们需要考虑的不仅是如何适应现有的市场规律，更应考虑形势的变化，考虑与国际接轨的问题。所以 1990 年 7 月成立中国建设工程造价管理协会（China Engineering Cost Association，缩写为 CECA，简称中价协），对推动建筑业的发展起到了促进作用。

第五阶段，1993—2003 年。这段时间造价管理沿袭了以前的造价管理方法，同时，随着我国社会主义市场经济的发展做到与国际接轨加入 WTO 世界贸易组织，国家建设部对传统的预算定额计价模式提出了"控制量，放开价，引入竞争"的基本改革思路。各地在编制新预算定额的基础上，明确规定预算定额单价中的材料、人工、机械价格均作为编制期的基期价，并定期发布市场价格信息进行动态指导，在规定的幅度内予以调整；同时在引入竞争机制方面做了新的尝试，建筑产品价格从根据国家预算定额、计划价格的计价模式，逐步走向根据国家预算定额、物价管理部门发布的市场指导价，并受承包合同条件制约的计价模式。随着《建筑法》、《中华人民共和国招投标法》等相关法律法规的颁布与实施，对规范建筑产品的市场管理，促进建筑业的改革起到极大的推动作用。由于更多地融入了市场对行业的影响因素，计价方式也由政府决定造价完全静态计价模式转变为政府指导造价半动态计价模式，为我国推行与国际接轨的工程量清单计价模式提供了经验。

第六阶段，从 2003 年至今，2003 年 7 月我国颁布了第一版《建设工程工程量清单计价规范》（GB 50500—2003）。经过 5 年的使用，针对使用过程中发现的问题，于 2008 年 12 月又颁布了第二版《建设工程工程量清单计价规范》（GB 50500—2008），首次将矿山工程纳入清单规范。2013 年又颁布了第三版《建设工程工程量清单计价规范》（GB 50500—2013），在内容上做较大修改，以适应社会实践的需要。作为国家标准，工程建设逐步实现以市场机制为主导，由政府职能部门实行协调监督，与国际惯例全面接轨的管理新模式。

习　　题

1. 试述工程估价的概念、特点及其职能？
2. 工程估价的作用有哪些？
3. 甲级工程造价咨询企业资质条件有哪些？
4. 乙级工程造价咨询企业资质条件有哪些？
5. 造价工程师执业资格考试的报名条件、考试科目及通过标准有哪些？
6. 现阶段造价工程师的注册管理有哪些规定？
7. 造价工程师不予注册的规定有哪些？
8. 造价工程师的执业范围有哪些？
9. 造价工程师有哪些权利、义务？
10. 试述国外工程造价的产生及发展过程。
11. 试述我国工程造价的产生及发展过程。

第二章
工程造价构成

第一节　概　　述

一、建设项目概述

1. 项目

项目是指一系列独特的、复杂的并相互关联的活动，这些活动有着一个明确的目标或目的，必须在特定的时间、预算、资源限定内，依据规范完成。

项目通常有以下基本特征。

① 项目开发是为了实现一个或一组特定目标；

② 项目受到预算、时间和资源的限制；

③ 项目的复杂性和一次性；

④ 项目是以客户为中心的。

2. 建设项目

建设项目（construction project），亦称建设工程项目，是指按一个总体设计组织施工，建成后具有完整的系统，可以独立地形成生产能力或者使用价值的建设工程。一般以一个企业（或联合企业）、事业单位或独立工程作为一个建设项目。

建设项目应满足以下要求。

① 技术上：满足一个总体设计或初步设计范围内；

② 构成上：由一个或几个相互关联的单项工程所组成；

③ 每一个单项工程可由一个或几个单位工程组成；

④ 在建设过程中：在经济上实行统一核算，在行政上统一管理。

3. 建设项目的分解

按照建设项目分解管理的需要可将建设项目分解为单项工程、单位工程（子单位工程）、分部工程（子分部工程）、分项工程。

（1）单项工程　单项工程是指具有独立的设计文件，能够独立存在具有完整的建筑安装工程的整体。

其特征是，该单项工程建成后，可以独立进行生产或交付使用。单项工程是建设项目的组成部分。如工厂建设项目中的一个车间或生产线，学校建设项目中的教学楼、图书馆等。

建设项目有一个或若干个单项工程组成。

（2）单位工程 单位工程是指具有独立的施工图纸，可以独立组织施工，但完工后不能独立交付使用的工程。如工厂建设项目的车间建设中的土建工程、设备安装工程等。单项工程由一个或若干个单位工程组成。

（3）分部工程 分部工程是单位工程的组成部分，它是按照单位工程的各个部分，由不同工种的工人，利用不同的工具、材料和机械完成的局部工程。分部工程往往是按建筑物、构筑物的主要部位划分。如土石方工程分部、钢筋混凝土工程分部、装修工程分部等。单位工程由一个或若干个分部工程组成。

（4）分项工程 分项工程是分部工程的组成部分，它是将分部工程进一步划分为若干部分。如砖石工程中的砖基础、墙身、零星砖砌体等。分部工程由一个或若干个分项工程组成。

二、建设项目总投资及其构成

1.建设项目总投资的含义

建设项目总投资是为完成工程项目建设并达到使用要求或生产条件，在建设期内预计或实际投入的全部费用总和。

2.建设项目总投资的构成

生产型建设项目总投资包括建设投资、建设期利息和流动资金三部分；非生产型建设项目总投资包括建设投资和建设期利息两部分。其中建设投资和建设期利息之和对应于固定资产投资，固定资产投资与建设项目的工程造价在量上相等。建设项目总投资的具体构成内容如表2-1所示。

表 2-1   建设项目总投资构成表

建设项目总投资	固定资产投资——工程造价	建设投资	工程费用	建筑安装工程费用
				设备及工器具购置费
			工程建设其他费用	建设用地费
				与项目建设有关的其他费用
				与未来生产经营有关的其他费用
			预备费	基本预备费
				价差预备费
		建设期贷款利息		
		固定资产投资方向调节税(目前已暂停征收)		
	流动资金投资——流动资金			

工程造价基本构成包括用于购买工程项目所含各种设备的费用，用于建筑施工和安装施工所需支出的费用，用于委托工程勘察设计应支付的费用，用于购置土地所需的费用，也包括用于建设单位自身进行项目筹建和项目管理所花费的费用等。总之，工程造价是按照确定的建设内容、建设规模、建设标准、功能要求和使用要求等将工程项目全部建成，在建设期预计或实际支出的建设费用。

工程造价中的主要构成部分是建设投资，建设投资是为完成工程项目建设，在建设期内投入且形成资金流出的全部费用。根据国家发改委和建设部发布的《建设项目经济评价方法与参数（第三版）》（发改投资［2006］1325号）的规定，建设投资包括工程费用、工程建设其他费用和预备费三部分。工程费用是指建设期内直接用于工程建造、设备购置及其安装的建设投资，可以分为建筑安装工程费和设备及工器具购置费；工程建设其他费用是指建设期发生的与土地使用权取得、整个工程项目建设以及未来生产经营有关的构成建设投资但不包括在工程费用中的费用。预备费是在建设期内为各种不可预见因素的变化而预留的可能增加的费用，包括基本预备费和价差预备费（涨价预备费）。

第二节　建筑安装工程费用构成

我国现行的建筑安装工程费用项目组成按最新住房城乡建设部、财政部"关于印发《建筑安装工程费用项目组成》的通知（建标［2013］44号）"文件的规定执行。根据住房城乡建设部《关于做好建筑业营改增建设工程计价依据调整准备工作的通知》（建标办［2016］4号）、财政部和国家税务总局《关于全面推开营业税改征增值税试点的通知》（财税［2016］36号）文件规定，将建筑安装工程费用中的营业税改为增值税。

一、建筑安装工程费用项目组成（按费用构成要素划分）

建筑安装工程费按照费用构成要素划分：由人工费、材料（包含工程设备）费、施工机具使用费、企业管理费、利润、规费和税金组成。其中人工费、材料费、施工机具使用费、企业管理费和利润包含在分部分项工程费、措施项目费、其他项目费中（见图2-1）。

（一）人工费

人工费是指按工资总额构成规定，支付给从事建筑安装工程施工的生产工人和附属生产单位工人的各项费用。内容如下。

（1）计时工资或计件工资　是指按计时工资标准和工作时间或对已做工作按计件单价支付给个人的劳动报酬。

（2）奖金　是指对超额劳动和增收节支支付给个人的劳动报酬。如节约奖、劳动竞赛奖等。

（3）津贴补贴　是指为了补偿职工特殊或额外的劳动消耗和因其他特殊原因支付给个人的津贴，以及为了保证职工工资水平不受物价影响支付给个人的物价补贴。如流动施工津贴、特殊地区施工津贴、高温（寒）作业临时津贴、高空津贴等。

（4）加班加点工资　是指按规定支付的在法定节假日工作的加班工资和在法定日工作时间外延时工作的加点工资。

（5）特殊情况下支付的工资　是指根据国家法律、法规和政策规定，因病、工伤、产假、计划生育假、婚丧假、事假、探亲假、定期休假、停工学习、执行国家或社会义务等原因按计时工资标准或计时工资标准的一定比例支付的工资。

人工费参考计算方法如下。

公式1：人工费＝Σ（工日消耗量×日工资单价）

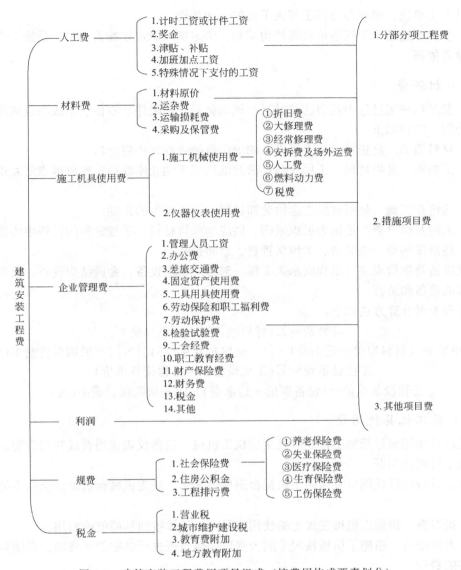

图 2-1　建筑安装工程费用项目组成（按费用构成要素划分）

日工资单价＝$\dfrac{\text{生产工人平均月工资(计时、计价)＋平均月(奖金＋津贴补贴＋特殊情况下支付的工资)}}{\text{年平均每月法定工作日}}$

　　注：公式1主要适用于施工企业投标报价时自主确定人工费，也是工程造价管理机构编制计价定额确定定额人工单价或发布人工成本信息的参考依据。

　　公式2：人工费＝Σ(工程工日消耗量×日工资单价)

　　日工资单价是指施工企业平均技术熟练程度的生产工人在每工作日（国家法定工作时间内）按规定从事施工作业应得的日工资总额。

　　工程造价管理机构确定日工资单价应通过市场调查、根据工程项目的技术要求，参考实物工程量人工单价综合分析确定，最低日工资单价不得低于工程所在地人力资源和社会保障部门所发布的最低工资标准的：普工1.3倍、一般技工2倍、高级技工3倍。

　　工程计价定额不可只列一个综合工日单价，应根据工程项目技术要求和工种差别适当划分多种日人工单价，确保各分部工程人工费的合理构成。

注：公式 2 适用于工程造价管理机构编制计价定额时确定定额人工费，是施工企业投标报价的参考依据。

（二）材料费

材料费是指施工过程中耗费的原材料、辅助材料、构配件、零件、半成品或成品、工程设备的费用。内容如下。

（1）材料原价　是指材料、工程设备的出厂价格或商家供应价格。

（2）运杂费　是指材料、工程设备自来源地运至工地仓库或指定堆放地点所发生的全部费用。

（3）运输损耗费　是指材料在运输装卸过程中不可避免的损耗。

（4）采购及保管费　是指为组织采购、供应和保管材料、工程设备的过程中所需要的各项费用。包括采购费、仓储费、工地保管费、仓储损耗。

工程设备是指构成或计划构成永久工程一部分的机电设备、金属结构设备、仪器装置及其他类似的设备和装置。

材料费参考计算方法如下：

$$材料费＝\sum(材料消耗量 \times 材料单价)$$
$$材料单价＝\{(材料原价＋运杂费) \times [1＋运输损耗率(\%)]\} \times [1＋采购保管费率(\%)]$$
$$工程设备费＝\sum(工程设备量 \times 工程设备单价)$$
$$工程设备单价＝(设备原价＋运杂费) \times [1＋采购保管费率(\%)]$$

（三）施工机具使用费

施工机具使用费是指施工作业所发生的施工机械、仪器仪表使用费或其租赁费。

1. 施工机械使用费

以施工机械台班耗用量乘以施工机械台班单价表示，施工机械台班单价应由下列七项费用组成。

（1）折旧费　指施工机械在规定的使用年限内，陆续收回其原值的费用。

（2）大修理费　指施工机械按规定的大修理间隔台班进行必要的大修理，以恢复其正常功能所需的费用。

（3）经常修理费　指施工机械除大修理以外的各级保养和临时故障排除所需的费用。包括为保障机械正常运转所需替换设备与随机配备工具附具的摊销和维护费用，机械运转中日常保养所需润滑与擦拭的材料费用及机械停滞期间的维护和保养费用等。

（4）安拆费及场外运费　安拆费指施工机械（大型机械除外）在现场进行安装与拆卸所需的人工、材料、机械和试运转费用以及机械辅助设施的折旧、搭设、拆除等费用；场外运费指施工机械整体或分体自停放地点运至施工现场或由一施工地点运至另一施工地点的运输、装卸、辅助材料及架线等费用。

（5）人工费　指机上司机（司炉）和其他操作人员的人工费。

（6）燃料动力费　指施工机械在运转作业中所消耗的各种燃料及水、电等。

（7）税费　指施工机械按照国家规定应缴纳的车船使用税、保险费及年检费等。

2. 仪器仪表使用费

是指工程施工所需使用的仪器仪表的摊销及维修费用。

施工机具使用费参考计算方法如下：

$$施工机械使用费＝\Sigma(施工机械台班消耗量×机械台班单价)$$

机械台班单价＝台班折旧费＋台班大修费＋台班经常修理费＋台班安拆费及场外运费＋台班人工费＋台班燃料动力费＋台班车船税费

注：工程造价管理机构在确定计价定额中的施工机械使用费时，应根据《建筑施工机械台班费用计算规则》，结合市场调查编制施工机械台班单价。施工企业可以参考工程造价管理机构发布的台班单价，自主确定施工机械使用费的报价，如租赁施工机械，公式为：施工机械使用费＝Σ(施工机械台班消耗量×机械台班租赁单价)

$$仪器仪表使用费＝工程使用的仪器仪表摊销费＋维修费$$

（四）企业管理费

企业管理费是指建筑安装企业组织施工生产和经营管理所需的费用。内容如下。

(1) 管理人员工资　是指按规定支付给管理人员的计时工资、奖金、津贴补贴、加班加点工资及特殊情况下支付的工资等。

(2) 办公费　是指企业管理办公用的文具、纸张、账表、印刷、邮电、书报、办公软件、现场监控、会议、水电、烧水和集体取暖降温（包括现场临时宿舍取暖降温）等费用。

(3) 差旅交通费　是指职工因公出差、调动工作的差旅费、住勤补助费，市内交通费和误餐补助费，职工探亲路费，劳动力招募费，职工退休、退职一次性路费，工伤人员就医路费，工地转移费以及管理部门使用的交通工具的油料、燃料等费用。

(4) 固定资产使用费　是指管理和试验部门及附属生产单位使用的属于固定资产的房屋、设备、仪器等的折旧、大修、维修或租赁费。

(5) 工具用具使用费　是指企业施工生产和管理使用的不属于固定资产的工具、器具、家具、交通工具和检验、试验、测绘、消防用具等的购置、维修和摊销费。

(6) 劳动保险和职工福利费　是指由企业支付的职工退职金、按规定支付给离休干部的经费、集体福利费、夏季防暑降温、冬季取暖补贴、上下班交通补贴等。

(7) 劳动保护费　是企业按规定发放的劳动保护用品的支出。如工作服、手套、防暑降温饮料以及在有碍身体健康的环境中施工的保健费用等。

(8) 检验试验费　是指施工企业按照有关标准规定，对建筑以及材料、构件和建筑安装物进行一般鉴定、检查所发生的费用，包括自设试验室进行试验所耗用的材料等费用。不包括新结构、新材料的试验费。对构件做破坏性试验及其他特殊要求检验试验的费用和建设单位委托检测机构进行检测的费用。对此类检测发生的费用，由建设单位在工程建设其他费用中列支。但对施工企业提供的具有合格证明的材料进行检测不合格的，该检测费用由施工企业支付。

(9) 工会经费　是指企业按《工会法》规定的全部职工工资总额比例计提的工会经费。

(10) 职工教育经费　是指按职工工资总额的规定比例计提，企业为职工进行专业技术和职业技能培训，专业技术人员继续教育、职工职业技能鉴定、职业资格认定以及根据需要对职工进行各类文化教育所发生的费用。

(11) 财产保险费　是指施工管理用财产、车辆等的保险费用。

(12) 财务费　是指企业为施工生产筹集资金或提供预付款担保、履约担保、职工工资支付担保等所发生的各种费用。

（13）税金　是指企业按规定缴纳的房产税、车船使用税、土地使用税、印花税等。

（14）其他　包括技术转让费、技术开发费、投标费、业务招待费、绿化费、广告费、公证费、法律顾问费、审计费、咨询费、保险费等。

企业管理费费率参考计算方法如下。

（1）以分部分项工程费为计算基础

$$企业管理费费率(\%)=\frac{生产工人年平均管理费}{年有效施工天数×人工单价}×人工费占分部分项工程费比例(\%)$$

（2）以人工费和机械费合计为计算基础

$$企业管理费费率(\%)=\frac{生产工人年平均管理费}{年有效施工天数×(人工单价+每一工日机械使用费)}×100\%$$

（3）以人工费为计算基础

$$企业管理费费率(\%)=\frac{生产工人年平均管理费}{年有效施工天数×人工单价}×100\%$$

注：上述公式适用于施工企业投标报价时自主确定管理费，是工程造价管理机构编制计价定额确定企业管理费的参考依据。

工程造价管理机构在确定计价定额中企业管理费时，应以定额人工费或（定额人工费＋定额机械费）作为计算基数，其费率根据历年工程造价积累的资料，辅以调查数据确定，列入分部分项工程和措施项目中。

（五）利润

利润是指施工企业完成所承包工程获得的盈利。

利润参考计算方法如下。

（1）施工企业根据企业自身需求并结合建筑市场实际自主确定，列入报价中。

（2）工程造价管理机构在确定计价定额中的利润时，应以定额人工费或（定额人工费＋定额机械费）作为计算基数，其费率根据历年工程造价积累的资料，并结合建筑市场实际确定，以单位（单项）工程测算，利润在税前建筑安装工程费的比例可按不低于5％且不高于7％的费率计算。利润应列入分部分项工程和措施项目中。

（六）规费

规费是指按国家法律、法规规定，由省级政府和省级有关权力部门规定必须缴纳或计取的费用。包括以下几条。

（1）社会保险费

① 养老保险费　是指企业按照规定标准为职工缴纳的基本养老保险费。

② 失业保险费　是指企业按照规定标准为职工缴纳的失业保险费。

③ 医疗保险费　是指企业按照规定标准为职工缴纳的基本医疗保险费。

④ 生育保险费　是指企业按照规定标准为职工缴纳的生育保险费。

⑤ 工伤保险费　是指企业按照规定标准为职工缴纳的工伤保险费。

（2）住房公积金　是指企业按规定标准为职工缴纳的住房公积金。

（3）工程排污费　是指按规定缴纳的施工现场工程排污费。

其他应列而未列入的规费，按实际发生计取。

规费参考计算方法如下。

1. 社会保险费和住房公积金

社会保险费和住房公积金应以定额人工费为计算基础,根据工程所在地省、自治区、直辖市或行业建设主管部门规定费率计算。

$$社会保险费和住房公积金 = \sum(工程定额人工费 \times 社会保险费和住房公积金费率)$$

式中:社会保险费和住房公积金费率可以每万元发承包价的生产工人人工费和管理人员工资含量与工程所在地规定的缴纳标准综合分析取定。

2. 工程排污费

工程排污费等其他应列而未列入的规费应按工程所在地环境保护等部门规定的标准缴纳,按实计取列入。

(七) 税金

税金是指国家税法规定的应计入建筑安装工程造价内的增值税、城市维护建设税、教育费附加以及地方教育附加。

税金具有法定性和强制性,是国家税法规定的应计入工程造价内的税金,由工程承包人按规定及时足额交纳给工程所在地的税务部门。

1. 增值税

增值税是对我国境内销售货物、进口货物已经提供加工、修理修配劳务的单位和个人,就其取得货物的销售额、进口货物金额、应税劳务收入额计算税款,并实行税款抵扣制的一种流转税。增值税是按增值额计税的,增值税的计税公式为:

$$增值税应纳税额 = 销项税额 - 进项税额$$

销项税额是指纳税人销售货物或提供应税劳务,按照销售额和增值税率计算并向购买方收取的增值税额,其计算公式为:

$$销项税额 = 销售额 \times 增值税率 = 营业收入(含税销售额) \div (1 + 增值税率) \times 增值税率$$

进项税额是指纳税人购进货物或接受应税劳务所支付或者负担的增值税额,其计算公式为:

$$进项税额 = 外购材料、燃料及动力费 \div (1 + 增值税率) \times 增值税率$$

按照住房和城乡建设部《关于做好建筑业营改增建设工程计价依据的调整准备工作的通知》(建办标 [2016] 4 号) 文件规定,工程造价可按以下公式计算:

$$工程造价 = 税前造价 \times (1 + 11\%)$$

式中,11% 为建筑业增值税税率;税前造价为人工费、材料费、施工机具使用费、企业管理费、利润和规费之和,各费用项目均以不包含增值税可抵扣进项税额的价格计算。

2. 城市维护建设税

城市维护建设税是为筹集城市维护和建设资金,稳定和扩大城市、乡镇维护建设的资金来源,而对有营业收入的单位和个人征收的一种税。工程所在地为市区的,按营业税的 7% 征收;工程所在地为县镇的,按营业税的 5% 征收;所在地在农村的,按营业税的 1% 征收。

$$应纳税额 = 应纳增值税额 \times 适用税率$$

3. 教育费附加

教育费附加是按应纳营业税税额的 3% 确定。其计税公式为:

$$应纳税额 = 应纳增值税额 \times 3\%$$

4. 地方教育附加

大部分地区地方教育费附加按应纳营业税税额的 2% 确定,计算公式为:

应纳税额＝应纳增值税额×2％

为了计算上的方便，可将增值税、城市维护建设税、教育费附加通过简化计算合并在一起，以清单项目费用、措施费用、其他项目费用、规费之和为税前造价计算税金。

综合税率：

（1）纳税地点在市区的企业　增值税综合税率＝11％＋11％×7％＋11％×3％＋11％×2％＝12.32％

（2）纳税地点在县城、镇的企业　增值税综合税率＝11％＋11％×5％＋11％×3％＋11％×2％＝12.10％

（3）纳税地点不在市区、县城、镇的企业　增值税综合税率＝11％＋11％×1％＋11％×3％＋11％×2％＝11.66％

【例题 2-1】 某市建筑公司承建某县政府办公楼，工程税前造价为 1000 万元，求该施工企业应缴纳的增值税金及其附加。

解：由于工程所在地为县城，城市维护建设税率为 5％，所以，

增值税＝1000 万×11％＝110(万元)

城市建设维护税＝110×5％＝5.5(万元)

教育费附加＝110×3％＝3.3(万元)

地方教育费附加＝110×2％＝2.2(万元)

增值税金及附加＝110＋5.5＋3.3＋2.2＝121(万元)

使用综合税率计算：

增值税及其附加＝税前造价×综合税率(％)＝1000 万元×12.10％＝121 万元

二、建筑安装工程费项目组成（按造价形成划分）

建筑安装工程费按照工程造价形成由分部分项工程费、措施项目费、其他项目费、规费、税金组成，分部分项工程费、措施项目费、其他项目费包含人工费、材料费、施工机具使用费、企业管理费和利润（图 2-2）。

（一）分部分项工程费

是指各专业工程的分部分项工程应予列支的各项费用。

1. 专业工程

是指按现行国家计量规范划分的房屋建筑与装饰工程、仿古建筑工程、通用安装工程、市政工程、园林绿化工程、矿山工程、构筑物工程、城市轨道交通工程、爆破工程等各类工程。

2. 分部分项工程

指按现行国家计量规范对各专业工程划分的项目。如房屋建筑与装饰工程划分的土石方工程、地基处理与桩基工程、砌筑工程、钢筋及钢筋混凝土工程等。

各类专业工程的分部分项工程划分见现行国家或行业计量规范。

分部分项工程费参考计算方法如下：

$$分部分项工程费＝\Sigma(分部分项工程量×综合单价)$$

式中：综合单价包括人工费、材料费、施工机具使用费、企业管理费和利润以及一定范围的风险费用（下同）。

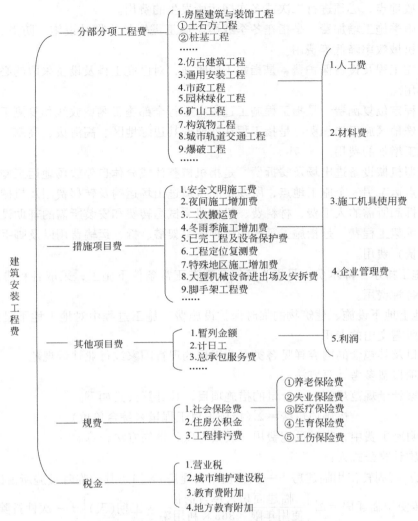

图 2-2 按造价形成划分建筑安装工程费

（二）措施项目费

是指为完成建设工程施工，发生于该工程施工前和施工过程中的技术、生活、安全、环境保护等方面的费用。具体如下。

1. 措施项目费的内容

（1）安全文明施工费

① 环境保护费 是指施工现场为达到环保部门要求所需要的各项费用。

② 文明施工费 是指施工现场文明施工所需要的各项费用。

③ 安全施工费 是指施工现场安全施工所需要的各项费用。

④ 临时设施费 是指施工企业为进行建设工程施工所必须搭设的生活和生产用的临时建筑物、构筑物和其他临时设施费用。包括临时设施的搭设、维修、拆除、清理费或摊销费等。

（2）夜间施工增加费 是指因夜间施工所发生的夜班补助费、夜间施工降效、夜间施工照明设备摊销及照明用电等费用。

（3）二次搬运费 是指因施工场地条件限制而发生的材料、构配件、半成品等一次运输不能到达堆放地点，必须进行二次或多次搬运所发生的费用。

（4）冬雨季施工增加费　是指在冬季或雨季施工需增加的临时设施、防滑、排除雨雪、人工及施工机械效率降低等费用。

（5）已完工程及设备保护费　是指竣工验收前，对已完工程及设备采取的必要保护措施所发生的费用。

（6）工程定位复测费　是指工程施工过程中进行全部施工测量放线和复测工作的费用。

（7）特殊地区施工增加费　是指工程在沙漠或其边缘地区、高海拔、高寒、原始森林等特殊地区施工增加的费用。

（8）大型机械设备进出场及安拆费　是指机械整体或分体自停放场地运至施工现场或由一个施工地点运至另一个施工地点，所发生的机械进出场运输及转移费用及机械在施工现场进行安装、拆卸所需的人工费、材料费、机械费、试运转费和安装所需的辅助设施的费用。

（9）脚手架工程费　是指施工需要的各种脚手架搭、拆、运输费用以及脚手架购置费的摊销（或租赁）费用。

（10）施工排水、降水费　是指为确保工程在正常条件下施工，采取各种排水、降水措施所发生的各种费用。

（11）地上地下设施、建筑物的临时保护设施费　施工过程中对地上地下设施、建筑物的临时保护所需支出的费用。

措施项目及其包含的内容详见各类专业工程的现行国家或行业计量规范。

2.措施项目费参考计算方法

（1）国家计量规范规定应予计量的措施项目，其计算公式如下。

$$措施项目费＝\Sigma(措施项目工程量×综合单价)$$

安全文明施工费中，临时设施费用一般按可以计量的方法计算。

临时设施计算公式为：

$$临时设施费＝(周转使用临建房＋一次性使用临建房)×[1＋其他临时设施所占比例(\%)]$$

$$周转使用临建房＝\Sigma\left[\frac{临建面积×单方造价}{使用年限×365×利用率}×工期(天)\right]＋一次性拆除费$$

$$一次性使用临建费＝\Sigma\{临建面积×单方造价×[1－残值率(\%)]\}＋一次性拆除费$$

（2）国家计量规范规定不宜计量的措施项目计算方法如下。

① 安全文明施工费

$$安全文明施工费＝计算基数×安全文明施工费费率(\%)$$

计算基数应为定额基价（定额分部分项工程费＋定额中可以计量的措施项目费）、定额人工费或（定额人工费＋定额机械费），其费率由工程造价管理机构根据各专业工程的特点综合确定。

② 夜间施工增加费

$$夜间施工增加费＝计算基数×夜间施工增加费费率(\%)$$

③ 二次搬运费

$$二次搬运费＝计算基数×二次搬运费费率(\%)$$

④ 冬雨季施工增加费

$$冬雨季施工增加费＝计算基数×冬雨季施工增加费费率(\%)$$

⑤ 已完工程及设备保护费

已完工程及设备保护费＝计算基数×已完工程及设备保护费费率(％)

上述②～⑤项措施项目的计费基数应为定额人工费或（定额人工费＋定额机械费），其费率由工程造价管理机构根据各专业工程特点和调查资料综合分析后确定。

（三）其他项目费

（1）暂列金额　是指建设单位在工程量清单中暂定并包括在工程合同价款中的一笔款项，用于施工合同签订时尚未确定或者不可预见的所需材料、工程设备、服务的采购，施工中可能发生的工程变更、合同约定调整因素出现时的工程价款调整以及发生的索赔、现场签证确认等的费用。

（2）暂估价　包括材料暂估单价、工程设备暂估单价、专业工程暂估价。

（3）计日工　是指在施工过程中，施工企业完成建设单位提出的施工图纸以外的零星项目或工作所需的费用。

（4）总承包服务费　是指总承包人为配合、协调建设单位进行的专业工程发包，对建设单位自行采购的材料、工程设备等进行保管以及施工现场管理、竣工资料汇总整理等服务所需的费用。

其他项目费参考计算方法如下。

（1）暂列金额由建设单位根据工程特点，按有关计价规定估算，施工过程中由建设单位掌握使用、扣除合同价款调整后如有余额，归建设单位。

（2）计日工由建设单位和施工企业按施工过程中的签证计价。

（3）总承包服务费由建设单位在招标控制价中根据总包服务范围和有关计价规定编制，施工企业投标时自主报价，施工过程中按签约合同价执行。

（四）规费

定义同上。

（五）税金

定义同上。

三、建筑安装工程费的计算

（一）分部分项工程费

$$分部分项工程费＝\Sigma(分部分项工程量×综合单价)$$

式中，综合单价包括人工费、材料费、施工机具使用费、企业管理费和利润以及一定范围的风险费用（下同）。

（二）措施项目费

1.国家计量规范规定应予计量的措施项目

计算公式为：

$$措施项目费＝\Sigma(措施项目工程量×综合单价)$$

2.国家计量规范规定不宜计量的措施项目

（1）安全文明施工费

$$安全文明施工费＝计算基数×安全文明施工费费率(％)$$

计算基数应为定额基价（定额分部分项工程费＋定额中可以计量的措施项目费）、定额人工费或（定额人工费＋定额机械费），其费率由工程造价管理机构根据各专业工程的特点综合确定。

（2）夜间施工增加费

$$夜间施工增加费＝计算基数×夜间施工增加费费率(\%)$$

（3）二次搬运费

$$二次搬运费＝计算基数×二次搬运费费率(\%)$$

（4）冬雨季施工增加费

$$冬雨季施工增加费＝计算基数×冬雨季施工增加费费率(\%)$$

（5）已完工程及设备保护费

$$已完工程及设备保护费＝计算基数×已完工程及设备保护费费率(\%)$$

上述（2）～（5）项措施项目的计费基数应为定额人工费或（定额人工费＋定额机械费），其费率由工程造价管理机构根据各专业工程特点和调查资料综合分析后确定。

（三）其他项目费

（1）暂列金额由建设单位根据工程特点，按有关计价规定估算，施工过程中由建设单位掌握使用，扣除合同价款调整后如有余额，归建设单位。

（2）计日工由建设单位和施工企业按施工过程中的签证计价。

（3）总承包服务费由建设单位在招标控制价中根据总包服务范围和有关计价规定编制，施工企业投标时自主报价，施工过程中按签约合同价执行。

（四）规费和税金

建设单位和施工企业均应按照省、自治区、直辖市或行业建设主管部门发布标准计算规费和税金，不得作为竞争性费用。

相关问题的说明如下。

（1）各专业工程计价定额的编制及其计价程序，均按本通知实施。

（2）各专业工程计价定额的使用周期原则上为 5 年。

（3）工程造价管理机构在定额使用周期内，应及时发布人工、材料、机械台班价格信息，实行工程造价动态管理，如遇国家法律、法规、规章或相关政策变化以及建筑市场物价波动较大时，应适时调整定额人工费、定额机械费以及定额基价或规费费率，使建筑安装工程费能反映建筑市场实际。

（4）建设单位在编制招标控制价时，应按照各专业工程的计量规范和计价定额以及工程造价信息编制。

（5）施工企业在使用计价定额时除不可竞争费用外，其余仅作参考，由施工企业投标时自主报价。

第三节　设备及工器具购置费用

设备及工器具购置费有设备购置费和工具器具及生产家具购置费组成。

一、设备购置费

设备购置费是指为建设项目购置或自制的达到固定资产标准的设备，它由设备原价和设备运杂费构成。

$$设备购置费＝设备原价＋设备运杂费$$

（一）国产设备原价

国产设备原价一般指的是设备制造厂的交货价，或订货合同价。它一般根据生产厂或供应商的询价、报价、合同价确定，或采用一定的方法计算确定。国产设备原价分为国产标准设备原价和国产非标准设备原价。

1. 国产标准设备原价

国产标准设备是指按照主管部门颁布的标准图纸和技术要求，由我国设备生产厂批量生产的、符合国家质量检测标准的设备。国产标准设备原价一般是设备制造厂的交货价，即出厂价，设备出厂价有两种，一是带有备件的出厂价，二是不带有备件的出厂价。在计算设备原价时，应按带有备件的出厂价计算。如设备由设备成套公司供应，则应以订货合同价为设备原价。

2. 国产非标准设备原价

国产非标准设备是指国家尚无定型标准，各设备生产厂不可能在工艺过程中采用批量生产，只能按一次订货，并根据具体的设计图纸制造的设备。非标准设备原价有多种不同的计算方法，如成本计算估价法、系列设备插入估价法、分部组合估价法、定额估价法等。但无论采用哪种方法都应该使非标准设备计价接近实际出厂价，并且计算方法要简便。按成本计算估价法，非标准设备的原价由以下各项组成。

（1）材料费

$$材料费＝材料净重×(1＋加工损耗系数)×每吨材料综合价$$

（2）加工费　包括生产工人工资和工资附加费、燃料动力费、设备折旧费、车间经费等。

$$加工费＝设备总重量(吨)×设备每吨加工费$$

（3）辅助材料费（简称辅材费）　包括焊条、焊丝、氧气、氩气、氮气、油漆、电石等费用

$$辅助材料费＝设备总重量×辅助材料费指标$$

（4）专用工具费　按（1）～（3）项之和乘以一定百分比计算。

（5）废品损失费　按（1）～（4）项之和乘以一定百分比计算。

（6）外购配套件费　按设备设计图纸所列的外购配套件的名称、型号、规格、数量、重量，根据相应的价格加运杂费计算。

（7）包装费　按（1）～（6）项之和乘以一定百分比计算。

（8）利润　可按（1）～（5）项加第（7）项之和乘以一定利润率计算。

（9）税金　主要指增值税。

$$增值税＝当期销项税额－进项税额$$

$$当期销项税额＝销售额×适用增值税率$$

注：销售额为（1）～（8）项之和

（10）非标准设备设计费　按国家规定的设计费收费标准计算。

综上所述，单台非标准设备原价可用计算公式表达：

单台非标准设备原价＝{[（材料费＋加工费＋辅助材料费）×（1＋专用工具费率）

×（1＋废品损失率）＋外购配套件费]×（1＋包装费率）－外购配件费}

×（1＋利润率）＋销项税金＋非标准设备设计费＋外购配套件费

【例题 2-2】　某工厂采购一台国产非标准设备，制造厂生产该台设备所用材料费 20 万元，加工费 2 万元，辅助材料费 0.4 万元，制造厂为制造该设备，在材料采购过程中发生进项增值税额 3.5 万元。专用工具费率 1.5％，废品损失费率 10％，外购配套件费 5 万元，包装费 1％，利润率 7％，增值税率 17％，非标准设备设计费 2 万元，求该国产非标准设备的原价。

解：专用工具费＝（20＋2＋0.4）×1.5％＝0.336（万元）

废品损失费＝（20＋2＋0.4＋0.336）×10％＝2.274（万元）

包装费＝（22.4＋0.336＋2.274＋5）×1％＝0.3（万元）

利润＝（22.4＋0.336＋2.274＋0.3）×7％＝1.772（万元）

销项税额＝（22.4＋0.336＋2.274＋5＋0.3＋1.772）×17％＝5.454（万元）

该国产非标准设备的原价＝22.4＋0.336＋2.274＋0.3＋1.772＋5.454＋2＋5＝39.536（万元）

（二）进口设备原价

进口设备的原价是指进口设备的抵岸价，即抵达买方边境港口或边境车站，且交完关税等税费后形成的价格。进口设备抵岸价的构成与进口设备的交货类别有关。

1.进口设备的交货类别

进口设备的交货类别可分为内陆交货类、目的地交货类、装运港交货类。

（1）内陆交货类　即卖方在出口国内陆的某个地点交货。在交货地点，卖方及时提交合同规定的货物和有关凭证，并负担交货前的一切费用和风险；买方按时接受货物，交付货款，负担接货后的一切费用和风险，并自行办理出口手续和装运出口。货物的所有权也在交货后由卖方转移给买方。

（2）目的地交货类　即卖方在进口国的港口或内地交货，有目的港船上交货价、目的港船边交货价（FOS）和目的港码头交货价（关税已付）及完税后交货价（进口国的指定地点）等几种。它们的特点是：买卖双方承担的责任、费用和风险是以目的地约定交货点为分界线，只有当卖方在交货点将货物置于买方控制下才算交货，才能向买方收取货款。这种交货类别对卖方来说承担的风险较大，在国际贸易中卖方一般不愿采用。

（3）装运港交货类　即卖方在出口国装运港交货；主要有装运港船上交货价（FOB），习惯称离岸价格，运费在内价（C&F）和运费、保险费在内价（CIF），习惯称到岸价格。它们的特点是：卖方按照约定的时间在装运港交货，只要卖方把合同规定的货物装船后提供货运单据便完成交货任务，可凭单据收回货款。

2.进口设备抵岸价的构成及计算

进口设备采用最多的是装运港船上交货价（FOB），其抵岸价的构成可概括为：

进口设备抵岸价＝货价＋国际运费＋运输保险费＋银行财务费＋外贸手续费＋关税＋增值税－消费税＋海关监管手续费＋车辆购置附加费。

（1）货价　一般指装运港船上交货价（FOB）。

（2）国际运费　即从装运港（站）到达我国抵达港（站）的运费。进口设备国际运费计算公式为：

$$国际运费(海、陆、空)=原币货价(FOB)×运费率$$
$$国际运费(海、陆、空)=运量×单位运价$$

（3）运输保险费　对外贸易货物运输保险是由保险人（保险公司）与被保险人（出口人或进口人）订立保险契约并在被保险人交付议定的保险费后，保险人根据保险契约的规定对货物在运输过程中发生的承保责任范围内的损失给予经济上的补偿。这是一种财产保险。计算公式为：

$$运输保险费=[原币货价(FOB)+国外运费]/(1-保险费率)×保险费率$$

其中，保险费率按保险公司规定的进口货物保险费率计算。

（4）银行财务费　一般是指中国银行手续费，可按下式简化计算：

$$银行财务费=人民币货价(FOB)×银行财务费率$$

（5）外贸手续费　指按对外经济贸易部规定的外贸手续费率计取的费用，外贸手续费率一般取 1.5%。计算公式为：

$$外贸手续费=[装运港船上交货价(FOB)+国际运费+运输保险费]×外贸手续费率$$

（6）关税　由海关对进出国境或关境的货物和物品征收的一种税。计算公式为：

$$关税=到岸价格(CIF)×进口关税税率$$

其中，到岸价格（CIF）包括离岸价格（FOB）、国际运费、运输保险费等费用，它作为关税完税价格。进口关税税率分为优惠和普通两种。

（7）增值税　是对从事进口贸易的单位和个人，在进口商品报关进口后征收的税种。我国增值税条例规定，进口应税产品均按组成计税价格和增值税税率直接计算应纳税额。即：

$$进口产品增值税额=组成计税价格×增值税税率$$
$$组成计税价格=关税完税价格+关税+消费税$$

（8）消费税　对部分进口设备（如轿车、摩托车等）征收，一般计算公式为：

$$应纳消费税额=(到岸价+关税)/(1-消费税税率)×消费税税率$$

其中，消费税税率根据规定的税率计算。

（9）海关监管手续费　指海关对进口减税、免税、保税货物实施监督、管理、提供服务的手续费。其公式如下：

$$海关监管手续费=到岸价×海关监管手续费率(一般为 0.3%)$$

（10）车辆购置附加费　进口车辆需缴进口车辆购置附加费。其公式如下：

$$进口车辆购置附加费=(到岸价+关税+消费税+增值税)×进口车辆购置附加费率$$

【例题 2-3】　从某国进口设备，重量 1000t，装运港船上交货价为 400 万美元，工程项目位于国内某省会城市。如果国家运费标准为 300 美元/t，海上运输保险费率为 3‰，银行财务费率为 5‰，外贸手续费率为 1.5%，关税税率为 22%，增值税率为 17%，消费税率为 10%，银行外汇牌价为 1 美元=6.3 人民币，对该设备的原价进行估算。

解：进口设备 FOB=400×6.3=2520（万元）

国际运费=300×1000×6.3=189（万元）

海运保险费=(2520+189)/(1-0.3%)×0.3%=8.15（万元）

CIF=2520+189+8.15=2717.15（万元）

银行财务费＝2520×0.5％＝12.6(万元)

外贸手续费＝2717.15×1.5％＝40.76(万元)

关税＝2717.15×22％＝597.77(万元)

消费税＝(2717.15＋597.77)/(1－10％)×10％＝368.32(万元)

增值税＝(2717.15＋597.77＋368.32)×17％＝626.15(万元)

进口从属费用＝12.6＋40.76＋597.77＋368.32＋626.15＝1645.6(万元)

进口设备原价＝2717.15＋1645.6＝4362.75(万元)

（三）设备运杂费的计算

费用内容：是指设备从制造厂家交货地点运至施工现场所发生的运输费、装卸费、包装费、供应部门手续费、成套公司服务费、采购和仓库保管费、港口建设费、保险费等（不包括超限设备运输措施费）。

运费和装卸费：由设备制造厂交货地点起至工地仓库（或施工组织设计指定的需要安装设备的堆放地点）止所发生的运费和装卸费。

包装费：在设备原价中没有包含的，为运输而进行的包装支出的各种费用。

设备运杂费可按下式计算：

$$设备运杂费＝设备原价×设备运杂费费率$$

二、工具、器具及生产家具购置费的构成及计算

1. 费用内容

工器具及生产家具购置费是指新建工程项目为保证初期正常生产所必须购置的第一套不够固定资产标准的设备、仪器、工卡模具、器具等费用（不包括备品备件的购置费）。

2. 计算方法

（1）新建工程按每一生产工人综合平均每人1500元，生产工人为设计定员80％。改扩建工程为新增设计定员每人1000元计取，列入设备费内。

（2）以设备购置费为计算基数，按照部门或行业规定的工具、器具及生产家具费率计算，计算公式：

$$工具、器具及生产家具购置费＝设备购置费×定额费率$$

第四节　工程建设其他费用

工程建设其他费用是指工程项目从筹建到竣工验收交付使用止的整个建设期间，除建筑安装工程费用、设备及工器具购置费以外的，为保证工程建设顺利完成和交付使用后能够正常发挥效用而发生的一些费用。

工程建设其他费用，按其内容大体可分为三类。第一类为土地使用费，由于工程项目固定于一定地点与地面相连接，必须占用一定量的土地，也就必然要发生为获得建设用地而支付的费用；第二类是与项目建设有关的费用；第三类是与未来企业生产和经营活动有关的费用。工程建设其他费用组成如图2-3所示。

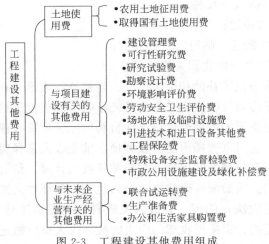

图 2-3   工程建设其他费用组成

一、土地使用费

土地使用费是指按照《中华人民共和国土地管理法》等规定，建设工程项目征用土地或租用土地应支付的费用。

（一）农用土地征用费

农用土地征用费由土地补偿费、安置补助费、土地投资补偿费、土地管理费、耕地占用税等组成，并按被征用土地的原用途给予补偿。

征用耕地的补偿费用包括土地补偿费、安置补助费以及地上附着物和青苗的补偿费。

（1）征用耕地的土地补偿费，为该耕地被征用前三年平均年产值的 6~10 倍。

（2）征用耕地的安置补助费，按照需要安置的农业人口数计算。需要安置的农业人口数。按照被征用的耕地数量除以征地前被征用单位平均每人占有耕地的数量计算。每一个需要安置的农业人口的安置补助费标准，为该耕地被征用前三年均年产值的 4~6 倍。但是，每公顷被征用耕地的安置补助费，最高不得超过被征用前三年平均年产值的 15 倍。征用其他土地的土地补偿费和安置补助费标准，由省、自治区、直辖市参照征用耕地的土地补偿费和安置补助费的标准规定。

（3）征用土地上的附着物和青苗的补偿标准，由省、自治区、直辖市规定。

（4）征用城市郊区的菜地，用地单位应当按照国家有关规定缴纳新菜地开发建设基金。

（二）取得国有土地使用费

取得国有土地使用费包括：土地使用权出让金、城市建设配套费、房屋征收与补偿费等。

（1）土地使用权出让金　是指建设工程通过土地使用权出让方式，取得有限期的土地使用权，依照《中华人民共和国城镇国有土地使用权出让和转让暂行条例》规定，支付的土地使用权出让金。

（2）城市建设配套费　是指因进行城市公共设施的建设而分摊的费用。

（3）房屋征收与补偿费　根据《国有土地上房屋征收与补偿条例》的规定，房屋征收对被征收人给予的补偿，包括以下几种。

① 被征收房屋价值的补偿；

② 因征收房屋造成的搬迁、临时安置的补偿；

③ 因征收房屋造成的停产停业损失的补偿。

市、县级人民政府应当制定补助和奖励办法，对被征收人给予补助和奖励。对被征收房屋价值补偿，不得低于房屋征收决定公告之日被征收房屋类似房地产的市场价格。被征收房屋的价值，由具有相应资质的房地产价格评估机构按照房屋征收评估办法评估确定。被征收人可以选择货币补偿，也可以选择房屋产权调换。被征收人选择房屋产权调换的，市、县级人民政府应当提供用于产权调换的房屋，并与被征收入计算、结清被征收房屋价值与用于产权调换房屋价值的差价。因旧城区改建征收个人住宅，被征收人选择在改建地段进行房屋产权调换的，作出房屋征收决定的市、县级人民政府应当提供改建地段或者就近地段的房屋。因征收房屋造成搬迁的，房屋征收部门应当向被征收人支付搬迁费；选择房屋产权调换的，产权调换房屋交付前，房屋征收部门应当向被征收人支付临时安置费或者提供周转用房。对因征收房屋造成停产停业损失的补偿，根据房屋被征收前的效益、停产停业期限等因素确定。具体办法由省、自治区、直辖市制定。房屋征收部门与被征收人依照条例的规定，就补偿方式、补偿金额和支付期限、用于产权调换房屋的地点和面积、搬迁费、临时安置费或者周转用房、停产停业损失、搬迁期限、过渡方式和过渡期限等事项，订立补偿协议。实施房屋征收应当先补偿、后搬迁。作出房屋征收决定的市、县级人民政府对被征收人给予补偿后，被征收人应当在补偿协议约定或者补偿决定确定的搬迁期限内完成搬迁。

二、与项目建设有关的其他费用

（一）建设管理费

建设管理费是指建设单位从项目筹建开始直至工程竣工验收合格或交付使用为止发生的项目建设管理费用。费用内容包括以下几方面。

1. 建设单位管理费

建设单位管理费是指建设单位发生的管理性质的开支。包括：工作人员工资、工资性补贴、施工现场津贴、职工福利费、住房基金、基本养老保险费、基本医疗保险费、失业保险费、工伤保险费，办公费、差旅交通费、劳动保护费、工具用具使用费、固定资产使用费、必要的办公及生活用品购置费、必要的通信设备及交通工具购置费、零星固定资产购置费、招募生产工人费、技术图书资料费、业务招待费、设计审查费、工程招标费、合同契约公证费、法律顾问费、咨询费、完工清理费、竣工验收费、印花税和其他管理性质开支。如建设管理采用工程总承包方式，其总包管理费由建设单位与总包单位根据总包工作范围在合同中商定，从建设管理费中支出。

建设单位管理费以建设投资中的工程费用为基数乘以建设单位管理费费率计算：

$$建设单位管理费 = 工程费用 \times 建设单位管理费费率$$

工程费用是指建筑安装工程费用和设备及工器具购置费用之和。

2. 工程监理费

工程监理费是指建设单位委托工程监理单位实施工程监理的费用。

由于工程监理是受建设单位委托的工程建设技术服务，属建设管理范畴。如采用监理，建设单位部分管理工作量转移至监理单位。监理费应根据委托的监理工作范围和监理深度在监理合同中商定或按当地或所属行业部门有关规定计算。

3. 工程质量监督费

工程质量监督费是指工程质量监督检验部门检验工程质量而收取的费用。

（二）可行性研究费

可行性研究费是指在建设工程项目前期工作中，编制和评估项目建议书（或预可行性研究报告）、可行性研究报告所需的费用。

可行性研究费依据前期研究委托合同计列，或参照《国家计委关于印发〈建设工程项目前期工作咨询收费暂行规定〉的通知》（计投资〔1999〕1283号）规定计算。编制可行性研究报告参照编制项目建议书收费标准并可适当调增。

（三）研究试验费

研究试验费是指为本建设工程项目提供或验证设计数据、资料等进行必要的研究试验及按照设计规定在建设过程中必须进行试验、验证所需的费用。

研究试验费按照研究试验内容和要求进行编制。

研究试验费不包括以下项目。

（1）应由科技三项费用（即新产品试制费、中间试验费和重要科学研究补助费）开支的项目。

（2）应在建筑安装费用中列支的施工企业对建筑材料、构件和建筑物进行一般鉴定、检查所发生的费用及技术革新的研究试验费。

（3）应由勘察设计费或工程费用中开支的项目。

（四）勘察设计费

勘察设计费是指委托勘察设计单位进行工程水文地质勘察、工程设计所发生的各项费用。包括以下几类。

（1）工程勘察费；

（2）初步设计费（基础设计费）、施工图设计费（详细设计费）；

（3）设计模型制作费。

勘察设计费依据勘察设计委托合同计列，或参照国家计委、建设部《关于发布〈工程勘察设计收费管理规定〉的通知》（计价格〔2002〕10号）规定计算。

（五）环境影响评价费

环境影响评价费是指按照《中华人民共和国环境保护法》、《中华人民共和国环境影响评价法》等规定，为全面、详细评价本建设工程项目对环境可能产生的污染或造成的重大影响所需的费用。包括编制环境影响报告书（含大纲）、环境影响报告表和评估环境影响报告书（含大纲）、评估环境影响报告表等所需的费用。

环境影响评价费依据环境影响评价委托合同计列，或参照国家计委、国家环境保护总局《关于规范环境影响咨询收费有关问题的通知》（计价格〔2002〕125号）规定计算。

（六）劳动安全卫生评价费

劳动安全卫生评价费是指按照劳动部《建设工程项目（工程）劳动安全卫生监察规定》

和《建设工程项目（工程）劳动安全卫生预评价管理办法》的规定，为预测和分析建设工程项目存在的职业危险、危害因素的种类和危险危害程度，并提出先进、科学、合理可行的劳动安全卫生技术和管理对策所需的费用。包括编制建设工程项目劳动安全卫生预评价大纲和劳动安全卫生预评价报告书以及为编制上述文件所进行的工程分析和环境现状调查等所需费用。

劳动安全卫生评价费依据劳动安全卫生预评价委托合同计列，或参照建设工程项目所在省（市、自治区）劳动行政部门规定的标准计算。

（七）场地准备及临时设施费

场地准备及临时设施费是指建设场地准备费和建设单位临时设施费。

（1）场地准备费是指建设工程项目为达到工程开工条件所发生的场地平整和对建设场地遗留的有碍于施工建设的设施进行拆除清理的费用。

（2）临时设施费是指为满足施工建设需要而供到场地界区的、未列入工程费用的临时水、电、路、讯、气等其他工程费用和建设单位的现场临时建（构）筑物的搭设、维修、拆除、摊销或建设期间租赁费用，以及施工期间专用公路或桥梁的加固、养护、维修等费用。此项费用不包括已列入建筑安装工程费用中的施工单位临时设施费用。

场地准备及临时设施应尽量与永久性工程统一考虑。建设场地的大型土石方工程应进入工程费用中的总图运输费用中。

新建项目的场地准备和临时设施费应根据实际工程量估算，或按工程费用的比例计算。改扩建项目一般只计拆除清理费。

$$场地准备和临时设施费＝工程费用×费率＋拆除清理费$$

发生拆除清理费时可按新建同类工程造价或主材费、设备费的比例计算。凡可回收材料的拆除工程采用以料抵工方式冲抵拆除清理费。

（八）引进技术和进口设备其他费

引进技术及进口设备其他费用，包括出国人员费用、国外工程技术人员来华费用、技术引进费、分期或延期付款利息、担保费以及进口设备检验鉴定费。

1. 出国人员费用

指为引进技术和进口设备派出人员到国外培训和进行设计联络、设备检验等的差旅费、制装费、生活费等。这项费用根据设计规定的出国培训和工作的人数、时间及派往国家，按财政部、外交部规定的临时出国人员费用开支标准及中国民用航空公司现行国际航线票价等进行计算，其中使用外汇部分应计算银行财务费用。

2. 国外工程技术人员来华费用

指为安装进口设备、引进国外技术等聘用外国工程技术人员进行技术指导工作所发生的费用。包括技术服务费、外国技术人员的在华工资、生活补贴、差旅费、医药费、住宿费、交通费、宴请费、参观游览等招待费。这项费用按每人每月费用指标计算。

3. 技术引进费

指为引进国外先进技术而支付的费用。包括专利费、专有技术费（技术保密费）、国外设计及技术资料费、计算机软件费等。这项费用根据合同或协议的价格计算。

4. 分期或延期付款利息

指利用出口信贷引进技术或进口设备采取分期或延期付款的办法所支付的利息。

5. 担保费

指国内金融机构为买方出具保函的担保费。这项费用按有关金融机构规定的担保率计算（一般可按承保金的 5‰ 计算）。

6. 进口设备检验鉴定费用

指进口设备按规定付给商品检验部门的进口设备检验鉴定费。这项费用按进口设备货价的 3‰～5‰ 计算。

（九）工程保险费

工程保险费是指建设工程项目在建设期间根据需要对建筑工程、安装工程、机器设备和人身安全进行投保而发生的保险费用。包括建筑安装工程一切险、进口设备财产保险和人身意外伤害险等。不包括已列入施工企业管理费中的施工管理用财产、车辆保险费。不投保的工程不计取此项费用。

不同的建设工程项目可根据工程特点选择投保险种，根据投保合同计列保险费用，编制投资估算和概算时可按工程费用的比例估算。

（十）特殊设备安全监督检验费

特殊设备安全监督检验费是指在施工现场组装的锅炉及压力容器、压力管道、消防设备、燃气设备、电梯等特殊设备和设施，由安全监察部门按照有关安全监察条例和实施细则以及设计技术要求进行安全检验，应由建设工程项目支付的，向安全监察部门缴纳的费用。

特殊设备安全监督检验费按照建设工程项目所在省（市、自治区）安全监察部门的规定标准计算。无具体规定的，在编制投资估算和概算时可按受检设备现场安装费的比例估算。

（十一）市政公用设施建设及绿化补偿费

市政公用设施建设及绿化补偿费是指使用市政公用设施的建设工程项目，按照项目所在地省一级人民政府有关规定建设或缴纳的市政公用设施建设配套费用，以及绿化工程补偿费用。按工程所在地人民政府规定标准计列；不发生或按规定免征项目不计取。

三、与未来企业生产经营有关的其他费用

（一）联合试运转费

是指新建项目或新增加生产能力的项目，在交付生产前按照批准的设计文件所规定的工程质量标准和技术要求，进行整个生产线或装置的负荷联合试运转或局部联动试车所发生的费用净支出（试运转支出大于收入的差额部分费用）。

联合试运转费不包括应由设备安装工程费用开支的调试及试车费用，以及在试运转中暴露出来的因施工原因或设备缺陷等发生的处理费用。

不发生试运转或试运转收入大于（或等于）费用支出的工程，不列此项费用。

（二）生产准备费

（1）生产职工培训费。自行培训、委托其他单位培训人员的工资、工资性补贴、职工福利费、差旅交通费、学习资料费、学费、劳动保护费。

（2）生产单位提前进厂参加施工、设备安装、调试等以及熟悉工艺流程及设备性能等人员的工资、工资性补贴、职工福利费、差旅交通费、劳动保护费等。

（三）办公和生活家具购置费

是指为保证新建、改建、扩建项目初期正常生产、使用和管理所必须购置的办公和生活家具、用具的费用。改、扩建项目所需的办公和生活用具购置费，应低于新建项目。其范围包括办公室、会议室、资料档案室、阅览室、文娱室、食堂、浴室、理发室和单身宿舍。

第五节　预备费及建设期贷款利息

一、预备费

按我国现行规定，预备费包括基本预备费和价差预备费（涨价预备费）。

（一）基本预备费

基本预备费是指在初步设计及概算内难以预料的工程和费用。

（1）在批准的初步设计范围内，技术设计、施工图设计及施工过程中所增加的工程和费用，设计变更、局部地基处理等增加的费用。

（2）一般自然灾害造成损失和预防自然灾害所采取的措施费用。实行工程保险的工程项目费用应适当降低。

（3）竣工验收时为鉴定工程质量对隐蔽工程进行必要的挖掘和修复费用。

基本预备费的计算公式为：

基本预备费＝(设备及工器具购置费＋建筑安装工程费用＋工程建设其他费用)×基本预备费率

（二）价差预备费

价差预备费指在项目建设期间，由于价格等变化引起工程造价变化的预测预留费用。

费用内容包括：人工、设备、材料、施工机械的价差费，安装工程费及设备工程其他费用调整，利率、汇率调整等增加的费用。涨价预备费一般是根据国家规定的投资综合价格指数，以估算年份价格水平的投资额为基数，采用复利方法计算。计算公式为：

$$PF = \sum_{t=1}^{n} I_t [(1+f)^t - 1]$$

式中　　PF——价差预备费；

　　　　n——建设期年份数；

　　　　I_t——估算静态投资额中第 t 年投入的工程费用；

　　　　f——年涨价率。

【例题 2-4】 某建设项目，建设期为 3 年，各年投资计划额如下，第一年投资 7200 万元，第二年 10800 万元，第三年 3600 万元，年均投资价格上涨率为 6%，求建设项目建设期间涨价预备费。

解：

第一年涨价预备费为：

$$PF_1 = I_1[(1+f)-1] = 7200 \times 0.06 = 432(万元)$$

第二年涨价预备费为：

$$PF_2=I_2[(1+f)^2-1]=10800\times(1.062-1)=1334.88(万元)$$

第三年涨价预备费为：

$$PF_3=I_3[(1+f)^3-1]=3600\times(1.063-1)=687.66(万元)$$

所以，建设期的涨价预备费为：

$$PF=432+1334.88+687.66=2454.54(万元)$$

二、建设期贷款利息

建设期贷款利息包括向国内银行和其他非银行金融机构贷款、出口信贷、外国政府贷款、国际商业银行贷款以及在境内外发行的债券等在建设期内应偿还的贷款利息。在考虑资金时间价值的前提下，建设期贷款利息实行复利计息。对于贷款总额一次性贷出且利息固定的贷款，建设期贷款本息直接按复利公式计算。但当总贷款是分年均衡发放时，复利利息的计算就较为复杂。公式为：

$$q_j=\left[p_{j-1}+\frac{1}{2}A_j\right]\times i$$

式中　q_j——建设期第j年应计利息；

p_{j-1}——建设期第$j-1$年末贷款余额，它由第$j-1$年末贷款累计再加上此时贷款利息累计；

A_j——建设期第j年支用贷款；

i——年利率。

【例题 2-5】 某新建项目，建设期为 3 年，共向银行贷款 1500 万元，贷款时间分别为：第一年 400 万，第二年 600 万，第三年 500 万元，年利率为 6％。试计算建设期利息。

解：建设期各年利息计算如下：

第一年应计利息＝400/2×6％＝12(万元)

第二年应计利息＝(400+12+600/2)×6％＝42.72(万元)

第三年应计利息＝(400+12+600+42.72+500/2)×6％＝78.28(万元)

建设期利息总额为：12+42.72+78.28＝133(万元)

习　题

一、单项选择题

1. 工程造价中的主要构成部分是（　　）。

A. 流动资金　　　　　　　　　　B. 建设期利息

C. 固定资产投资方向调节税　　　D. 建设投资

2. 建筑安装工程费中的人工费是指（　　）。

A. 施工现场所有人员的工资性费用

B. 施工现场与建筑安装施工直接有关人员的工资性费用

C. 直接从事建筑安装工程施工的生产工人开支的各项费用

D. 直接从事建筑安装工程施工的生产工人及机械操作人员开支的各项费用

3. 夜间施工照明发生的费用属于（　　）。

A. 施工管理费   B. 技术措施项目费

C. 措施项目费   D. 其他费用

4. 按照《建筑安装工程费用项目组成》（建标〔2013〕44号文件）规定下列费用中不属于规费的有（   ）。

A. 工程排污费   B. 社会保险费   C. 住房公积金   D. 劳动保险费

5. 钢筋混凝土工程属于（   ）。

A. 单项工程   B. 分项工程   C. 单位工程   D. 分部工程

6. 建筑安装工程费用中的税金不包括（   ）。

A. 增值税   B. 所得税   C. 城乡维护建设税   D. 教育费附加

7. 在建筑安装工程费用构成中，企业按规定为工人缴纳的住房公积金属于（   ）。

A. 人工费   B. 施工管理费   C. 规费   D. 税金

8. 某市建筑公司承建某县政府办公楼，工程不含税造价为2000万元，该施工企业应缴纳的增值税为（   ）万元。

A. 60   B. 225   C. 210   D. 220

9. 某建筑公司承建某市政府办公楼，工程不含税造价为3200万元，该施工企业应缴纳的城市维护建设税为（   ）万元。

A. 24.64   B. 17.6   C. 10.56   D. 7.04

10. 某施工企业在某工地现场需搭建可周转使用的临时建筑物800m²，若该建筑物每平方米造价为150元，可周转使用3年，年利用率为75%，不计其一次性拆除费用。现假定施工项目合同工期为265天（一年按365天计算），则该建筑物应计周转使用的临建费为（   ）万元。

A. 3.41   B. 3.87   C. 3.96   D. 4.05

11. 在进口设备交货类别中，买方承担风险最大的交货方式是（   ）。

A. 在进口国目的港码头交货   B. 在出口国装运港口交货

C. 在进口国内陆指定地点交货   D. 在出口国内陆指定地点交货

12. 某进口设备，到岸价格（CIF）为5600万元，关税税率为21%，增值税税率为17%，无消费税，则该进口设备应缴纳的增值税为（   ）万元。

A. 2128.0   B. 1151.92   C. 952.00   D. 752.08

13. 进口设备采用装运港船上交货价（FOB）时，卖方需承担的责任是（   ）。

A. 租舱，支付运费   B. 办理出口手续，并将货物装上船

C. 装船后的一切风险和运费   D. 办理海外运并输保险并支付保险费

14. 国产标准设备原价，一般是按（   ）计算的。

A. 带有备件的原价   B. 定额估价法

C. 系列设备插入估价   D. 分组估价

15. 我国现行建筑安装工程定额规定，建筑企业施工管理用车辆的保险费应计入（   ）。

A. 企业管理费   B. 其他直接费

C. 工程建设其他费用   D. 现场管理费

16. 为安装进口设备，聘用外国工程技术人员进行指导所发生的费用应计入（   ）。

A. 研究试验费   B. 工程承包费

C. 引进技术和进口设备其他费用   D. 生产准备费

17. 按我国现行投资构成，下列费用中不属于工程建设其他费用是（   ）。

A. 勘察设计费   B. 研究试验费

C. 建设期贷款利息   D. 联合试运转费

18. 我国现行建设项目工程造价的构成中，工程建设其他费用包括（   ）。

A. 基本预备费   B. 税金

C. 建设期贷款利息   D. 与未来企业生产经营有关的其他费用

19. 我国现行建设项目总投资及工程造价构成中，流动资产投资应是（   ）。

A. 铺底流动资金   B. 流动资金

C. 工器具及生产家具购置费   D. 建设期贷款利息

20. 某进口设备 FOB 价为人民币 1200 元，国际运费 72 万元，国际运输保险费用 4.47 万元，关税 217 万元，银行财务费 6 万元，外贸手续费 19.15 万元，增值税 253.89 万元，消费税率为 5%，则该设备的消费税为（   ）万元。

A. 78.60   B. 74.67   C. 79.93   D. 93.29

21. 卖方在进口国内地交货的方式属于（   ）。

A. 内陆交货类   B. 目的地交货类

C. 装运港交货类   D. 装运港船上交货类

22. 在生产性工程建设中，设备及工、器具购置费用占工程造价比例的增大，意味着（   ）。

A. 工程造价的提高   B. 资本有机构成的提高

C. 生产成本的提高   D. 建设成本的提高

23. 某工程投资中，设备、建筑安装和工程建设其他费用分别为 600 万元、1000 万元和 400 万元，基本预备费率为 10%。投资建设期二年，各年投资额相等。预计年均投资价格上涨 5%，则该工程的涨价预备费为（   ）万元。

A. 152.50   B. 100   C. 167.75   D. 52.50

24. 某项目进口一批工艺设备，其银行财务费为 4.25 万元，外贸手续费为 18.9 万元，关税税率为 20%，增值税税率为 17%，抵岸价为 1792.19 万元。该批设备无消费税、海关监管手续费，则该批进口设备的到岸价格（CIF）为（   ）万元。

A. 747.19   B. 1260   C. 1291.27   D. 1045

25. 某项目购买一台国产设备，其购置费为 1325 万元，运杂费率为 12%，则该设备的原价为（   ）万元。

A. 1166   B. 1183   C. 1484   D. 1506

26. 在进口设备交货类别中，对买方有利而对卖方不利的交货方式是（   ）。

A. 在出口国装运港口交货   B. 在出口国内陆指定地点交货

C. 在进口国目的港码头交货   D. 在进口国目的港船边交货

27. 按照成本计算估价法，下列（   ）不属于国产非标准设备原价的组成范围。

A. 外购配套件费   B. 废品损失费

C. 包装费   D. 增值税

28. 土地征用及迁移补偿费是指建设项目通过（   ）支付的费用。

A. 划拨方式，取得有限期土地使用权

B. 划拨方式，取得无限期土地使用权

C. 土地使用权出让方式，取得无限期土地使用权

D. 土地使用权出让方式，取得有限期土地使用权

29. 按现行对基本预备费内容的规定，下列费用中不属于基本预备费范围的是（　　）。

A. 设计变更增加的费用　　　　　　B. 局部地基处理增加的费用

C. 利率调整增加的费用　　　　　　D. 预防自然灾害采取的措施费

30. 在进口设备交货类别中，对买方不利而对卖方有利的交货方式是（　　）。

A. 在出口国装运港口交货　　　　　B. 在出口国内陆指定地点交货

C. 在进口国目的港码头交货　　　　D. 在进口国目的港船边交货

二、多项选择题

1. 在建筑安装工程费用构成中，下列属于税金的有（　　）。

A. 地方教育附加　　B. 消费税　　C. 城市维护建设税　　D. 教育费附加

E. 土地税

2. 企业管理费是指建筑安装企业组织施工生产和经营管理所需费用，包括（　　）。

A. 管理人员工资　　B. 固定资产使用费　　C. 环境保护费　　D. 劳动保险费

E. 差旅交通费

3. 施工过程中的材料费应包括以下内容中的（　　）。

A. 材料原价　　B. 检验试验费　　C. 运输损耗费　　D. 采购及保管费

E. 废品损失费

4.《建筑安装工程费用项目组成》（建标［2013］44号文件）中社会保险费包括（　　）。

A. 劳动保险费　　B. 医疗保险费　　C. 失业保险费　　D. 养老和生育保险

E. 工伤保险

5.《建筑安装工程费用项目组成》（建标［2013］44号文件）中材料费应包括（　　）。

A. 材料原价　　　　　　　　　　　B. 运杂费

C. 运输损耗费　　　　　　　　　　D. 采购及保管费

E. 废品损失费

6. 下列费用中不属于措施项目费用的是（　　）。

A. 安全文明施工费　　　　　　　　B. 二次搬运费

C. 工程排污费　　　　　　　　　　D. 工程定位复测费

E. 施工机具用具使用费

7. 按照《建筑安装工程费用项目组成》（建标［2013］44号文件）规定下列费用中属于规费的有（　　）。

A. 工程排污费　　　　　　　　　　B. 社会保险费

C. 住房公积金　　　　　　　　　　D. 劳动保险费

E. 危险作业意外伤害保险费

8. 综合单价的组成包括（　　）。

A. 人工费　　　　B. 材料费　　　　C. 机械费　　　　D. 税金

E. 管理费和利润

9. 下列费用中可计入国产非标准设备原价的是（　　）。

A. 材料费（包括辅助材料费）　　　　B. 非标设备设计费

C. 设备运杂费　　　　　　　　　　D. 废品损失费

E. 利润、税金

10. 按我国现行投资构成，下列费用中，与项目建设有关的其他费用是（　　　）。

A. 建设单位管理费　　　　　　　　　　B. 生产准备费

C. 办公和生产家具购置费　　　　　　　D. 工程承包费

E. 引进技术和进口设备其他费用

11. 进口车辆需缴纳进口车辆购置附加费，其计费基础中包括（　　　）。

A. 抵岸价　　　　　B. 外贸手续费　　　　C. 消费税　　　　D. 增值税

E. 银行财务费

12. 在下列费用中，属于与未来企业生产经营有关的其他费用有（　　　）。

A. 办公和生活家具购置费　　　　　　　B. 工器具及生产家具购置费

C. 生产准备费　　　　　　　　　　　　D. 供电贴费

E. 建设单位开办费

三、计算题

1. 某项目的静态投资为 5000 万元，按进度计划，项目建设期为两年，两年的投资分年使用，比例为第一年 60%，第二年 40%，建设期内平均价格变动率预测为 3%，试计算项目建设期的涨价预备费。

2. 某建设项目建设期 2 年，贷款总额为 200 万元，两年均衡贷出，年利率为 10%，试计算建设期贷款利息。

四、综合计算题

某建设项目，有关数据资料如下。

1. 项目的设备及工器具购置费为 2400 万元；

2. 项目的建筑安装工程费为 1300 万元；

3. 项目的工程建设其他费用为 800 万元；

4. 基本预备费费率为 10%；

5. 年均价格上涨率为 6%；

6. 项目建设期为二年，第一年建设投资为 60%，第二年建设投资为 40%，建设资金第一年贷款 1200 万元，第二年贷款 700 万元，贷款年利率为 8%，计算周期为半年；

7. 设备购置费中的国外设备购置费 90 万美元为自有资金，估算投资汇率为 1 美元＝8.3 元人民币，于项目建设期第一年末投资，项目建设期内对人民币升值，汇率年均上涨 5%；

8. 固定资产投资方向调节税税率为 10%。

根据以上资料计算：

1. 项目的基本预备费应是多少？

2. 项目的静态投资是多少？

3. 项目的涨价预备费是多少？

4. 项目建设期贷款利息是多少？

5. 汇率变化对建设项目的投资额影响多大？

6. 项目固定资产投资方向调节税是多少？

7. 项目投资的动态投资是多少？

第三章

工程定额原理与编制

第一节　建设工程计价

工程计价是指按照规定的程序、方法和依据，对工程造价及其构成内容进行估计或确定的行为。工程计价依据是指在工程计价活动中，所要依据的与计价内容、计价方法和价格标准相关的工程计量计价标准、工程计价定额及工程造价信息等。

一、工程计价基本原理

建设项目是兼具单件性与多样性的集合体。每一个建设项目都需要按业主的特定需要进行单独设计、单独施工，不能批量生产和按整个项目确定价格，只能采用特殊的计价程序和计价方法，即将整个项目进行分解，划分为可以按有关技术经济参数测算价格的基本构造单元，这样就可以计算出基本构造单元的费用。一般来说，分解结构层次越多，基本子项也越细，计算也更精确。

工程造价计价的主要思路就是将建设项目细分至最基本的构造单元，找到了适当的计量单位及当时当地的单价，就可以采取一定的计价方法，进行分部组合汇总，计算出相应工程造价。工程计价的基本原理就在于项目的分解与组合。

工程计价的基本原理可以用公式的形式表达如下：

分部分项工程费＝∑[基本构造单元工程量(清单项目或定额项目)×相应单价]

工程造价的计价可分为工程计量和工程计价两个环节。

1. 工程计量

工程计量工作包括项目的划分和工程量的计算。

(1) 单位工程基本构造单元的确定，即划分工程项目。编制工程概预算时，主要是按工程定额进行项目划分；编制工程量清单时，主要是按照工程量清单计量规范规定的清单项目进行划分。

(2) 工程量的计算就是按照工程项目的划分和工程量计算规则，按施工图设计文件和施工组织设计对分项工程实物量进行计算。工程实物量是计价的基础，不同的计价依据由不同的计算规则规定。目前，工程量计算规则分为两大类，即各类工程定额规定的计算规则和各专业工程计算规范规定的计算规则。

2. 工程计价

工程计价包括工程单价的确定和工程总价的计算。

工程单价是指完成相应分部分项工程的基本构造单元的相应工程量所需要的基本费用。工程单价分为工料单价、不完全费用的综合单价和全费用综合单价。

工料单价是指仅包含人工费、材料费、施工机具使用费三项费用的单价，是各种人工消耗量、各种材料消耗量、各类施工机具台班消耗量与其相应单价的乘积之和。

不完全费用综合单价简称综合单价，它包括人工费、材料费、施工机具使用费、企业管理费和利润以及一定范围的风险费用。由于该综合单价仅包含建筑安装工程费用中七大要素中的五大要素，所以称之为不完全费用综合单价。综合单价应根据国家、地区、行业定额或企业定额消耗量和相应生产要素的市场价格来确定。

全费用综合单价包括人工费、材料费、施工机具使用费、企业管理费、利润、规费和税金以及一定范围的风险费用。由于该综合单价包含建筑安装工程费用中七大要素中的所有要素，所以称之为全费用综合单价。

工程总价是指经过规定的程序或办法逐级汇总形成的相应工程造价。

采用综合单价时，在综合单价确定后，乘以相应项目工程量，经汇总即可得出分部分项工程费，再按相应的办法计取措施项目、其他项目、规费项目、税金项目，各项目费汇总后得出相应工程造价。

采用全费用综合单价时，在全费用综合单价确定后，乘以相应项目工程量并汇总后即形成相应的工程造价。

二、建设工程计价标准和依据

工程计价标准和依据主要包括计价活动的相关规则规程、工程量清单计价和计量规范、工程定额和相关造价信息。

1. 计价活动的相关规章规程

现行计价活动相关的规章规程主要包括建筑工程发包与承包计价管理办法、建设项目投资估算编制规程、建设项目设计概算编制规程、建设项目施工图预算编制规程、建设工程招标控制价编制规程、建设项目工程结算编制规程、建设项目全过程造价咨询规程、建设工程造价咨询成果文件质量标准、建设工程造价鉴定规程等。

2. 工程量清单计价规范

现行工程量清单计价规范由《建设工程工程量清单计价规范》GB 50500、《房屋建筑与装饰工程工程量计算规范》GB 50854、《仿古建筑工程工程量计算规范》GB 50855、《通用安装工程工程量计算规范》GB 50856、《市政工程工程量计算规范》GB 50857、《园林绿化工程工程量计算规范》GB 50858、《矿山工程工程量计算规范》GB 50859、《构筑物工程工程量计算规范》GB 50860、《城市轨道交通工程工程量计算规范》GB 50861、《爆破工程工程量计算规范》GB 50862 等组成。

3. 工程定额

工程定额主要是指国家、省、有关专业部门制定的各种定额，包括工程消耗量定额和工程计价定额等。

4. 工程造价信息

工程造价信息主要包括价格信息、工程造价指数和已完工程信息等。

三、工程量清单计价程序

按照现行工程量清单计价规范规定，在各相应专业工程计算规范规定的工程量清单项目设置和工程量计算规则基础上，针对具体工程的施工图纸和施工组织设计计算出各个清单项目的工程量，根据规定的方法计算出综合单价，并汇总各清单合价得出工程总价。

(1) 分部分项工程费＝Σ（分部分项工程量×相应分部分项综合单价）；

(2) 措施项目费＝Σ各措施项目费；

(3) 其他项目费＝暂列金额＋暂估价＋计日工＋总承包服务费；

(4) 单位工程报价＝分部分项工程费＋措施项目费＋其他项目费＋规费＋税金；

(5) 单项工程报价＝Σ单位工程报价；

(6) 建设项目总报价＝Σ单项工程报价。

工程量清单计价活动涵盖施工招标、合同管理以及竣工交付全过程，主要包括：编制工程量清单、招标控制价、投标报价、确定合同价，进行工程计量与价款支付、合同价调整、工程结算和工程计价纠纷处理等活动。

四、工程定额体系

工程定额是指完成规定计量单位的合格建筑安装产品所消耗资源的数量标准。工程定额是一个综合概念，是建设工程造价计价和管理中各类定额的总称，包括许多种类的定额，可以按照不同的原则和方法进行分类。

按生产要素分类：劳动定额、材料消耗定额和机械台班使用定额。

按定额的编制程序和用途分类：基础定额、企业定额、消耗量定额（或预算定额）、概算定额、概算指标和估算指标。

按管理权限和执行范围分类：全国统一定额、专业专用和专业通用定额、地方统一定额、企业补充定额、临时定额。

按专业和费用分类：建筑工程定额、设备安装工程定额、建筑安装工程费用定额、工器具定额、工程建设其他费用定额。

实行定额的目的，是为了力求用最少的人力、物力和财力，生产出符合质量标准的合格建筑产品，取得最好的经济效益。定额既是使建筑安装活动中的计划、设计、施工、安装各项工作取得最佳经济效益的有效工具和杠杆，又是衡量、考核上述工作经济效益的尺度。它在企业管理中占有十分重要的地位。不同的定额及其在使用中的作用也不完全一样，但它们之间是相互联系的，在实际工作中有时需要相互配合使用。

五、建筑工程定额的性质

定额具有科学性、系统性、统一性、指导性、群众性、稳定性和时效性等性质。

1. 科学性

建筑工程定额的科学性，表现在定额是在认真研究客观规律的基础上，遵循客观规律的要求，实事求是地运用科学的方法制定的；是在总结广大工人生产经验的基础上根据技术测量和统计分析等资料，并经过综合分析研究后制定的。定额还考虑了已经成熟推广的先进技术和先进的操作方法，正确反映当前生产力水平的单位产品所需要的生产消耗量。

2. 系统性

建设工程是一个庞大的实体系统，定额是为这个实体系统服务的。建设工程本身的多种类、多层次就决定了以它为服务对象的定额的多种类、多层次。建设工程都有严格的项目划分，如建设项目、单项工程、单位工程、分部分项工程；在计划和实施过程中有严密的逻辑阶段，如可行性研究、设计、施工、竣工交付使用以及投入使用后的维修。与此相适应必然造成定额的多种类、多层次。

3. 统一性

建筑工程定额的统一性，主要是由国家对经济发展的有计划的宏观调控职能所决定的。为了使国民经济按照既定的目标发展，就需要借助于某些标准、定额、规范等，对建设工程进行规划、组织、调节、控制。而这些标准、定额、规范必须在一定范围内是一种统一的尺度才能实现上述职能，才能利用它对项目的决策、设计方案、投标报价、成本控制进行比较和评价。为了建立全国统一建设市场和规范计价行为，"计价规范"统一了分部分项工程项目名称、项目特征、计量单位、工程量计算规则及项目编码。

4. 指导性

建筑工程定额的指导性表现为在企业定额还不完善的情况下，为了有利于市场公平竞争、优化企业管理、确保工程质量和施工安全的工程计价标准，规范工程计价行为，指导企业自主报价，为实行市场竞争形成价格奠定坚实的基础。企业可在基础定额的基础上，自主编制企业内部定额，逐步走向市场化，与国际计价方法接轨。

5. 群众性

建筑工程定额的群众性是指定额来自群众，又贯彻于群众。定额的制定和执行，具有广泛的群众基础。定额的编制采用工人、技术人员和定额专职人员相结合的方式，使得定额能从实际水平出发，并保持一定的先进性质。它能把群众的长远利益和当前利益，广大职工的劳动效率和工作质量，国家、企业和劳动者个人三者的物质利益结合起来，充分调动广大职工的积极性，完成或超额完成工程任务。

6. 稳定性

建筑工程定额中的任何一种定额都是一定时期技术发展和管理水平的反映，因而在一段时间内都表现为稳定的状态。根据具体情况不同，稳定的时间有长有短，一般在 5~10 年，坚持定额的稳定性是有效地贯彻定额所必需的。如果某种定额处于经常修改变动之中，那么必然造成执行中的困难和混乱，使人们感到没有必要去认真对待它。定额的不稳定也会给定额的编制工作带来极大的困难，而定额的稳定性是相对的。

7. 时效性

建筑工程定额中的任何一种定额，都只能反映出一定时期的生产力水平，当生产力向前发展了，定额就会变得不适应。当定额不再起到它应有的作用时，定额就要重新编制和进行修订。所以说，定额具有显著的时效性，即新定额一旦产生，旧定额就停止使用。

第二节 施工定额的编制

施工定额是最基础的定额，由劳动（人工）定额、材料定额、机械台班定额组成，是一种计量性定额。施工定额是按照社会平均先进水平编制的，反映企业的施工水平、装备水平和管理水平，是考核施工企业劳动生产率水平、管理水平的标尺，是施工企业确定工程成本和投标报价的依据。

一、施工过程分解及工序工作时间研究

（一）施工过程的涵义和分解

1.施工过程的涵义

施工过程就是在建设工地范围内所进行的生产过程。建筑安装施工过程与其他物质生产过程一样，也包括生产力三要素，即劳动者、劳动对象、劳动工具，也就是说，施工过程是由不同工种、不同技术等级的建筑安装工人完成的，并且必须有一定的劳动对象——建筑材料、半成品、构件、配件等，使用一定的劳动工具——手动工具、小型机具和机械等。

2.施工过程的分解

（1）根据施工过程组织上的复杂程度，可以分解为复合过程、工作过程和工序。施工过程的组成见图3-1。

1）复合过程 复合过程又称综合工作过程，它是由几个工作过程组成的，它们必须是在组织上发生直接关系、最终产品一致并在同时间进行的工作过程。例如整个砌墙工程、抹灰工程等都是复合过程。

图3-1 施工过程组成图

2）工作过程 工作过程是由同一工人（小组）所完成的、在技术操作上相互联系的工序的组合。其特点是人员编制不变，工作地点不变，而材料和工具可以变换。例如砌砖、运砂浆、搅拌砂浆等都是工作过程。

3）工序 工序是在组织上不可分割，而在技术上属于同类操作的组合。工序的基本特点是工作者不变、劳动对象不变、劳动工具和工作地点也不变。在工作中如有其中的一项发生变化，即表明已由一个工序转入了另一个工序。如铺灰、摆砖等都属工序。

（2）按照工艺特点，施工过程可以分为循环施工过程和非循环施工过程两类。凡是各组成部分按一定顺序依次循环进行，并且每经一次重复都可以产生出同一种产品的施工过程，称为循环施工过程，反之，若施工过程的工序或其组成部分不是以同样的次序重复，或者产生出来的产品各不相同，这种施工过程则称之为非循环施工过程。

（二）工序工作时间研究

研究施工中的工序工作时间最重要的目的是确定施工的时间定额和产量定额，其前提是对工作时间按其消耗性质进行分类，以便研究工时消耗的数量及其特点。

工作时间，是指工作班延续时间。对工作时间消耗的研究，可以分为两个系统进行，即工人工作时间的消耗和工人所使用的机器工作时间的消耗。

1.工人工作时间消耗研究

工人在工作班内消耗的工作时间，可分为必须消耗的时间（定额时间）和损失时间（非定额时间）两部分。

定额时间是为完成某一部分建筑产品所必须消耗的工作时间。它是由休息时间、有效工作时间及不可避免的中断时间三部分组成。工人工作时间分析图见图3-2。

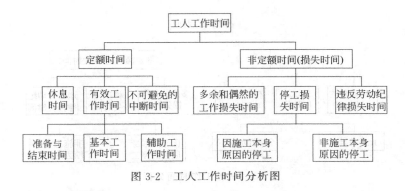

图 3-2　工人工作时间分析图

(1) 休息时间是指工人为了恢复体力所必需的暂时休息，以及工人生理需要（喝水、小便等）所消耗的时间。

(2) 不可避免的中断时间是由于在施工中技术操作及施工组织本身的特点所必须中断的时间。如汽车司机等候装货、安装工人等候屋架起吊时所消耗的时间。

(3) 有效工作时间是指工人完成生产任务起着积极效果所消耗的时间。它包括准备与结束时间、基本工作时间和辅助工作时间。

1) 准备与结束时间是指工人在工作开始前的准备工作（如研究图纸、接受技术交底、领取工具等）和下班前或任务完成后的结束工作（如工具清理、工作地点的清理等）。

2) 基本工作时间是指工人直接完成某项产品所必须消耗的工作时间。

3) 辅助工作时间是指为完成基本工作而需要的辅助工作时间（如浇混凝土前先润湿模板，砌砖中起线、收线等）。

非定额时间是指非生产必需的工作时间（损失时间）。它由多余和偶然工作损失时间、停工损失时间和违反劳动纪律的损失时间三部分组成。

(1) 多余和偶然工作损失时间是指在正常施工条件下不应发生的，或是意外因素所造成的时间消耗。如产品质量不合格的返工、扶起倾倒的手推车等。

(2) 违反劳动纪律的损失时间是指工人迟到、早退、擅自离开工作岗位、工作时间闲谈等影响工作的时间，也包括个别人违反劳动纪律而影响其他工人导致无法工作的工时损失。

(3) 停工损失时间是指工作班内工人停止工作而造成的工时损失。它可以分为施工本身造成的和非施工本身造成的两种停工时间。因施工本身原因的停工是指由于施工组织不当所造成的停工（如停工待料等）。非施工本身原因的停工是指由于外部原因造成的停工（如气候突变、停水、停电等）。

2. 机械工作时间消耗研究

机械工作时间的消耗，按其性质也分为必须消耗的时间（定额时间）和损失时间（非定额时间）两部分。具体如图 3-3 所示。

(1) 机械的定额时间包括机械的有效工作时间、不可避免的无负荷时间和不可避免的中断时间三部分。

1) 有效工作时间包括正常负荷下的工作时间和降低负荷下的工作时间。正常负荷下的工作时间是指机械在其说明书规定的正常负荷下进行工作的时间。降低负荷下的工作时间是指由于受施工的操作条件、材料特性的限制，造成机械在低于其规定的负荷下工作的时间。如汽车装运某种货物，其体积大重量轻，而不能充分利用其载重吨位。

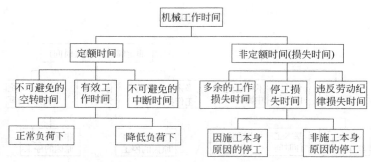

图 3-3　机械工作时间分析图

2）不可避免的中断时间是指由于技术操作和施工过程组织的特性而造成的机械工作中断时间，其中又可分为：与操作有关的不可避免的中断时间，例如汽车装卸货的停歇时间；与机械有关的不可避免的中断时间，如工人在准备与结束工作时使机械暂停的中断时间；因工人必需的休息时间而引起的机械工作中断时间。

3）不可避免的空转时间是由于施工过程的特性和机械的特点引起的空转时间。如铲运机返回到铲土地点。

（2）机械的非定额时间包括多余的工作时间、停工损失时间、违反劳动纪律的损失时间三部分。

1）多余的工作损失时间是指可以避免的机械无负荷下的工作时间或者在负荷下的多余工作的时间。前者如工人没及时给混凝土搅拌机装料而引起的空转，后者如混凝土搅拌机搅拌混凝土时超过规定的搅拌时间。

2）停工损失时间是指由于施工本身和非施工本身所造成的停工时间。前者是由于施工组织不完善、机械维护不良引起的停工时间。后者是由于气候条件（如暴风雨等）和外来的原因（如水电源中断）引起的停工时间。

3）违反劳动纪律的损失时间是指由于工人迟到、早退及其他违反劳动纪律的行为而引起的机械停歇。

二、人工消耗量定额的编制

（一）人工定额的概念

人工定额是劳动消耗定额的简称，有时候也叫劳动定额。它规定在一定生产技术组织条件下，完成单位合格产品所必需的劳动消耗量的标准。这个标准是国家或企业对工人在单位时间内完成的产品数量、质量的综合要求。它表示建筑安装工人劳动生产率的一个先进合理指标。

全国统一劳动定额与企业内部劳动定额在水平上具有一定的差别。企业应以全国统一劳动定额或地区统一劳动定额为标准结合企业实际情况，制定符合本企业实际的企业内部劳动定额，不能完全照搬照套。

劳动定额按其表现形式有时间定额和产量定额两种。

1.时间定额

时间定额是指在一定的生产技术和生产组织条件下，某工种、某技术等级的工人小组或个人，完成单位合格产品所必须消耗的工作时间。时间定额以工日为单位，每一个工日按

8h 计算。例如，普工挖 1m³ 一般土方二类土用工 0.3 工日，可以表示为 0.3 工日/m³。

2. 产量定额

产量定额是指在一定的生产技术和生产组织条件下，某工种、某技术等级的工人小组或个人，在单位时间（工日）内完成合格产品的数量。例如，普工每工日挖一般土方二类土 3.3m³，可以表示为 3.3m³/工日。

产量定额是根据时间定额计算的。其高低与时间定额成反比，两者互为倒数关系，即：

$$时间定额 = \frac{1}{产量定额}$$

$$产量定额 = \frac{1}{时间定额}$$

即：时间定额×产量定额=1

如砌 1m³ 一砖厚单面清水砖墙，时间定额 0.65 工日。那么每工日产量为 1/0.65＝1.54（m³）；反之，时间定额为 1/1.54＝0.65（工日）。

（二）人工定额编制的基本方法

1. 确定工序作业时间

根据计时观察资料的分析和选择，我们可以获得各种产品的基本工作时间和辅助工作时间，将这两种时间合并称之为工序作业时间。它是产品主要的必需消耗的工作时间，是各种因素的集中反映，决定着整个产品的定额时间。

（1）确定基本工作时间　基本工作时间在必需消耗的工作时间中占的比重很大。在确定基本工作时间时，必须细致、精确。基本工作时间消耗一般应根据计时观察资料来确定。其做法是，首先确定工作过程每中一组成部分的工时消耗，然后再综合出工作过程的工时消耗。如果组成部分的产品计量单位和工作过程的产品计量单位不符，就需先求出不同计量单位的换算系数，进行产品计量单位的换算，然后再相加，求得工作过程的工时消耗。

1）各组成部分与最终产品单位一致时的基本工作时间计算。此时，单位产品基本工作时间就是施工过程各个组成部分作业时间的总和，计算公式为：

$$T_1 = \sum_{i=1}^{n} t_i$$

式中　T_1——单位产品基本工作时间；

t_i——各组成部分的基本工作时间；

n——各组成部分的个数。

2）各组成部分单位与最终产品单位不一致时的基本工作时间计算。此时，各组成部分基本工作时间应分别乘以相应的换算系数。计算公式为：

$$T_1 = \sum_{i=1}^{n} k_i \times t_i$$

式中　k_i——对应于 t_i 的换算系数。

【例题 3-1】　砌砖墙勾缝的计量单位是平方米，但若将勾缝作为砌砖墙施工过程的一个组成部分对待，即将勾缝时间按砌墙后的砌体体积计算，设每平方米墙面所需的勾缝时间为 10min，试求各种不同墙厚每立方米砌体所需时间。

解：1 砖厚的砖墙，其每立方米砌体墙面面积的换算系数为 1÷0.24＝4.17(m²)

则每立方米砌体所需的勾缝时间为：4.17×10min＝41.7(min)

一砖半厚的墙体，其每立方米砌体墙面面积的换算系数为 $1÷0.365＝2.74(m^2)$

则每立方米砌体所需的勾缝时间为：$2.74×10min＝27.4(min)$

（2）确定辅助工作时间

辅助工作时间的确定方法与基本工作时间相同。如果在计时观察时不能取得足够的资料，也可以用工时规范或经验数据来确定。如具有现行的工时规范，可以直接利用工时规范中规定的辅助工作时间的百分比来计算。

2. 确定规范时间

规范时间内容包括工序作业时间以外的准备与结束时间、不可避免的中断时间以及休息时间。

（1）确定准备与结束时间　准备与结束工作时间分为工作日和任务两种。任务的准备与结束时间通常不能集中在某一个工作日中，而要采取分摊计算的方法，分摊在单位产品的时间定额里。

（2）确定不可避免的中断时间　在确定不可避免中断时间定额时，必须注意由工艺特点所引起的不可避免中断才可列入工作过程的时间定额。

（3）确定休息时间　休息时间应根据工作班作息制度、经验资料、计时观察资料，以及对工作的疲劳程度作全面分析来确定。同时，应考虑尽可能利用不可避免中断时间作为休息时间。

3. 确定定额时间

确定的基本工作时间、辅助工作时间、准备与结束工作时间、不可避免中断时间与休息时间之和，就是劳动定额的时间定额。根据时间定额可计算出产量定额，时间定额和产量定额互成倒数。利用工时规范，可以计算劳动定额的时间定额。计算公式如下：

工序作业时间＝基本工作时间＋辅助工作时间＝基本工作时间/[1－辅助时间(%)]

规范时间＝准备与结束工作时间＋不可避免中断时间＋休息时间

定额时间＝工序作业时间/[1－规范时间(%)]

【例题 3-2】 通过计时观察资料得知：人工挖二类土 $1m^3$ 的基本工作时间为 6h，辅助工作时占工序作业时间的 2%。准备与结束工作时间、不可避免中断时间、休息时间分别占工作日的 3%、2%、18%。则该人工挖二类土的时间定额是多少？

解：基本工作时间＝6h＝0.75(工日/m^3)

工序作业时间＝0.75/(1－2%)＝0.765(工日/m^3)

时间定额＝0.765/(1－3%－2%－18%)＝0.994(工日/m^3)

三、材料消耗量定额的编制

（一）材料的分类

合理确定材料消耗定额，必须研究和区分材料在施工过程中的类别。

1. 根据材料消耗的性质划分

施工中材料的消耗可分为必需消耗的材料和损失的材料两类。

必需消耗的材料，是指在合理用料的条件下，生产合格产品所需消耗的材料。它包括：直接用于建筑和安装工程的材料；不可避免的施工废料；不可避免的材料损耗。必需消耗的材料属于施工正常消耗，是确定材料消耗定额的基本数据。其中：直接用于建筑和安装工程的材料，编制材料净用料定额；不可避免的施工废料和材料消耗，编制材料消耗量定额。

损失的材料是指由于施工管理不善而导致的材料非正常消耗。如由于现场管理不善导致水泥结块、超期而报废的材料；由于模板缝隙过大造成损耗超过正常损耗的部分；由于安排不合理引起的质量不合格而消耗的材料等。

2. 根据材料消耗与工程实体的关系划分

施工中材料可分为实体材料和非实体材料两类。

（1）实体材料　是指直接构成工程实体的材料。它包括工程直接性材料和辅助材料。工程直接性材料主要是指一次性消耗、直接用于工程上构成建筑物或结构本体的材料，如钢筋混凝土柱中的钢筋、水泥、砂、碎石等；辅助性材料主要是指虽也是施工过程中所必需，却并不构成建筑物或结构本体的材料，如土石方爆破工程中所需要的炸药、引信、雷管等。主要材料用量大，辅助材料用量小。

（2）非实体材料　是指在施工中必需使用但又不能构成工程实体的施工措施性材料。非实体材料主要是指周转性材料，如模板、脚手架等。

（二）材料消耗量定额编制的基本方法

确定实体材料的净用量定额和材料消耗定额的计算数据，是通过现场技术测定、实验室试验、现场统计和理论计算等方法获得的。

1. 现场技术测定法

又称为观测法，是在节约和合理使用材料条件下，用来观察、测定施工现场中材料消耗定额的方法。用这种方法拟定难以避免的损耗数量最为适宜，因为该部分数值用统计和计算方法是不可能得到的。

正确选择测定对象和测定方法，是提高用观测法制定定额质量的重要条件，同时还要注意所使用的建筑材料品种和质量应符合设计和施工技术规范要求。

2. 实验室试验法

实验室试验法是指在实验室中进行试验和测定，确定材料消耗定额的方法。它只适用于在实验室条件下测定混凝土、沥青、砂浆、油漆等材料消耗。

由于试验室工作条件与现场施工条件存在一定的差别，施工中的某些因素对材料消耗量的影响，不一定能充分考虑到。因此，对测出的数据还要用观测法校核修正。

3. 现场统计法

现场统计法是通过对现场用料的大量统计资料进行分析计算，以拟定材料消耗定额的方法。此法简单易行，不需组织专人观测和试验，但不能分别确定出材料净用量和材料损耗量。其准确程度受统计资料的限制和实际使用材料的影响，存有较大的片面性。

采用此法时，必须要准确统计和测算，耗用材料与相应部位的产品完全对应。在施工现场中的某些材料，往往难以区分用在各个不同部位上的准确数量。因此，要有意识地加以区分才能得到有效的统计数据，保证定额的准确性。

4. 理论计算法

理论计算法是根据建筑材料、施工图纸等，用理论计算确定材料消耗定额的一种方法。这种方法主要适用于制定块、板类材料的消耗定额。如砖瓦、锯材、油毡、预制构件、装饰中的镶贴块料面层等。

上述四种制定材料消耗定额的方法，各有其优缺点，在制定定额时，几种方法可以结合使用，相互验证。

【例题 3-3】 计算 1m³ 用标准砖砌筑的 365mm 厚砖外墙砌体的砖数和砂浆净用量。

解：每 1m³ 砖墙的用砖数和砌筑砂浆的用量，可用下列理论计算公式计算各自的净用量：

标准砖的净用量：$A = \dfrac{1}{墙厚 \times (砖长 + 灰缝) \times (砖厚 + 灰缝)} \times k$

式中 k——墙厚的砖数×2。

砂浆净用量：$B = 1 - 砖数 \times 单块砖体积$

砖净用量 $= \dfrac{1}{0.365 \times 0.25 \times 0.063} \times 1.5 \times 2 = 521.85$(块)，取 522 块。

砂浆净用量 $= 1 - 522 \times (0.24 \times 0.115 \times 0.053) = 0.236$(m³)

材料的损耗一般以损耗率表示。材料损耗率可以通过观察法或统计法确定。材料损耗率及材料损耗量的计算通常采用以下公式：

$$损耗率 = \dfrac{损耗量}{净用量} \times 100\%$$

$$总消耗量 = 净用量 + 损耗量 = 净用量 \times (1 + 损耗率)$$

如 1.5 标准砖厚的砌体墙体的损耗率为 1%，则【例题 3-3】中：

$$标准砖的消耗量 = 522 \times (1 + 1\%) = 527(块)$$
$$砂浆的消耗量 = 0.236 \times (1 + 1\%) = 0.238(m³)$$

【例题 3-4】 某地板砖规格为 800mm×800mm，其拼缝宽度为 0.5mm，损耗率为 3%，计算 100m² 铺贴面积需用地板砖块数。

解：块料面层一般是指有一定规格尺寸的瓷砖、锦砖、花岗石板、大理石板及各种装饰板等，为了保证定额的精确度，通常以 100m² 为单位，其计算公式如下：

$$100m² \ 面层用量 = \dfrac{100}{(块长 + 拼缝) \times (块宽 + 拼缝)} \times (1 + 损耗率)$$

$$地板砖消耗量 = 100 / [(0.8 + 0.0005) \times (0.8 + 0.0005)] \times (1 + 0.03) = 161(块)$$

四、机械台班消耗量定额的编制

(一) 确定机械 1h 纯工作正常生产率

机械纯工作时间，就是指机械的必需消耗时间。机械 1h 纯工作正常生产率，就是在正常施工组织条件下，具有必需的知识和技能的技术工人操作机械 1h 的生产率。

根据机械工作特点的不同，机械 1h 纯工作正常生产率的确定方法，也有所不同。

(1) 对于循环动作机械，确定机械 1h 纯工作正常生产率的计算公式如下：

$$机械一次循环的正常延续时间 = \sum(循环各组成部分正常延续时间) - 交叠时间$$

$$机械纯工作 1h \ 循环次数 = \dfrac{60 \times 60s}{一次循环的正常延续时间}$$

$$机械纯工作 1h \ 正常生产率 = 机械纯工作 1h \ 正常循环次数 \times 一次循环生产的产品数量$$

(2) 对于连续动作机械，确定机械纯工作 1h 正常生产率要根据机械的类型和结构特征，以及工作过程的特点来进行。计算公式如下：

$$连续动作机械纯工作 1h \ 正常生产率 = \dfrac{工作时间内生产的产品数量}{工作时间(h)}$$

工作时间内的产品数量和工作时间的消耗，要通过多次现场观察和机械说明书来确定数据。

（二）确定施工机械的正常利用系数

确定施工机械的正常利用系数，是指机械在工作班内对工作时间的利用率。机械的利用系数和机械在工作班内的工作状况有着密切的关系。所以，要确定机械的正常利用系数。首先要拟定机械工作班的正常工作状况，保证合理利用工时。机械正常利用系数的计算公式如下：

$$机械正常利用系数 = \frac{机械在一个工作班内纯工作时间}{一个工作班延续时间(8h)}$$

（三）计算施工机械台班定额

计算施工机械定额是编制机械定额工作的最后一步。在确定了机械工作正常条件下、机械 1h 纯工作在生产率和机械正常利用系数之后，采用下列公式计算施工机械的产量定额：

$$施工机械台班产量定额 = 机械 1h 纯工作正常生产率 \times 工作班纯工作时间$$
$$施工机械台班产量定额 = 机械 1h 纯工作正常生产率 \times 工作班延续时间 \times 机械正常利用系数$$
$$施工机械时间定额 = \frac{1}{机械台班产量定额指标}$$

【例题 3-5】 某工程现场采用出料容量 500L 的混凝土搅拌机，每一次循环中，装料、搅拌、卸料、中断需要的时间分别为 1min、3min、1min、1min，机械正常利用系数为 0.9，求该机械的台班产量定额。

解：该搅拌机一次循环的正常延续时间 = 1+3+1+1 = 6(min) = 0.1(h)

该搅拌机纯工作 1h 循环次数 = 10(次)

该搅拌机纯工作 1h 正常生产率 = 10×500 = 5000(L) = 5(m³)

该搅拌机台班产量定额 = 5×8×0.9 = 36(m³/台班)

第三节 预算定额的编制

一、预算定额及其基价

1. 预算定额的概念

预算定额，是指在正常的施工条件下，完成一定计量单位合格分项工程和结构构件所需消耗的人工、材料、机械台班数量其相应费用标准。预算定额是工程建设中的一项重要的技术经济文件，是编制施工图预算的主要依据，是确定和控制工程造价的基础。

2. 预算定额基价

预算定额基价就是一定计量单位的预算定额分项工程或结构构件的价格。若该基价仅包括人工费、材料费和施工机具使用费，称之为工料单价；若该基价除包含人工费、材料费、施工机具使用费外，还包含有企业管理费和利润，称之为综合单价；若该基价包含了人工费、材料费、施工机具使用费、企业管理费、利润、规费和税金等所有费用，则称之为全费用综合单价。

预算定额基价包含的所有要素中，企业管理费、利润和规费是以人工费、材料费、施工机具使用费为基础按一定费率计算的，税金是按人工费、材料费、施工机具使用费、企业管理费、利润和规费之和的一定费率计算的。所以，预算定额基价编制的基础是人工费、材料费、施工机具使用费的编制。其中，人工费是由预算定额中每一分项工程用工数，乘以地区人工工日单价计算出；材料费是由预算定额中每一分项工程的各种材料消耗量，乘以地区相应材料预算价格之和算出；施工机具使用费是由预算定额中每一分项工程的各种机械台班消耗量，乘以地区相应施工机械台班预算价格之和算出。

二、预算定额中人工费的计算

（一）预算定额中人工工日消耗量的计算

人工的工日数可以有两种确定方法。一种是以劳动定额为基础确定；另一种是以现场观察测定资料为基础计算，主要用于遇到劳动定额缺项时，采用现场工作日写实等测时方法测定和计算定额的人工耗用量。

预算定额中人工工日消耗量是指在正常施工条件下，生产单位合格产品所必须消耗的人工工日数量，是由分项工程所综合的各个工序劳动定额，包括有基本用工、辅助用工、超运距用工和人工幅度差四项，其中后三项综合称为其他用工。

（1）基本用工是指完成子项工程的主要用工量。如砌墙工程中的砌砖、调制砂浆、运砖、运砂浆的用工量。

$$基本工用工数量＝\sum(工序或工作过程工程量×时间定额) \qquad ①$$

（2）辅助用工是指在施工现场发生的材料加工等用工。如筛砂子、淋石灰膏等增加的用工。

$$辅助工用工数量＝\sum(加工材料的数量×时间定额) \qquad ②$$

（3）超运距用工是指消耗量定额中材料及半成品的运输距离超过劳动定额规定的运距时所需增加的工日数。

$$超运距用工数量＝\sum(超运距材料数量×时间定额) \qquad ③$$

其中，超运距＝消耗量定额规定的运距－劳动定额规定的运距

（4）人工幅度差是指在劳动定额中未包括，而在正常施工中又不可避免的一些零星用工因素。这些因素不能单独列项计算，一般是综合定出一个人工幅度差系数，即增加一定比例的用工量，纳入消耗量定额。国家现行规定人工幅度差系数为10%～15%。

$$人工幅度差(工日)＝(基本工＋超运距用工＋辅助用工)×人工幅度差系数 \qquad ④$$

人工幅度差包括的因素有：

1）工序搭接和工种交叉配合的停歇时间；

2）机械的临时维护、小修、移动而发生的不可避免的损失时间；

3）工程质量检查与隐蔽工程验收而影响工人操作时间；

4）工种交叉作业，难免造成已完工程局部损坏而增加修理用工时间；

5）施工中不可避免的少数零星用工所需要的时间。

经过综合，加上人工幅度差，基本计算公式如下：

$$合计工日数量(工日)＝基本用工＋超运距用工＋辅助用工＋人工幅度差用工$$
$$＝(基本工＋超运距用工＋辅助用工)×(1＋人工幅度差系数)$$

（二）预算定额中人工工日单价的计算

1. 人工工日单价及其组成内容

人工工日单价是指一个建筑安装生产工人一个工作日在计价时应计入的全部人工费用。它基本上反映了建筑安装生产工人的工资水平和一个工人在一个工作日中可以得到的报酬。合理确定人工工日单价是正确计算人工费和工程造价的前提和基础。

按照规定，生产工人的人工工日单价组成见表 3-1。

表 3-1　人工工日单价组成内容

基本工资	岗位工资
	技能工资
	工龄工资
工资性补贴	物价补贴
	煤、燃气补贴
	交通费补贴
	住房补贴
	流动施工津贴
	地区补贴
辅助工资	非作业工日发放的工资和工资性补贴
职工福利费	书报费
	洗理费
	取暖费
劳动保护费	劳保用品购置及修理费
	徒工服装补贴
	防暑降温费
	保健费用

2. 人工单价确定的依据和方法

（1）基本工资　基本工资是按岗位工资、技能工资和工龄工资计算的。岗位工资是根据劳动岗位的劳动责任轻重、劳动强度大小和劳动条件好差、兼顾劳动技能要求的高低确定的。人工岗位工资标准设 8 个岗次。技能工资是根据不同岗位、职位、职务对劳动技能的要求，同时兼顾职工所具备的劳动技能水平而确定的工资。技术工人技能工资分初级工、中级工、高级工、技师和高级技术五类工资标准 26 档。

$$基本工资(G_1)=\frac{生产工人平均月工资}{年平均每月法定工作日}$$

其中，年平均每月法定工作日＝(全年日历日－法定假日)/12，法定假日指双休日和法定节日。

（2）工资性补贴　是指按规定标准发放的物价补贴，煤、燃气补贴，交通费补贴，住房补贴，流动施工津贴及地区津贴等。

$$工资性补贴(G_2)=\frac{\sum 年发放标准}{全年日历日-法定假日}+\frac{\sum 月发放标准}{年平均每月法定工作日}+每日作日发放标准$$

（3）辅助工资　是指生产工人年有效施工天数以外无效工作日的工资，包括职工学习、培训期间的工资，调动工作、探亲、休假期间的工资，因气候影响的停工工资，女工哺乳时间的工资，病假在 6 个月以内的工资及产、婚、丧假期的工资。

$$生产工人辅助工资(G_3)=\frac{全年无效工作日\times(G_1+G_2)}{全年日历日-法定假日}$$

（4）职工福利费　是指按规定标准计提的职工福利费。

$$职工福利费(G_4)=(G_1+G_2+G_3)\times福利费计提比例(\%)$$

（5）劳动保护费　是指按规定标准对生产工人发放的劳动保护用品等的购置费及修理费、徒工服装补贴、防暑降温费、在有碍身体健康环境中的施工保健费用等。

$$生产工人劳动保护费(G_5)=\frac{生产工人年平均支出劳动保护费}{全年日历日-法定假日}$$

【例题 3-6】　某施工企业施工员的工资性补贴标准分别为：部分补贴按年发放，标准是 5800 元/年；另一部分按月发放，标准 850 元/月；某项补贴按工作日发放，标准为 25 元/日。已知全年日历天数为 365 天，设法定假日为 114 天，则该企业施工员日工资单价中，工资性补贴为多少元/日？

解：工资性补贴 $(G_2)=\dfrac{5800}{365-114}+\dfrac{850}{(365-114)/12}+25=23.11+40.64+25=88.75$（元/工日）

所以，在企业施工员日工资单价中，工资性补贴为 88.75 元/日。

【例题 3-7】　某安装企业工人的基本工资为 2800 元，工资性补贴为 1020 元，已知全年日历天数为 365 天，设法定假日为 115 天，全年无效工作日为 75 天，福利费计提比例为 12%，则按规定标准计提的职工福利费为多少元？

解：由题意可知，$G_1=2800$ 元，G_2 为 1020 元；

则：生产工人辅助工资 $(G_3)=\dfrac{75\times(2800+1020)}{365-115}=1146$（元）

职工福利费 $(G_4)=(G_1+G_2+G_3)\times$ 福利费计指比例(%)$=(2800+1020+1146)\times12\%$
$=595.92$（元）

所以，按规定标准计提的职工福利费为 595.92 元。

【例题 3-8】　2017 年河南省一类地区最低工资标准为 1600 元/月。已知全年日历天数为 365 天，年周末休息日 104 天，法定假日为 11 天。根据住房城乡建设部、财政部发布的《建筑安装工程费用项目组成》（建标〔2013〕44 号文件）的规定，最低日工资单价不得低于工程所在地人力资源和社会保障部门所发布的最低工资标准的：普工 1.3 倍、一般技工 2 倍、高级技工 3 倍的规定。试计算河南省一类地区各工种的最低日工资单价？

解：年计薪天数＝365－104＝261（天）

年工作天数＝365－104－11＝250（天）

月计薪天数＝261÷12＝21.75（天）

月工作天数＝250÷12＝20.83（天）

日最低工资单价＝1600 元÷20.83 天＝76.81（元/天）

普工最低工资单价＝76.81×1.3＝99.85（元/天）

一般技工最低工资单价＝76.81×2＝153.62（元/天）

高级技工最低工资单价＝76.81×3＝230.43(元/天)

三、预算定额中材料费的计算

(一) 预算定额中材料消耗量的计算

材料消耗指标包括构成工程实体的材料消耗、工艺性材料损耗和非工艺性材料损耗三部分。

(1) 直接构成工程实体的材料消耗，是材料的有效消耗部分，即材料净用量。

(2) 工艺性材料损耗，是材料在加工过程中的损耗 (如边角余料) 和施工过程中的损耗 (如砌墙落地灰)。

(3) 非工艺性材料损耗，如材料保管不善、大材小用、材料数量不足和废次品的损耗等。

前两部分构成工艺消耗定额，企业定额即属此类。加上第三部分，即构成综合消耗定额，消耗量定额即属此类。消耗量定额中的损耗量，包括工艺性损耗和非工艺性损耗两部分。其关系式如下：

$$材料损耗率＝损耗量/净用量×100\%$$
$$材料损耗量＝材料净用量×损耗率(\%)$$
$$材料消耗量＝材料净用量＋损耗量＝材料净用量×[1＋损耗率(\%)]$$

(二) 预算定额中材料单价的组成和确定方法

在建筑工程中，材料费占总造价的 60%～70%，在金属结构工程中所占比重还要大，是直接工程费的主要组成部分。因此，合理确定材料价格构成，正确计算材料单价，有利于合理确定和有效控制工程造价。

材料单价是指材料从其来源地到达施工工地仓库后出库的综合平均价格。材料单价一般由材料原价、材料运杂费、运输损耗费、采购及保管费组成。此外在计价时，材料费中还应包括单独列项计算的检验试验费。

$$材料费＝\sum(材料消耗量×材料单价)＋检验试验费$$
$$运输损耗＝(材料原价＋运杂费)×相应材料损耗率$$
$$采购及保管费＝(材料原价＋运杂费＋运输损耗费)×采购及保管费率(\%)$$
$$材料单价＝\{(供应价格＋运杂费)×[1＋运输损耗率(\%)]\}×[1＋采购及保管费率(\%)]$$

【例题 3-9】 某工地水泥从两地采购，其采购量及有关费用如下表所示，求该工地水泥的基价。

采购处	采购量/t	原价/(元/t)	运杂费/(元/t)	运输损耗率/%	采购及保管费费率/%
来源一	300	240	20	0.5	3
来源二	200	250	15	0.4	

解：加权平均原价＝$\dfrac{300×240＋200×250}{300＋200}$＝244(元/t)

加权平均运杂费＝$\dfrac{300×20＋200×15}{300＋200}$＝18(元/t)

来源一的运输损耗费＝(240＋20)×0.5％＝1.3(元/t)

来源二的运输损耗费＝(250＋15)×0.4％＝1.06(元/t)

$$加权平均运输损耗费＝\frac{300×1.3＋200×1.06}{300＋200}＝1.204(元/t)$$

水泥基价＝(244＋18＋1.204)×(1＋3％)＝271.1(元/t)

四、预算定额中施工机具使用费的计算

（一）预算定额中机械台班消耗量的计算

预算定额中的施工机械台班消耗量是指在正常施工条件下，生产单位合格产品必须消耗的某种型号施工机械的台班数量。

编制消耗量定额时，以统一劳动定额中各种机械施工项目的台班产量为基础进行计算，还应考虑在合理的施工组织设计条件下机械的停歇因素，增加一定的机械幅度差。

机械幅度差一般包括下列因素：

(1) 施工中作业区之间的转移及配套机械相互影响的损失时间；

(2) 在正常施工情况下，机械施工中不可避免的工序间歇；

(3) 工程结束时，工作量不饱满所损失的时间；

(4) 工程质量检查和临时停水停电等，引起机械停歇时间；

(5) 机械临时维修、小修和水电线路移动所引起的机械停歇时间。

根据以上影响因素，在企业定额的基础上增加一个附加额，这个附加额用相对数表示，称为幅度差系数。大型机械的幅度差系数一般取0.3左右，如土方机械取0.25，打桩机械取0.33，吊装机械取0.3。垂直运输用的塔吊、卷扬机及砂浆、混凝土搅拌机由于是按小组配用，以小组产量计算机械台班数量，不另增加机械幅度差。钢筋加工、木材、水磨石等各项专用机械的幅度差取0.1。

综上所述，预算定额的机械台班消耗量按下式计算：

预算定额机械耗用台班＝施工定额机械耗用台班×(1＋机械幅度差系数)

（二）预算定额中施工机具台班单价的组成和确定方法

施工机具使用费是根据施工中耗用的机械台班数量和机械台班单价确定的。施工机械台班耗用量按有关定额规定计算；施工机械台班单价是指一台施工机械，在正常运转条件下一个工作班中所发生的全部费用，每台班按8h工作制计算。正确制定施工机械台班单价是合理确定和控制工程造价的重要方面。

根据《建设工程施工机械台班费用编制规则（2015）》的规定，施工机械台班单价由七项费用组成，包括折旧费、大修理费、经常修理费、安拆费及场外运费、人工费、燃料动力费、税费。

1. 折旧费的组成及确定

折旧费是指施工机械在规定使用期限内，陆续收回其原值及购置费资金的时间价值。计算公式如下：

$$台班折旧费＝\frac{机械预算价格×(1－残值率)×时间价值系数}{耐用总台班}$$

(1) 机械预算价格

① 国产机械的预算价格。按照机械原值、供销部门手续费和一次运杂费以及车辆购置税之和计算。

② 进口机械的机械预算价格。按照机械原值、关税、增值税、消费税、外贸手续费和国内运杂费、财务费、车辆购置税之和计算。

(2) 残值率　残值率是指机械报废时回收的残值占机械原值的百分比。残值率按目前有关规定执行：运输机械 2%，掘进机械 5%，特大型机械 3%，中小型机械 4%。

(3) 时间价值系数　时间价值系数指购置施工机械的资金在施工生产过程中随着时间的推移而产生的单位增值。其计算公式如下：

$$时间价值系数 = 1 + \frac{(折旧年限 + 1)}{2} \times 年折现率(\%)$$

其中，年折现率应按编制期银行贷款利率确定。

(4) 耐用总台班　耐用总台班指施工机械从开始投入使用至报废前使用的总台班数，应按施工机械的技术指标及寿命期等相关参数确定。

机械耐用总台班技术公式为：

$$耐用总台班 = 折旧年限 \times 年工作台班 = 大修理间隔台班 \times 大修理周期$$

2. 大修理费的组成及确定

大修理费是指机械设备按规定的大修理间隔台班进行必要的大修理，以恢复机械正常功能所需的费用。台班大修理费是机械使用期限内全部大修理费之和在台班费用中的分摊额，取决于一次大修理费用、大修理次数和耐用总台班的数量。其计算公式为：

$$台班大修理费 = \frac{一次大修理费 \times 寿命期内大修理次数}{耐用总台班}$$

3. 经常修理费的组成及确定

指施工机械除大修理以外的各级保养和临时故障排除所需的费用。包括为保障机械正常运转所需替换与随机配备工具附具的摊销和危害费用，机械运转及日常保养所需润滑与擦拭的材料费及机械停滞期间的维护和保养费用等。各项费用分摊到台班中，即为台班经常修理费。其计算公式为：

$$台班经常修理费 = \frac{\Sigma(各级保养一次费用 \times 寿命期各级保养总次数) + 临时故障排除费}{耐用总台班}$$

$$+ 替换设备和工具附具台班摊销费 + 例保辅料费$$

4. 安拆费及场外运费的组成和确定

安拆费指施工机械在现场进行安装与拆卸所需的人工、材料、机械和试运转费用以及机械辅助设施的折旧、搭设、拆除等费用；场外运费指施工机械整体或分体自停放地点运至施工现场或由一施工地点运至另一施工地点的运输、装卸、辅助材料及架线等费用。

安拆费及场外运费根据施工机械不同分为计入台班单价、单独计算和不计算三种类型。

(1) 工地间移动较为频繁的小型机械及部分中型机械，其安拆费及场外运费应计入台班单价。台班安拆费及场外运费应按下列公式计算：

$$台班安拆费及场外运费 = \frac{一次安拆费及场外运费 \times 年平均安拆次数}{年工作台班}$$

(2) 移动有一定难度的特、大型机械，其安拆费及场外运费应单独计算。

(3) 不需安装、拆卸且自身又能开行的机械和固定在车间不需安装、拆卸及运输的机械，其安拆费及场外运费不计算。

（4）自升式塔式起重机安装、拆卸费用的超高起点及其增加费，各地区可根据具体情况确定。

5. 人工费的组成及确定

人工费指机上司机其他操作人员的工作日人工费及上述人员在施工机械规定的年工作台班以外的人工费。计算公式如下：

$$台班人工费＝人工消耗量×\left(1+\frac{年制度工作日－年工作台班}{年工作台班}\right)×人工日工作单价$$

【例题 3-10】 某施工机械配司机 1 人，指挥信号员 1 人，当年制度工作日为 250 天，年工作台班为 210 台班，人工日工资单价为 69 元，求该施工机械的台班人工费为多少？

解：台班人工费＝$2×\left(1+\dfrac{250-210}{210}\right)×69＝164.29$（元/台班）

6. 燃料动力费的组成及确定

燃料动力费是指施工机械在运转作业中所耗用的骨头燃料、液体燃料及水、电等费用。计算公式如下：

$$台班燃料动力费＝台班燃料动力消耗量×相应单价$$

（1）燃料动力消耗量应根据施工机械技术指标及实测资料综合确定。可采用下列公式：

$$台班燃料动力消耗量＝（实测数×4＋定额平均值＋调查平均值）÷6$$

（2）燃料动力单价应执行编制期工程造价管理部门的有关规定。

7. 税费的组成和确定

税费是指按照国家和有关部门规定应交纳的车船使用税、保险费及年检费用等。计算公式如下：

$$台班税费＝\frac{年车船使用费＋年保险费＋年检费}{年工作台班}$$

五、预算定额基价编制

预算定额基价就是预算定额分项工程或结构构件的单价，一般通过编制预算定额、地区预算定额及设备安装定额所确定的单价，用于编制施工图预算。

预算定额基价的编制方法，就是工、料、机的消耗量和工、料、机单价的结合过程。其中，人工费是由预算定额中每一分项工程用工数，乘以地区人工工日单价计算出；材料费是由预算定额中每一分项工程的各种材料消耗量，乘以地区相应材料预算价格之和算出；机械费是由预算定额中每一分项工程的各种机械台班消耗量，乘以地区相应施工机械台班预算价格之和算出。企业管理费、利润、规费和税金按照相关规定以人工费、材料费和施工机具使用费的一项或几项为基础算出。

分项工程预算定额基价的计算公式：

$$分项工程预算定额基价＝人工费＋材料费＋施工机具使用费＋企业管理费＋利润＋规费＋税金$$
$$人工费＝\sum（现行预算定额中人工工日用量×人工日工资单价）$$
$$材料费＝\sum（现行预算定额中各种材料耗用量×相应材料单价）$$
$$机械使用费＝\sum（现行预算定额中机械台班用量×机械台班单价）$$
$$企业管理费＝（人工费＋施工机具使用费）×企业管理费费率$$
$$利润＝（人工费＋施工机具使用费）×企业利润率$$

$$规费＝人工费×规费费率$$
$$税金＝(人工费＋材料费＋施工机具使用费＋企业管理费＋利润＋规费)×税率$$

六、预算定额的应用

(一) 预算定额的直接套用

工程项目要求与定额内容、作法说明，以及设计要求、技术特征和施工方法等完全相符，且工程量的计量单位与定额计量单位相一致，可以直接套用定额，如果部分特征不相符必须进行仔细核对。进一步理解定额，这是正确使用定额的关键。

另外，还要注意定额中用语和符号的含义。如定额表内有（××）的数量是作为调整换算的依据。又如，××以下或以内，则包括本身，××以上或以外，则不包括本身等。还有"—"等都表示一定的含义。

(二) 预算定额的调整换算

工程项目要求与定额内容不完全相符合，不能直接套用定额，应根据不同情况分别加以换算，但必须符合定额中有关规定，在允许范围内进行。

编制预算定额时，对那些设计和施工中变化多、影响工程量和价差较大的项目，例如砌筑砂浆强度等级、混凝土强度等级、龙骨用量等均留了活口，允许根据实际情况进行换算、调整。但调整换算要严格按分部说明或附注说明中的规定执行。没有规定的话一般不允许调整，因为那样不利于施工企业的调整，不利于建设单位的调整。消耗量定额是发承包双方共同遵守、执行的消耗量定额标准。

消耗量定额的换算可以分为强度等级换算、用量调整、系数调整、运距调整和其他换算。

1. 强度等级换算

在消耗量定额中，对砖石工程的砌筑砂浆及混凝土等均列几种常用强度等级，设计图纸的强度等级与定额规定强度等级不同时，允许换算。其换算公式为

$$换算后定额基价＝定额中基价＋(换入的半成品单价－换出的半成品单价)$$
$$×相应换算材料的定额用量$$

2. 用量调整

在消耗量定额中，定额与实际消耗量不同时，允许调其数量。如龙骨不同可以换算等。换时不要忘记损耗量，因定额中已考虑了损耗，与定额比较也必须考虑损耗，才有可比性。

3. 系数调整

在消耗量定额中，由于施工条件和方法不同，某些项目可以乘以系数调整。调整系数分定额系数和工程量系数。定额系数是指人工、材料、机械等乘系数，工程量系数是用在计算工程量上的系数。

4. 运距调整

在消耗量定额中，对各种项目运输定额，一般分为基础定额和增加定额，即超过基本运距时，另行计算。如人工运土方，定额规定基本运距是200m，超过的另按每增加50m运距计算增加费用。

5.其他调整

消耗量定额中调整换算的项很多，方法也不一样，如找平层厚度调整、材料单价换算、增减加工费用调整等。总之，定额的换算调整都要按照定额的规定进行。掌握定额的规定和换算调整方法，是对工程造价工作人员的基本要求之一。

第四节　其他计价性定额的编制

一、概算定额的编制

1.概算定额的涵义

概算定额又称扩大结构定额，规定了完成单位扩大分项工程或单位扩大结构构件所必须消耗的人工、材料和机械台班的数量标准。

概算定额是编制扩大初步设计概算时计算和确定扩大分项工程的人工、材料、机械台班耗用量（或货币量）的数量标准。它是预算定额的综合扩大。

2.概算定额的作用

1）概算定额是扩大初步设计阶段编制设计概算和技术设计阶段编制修正概算的依据；

2）概算定额是对设计项目进行技术经济分析和比较的基础资料之一；

3）概算定额是编制建设项目主要材料计划的参考依据；

4）概算定额是编制概算指标的依据；

5）概算定额是编制招标控制价和投标报价的依据。

3.概算定额的编制依据

1）现行的预算定额；

2）选择的典型工程施工图和其他有关资料；

3）人工工资标准、材料预算价格和机械台班预算价格。

4.概算定额的编制要求

1）概算定额的编制深度要适应设计深度的要求，概算定额是在初步设计阶段使用的，受设计深度的限制；

2）概算定额水平的确定应与施工定额、预算定额的水平一致。

5.概算定额的编制方法

概算定额是在预算定额基础上综合而成的，每一项概算定额项目都包括了数项预算定额的项目；

1）直接利用综合预算定额；

2）在预算定额基础上再合并其他次要项目；

3）改变计量单位；

4）工程量计算规则简化。

二、概算指标的编制

概算指标是在概算定额的基础上进一步综合扩大，以 $100m^2$ 建筑面积为单位，构筑物以座为单位，规定所需人工、材料及机械台班消耗数量及资金的定额指标。

1. 概算指标的作用

（1）是编制初步设计概算，确定概算造价的依据。

（2）是设计单位进行设计方案的技术经济分析、衡量设计水平、考核基本建设投资效果的依据。

（3）概算指标是编制投资估算指标的依据。

2. 概算指标的编制原则

（1）按平均水平确定概算指标的原则。

（2）概算指标的内容和表现形式，要贯彻简明适用的原则。

（3）概算指标的编制依据，必须具有代表性。

3. 概算指标的内容

概算指标比概算定额更加综合扩大，其主要内容包括五部分。

（1）总说明　说明概算指标的编制依据、适用范围、使用方法等

（2）示意图　说明工程的结构形式。工业项目中还应表示出吊车规格等技术参数。

（3）结构特征　详细说明主要工程的结构形式、层高、层数和建筑面积等。

（4）经济指标　说明该项目每 $100\,\mathrm{m}^2$ 或每座构筑物的造价指标，以及其中土建、水暖、电器照明等单位工程的相应造价。

（5）分部分项工程构造内容及工程量指标　说明该工程项目各分部分项工程的构造内容，相应计量单位的工程量指标，以及人工、材料消耗指标。

三、投资估算指标的编制

投资估算指标，是在编制项目建议书可行性研究报告和编制设计任务书阶段进行投资估算、计算投资需要量时使用的一种计价性定额。

它具有较强的综合性、概括性，往往以独立的单项工程或完整的工程项目为计算对象。它的概略程度与可行性研究阶段相适应。它的主要作用是为项目决策和投资控制提供依据，是一种扩大的技术经济指标。投资估算指标虽然往往根据历史的预、决算资料和价格变动等资料编制，但其编制基础仍离不开预算定额、概算定额。

1. 投资估算指标的作用

工程建设投资估算指标是编制建设项目建议书、可行性研究报告等前期工作阶段投资估算的依据，也可以作为编制固定资产长远规划投资额的参考。投资估算指标为完成项目建设的投资估算提供依据和手段，它在固定资产的形成过程中起着投资预测、投资控制、投资效益分析的作用，是合理确定项目投资的基础。投资估算指标中的主要材料消耗量也是一种扩大材料消耗量指标，可以作为计算建设项目主要材料消耗量的基础。估算指标的正确制定有利于提高投资估算的准确度，对建设项目的合理评估、正确决策具有重要意义。

2. 投资估算指标的编制原则

由于投资估算指标属于项目建设前期进行估算投资的技术经济指标，它不但要反映实施阶段的静态投资，还必须反映项目建设前期和交付使用期内发生的动态投资，以投资估算指标为依据编制的投资估算，包含项目建设的全部投资额。这就要求投资估算指标比其他各种计价定额具有更大的综合性和概括性。因此，投资估算指标的编制工作除应遵循一般定额的编制原则外，还必须坚持下述原则。

（1）投资估算指标项目的确定，应考虑以后几年编制建设项目建议书和可行性研究资估算的需要。

（2）投资估算指标的分类、项目划分、项目内容、表现形式等要结合各专业的特点，并且要与项目建议书、可行性研究报告的编制深度相适应。

（3）投资估算指标的编制内容，典型工程的选择，必须遵循国家的有关建设方针政策，符合国家技术发展方向，贯彻国家高科技政策和发展方向原则，使指标的编制既能反映现实的高科技成果，反映正常建设条件下的造价水平，也能适应今后若干年的科技发展水平。坚持技术上先进、可行和经济上的合理，力争以较少的投入求得最大的投资效益。

（4）投资估算指标的编制要反映不同行业、不同项目和不同工程的特点，投资估算指标要适应项目前期工作深度的需要，而且具有更大的综合性。投资估算指标要密切结合行业特点，项目建设的特定条件，在内容上既要贯彻指导性、准确性和可调性的原则，又要有一定的深度和广度。

（5）投资估算指标的编制要体现国家对固定资产投资实施间接调控作用的特点。要贯彻能分能合、有粗有细、细算粗编的原则。使投资估算指标能满足项目建议书和可行性研究各阶段的要求，既能反映一个建设项目的全部投资及其构成，又要有组成建设项目投资的各个单项工程投资。做到既能综合使用，又能个别分解使用。占投资比例大的建筑工程工艺设备，要做到有量、有价，根据不同结构形式的建筑物列出每 $100m^2$ 的主要工程量和主要材料量，主要设备也要列有规格、型号、数量。同时，要以编制年度为基期计价，有必要的调整、换算办法等。便于由于设计方案、选厂条件、建设实施阶段的变化而对投资产生影响作相应的调整，也便于对现有企业实行技术改造和改、扩建项目投资估算的需要，扩大投资估算指标的覆盖面，使投资估算能够根据建设项目的具体情况合理准确地编制。

（6）投资估算指标的编制要贯彻静态和动态相结合的原则。要充分考虑到市场经济条件下，由于建设条件、实施时间、建设期限等因素的不同，考虑到建设期的动态因素，即价格、建设期利息、固定资产投资方向调节税及涉外工程的汇率等因素的变动，导致指标的量差、价差、利息差、费用差等"动态"因素对投资估算的影响，对上述动态因素给予必要的调整办法和调整参数，尽可能减少这些动态因素对投资估算准确度的影响，使指标具有较强的实用性和可操作性。

3.投资估算指标的内容

投资估算指标是确定和控制建设项目全过程各项投资支出的技术经济指标，其范围涉及建设前期、建设实施期和竣工验收交付使用期等各个阶段的费用支出，内容因行业不同而各异，一般可分为建设项目综合指标、单项工程指标和单位工程指标3个层次。

（1）建设项目综合指标　建设项目综合指标指按规定应列入建设项目总投资的从立项筹建开始至竣工验收交付使用的全部投资额，包括单项工程投资、工程建设其他费用和预备费等。

建设项目综合指标一般以项目的综合生产能力单位投资表示，如"元/吨"、"元/千瓦"，或以使用功能表示，如医院："元/床"。

（2）单项工程指标　单项工程指标指按规定应列入能独立发挥生产能力或使用效益的单项工程内的全部投资额，包括建筑工程费，安装工程费，设备、工器具及生产家具购置费和其他费用。单项工程一般划分原则如下。

1）主要生产设施。指直接参加生产产品的工程项目，包括生产车间或生产装置。

2）辅助生产设施。指为主要生产车间服务的工程项目。包括集中控制室、中央实验室、机修、电修、仪器仪表修理及木工（模）等车间，原材料、半成品、成品及危险品等仓库。

3）公用工程。包括给排水系统（给排水泵房、水塔、水池及全厂给排水管网）、供热系统（锅炉房及水处理设施、全厂热力管网）、供电及通信系统（变配电所、开关所及全厂输电、电信线路）以及热电站、热力站、煤气站、空压站、冷冻站、冷却塔和全厂管网等。

4）环境保护工程。包括废气、废渣、废水等处理和综合利用设施及全厂性绿化。

5）总图运输工程。包括厂区防洪、围墙大门、传达及收发室、汽车库、消防车库、厂区道路、桥涵、厂区码头及厂区大型土石方工程。

6）厂区服务设施。包括厂部办公室、厂区食堂、医务室、浴室、哺乳室、自行车棚等。

7）生活福利设施。包括职工医院、住宅、生活区食堂、俱乐部、托儿所、幼儿园、子弟学校、商业服务点以及与之配套的设施。

8）厂外工程。如水源工程、厂外输电、输水、排水、通信、输油等管线以及公路、铁路专用线等。

单项工程指标一般以单项工程生产能力单位投资，如"元/单位"或其他单位表示。如：变配电站："元/（千伏·安）"；锅炉房："元/蒸汽吨"；供水站："元/米"；办公室、仓库、宿舍、住宅等房屋则依据不同结构形式以"元/米²"表示。

（3）单位工程指标　单位工程指标按规定应列入能独立设计、施工的工程项目的费用，即建筑安装工程费用。

单位工程指标一般以如下方式表示：如，房屋区别不同结构形式以"元/米²"表示；道路区别不同结构层、面层以"元/米²"表示；水塔区别不同结构层、容积以"元/座"表示；管道区别不同材质、管径以"元/米"表示。

4.投资估算指标的编制方法

投资估算指标的编制工作，涉及建设项目的产品规模、产品方案、工艺流程、设备选型、工程设计和技术经济等各个方面，既要考虑到现阶段技术状况，又要展望近期技术发展趋势和设计动向，从而可以指导以后建设项目的实践。投资估算指标的编制应当成立专业齐全的编制小组，编制人员应具备较高的专业素质，并应制定一个包括编制原则、编制内容、指标的层次相互衔接、项目划分、表现形式、计量单位、计算、复核、审查程序等内容的编制方案或编制细则，以便编制工作有章可循。投资估算指标的编制一般分为3个阶段进行。

（1）收集整理资料阶段　收集整理已建成或正在建设的，符合现行技术政策和技术发展方向、有可能重复采用、有代表性的工程设计施工图、标准设计以及相应的竣工决算或施工预算资料等，这些资料是编制工作的基础，资料收集得越广泛，反映出的问题越多，编制工作考虑得越全面，就越有利于提高投资估算指标的实用性和覆盖面。同时，对调查收集到的资料要选择占投资比例大、相互关联多的项目进行认真的分析整理，由于已建成或正在建设的工程的设计意图、建设时间和地点、资料的基础等不同，相互之间的差异很大，需要去粗取精、去伪存真地加以整理，才能重复利用。将整理后的数据资料按项目划分栏目加以归类，按照编制年度的现行定额、费用标准和价格，调整成编制年度的造价水平及相互比例。

（2）平衡调整阶段　由于调查收集的资料来源不同，虽然经过一定的分析整理，但难免会由于设计方案、建设条件和建设时间上的差异带来某些影响，使数据失准或漏项等，必须对有关资料进行综合平衡调整。

（3）测算审查阶段　测算是将新编的指标和选定工程的概预算，在同一价格条件下进行比较，检验其"量差"的偏离程度是否在允许偏差的范围之内，如偏差过大，则要查找原因，进行修正，以保证指标的确切、实用。测算同时也是对指标编制质量进行的一次系统检查，应由专人进行，以保持测算口径的统一，在此基础上组织有关专业人员予以全面审查定稿。

由于投资估算指标的计算工作量非常大，在现阶段计算机已经广泛普及的条件下，应尽可能应用电子计算机进行投资估算指标的编制工作。

习　题

一、单项选择题

1. 下列工程定额中，不属于按定额反映的生产要素消耗内容分类的是（　　）。

A. 人工定额　　　　　　　　　　　　B. 机械消耗定额

C. 材料定额　　　　　　　　　　　　D. 施工定额

2. 在工作班内消耗的工作时间中，不属于有效工作时间的是（　　）。

A. 基本工作时间　　　　　　　　　　B. 辅助工作时间

C. 停工时间　　　　　　　　　　　　D. 准备与结束工作时间

3. 通过某工程计时观察资料得知：人工挖二类土 $1m^3$ 的基本工作时间为 6h，辅助工作时间占工序作业时间的 6%。准备与结束工作时间、不可避免的中断时间、休息时间分别占工作日的 3%、5%、12%。则该人工挖二类土的时间定额是（　　）工日$/m^3$。

A. 0.998　　　　　B. 0.765　　　　　C. 0.876　　　　　D. 0.975

4. 某工程现场采用出料容量 800L 的混凝土搅拌机，每一次循环中，装料、搅拌、卸料、中断需要的时间分别是 2min、3min、3min、4min，机械正常利用系数为 0.75，则该机械的台班产量定额为（　　）m^3/台班。

A. 22　　　　　　　B. 24　　　　　　C. 36　　　　　　D. 42

5. 某施工企业施工员的工资性补贴标准分别为：部分补贴按年发放，标准是 5800 元/年；另一部分按月发放，标准 850 元/月；某项补贴按工作日发放，标准为 25 元/日。已知全年日历天数为 365 天，设法定假日为 114 天，则该企业施工员日工资单价中，工资性补贴为（　　）元/日。

A. 75.45　　　　　B. 86.25　　　　　C. 88.75　　　　　D. 96.35

6. 某施工机械预计使用 8 年，耐用总台数为 2000 台班，预计每使用 2 年大修一次，一次修理费为 4500 元，则台班大修理费为（　　）元。

A. 6.75　　　　　　B. 4.5　　　　　　C. 0.84　　　　　D. 0.56

7. 在编制现浇混凝土柱预算定额时，测定每 $10m^3$ 混凝土柱工程量需消耗 $10.5m^3$ 的混凝土，现场采用 500L 的混凝土搅拌机，测定搅拌机每循环一次需 4min，机械的正常利用系数为 0.85，若机械幅度差系数为 0，则该现浇混凝土柱 $10m^3$ 需消耗混凝土搅拌机（　　）台班。

A. 0.149　　　　　B. 0.157　　　　　C. 0.196　　　　　D. 0.206

8. 工人必须消耗的工作时间中，熟悉图纸、准备相应的工具、事后清理场地等，属于（　　）。

A. 基本工作时间　　　　　　　　　　B. 辅助工作时间

C. 准备与结束工作时间　　　　　　　　　　　D. 不可避免的中断所消耗的时间

9. 汽车运输重量轻而体积大的货物时，不能充分利用汽车的载重吨位因而不得不降低其计算负荷的工作时间属于（　　）。

　　A. 正常负荷下的工作时间　　　　　　　　　　B. 不可避免的无负荷工作时间

　　C. 有根据地降低负荷下的工作时间　　　　　　D. 不可避免的中断工作时间

10. 某挖土机械挖二类土时，一次正常循环工作时间是 60s，每次循环平均挖土 0.5m³，机械正常利用系数为 0.9，机械幅度差为 0.25。该机械挖二类土的预算定额台班产量为（　　）m³/台班。

　　A. 240　　　　　　　　B. 216　　　　　　　　C. 172.8　　　　　　　　D. 270

11. 单位工程施工图预算的编制方法主要有（　　）。

　　A. 单价法和概算法　　　　　　　　　　　　　B. 工作量法和年限平均法

　　C. 单价法和实物法　　　　　　　　　　　　　D. 实物量法和扩大指标法

12. 某土方施工机械一次循环的正常时间为 2.2min，每循环工作一次挖土 0.5m³，工作班的延续时间为 8h，机械正常利用系数为 0.85，则该土方施工机械的产量定额为（　　）m³/台班。

　　A. 7.01　　　　　　　　B. 7.48　　　　　　　　C. 92.75　　　　　　　　D. 107.46

13. 据计时观察资料测得某工序工人工作时间有关数据如下：准备与结束工作时间为 12min，基本工作时间为 68min，休息时间为 10min，辅助工作时间为 11min，不可避免中断时间为 6min，则该工序的规范时间为（　　）min。

　　A. 27　　　　　　　　B. 28　　　　　　　　C. 29　　　　　　　　D. 33

14. 某安装企业工人的基本工资为 2800 元，工资性补贴为 1020 元，已知全年日历天数为 365 天，设法定假日为 115 天，全年无效工作日为 75 天，福利费计提比例为 12%，则按规定准计提的职工福利费为（　　）元。

　　A. 595.92　　　　　　　B. 605.91　　　　　　　C. 692.34　　　　　　　D. 851.20

15. 完成 10m³ 砖墙需基本用工为 26 个工日，辅助用工为 5 个工日，超距离运输需 2 个工日，人工幅度差系数为 10%，则预算定额人工消耗量为（　　）工日/10m³。

　　A. 36.3　　　　　　　　B. 35.8　　　　　　　　C. 35.6　　　　　　　　D. 33.7

16. 某建筑机械耐用台班为 3000 台班，使用寿命为 7 年，该机械预算价格为 6 万元，残值率为 5%，银行贷款利率为 10%，则该机械台班折旧费为（　　）元/台班。

　　A. 24.50　　　　　　　　B. 26.60　　　　　　　　C. 28.79　　　　　　　　D. 29.40

17. 某砖混结构典型工程，其建筑体积为 600m³，毛石带型基础工程量为 72m³。根据概算定额，10m³ 毛石带型基础需砌石工 7.0 工日，该单位工程无其他砌石工，则 1000 m³ 类似建筑工程需砌石工为（　　）工日。

　　A. 84.00　　　　　　　　B. 50.40　　　　　　　　C. 30.24　　　　　　　　D. 28.00

18. 某工程现场采用出料容量 750L 的混凝土搅拌机，每一次循环中，装料、搅拌、卸料、中断需要的时间分别为 2min、4min、2min、2min，机械正常利用系数为 0.85，则该机械的台班产量为（　　）m³/台班。

　　A. 30.6　　　　　　　　B. 36　　　　　　　　C. 48　　　　　　　　D. 108

19. 某工程采购从两个地方采购水泥，其采购量及有关费用如下表所示，则该工程水泥基价（　　）。

采购处	采购量/t	原价/(元/t)	运杂费/(元/t)	运输损耗/%	采购及保管费费率/%
来源一	500	225	25	0.4	1.5
来源二	600	235	15	0.3	

    A.251.24   B.250.86   C.250   D.254.62

20.在工人工作时间消耗的分类中，其工作的时间长短与所担负的工作量大小无关，但往往和工作内容有关的是（　　）。

    A.辅助工作时间   B.准备与结束工作时间

    C.休息时间   D.停工时间

21.某砌筑工程，工程量为10m³，每1m³砌体需要基本用工0.85工日，辅助用工和超运距用工分别是基本用工的25%和15%，人工幅度差系数为10%，则该砌筑工程的人工工日消耗量是（　　）工日。

    A.13.09   B.15.58   C.12.75   D.12.96

22.某施工机械预计使用8年，耐用总台班数为2000台班，使用期内有3个大修周期，一次大修理费为4500元，则台班大修理费为（　　）元。

    A.6.75   B.4.50   C.0.84   D.0.56

23.完成10m³砖墙需基本用工为26个工日，辅助用工为5个工日，超距离运砖需3个工日，人工幅度差系数为10%，则预算定额人工工日消耗量为（　　）工日/10m³。

    A.36.3   B.37.4   C.35.6   D.33.7

二、多项选择题

1.工程定额中，属于计价性定额的有（　　）。

    A.施工定额   B.预算定额   C.概算定额   D.概算指标

    E.投资估算指标

2.下列不属于损失的工作时间的有（　　）。

    A.多余工作所消耗的工作时间   B.停工所消耗的工作时间

    C.不可避免的中断所消耗的时间   D.违背劳动纪律所消耗的工作时间

    E.准备与结束的工作时间

3.根据材料消耗的性质划分，施工中材料的消耗可分为（　　）。

    A.实体材料   B.非实体材料

    C.必需消耗的材料   D.损失的材料

    E.非必需消耗的材料

4.我国建设项目的投资估算分为（　　）等阶段。

    A.项目规划阶段的投资估算   B.项目建议书阶段的投资估算

    C.项目初步可行性研究阶段的投资估算   D.可行性研究阶段的投资估算

    E.项目的投资设想阶段的估算

5.下列在人工的有效工作时间中，基本工作时间包括（　　）等消耗的时间。

    A.手工操作   B.熟悉图纸

    C.混凝土制品的养护干燥   D.预制构配件安装组合成型

    E.粉刷、油漆

6.材料基价是由（　　）合计而成的。

A. 供应价格   B. 材料运杂费

C. 检验试验费   D. 采购保管费

E. 运输损耗费

三、简答题

1. 建筑工程定额的性质有哪些?

2. 工人工作时间是如何规定的?

3. 机械工作时间是如何规定的?

4. 人工单价组成内容有哪些?

5. 预算定额有哪些调整换算方法?

第四章

工程量清单及其编制

第一节 概 述

　　工程量清单是载明建设工程分部分项工程项目、措施项目、其他项目的名称和相应数量以及规费和税金项目等内容的明细清单。其中由招标人根据国家标准、招标文件、设计文件，以及施工现场实际情况编制的称为招标工程量清单，而作为投标文件组成部分的已标明价格并经承包商确认的称为已标价工程量清单。招标工程量清单应由具有编制能力的招标人或受其委托，具有相应资质的工程造价咨询人或招标代理人编制。采用工程量清单方式招标，招标工程量清单必须作为招标文件的组成部分，其准确性和完整性由招标人负责。招标工程量清单应以单位工程为单位编制，由分部分项工程量清单，措施项目清单，其他项目清单，规费项目、税金项目清单组成。

一、工程量清单计价与计量规范概述

　　工程量清单计价和计量规范由《建设工程工程量清单计价规范》GB 50500—2013、《房屋建筑与装饰工程工程量计算规范》GB 50854—2013、《仿古建筑工程工程量计算规范》GB 50855—2013、《通用安装工程工程量计算规范》GB 50856—2013、《市政工程工程量计算规范》GB 50857—2013、《园林绿化工程工程量计算规范》GB 50858—2013、《矿山工程工程量计算规范》GB 50859—2013、《构筑物工程工程量计算规范》GB 50860—2013、《城市轨道交通工程工程量计算规范》GB 50861—2013、《爆破工程工程量计算规范》GB 50862—2013 等组成。

　　《建设工程工程量清单计价规范》GB 50500—2013 包括总则、术语、一般规定、工程量清单编制、招标控制价、投标报价、合同价款约定、工程计量、合同价款调整、合同价款期中支付、竣工结算与支付、合同解除的价款结算与支付、合同价款争议的解决、工程造价鉴定、工程计价资料与档案、工程计价表格共计 16 部分及 11 个附录。

　　各专业工程量计算规范包括总则、术语、工程计量、工程量清单编制、附录。

二、工程量清单计价的适用范围

　　计价规范适用于建设工程发承包及其实施阶段的计价活动。使用国有资金投资的建设工

程发承包，必须采用工程量清单计价；非国有资金投资的建设工程，宜采用工程量清单计价；不采用工程量清单计价的建设工程，应执行计价规范中除工程量清单等专门性规定外的其他规定。

国有资金投资的项目包括全部使用国有资金（含国家融资资金）投资或国有资金投资为主的工程建设项目。

（1）国有资金投资的工程建设项目包括：

1）使用各级财政预算资金的项目；

2）使用纳入财政管理的各种政府性专项建设资金的项目；

3）使用国有企事业单位自有资金，并且国有资金投资者实际拥有控制权的项目。

（2）国家融资资金投资的工程建设项目包括：

1）使用国家发行债券所筹集资金的项目；

2）使用国家对外借款或者担保所筹资金的项目；

3）使用国家政策性贷款的项目；

4）国家授权投资主体融资的项目；

5）国家特许的融资项目。

（3）国有资金（含国家融资资金）为主的工程建设项目是指国有资金占投资总额50%以上，或虽不足50%但国有投资者实质上拥有控股权的工程建设项目。

三、工程量清单计价的作用

1.提供一个平等的竞争条件

采用施工图预算来投标报价，由于图纸设计缺陷，不同施工企业的人员理解不一，计算出的工程量也不同，报价就更相去甚远，也容易产生纠纷。而工程量清单报价就为投标者提供了一个平等竞争的条件，相同的工程量，由企业根据自身的实力来填不同的单价。投标人可以自主报价，使得企业的优势体现到投标报价中，可在一定程度上规范建筑市场秩序，确保工程质量。

2.满足市场经济条件下竞争的需要

招投标过程就是竞争的过程，招标人提供工程量清单，投标人根据自身情况确定综合单价，利用单价与工程量逐项计算每个项目的合价，再分别填入工程量清单表内，计算出投标报价。这样单价的高低直接取决于企业管理水平和技术水平的高低，这种局面促成了企业整体实力的竞争，有利于我国建设市场的快速发展。

3.有利于提高工程计价效率，能真正实现快速报价

采用工程量清单计价方式，避免了传统计价方式下招标人与投标人在工程量计算上的重复工作，各投标人以招标人提供的工程量清单为统一平台，结合自身的管理水平和施工方案进行报价，促进了各投标人企业定额的完善和工程造价信息的积累和整理，体现了现代工程建设中快速报价的要求。

4.有利于工程款的拨付和工程造价的最终结算

中标后，业主要与中标单位签订施工合同，中标价就是确定合同价的基础，投标清单上的单价就成了拨付工程款的依据。业主根据施工企业完成的工程量，可以很容易地确定进度款的拨付额。工程竣工后，根据设计变更、工程量增减等，业主也很容易确定工程的最终造价，可以在某种程度上减少业主与施工单位之间的纠纷。

5.有利于业主对投资的控制

采用施工图预算的形式，业主对因设计变更、工程量的增减所引起的工程造价变化不敏感，往往等到竣工结算时才知道这些变更项目对投资的影响有多大，但此时常常是为时已晚。而采用工程量清单报价的方式则可对投资变化一目了然，在要进行设计变更时，能马上知道它对工程造价的影响，业主就能根据投资情况来决定是否变更或进行方案比较，以决定最恰当的处理方法。

第二节　工程量清单的编制

招标工程量清单应由具有编制能力的招标人或受其委托、具有相应资质的工程造价咨询人编制。招标工程量清单必须作为招标文件的组成部分，其准确性和完整性应由招标人负责。招标工程量清单是工程量清单计价的基础，应作为编制招标控制价、投标报价、计算或调整工量、索赔等的依据之一。工程量清单应以单位工程为单位编制，由分部分项工程量清单，措施项目清单，其他项目清单，规费项目、税金项目清单组成。

一、招标工程量清单的编制依据

(1) 现行工程量清单计价规范和相关工程的国家计量规范；
(2) 国家或省级、行业建设主管部门颁发的计价定额和办法；
(3) 建设工程设计文件及相关资料；
(4) 与建设工程有关的标准、规范、技术资料；
(5) 拟定的招标文件；
(6) 施工现场情况、地勘水文资料、工程特点及常规施工方案；
(7) 其他相关资料。

二、分部分项工程项目清单的编制

分部分项工程是"分部工程"和"分项工程"的总称。分部分项工程量清单是由招标人按照计价规范中的五个要件，即项目编码、项目名称、项目特征、计量单位和工程量计算规则进行编制。招标人必须根据各专业工程计量规范规定执行，不得因情况不同而变动。其格式如表4-1所示，在分部分项工程量清单的编制过程中，由招标人负责前六项内容填写，金额部分在编制招标控制价或投标报价时填列。

表4-1　分部分项工程量和单价措施项目清单与计价表

工程名称：　　　　　　　　标段：　　　　　　　第　页　共　页

序号	项目编码	项目名称	项目特征描述	计量单位	工程数量	金额/元		
						综合单价	合价	其中:暂估价

注：为计取规范等的使用，可在表中增设"其中：定额人工费"。

（一）项目编码

项目编码是分部分项工程量清单项目名称的数字标识。项目编码采用十二位阿拉伯数字表示。共分五级：前二位为一级；三、四位为二级；五、六位为三级；七、八、九位为四级；十、十一、十二位为五级。前四级，即一至九位为统一编码，应按计算规范的规定设置；第五级，即十至十二位应根据拟建工程的工程量清单项目名称设置，同一招标工程的项目编码不得有重码。统一编码有助于统一和规范市场，方便用户查询和输入，同时也为网络的接口和资源共享奠定了基础。具体如下：

编码：　**　**　**　***　***

级：　　一　二　三　四　五

其中：

第一级表示工程分类顺序码。例如：01 表示房屋建筑与装饰工程；02 表示仿古建筑工程等。

第二级表示专业工程顺序码。例如：0101 表示土石方工程；0103 表示桩基工程等。

第三级表示分部工程顺序码。例如：010101 表示土方工程；010102 表示石方工程。

第四级表示分项工程项目名称顺序码。例如：010101001 表示平整场地。

第五级表示工程量清单项目名称顺序码。

（二）项目名称

分部分项工程量清单的项目名称应按各专业工程计算规范附录的项目名称结合拟建工程的实际确定。附录表中的"项目名称"为分项工程名称，是形成分部分项工程量清单项目名称的基础。即在编制分部分项工程量清单时，以附录中的分项工程项目名称为基础，考虑该项目的规格、型号、材质等特征要求，结合拟建工程的实际情况，使其工程量清单项目名称具体化、细化，以反映影响工程造价的主要因素。

（三）项目特征

项目特征是构成分部分项工程项目、措施项目自身价值的本质特征。项目特征是对项目的准确描述，是确定一个清单项目综合单价不可缺少的重要依据，是区分清单项目的依据，是履行合同义务的基础。分部分项工程量清单的项目特征应按各专业工程计算规范附录中规定的项目特征，结合技术规范、标准图集、施工图纸，按照工程结构、使用材质及规格或安装位置等，予以详细而准确的表述和说明。凡项目特征中未描述到的其他独有特征，由清单编制人视具体情况确定，以准确描述清单项目为准。

（四）计量单位

计量单位应采用基本单位，除各专业另有特殊规定外均按以下单位计量：

（1）以重量计算的项目——吨或千克（t 或 kg）。

（2）以体积计算的项目——立方米（m^3）。

（3）以面积计算的项目——平方米（m^2）。

（4）以长度计算的项目——米（m）。

（5）以自然计量单位计算的项目——个、套、块、樘、组、台等。

（6）没有具体的项目——宗、项等。

各专业有特殊计量单位的，另外加以说明，当计量单位有两个或两个以上时，应根据所编工程量清单项目的特征要求，选择最适宜表现该项目特征并方便计量的单位。

计量单位的有效位数应遵守下列规定：

（1）以"t"为单位，应保留小数点后三位数字，第四位小数四舍五入；

（2）以"m"、"m²"、"m³"、"kg"为单位，应保留小数点后两位数字，第三位小数四舍五入；

（3）以"个"、"件"、"根"、"组"、"系统"等为单位，应取整数。

（五）工程数量

工程数量主要通过工程量计算规则计算得到。工程量计算规则是指对清单项目工程量的计算规定。除另有说明外，所有清单项目的工程量应以实体工程量为准，并以完成后的净值计算；投标人投标报价时，应在单价中考虑施工中的各种损耗和需要增加的工程量。

对于规范中未包括的项目，编制人可以按照下列原则进行补充。

（1）补充项目的编码应按计算规范的规定确定。具体做法如下：补充项目的编码由计量规范的代码与"B"和三位阿拉伯数字组成，并应从001起顺序编制，例如房屋建筑与装饰工程如需补充项目，则其编码应从01B001开始起顺序编制，同一招标工程的项目不得重码。

（2）在工程量清单中应附补充项目的项目名称、项目特征、计量单位、工程量计算规则和工作内容。

（3）将编制的补充项目报省级或行业工程造价管理机构备案。

三、措施项目清单

（一）措施项目列表

措施项目是指为完成工程项目施工，发生于该工程施工准备和施工过程中的技术、生活、安全、环境保护等方面的项目。措施项目清单应根据相关工程现行国家计算规范的规定编制，并应根据拟建工程的实际情况列项。

（二）措施项目清单的标准格式

1.措施项目清单的类别

措施项目费用的发生与使用时间、施工方法或者两个以上的工序相关，并大都与实际完成的实体工程量的大小关系不大，如安全文明施工，夜间施工，非夜间施工照明，二次搬运，冬雨季施工，地上、地下设施、建筑物的临时保护设施，已完工程及设备保护等。但有些非实体项目则是可以计算工程量的项目，如脚手架工程，混凝土模板及支架，垂直运输，超高施工增加，大型机械设备进出场及安拆，施工排水、降水等，与完成的工程实体具有直接关系，并且是可以精确计量的项目，用分部分项工程量清单的方式采用综合单价，更有利于措施费的确定和调整。

2.措施项目清单的编制

措施项目清单的编制需考虑多种因素，除工程本身的因素外，还涉及水文、气象、环境、安全等因素。措施项目清单应根据拟建工程的时间情况列项。若出现清单计价规范中未列的项目，可根据工程实际情况补充。

四、其他项目清单

其他项目清单是指除分部分项工程量清单、措施项目清单所包含的内容以外，因招标人的特殊要求而发生的与拟建工程有关的其他费用项目和相应数量的清单。工程建设标准的高低、工程的复杂程度、工程的工期长短、工程的组成内容、发包人对工程管理要求等都直接影响其他项目清单的具体内容。其他项目清单包括暂列金额、暂估价（包括材料暂估单价、工程设备暂估单价、专业工程暂估价）、计日工、总成本服务费。

（一）暂列金额

暂列金额是指招标人在工程量清单中暂定并包括在合同价款中的一笔款项。用于工程合同签订时尚未确定或者不可预见的所需材料、工程设备、服务的采购，施工中可能发生的工程变更、合同约定调整因素出现时的合同价款调整，以及发生的索赔、现场签证确认等的费用。

（二）暂估价

暂估价是指招标人在工程量清单中提供的用于支付必然发生但暂时不能确定价格的材料、工程设备的单价以及专业工程的金额，包括材料暂估单价、工程设备暂估单价、专业工程暂估价。暂估价类似于 FIDIC 合同条件中的 Prime Cost Items，在招标阶段预见肯定要发生，只是因为标准不明确或者需要有专业承包人完成，暂时无法确定价格。为合同管理方便，需要纳入分部分项工程量清单项目综合单价中的暂估价应只是材料、工程设备暂估单价，以方便投标人组价。

专业工程的暂估价一般应是综合暂估价，应当包括除规费和税金以外的管理费、利润等取费。

（三）计日工

在施工过程中，承包人完成发包人提出的工程合同范围以外的零星项目或工作，按合同中约定的单价计价的一种方式。计日工是为了解决现场发生的零星工作的计价而设立的。计日工对完成零星工作所消耗的人工工时、材料数量、施工机械台班进行计量，并按照计日工表中填报的适用项目的单价进行计价支付。计日工适用的所谓零星项目或工作一般是指合同约定之外的，或者因为变更而产生的、工程量清单中没有相应项目的额外工作，尤其是那些难以事先确定价格的额外工作。

（四）总承包服务费

总承包服务费是指承包人为配合协调发包人进行的专业工程发包，对发包人自行采购的材料、工程设备等进行保管以及施工现场管理、竣工资料汇总整理等服务所需的费用。招标人应预计该项费用并按投标人的投标报价向投标人支付该项费用。

五、规费、税金项目清单

规费项目清单应按照下列内容列项：社会保障费，包括养老保险费、失业保险费、医疗保险费、工伤保险费、生育保险费；住房公积金；工程排污费；出现计价规范中未列的项目，应根据省级政府或省级有关权力部门的规定列项。

税金项目清单包括下列内容：增值税，城市维护建设税，教育费附加，地方教育附加。出现计价规范未列的项目，应根据税务部门的规定列项。

六、工程计价相关表格

建设工程计价表格宜采用统一格式。各省、自治区、直辖市建设行政主管部门和行业建设主管部门可根据本地区、本行业的实际情况，在《建设工程工程量清单计价规范》GB 50500—2013 附录 B 至附录 L 计价表格的基础上补充完善。

1. 工程量清单的编制应符合下列规定

（1）工程量清单编制使用表格包括：封-1、扉-1、表-01、表-08、表-11、表-12（不含表-12-6～表-12-8）、表-13、表-20、表-21 或表-22。

（2）扉页应按规定的内容填写、签字、盖章，由造价员编制的工程量清单应有负责审核的造价工程师签字、盖章。受委托编制的工程量清单，应有造价工程师签字、盖章以及工程造价咨询人盖章。

（3）总说明应按下列内容填写

1）工程概况：建设规模、工程特征、计划工期、施工现场实际情况、自然地理条件、环境保护要求等。

2）工程招标和专业工程发包范围。

3）工程量清单编制依据。

4）工程质量、材料、施工等的特殊要求。

5）其他需要说明的问题。

2. 投标报价使用的表格

包括：封-3、扉-3、表-01、表-02、表-03、表-04、表-08、表-09、表-11、表-12（不含表-12-6～表-12-8）、表-13、表-16，招标文件提供的表-20、表-21 或表-22。

扉页应按规定的内容填写、签字、盖章，除承包人自行编制的投标报价外，受委托编制的投标报价，由造价员编制的应有负责审核的造价工程师签字、盖章以及工程造价咨询人盖章。

3. 竣工结算使用的表格

包括：封-4、扉-4、表-01、表-05、表-06、表-07、表-08、表-09、表-10、表-11、表-12、表-13、表-14、表-15、表-16、表-17、表-18、表-19、表-20、表-21 或表-22。

扉页应按规定的内容填写、签字、盖章，除承包人自行编制的竣工结算外，受委托编制的竣工结算，由造价员编制的应有负责审核的造价工程师签字、盖章以及工程造价咨询人盖章。

4. 总说明应按下列内容填写

（1）工程概况：建设规模、工程特征、计划工期、合同工期、实际工期、施工现场及变化情况、施工组织设计的特点、自然地理条件、环境保护要求等。

（2）编制依据等。

习　题

一、单项选择题

1. 采用工程量清单方式招标，工程量清单必须作为招标文件的组成部分，其准确性和完整性由（　　）负责。

A. 投标人　　　　　　B. 招标人　　　　　　C. 业主　　　　　　　D. 评标委员会

2. 在其他项目清单中，为了解决现场发生的零星工作的计价而设立的（　　）。

A. 暂列金额　　　　　B. 暂估价　　　　　　C. 计日工　　　　　　D. 总承包服务费

3.没有具体数量的项目可用计量单位中的（　　）表示。

A.组　　　　　　　　B.樘　　　　　　　　C.项　　　　　　　　D.套

4.工程量清单单价法是指根据招标人按照国家统一的工程量计算规则提供工程数量，采用（　　）的形式计算工程造价的方法。

A.综合单价　　　　　B.台班单价　　　　　C.定额单价　　　　　D.人工工日单价

5.在编制招标控制价时，对（　　）中的人工单价和施工机械台班单价应按省级、行业建设主管部门或其授权的工程造价管理机构公布的单价计算。

A.暂列金额　　　　　B.暂估价　　　　　　C.计日工　　　　　　D.总承包服务费

6.暂列金额是指招标人暂定并包括在合同中的一笔款项，一般按分部分项工程量清单的（　　）确定。

A.5%～10%　　　　　B.10%～15%　　　　　C.15%～20%　　　　　D.20%～25%

二、多项选择题

1.分部分项工程量清单中，各级编码代表的含义包括（　　）。

A.第一级表示工程分类顺序码　　　　　B.第二级表示分部工程顺序码

C.第三级表示专业工程顺序码　　　　　D.第四级表示分项工程项目名称顺序码

E.第五级表示工程量清单项目名称顺序码

2.分部分项工程量清单项目特征应按附录中规定的项目特征，结合拟建工程项目的时间予以描述，满足确定综合单价的需要，下列在进行项目特征描述时，对（　　）等可以不描述。

A.混凝土构件的混凝土的强度等级　　　　B.现浇混凝土柱的高度、断面大小的特征

C.现浇混凝土板、梁的标高的特征　　　　D.油漆的品种、管材的材质

E.土方工程的挖土深度

三、简答题

1.工程量清单计价有哪些作用？

2.工程量清单计量单位有哪些规定？

3.暂列金额的作用有哪些？

第五章
建筑面积计算

根据中华人民共和国住房和城乡建设部公告第 269 号，住房城乡建设部关于发布国家标准《建筑工程建筑面积计算规范》的公告，批准《建筑工程建筑面积计算规范》为国家标准，编号为 GB/T 50353—2013，自 2014 年 7 月 1 日起实施。本规范的主要技术内容是：1. 总则；2. 术语；3. 计算建筑面积的规定。

第一节　概　　述

一、建筑面积的概念

建筑面积是建筑物各层面积的总和。它包括使用面积、辅助面积和结构面积三部分。其中，使用面积与辅助面积之和称有效面积。

1. 使用面积

使用面积是指建筑物各层平面中直接为生产或生活使用的净面积之和。例如，住宅建筑中的居室、客厅、书房等。

2. 辅助面积

辅助面积是指建筑物各层平面中为辅助生产或辅助生活所占净面积之和。例如，住宅建筑中的楼梯、走道、卫生间、厨房等。

3. 结构面积

结构面积是指建筑各层平面中的墙、柱等结构所占面积之和。

二、建筑面积的作用

1. 建筑面积是重要的管理指标

建筑面积是建设投资、建设项目可行性研究、建设项目勘察设计、建设项目评估、建设项目招标投标、建筑工程施工和竣工验收、建设工程造价管理、建筑工程造价控制等一系列工作的重要计算指标。

2. 建筑面积是重要的技术指标

建筑设计在进行方案比选时，常常依据一定的技术指标，如容积率、建筑密度、建筑系数等；建设单位和施工单位在办理报审手续时，经常用到开工面积、竣工面积、优良工程率、建筑规模等技术指标。这些重要的技术指标都要用到建筑面积。其中：

$$容积率 = \frac{建筑总面积}{建筑占地面积} \times 100\%$$

$$建筑密度 = \frac{建筑物底层面积}{建筑占地总面积} \times 100\%$$

$$房屋建筑系数 = \frac{房屋建筑面积}{建筑使用面积} \times 100\%$$

3. 建筑面积是重要的经济指标

建筑面积是评价国民经济建设和人民物质生活的重要经济指标。在一定时期内完成建筑面积的多少也标志着一个国家的工程建设发展状况、人民生活居住条件改善和文化生活福利设施发展的程度。建筑面积也是施工单位计算单位工程或单项工程的单位面积工程造价、人工消耗量、材料消耗量和机械台班消耗量的重要经济指标。各种经济指标的计算公式如下：

$$每平方米工程造价 = \frac{工程造价}{建筑面积}(元/m^2)$$

$$每平方米人工消耗量 = \frac{单位工程总用工量}{建筑面积}(工日/m^2)$$

$$每平方米材料消耗量 = \frac{单位工程某种材料用量}{建筑面积}(kg/m^2 \text{ 或 } m^3/m^2)$$

$$每平方米机械台班消耗量 = \frac{单位工程某机械台班用量}{建筑面积}(台班/m^2)$$

4. 建筑面积是计算工程量的基础

建筑面积是计算有关工程量的重要依据。例如，垂直运输机械的工程量是以建筑面积为工程量。建筑面积也是计算各分部分项工程量和工程量消耗指标的基础。例如，计算出建筑面积之后，利用这个基数，就可以计算出地面抹灰、室内填土、地面垫层、平整场地、天棚抹灰和屋面防水等项目的工程量。工程量消耗指标也是投标报价的重要参考。

5. 建筑面积对建筑施工企业内部管理的意义

建筑面积对于建筑施工企业实行内部经济承包责任制、投标报价、编制施工组织设计、配备施工力量、成本核算及物资供应等，都具有重要意义。

综上所述，建筑面积是重要的技术经济指标，在全面控制建筑工程造价，衡量和评价建设规模、投资效益、工程成本等方面起着重要尺度的作用。但是，建筑面积指标也存在着一些不足，主要不能反映其高度因素。例如，计取暖气费用以建筑面积为单位就不尽合理。

三、商品房建筑面积计算

住宅商品房建筑面积的计算非常重要，关系到开发商和业主双方的经济利益，弄不好还会引起法律纠纷。住宅商品房建筑面积的计算，特别是公摊面积计算，目前还没有统一的严格法律文件规定，各地的计算方法也不完全相同，主要靠购销合同进行约定。现在住宅商品房都以《房产测量规范》进行计算，主要的计算公式和方法如下：

$$住宅套型建筑面积 = 套内建筑面积 + 公摊面积$$

$$套内建筑面积 = 套内使用面积 + 套内墙体面积 + 阳台建筑面积$$

套内墙体面积是指室内墙体面积加外墙墙体（包括两户之间隔墙）水平面积的一半。

公摊面积＝楼电梯面积＋走廊过道面积＋大堂门厅面积＋设备功能用房面积＋外墙墙体水平投影面积的一半＋其他面积

商品房公用面积的分摊以幢为单位，与本幢楼房不相连的公用建筑面积不得分摊给本幢楼房的住户。

（1）可分摊的公共部分为本幢楼的大堂、公用门厅、走廊、过道、公用厕所、电（楼）梯前厅、楼梯间、电梯井、电梯机房、垃圾道、管道井、消防控制室、水泵房、水箱间、冷冻机房、消防通道、变配电室、煤气调压室、卫星电视接收机房、空调机房、热水锅炉房、电梯工休息室、值班警卫室、物业管理用房等，以及其他功能上为该建筑服务的专用设备用房，套与公用建筑空间之间的分隔墙及外墙（包括山墙、墙体水平投影面积的一半）。

（2）不应计入的公用建筑空间的有仓库、机动车库、非机动车库、车道、供暖锅炉房、作为人防工程地下室、单独具有使用功能的独立使用空间、售房单位自营、自用的房屋，为多幢房屋服务的警卫室、管理（包括物业管理）等用房。

（3）不应分摊的共有建筑面积：从属于人防工程的地下室、半地下室；供出租或出售的固定车位或专用车库；幢外的用做公共休憩的设施或架空层。

（4）公用建筑面积的分摊方法：多层住宅需要先求出整幢房屋和共有建筑面积分摊系数，再按幢内的各套内建筑面积比例分摊。多功能综合楼须先求出整幢房屋和幢内不同功能区的共有建筑面积分摊系数，再按幢内各功能区内建筑面积比例分摊。

公摊面积没有明确规定，目前房地产市场普遍为多层住宅楼，在没有地下设备用房、没有底层商铺、底层架空的情况下，公摊系数在 10%～15% 之间；带电梯的小高层住宅，公摊系数在 17%～20% 之间；高层住宅相对更高一些。

第二节　建筑面积计算规范

一、总则

（1）为规范工业与民用建筑工程建设全过程的建筑面积计算，统一计算方法，制定本规范。

（2）本规范适用于新建、扩建、改建的工业与民用建筑工程建设全过程的建筑面积计算。

（3）建筑工程的建筑面积计算，除应符合本规范外，尚应符合国家现行有关标准的规定。

二、术语

（1）建筑面积（construction area）　建筑物（包括墙体）所形成的楼地面面积。

（2）自然层（floor）　按楼地面结构分层的楼层。

（3）结构层高（structure story height）　楼面或地面结构层上表面至上部结构层上表面之间的垂直距离。

（4）围护结构（building enclosure）　围合建筑空间的墙体、门、窗。

（5）建筑空间（space）　以建筑界面限定的、供人们生活和活动的场所。

（6）结构净高（structure net height）　楼面或地面结构层上表面至上部结构层下表面之间的垂直距离。

（7）围护设施（enclosure facilities）　为保障安全而设置的栏杆、栏板等围挡。

（8）地下室（basement）　室内地平面低于室外地平面的高度超过室内净高的 1/2 的房间。

（9）半地下室（semi-basement）　室内地平面低于室外地平面的高度超过室内净高的 1/3 且不超过 1/2 的房间。

（10）架空层（stilt floor）　仅有结构支撑而无外围护结构的开敞空间层。

（11）走廊（corridor）　建筑物中的水平交通空间。

（12）架空走廊（elevated corridor）　专门设置在建筑物的二层或二层以上，作为不同建筑物之间水平交通的空间。

（13）结构层（structure layer）　整体结构体系中承重的楼板层。

（14）落地橱窗（french window）　突出外墙面且根基落地的橱窗。

（15）凸窗（飘窗）（bay window）　凸出建筑物外墙面的窗户。

（16）檐廊（eaves gallery）　建筑物挑檐下的水平交通空间。

（17）挑廊（overhanging corridor）　挑出建筑物外墙的水平交通空间。

（18）门斗（air lock）　建筑物入口处两道门之间的空间。

（19）雨篷（canopy）　建筑出入口上方为遮挡雨水而设置的部件。

（20）门廊（porch）　建筑物入口前有顶棚的半围合空间。

（21）楼梯（stairs）　由连续行走的梯级、休息平台和维护安全的栏杆（或栏板）、扶手以及相应的支托结构组成的作为楼层之间垂直交通使用的建筑部件。

（22）阳台（balcony）　附设于建筑物外墙，设有栏杆或栏板，可供人活动的室外空间。

（23）主体结构（major structure）　接受、承担和传递建设工程所有上部荷载，维持上部结构整体性、稳定性和安全性的有机联系的构造。

（24）变形缝（deformation joint）　防止建筑物在某些因素作用下引起开裂甚至破坏而预留的构造缝。

（25）骑楼（overhang）　建筑底层沿街面后退且留出公共人行空间的建筑物。

（26）过街楼（overhead building）　跨越道路上空并与两边建筑相连接的建筑物。

（27）建筑物通道（passage）　为穿过建筑物而设置的空间。

（28）露台（terrace）　设置在屋面、首层地面或雨篷上的供人室外活动的有围护设施的平台。

（29）勒脚（plinth）　在房屋外墙接近地面部位设置的饰面保护构造。

（30）台阶（step）　联系室内外地坪或同楼层不同标高而设置的阶梯形踏步。

三、计算建筑面积的规定

（1）建筑物的建筑面积应按自然层外墙结构外围水平面积之和计算。结构层高在 2.20m 及以上的，应计算全面积；结构层高在 2.20m 以下的，应计算 1/2 面积，如图 5-1 所示。

规则所指建筑物可以是民用建筑、公共建筑，也可以是工业厂房。"应按其外墙勒脚以上结构外围水平面积计算"的规定，主要强调，勒脚是墙根部很矮的一部分墙体加厚，不能代表整个外墙结构，因此要扣除勒脚墙体加厚部分。另外还强调，建筑面积只包括外墙的结构面积，不包括外墙抹灰厚度、装饰材料厚度所占的面积。

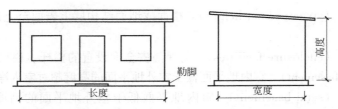

图 5-1　单层建筑物勒脚以上结构外围水平面积示意

建筑物应按不同的高度确定面积的计算。其高度指室内地面标高至屋面板板面结构标高之间的垂直距离。遇有以屋面板找坡的平屋顶建筑物，其高度指室内地面标高至屋面板最低处板面结构标高之间的垂直距离。

（2）建筑物内设有局部楼层时，对于局部楼层的二层及以上楼层，有围护结构的应按其围护结构外围水平面积计算，如图 5-2（a）所示，无围护结构的应按其结构底板水平面积计算，且结构层高在 2.20m 及以上的，应计算全面积，结构层高在 2.20m 以下的，应计算 1/2 面积。如图 5-2（b）所示。

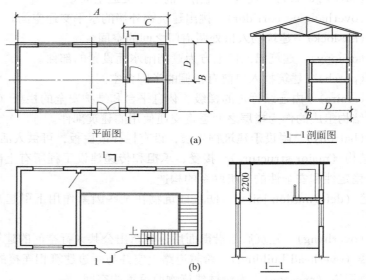

图 5-2　建筑物内设有局部楼层示意

局部楼层的墙厚部分应包括在局部楼层面积内。本条款没提出不计算面积的规定，可以理解局部楼层的层高一般不会低于 1.20m。

（3）对于形成建筑空间的坡屋顶，结构净高在 2.10m 及以上的部位应计算全面积；结构净高在 1.20m 及以上至 2.10m 以下的部位应计算 1/2 面积；结构净高在 1.20m 以下的部位不应计算建筑面积。如图 5-3 所示。

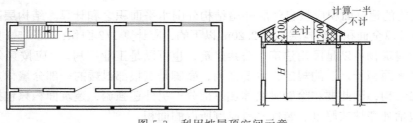

图 5-3　利用坡屋顶空间示意

（4）对于场馆看台下的建筑空间，结构净高在 2.10m 及以上的部位应计算全面积；结构净高在 1.20m 及以上至 2.10m 以下的部位应计算 1/2 面积；结构净高在 1.20m 以下的部位不应计算建筑面积。如图 5-4 所示。室内单独设置的有围护设施的悬挑看台，应按看台结构底板水平投影面积计算建筑面积。有顶盖无围护结构的场馆看台应按其顶盖水平投影面积的 1/2 计算面积。

（5）地下室、半地下室应按其结构外围水平面积计算。结构层高在 2.20m 及以上的，应计算全面积；结构层高在 2.20m 以下的，应计算 1/2 面积。

（6）出入口外墙外侧坡道有顶盖的部位，应按其外墙结构外围水平面积的 1/2 计算面积。如图 5-5 所示。

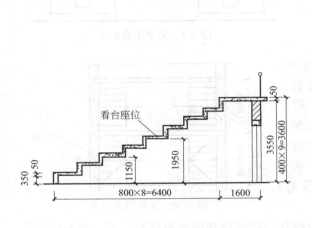

图 5-4 场馆看台下的空间示意

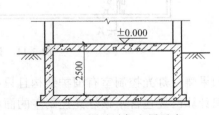

图 5-5 地下室示意

（7）建筑物架空层及坡地建筑物吊脚架空层，应按其顶板水平投影计算建筑面积。结构层高在 2.20m 及以上的，应计算全面积；结构层高在 2.20m 以下的，应计算 1/2 面积。如图 5-6、图 5-7 所示。

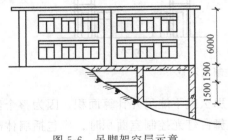

图 5-6 吊脚架空层示意   图 5-7 深基础架空层示意

层高在 2.20m 及以上的吊脚架空间可以设计用来作为一个房间使用；深基础架空层 2.20m 及以上层高时，可以设计用来作为安装设备或做储藏间使用，该部位应计算全面积。

（8）建筑物的门厅、大厅应按一层计算建筑面积，门厅、大厅内设置的走廊应按走廊结构底板水平投影面积计算建筑面积。结构层高在 2.20m 及以上的，应计算全面积；结构层高在 2.20m 以下的，应计算 1/2 面积。

如图 5-8 所示。宾馆、大会堂、教学楼等大楼内的门厅或大厅，往往要占建筑物的二层或二层以上的层高，这时也只能计算一层面积。

（9）对于建筑物间的架空走廊，有顶盖和围护设施的，应按其围护结构外围水平面积计算全面积；无围护结构、有围护设施的，应按其结构底板水平投影面积计算 1/2 面积。如图 5-9 所示。

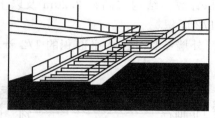

图 5-8　建筑物大厅示意

图 5-9　架空走廊示意

（10）对于立体书库、立体仓库、立体车库，有围护结构的，应按其围护结构外围水平面积计算建筑面积；无围护结构、有围护设施的，应按其结构底板水平投影面积计算建筑面积。无结构层的应按一层计算，有结构层的应按其结构层面积分别计算。结构层高在 2.20m 及以上的，应计算全面积；结构层高在 2.20m 以下的，应计算 1/2 面积。如图 5-10 所示。

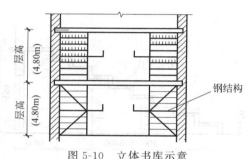

图 5-10　立体书库示意

（11）有围护结构的舞台灯光控制室，应按其围护结构外围水平面积计算。结构层高在 2.20m 及以上的，应计算全面积；结构层高在 2.20m 以下的，应计算 1/2 面积。如图 5-11 所示。

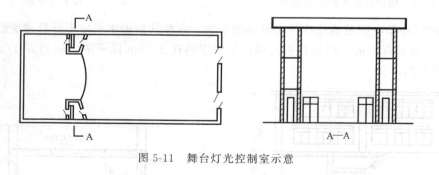

图 5-11　舞台灯光控制室示意

如果舞台灯光控制室有围护结构且只有一层，那么就不能另外计算面积。因为整个舞台的面积计算已经包含了该灯光控制室的面积。计算舞台灯光控制室面积时，应包括墙体部分面积。

（12）附属在建筑物外墙的落地橱窗，应按其围护结构外围水平面积计算。结构层高在 2.20m 及以上的，应计算全面积；结构层高在 2.20m 以下的，应计算 1/2 面积。

（13）窗台与室内楼地面高差在 0.45m 以下且结构净高在 2.10m 及以上的凸（飘）窗，应按其围护结构外围水平面积计算 1/2 面积。

（14）有围护设施的室外走廊（挑廊），应按其结构底板水平投影面积计算 1/2 面积；有围护设施（或柱）的檐廊，应按其围护设施（或柱）外围水平面积计算1/2面积。如图5-12所示。

（15）门斗应按其围护结构外围水平面积计算建筑面积，且结构层高在2.20m及以上的，应计算全面积；结构层高在2.20m以下的，应计算1/2面积。如图5-13所示。

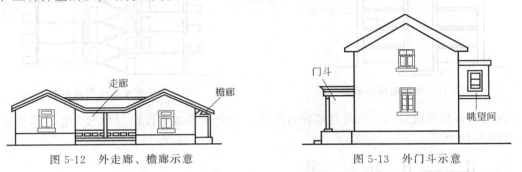

图 5-12　外走廊、檐廊示意　　　　　图 5-13　外门斗示意

（16）门廊应按其顶板的水平投影面积的1/2计算建筑面积；有柱雨篷应按其结构板水平投影面积的1/2计算建筑面积；无柱雨篷的结构外边线至外墙结构外边线的宽度在2.10m及以上的，应按雨篷结构板的水平投影面积的1/2计算建筑面积。如图5-14所示。

（17）设在建筑物顶部的、有围护结构的楼梯间、水箱间、电梯机房等，结构层高在2.20m及以上的应计算全面积；结构层高在2.20m以下的，应计算1/2面积。如图5-15所示。

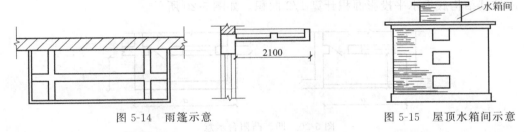

图 5-14　雨篷示意　　　　　　　图 5-15　屋顶水箱间示意

（18）围护结构不垂直于水平面的楼层，应按其底板面的外墙外围水平面积计算。结构净高在2.10m及以上的部位，应计算全面积；结构净高在1.20m及以上至2.10m以下的部位，应计算1/2面积；结构净高在1.20m以下的部位，不应计算建筑面积。如图5-16所示。

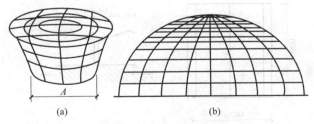

(a)　　　　　　　　　　(b)

图 5-16　围护结构不垂直建筑物示意

（19）建筑物的室内楼梯、电梯井、提物井、管道井、通风排气竖井、烟道，应并入建筑物的自然层计算建筑面积。有顶盖的采光井应按一层计算面积，且结构净高在2.10m及以上的，应计算全面积；结构净高在2.10m以下的，应计算1/2面积。如图5-17、图5-18所示。

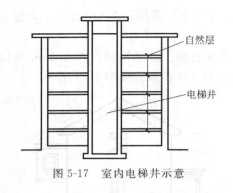

图 5-17　室内电梯井示意

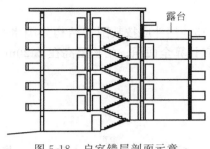

图 5-18　户室错层剖面示意

（20）室外楼梯应并入所依附建筑物自然层，并应按其水平投影面积的 1/2 计算建筑面积。如图 5-19 所示。

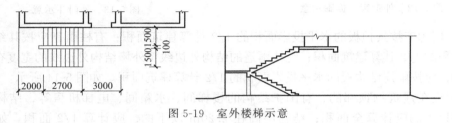

图 5-19　室外楼梯示意

（21）在主体结构内的阳台，应按其结构外围水平面积计算全面积；在主体结构外的阳台，应按其结构底板水平投影面积计算 1/2 面积。如图 5-20 所示。

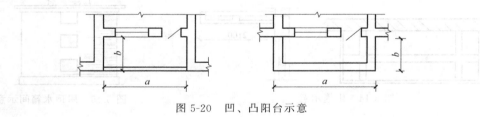

图 5-20　凹、凸阳台示意

（22）有顶盖无围护结构的车棚、货棚、站台、加油站、收费站等，应按其顶盖水平投影面积的 1/2 计算建筑面积。如图 5-21 所示。

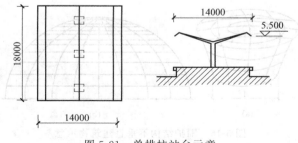

图 5-21　单排柱站台示意

（23）以幕墙作为围护结构的建筑物，应按幕墙外边线计算建筑面积。

（24）建筑物的外墙外保温层，应按其保温材料的水平截面积计算，并计入自然层建筑面积。

（25）与室内相通的变形缝，应按其自然层合并在建筑物建筑面积内计算。对于高低联跨的建筑物，当高低跨内部连通时，其变形缝应计算在低跨面积内。

（26）对于建筑物内的设备层、管道层、避难层等有结构层的楼层，结构层高在 2.20m 及以上的，应计算全面积；结构层高在 2.20m 以下的，应计算 1/2 面积。

（27）下列项目不应计算建筑面积

1）与建筑物内不相连通的建筑部件；

2）骑楼、过街楼底层的开放公共空间和建筑物通道；

3）舞台及后台悬挂幕布和布景的天桥、挑台等；

4）露台、露天游泳池、花架、屋顶的水箱及装饰性结构构件；

5）建筑物内的操作平台、上料平台、安装箱和罐体的平台；

6）勒脚、附墙柱、垛、台阶、墙面抹灰、装饰面、镶贴块料面层、装饰性幕墙，主体结构外的空调室外机搁板（箱）、构件、配件，挑出宽度在 2.10m 以下的无柱雨篷和顶盖高度达到或超过两个楼层的无柱雨篷；

7）窗台与室内地面高差在 0.45m 以下且结构净高在 2.10m 以下的凸（飘）窗，窗台与室内地面高差在 0.45m 及以上的凸（飘）窗；

8）室外爬梯、室外专用消防钢楼梯；

9）无围护结构的观光电梯；

10）建筑物以外的地下人防通道，独立的烟囱、烟道、地沟、油（水）罐、气柜、水塔、贮油（水）池、贮仓、栈桥等构筑物。

四、应用案例

【案例 5-1】 某民用住宅如图 5-22 所示，有柱雨篷水平投影面积为 3300mm×1500mm，计算其建筑面积。

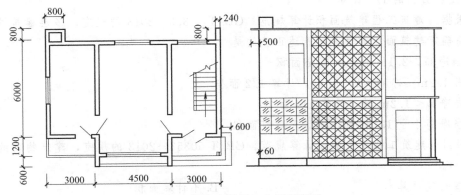

图 5-22 某住宅平面、立面示意图

解：有柱雨篷应按其水平投影面积的一半计算建筑面积。装饰性幕墙不计算建筑面积，阳台为挑阳台计算一半建筑面积。管道井一层计算一次面积。由于标注尺寸为外边线。

所以：

建筑面积＝[（3.00＋4.50＋3.00）×6.00＋4.50×1.20＋0.80×0.80＋3.00×1.20÷2]×

2＋3.3×1.5÷2

＝144.16（m²）

习　题

一、单项选择题

1. 根据《建筑工程建筑面积计算规范》GB/T 50353—2013 的规定，建筑物内的提物井工程量应（　　　）。

A. 按建筑物的自然层计算　　　　　　　　B. 按设计图示尺寸的体积计算

C. 按设计图示尺寸以面积计算　　　　　　D. 按设计图示尺寸以中心线长度计算

2. 根据《建筑工程建筑面积计算规范》GB/T 50353—2013 的规定，建筑物间有围护结构和顶盖的架空走廊的工程量计算，表述正确的是（　　　）。

A. 按其围护结构外围水平面积计算　　　　B. 层高在 2.2m 及以上者应计算全建筑面积

C. 层高不足 2.2m 者应计算 1/2 面积　　　D. 按其结构底板水平面积的 1/2 计算

3. 根据《建筑工程建筑面积计算规范》GB/T 50353—2013 的规定，设有围护结构不垂直于水平面而超出底板外沿的建筑物工程量计算，表述错误的是（　　　）。

A. 应按其底板面的外墙外围水平面积计算

B. 结构净高在 2.10m 及以上的部位，应计算全面积

C. 结构净高在 1.20m 及以上至 2.10m 以下的部位，应计算 1/2 面积

D. 按其结构底板水平面积的 1/2 计算

4. 根据《建筑工程建筑面积计算规范》GB/T 50353—2013 的规定，有关建筑面积的计算方法叙述错误的是（　　　）。

A. 有永久性顶盖无围护结构的场馆看台应按其顶盖水平投影面积的 1/2 计算

B. 有围护结构的舞台灯光控制室，层高在 2.2m 及以上者应计算全面积

C. 建筑物的门厅、大厅按一层计算建筑面积

D. 雨棚结构的外边线至外墙结构外边线的宽度超过 2.00m 者，应按雨棚结构板的水平投影面积的 1/2 计算

5. 根据《建筑工程建筑面积计算规范》GB/T 50353—2013 的规定，多层建筑坡屋顶应按其净高确定建筑面积的计算，表述正确的是（　　　）。

A. 当净高＞2.1m 时，计算全面积

B. 当 1.2m≤净高≤2.1m 时，计算 1/2 面积

C. 当净高＜1.2m 时，计算 1/4 面积

D. 当净高小于 1.2m 时，不计算建筑面积

6. 根据《建筑工程建筑面积计算规范》GB/T 50353—2013 的规定，建筑物内的变形缝应（　　　）。

A. 按长度计算　　　　　　　　　　　　　B. 不计算面积

C. 按宽度乘以长度乘以深度以体积计算　　D. 按其自然层合并在建筑物面积内计算

7. 根据《建筑工程建筑面积计算规范》GB/T 50353—2013 的规定，建筑物内设有局部楼层者，局部楼层的二层及以上楼层，有围护结构的应（　　　）。

A. 按其围护结构外围水平面积计算　　　　B. 按其结构底板水平面积的 1/2 计算

C. 按其结构底板水平面积计算　　　　　　D. 按其外墙勒脚以上结构外围水平面积计算

8. 根据《建筑工程建筑面积计算规范》GB/T 50353—2013 的规定，多层建筑物工程量计算错误的是（　　　）。

A. 首层应按其外墙勒脚以上结构外围水平面积计算

B. 二层及以上楼层应按其结构底板水平面积计算

C. 层高在 2.2m 及以上者应计算全面积

D. 层高不足 2.2m 者应计算 1/2 面积

9. 根据《建筑工程建筑面积计算规范》GB/T 50353—2013 的规定，建筑物顶部有围护结构的电梯机房建筑面积的计算，表述正确的是（　　）。

A. 按设计图示以数量计算　　　　　B. 按设计图示尺寸以体积计算

C. 按设计图示以重量计算　　　　　D. 层高在 2.2m 及以上者应计算全面积

10. 根据《建筑工程建筑面积计算规范》GB/T 50353—2013 的规定，建筑物内的安装箱工程量应（　　）。

A. 不予计算　　　　　　　　　　　B. 按设计图示以数量计算

C. 按设计图示尺寸以中心线长度计算　D. 按设计图示尺寸以延长米计算

二、多项选择题

1. 根据《建筑工程建筑面积计算规范》GB/T 50353—2013 的规定，坡地的建筑物吊脚架空层建筑面积计算正确的有（　　）。

A. 按设计图示尺寸以展开面积计算

B. 按其利用部位水平面积的 1/2 计算

C. 应按其顶板水平投影计算建筑面积

D. 结构层高在 2.20m 以下的，应计算 1/2 面积

E. 结构层高在 2.20m 及以上的，应计算全面积

2. 根据《建筑工程建筑面积计算规范》GB/T 50353—2013 的规定，建筑物外有围护结构的门斗建筑面积计算正确的有（　　）。

A. 按设计图示尺寸以数量计算

B. 按其围护结构外围水平面积计算

C. 结构层高在 2.2m 及以上者应计算全建筑面积

D. 结构层高不足 2.2m 者应计算 1/2 面积

E. 按其结构底板水平面积的 1/2 计算

3. 根据《建筑工程建筑面积计算规范》GB/T 50353—2013 的规定，按其顶盖水平投影面积的 1/2 计算的建筑物有（　　）。

A. 有永久性顶盖有围护结构的车棚　B. 有永久性顶盖有围护结构的收费站

C. 有永久性顶盖有围护结构的货棚　D. 有永久性顶盖无围护结构的站台

E. 有永久性顶盖无围护结构的加油站

4. 根据《建筑工程建筑面积计算规范》GB/T 50353—2013 的规定，下列项目不应计算面积的有（　　）。

A. 过街楼的底层　　　　　　　　　B. 屋顶水箱

C. 门厅　　　　　　　　　　　　　D. 自动扶梯

E. 地铁隧道

5. 根据《建筑工程建筑面积计算规范》GB/T 50353—2013 的规定，有关多层建筑坡屋顶内和场馆看台下工程量计算的表述，正确的有（　　）。

A. 结构净高不足 2.2m 应计算 1/2 面积

B. 结构净高在 2.10m 及以上的部位应计算全面积

C. 结构室内净高不足 1.2m 时不应计算面积

D. 结构净高超过 2.2m 的部位应计算全面积

E. 结构净高在 1.20m 及以上至 2.10m 以下的部位应计算 1/2 面积

三、计算题

1. 如图 5-23 所示为某建筑平面和剖面示意图，计算该建筑物的建筑面积。

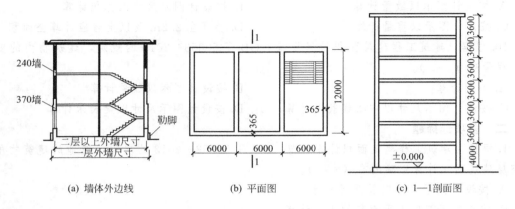

(a) 墙体外边线   (b) 平面图   (c) 1—1剖面图

图 5-23   某建筑物平面和剖面示意

2. 如图 5-24 所示为某建筑物坡屋顶平面和剖面示意图，计算该建筑物坡屋顶的建筑面积。

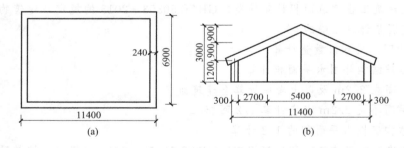

(a)   (b)

图 5-24   某建筑物坡屋顶平面和剖面示意

3. 如图 5-25 所示，分别求大厅、回廊建筑面积。

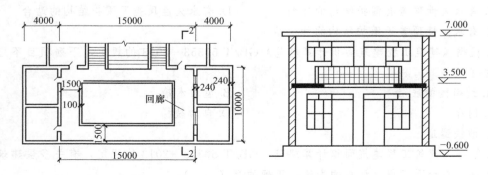

图 5-25   某建筑物二楼大厅、回廊平面剖面

4. 图 5-26 所示为某雨篷示意图，求该雨篷的建筑面积。

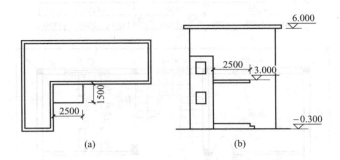

(a)　　　(b)

图 5-26　某雨篷示意

5. 图 5-27 所示为某屋顶水箱间、门斗示意图，求该水箱间和门斗的建筑面积。

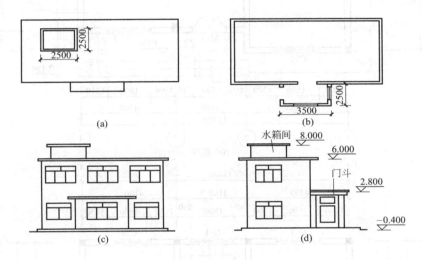

(a)　　　　(b)

(c)　　　　(d)

图 5-27　某屋顶水箱间、门斗示意

6. 某建筑平、剖面如图 5-28 所示，计算建筑面积。

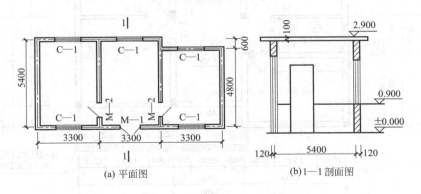

(a) 平面图　　　　(b) 1—1 剖面图

图 5-28　某建筑平、剖面

7. 如图 5-29 为某两层建筑物的底层、二层平面图，已知墙厚 240mm，层高 2.90m，求该建筑物底层、二层的建筑面积。

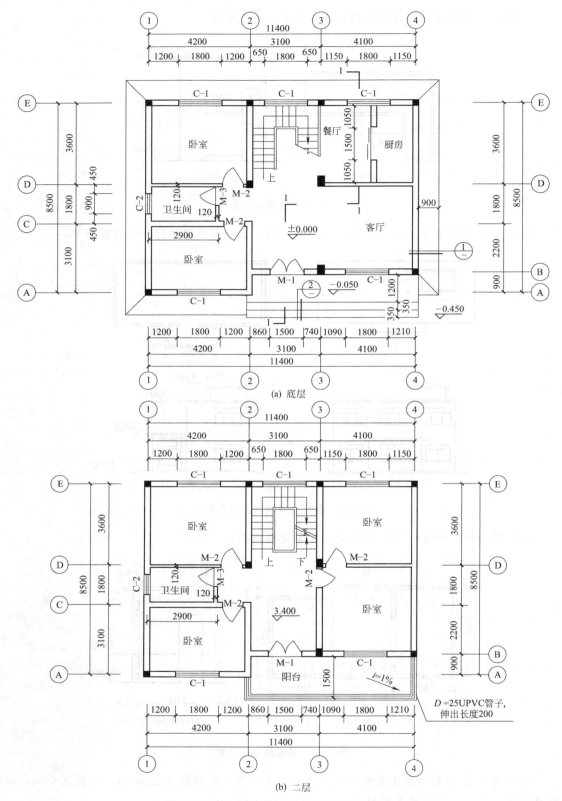

(a) 底层

(b) 二层

图 5-29 某两层建筑物的底层、二层平面图

第六章

土石方工程计量与计价

土（石）方工程的工程量清单共分 3 个分项工程清单项目，即土方工程、石方工程以及回填，适用于建筑物的土石方开挖及回填工程。

工程量清单的工程量，按《建设工程工程量清单计价规范》（GB 50500—2013）规定是拟建工程分项工程的实体数量。土石方工程除场地、房心回填土外，其他土石方工程不构成工程实体，即不应当单列项目，而应采用基础清单项目内含土石方报价。但由于地表以下存在许多不可知的自然条件，势必增加基础项目报价的难度。为此，将土石方单独列项。

根据全国《房屋建筑与装饰工程消耗量定额》（TY 01-31—2015）的规定，本部分共分为土方工程、石方工程和回填及其他三部分。

第一节　土方工程计量与计价

一、清单计算规范相关规定

《房屋建筑与装饰工程工程量计算规范》（GB 50854—2013）（以下简称"计价规范"）附录 A.1 土方工程项目（编号：010101），包括平整场地、挖一般土方、挖沟槽土方、挖基坑土方、冻土开挖、挖淤泥流砂、管沟土方。如表 A.1。

表 A.1　土方工程（编号：010101）

项目编码	项目名称	项目特征	计量单位	工程量计算规则	工作内容
010101001	平整场地	①土壤类别 ②弃土运距 ③取土运距	m²	按设计图示尺寸以建筑物首层建筑面积计算按设计图示尺寸以建筑物首层建筑面积计算	①土方挖填；②场地找平；③运输
010101002	挖一般土方			按设计图示尺寸以体积计算	①排地表水；②土方开挖；③围护（挡土板）、支撑；④基地钎探；⑤运输
010101003	挖沟槽土方	①土壤类别；②挖土深度；③弃土运距	m³	房屋建筑按设计图示尺寸以基础垫层底面积乘以挖土深度计算	
010101004	挖基坑土方				

续表

项目编码	项目名称	项目特征	计量单位	工程量计算规则	工作内容
010101005	冻土开挖	①冻土厚度；②弃土运距	m³	按设计图示尺寸开挖面积乘以厚度以体积计算	①爆破；②开挖；③清理；④运输
010101006	挖淤泥、流砂	①挖掘深度；②弃淤泥、流砂距离		按设计图示位置、界限以体积计算	①开挖；②运输
010101007	管沟土方	①土壤类别；②管外径；③挖沟深度；④回填要求	1. m 2. m³	(1)以米计量，按设计图示以管道中心线长度计算。(2)以立方米计量，按设计图示管底垫层面积乘以挖土深度计算；无管底垫层按管外径的水平投影面积乘以挖土深度计算。不扣除各类井的长度，井的土方并入	①排地表水；②土方开挖；③围护（挡土板）支拆；④运输；⑤回填

（1）平整场地是指在开挖建筑物基坑（槽）之前，将天然地面改造成所要求的设计平面时，所进行的土（石）方施工过程。适用于建筑场地厚度在±30cm以内的就地挖、填、运、找平。该平均厚度应按自然地面测量标高，至设计地坪标高间的平均厚度确定。

① 建筑物场地厚度在±30cm以内的挖、填、运、找平，应按"计价规范"附录A.1中平整场地工程量清单项目编码列项。±30cm以外的竖向布置挖土或山坡切土，应按挖一般土方项目编码列项。

② 也可能出现±30cm以内的全部是挖方或全部是填方，需外运土方或借土回填时，在工程量清单项目中应描述弃土运距（或弃土地点）或取土运距（或取土地点），这部分的运输应包括在"平整场地"项目报价内。

③ 工程量按建筑物首层建筑面积计算，如施工组织设计规定超面积平整场地时，超出部分应包括在报价内。

（2）挖土方是指设计室外地坪以上的竖向布置的挖土或山坡切土，并包括指定范围内的土方运输。它具有工程量大、劳动繁重和施工条件复杂等特点。开挖前，要确定场地设计标高，计算挖填方工程量，确定挖填方的平衡调配，并根据工程规模、工期要求、土方机械设备条件等，制定出以经济分析为依据的施工方案。

"指定范围内的运输"是指由招标人指定的弃土地点或取土地点的运距。若招标文件规定，由投标人确定弃土地点或取土地点，则此条件不必在工程量清单中进行描述。

土方清单项目报价应包括指定范围内的土一次或多次运输、装卸以及基底夯实、钎探、修理边坡、清理现场等全部施工工序。

土方工程施工的难易程度与所开挖的土壤种类和性质有很大的关系，如土壤的坚硬度、密实度、含水率等。这些因素直接影响到土壤开挖的施工方法、功效及施工费用。所以必须正确掌握土方类别的划分方法，准确计算土方费用。

在《房屋建筑与装饰工程工程量计算规范》（GB 50854—2013）中，按土壤的名称、天然密实度下平均容重、极限压碎强度、开挖方法以及紧固系数等，将土壤分为一、二类土、三类土和四类土。将石分为松石、次坚石、普坚石。土壤类别的划分，详见《房屋建筑与装饰工程工程量计算规范》表 A.1-1《土壤及岩石（普氏）分类表》。

表 A. 1-1 土壤分类表

土壤分类	土壤名称	开挖方法
一、二类土	粉土、砂土(粉砂、细砂、中砂、粗砂、砾砂)、粉质黏土、弱中盐渍土、软土(淤泥质土、泥炭、泥炭质土)、软塑红黏土、冲填土	用锹、少许用镐、条锄开挖。机械能全部直接铲挖满载者
三类土	黏土、碎石土(圆砾、角砾)混合土、可塑红黏土、硬塑红黏土、强盐渍土、素填土、压实填土	主要用镐、条锄,少许用锹开挖。机械需部分刨松方能铲挖满载者或可直接铲挖但不能满载者
四类土	碎石土(卵石、碎石、漂石、块石)、坚硬红黏土、超盐渍土、杂填土	全部用镐、条锄挖掘、少许用撬棍挖掘。机械须普遍刨松方能铲挖满载者

注:本表土的名称及其含义按国家标准《岩土工程勘察规范》GB 50021—2001(2009年版)定义

(3) 干湿土的划分应按地质资料提供的地下常年水位为界,地下常年水位以下为湿土。

(4) 土方体积应按挖掘前的天然密实体积计算。需按天然密实体积折算时,应按表 A. 1-2 系数计算。

表 A. 1-2 土(石)方体积折算系数表

天然密实度体积	虚方体积	夯实后体积	松填体积
1.00	1.30	0.87	1.08
0.77	1.00	0.67	0.83
1.15	1.49	1.00	1.24
0.93	1.20	0.81	1.00

(5) 挖土方平均厚度,应按自然地面测量标高至设计地坪标高间的平均厚度确定。由于地形起状变化大,不能提供平均挖土厚度时,应提供方格网法或断面法施工的设计文件。

因地质情况变化或设计变更引起的土方工程量的变化,由业主与承包人双方现场认证,依据合同条件进行调整。

① 沟槽、基坑、一般土方的划分为:底宽≤7m 且底长＞3 倍底宽为沟槽;底长≤3 倍底宽且底面积≤150m² 为基坑;超出上述范围则为一般土方。

② 挖土方如需截桩头时,应按桩基工程相关项目编码列项。

③ 弃、取土运距可以不描述,但应注明由投标人根据施工现场实际情况自行考虑,决定报价。

④ 土壤的分类应按土壤分类表确定,如土壤类别不能准确划分时,招标人可注明为综合,由投标人根据地勘报告决定报价。

⑤ 土方体积应按挖掘前的天然密实体积计算。如需按天然密实体积折算时,应按系数表折算。

⑥ 挖沟槽、基坑、一般土方因工作面和放坡增加的工程量(管沟工作面增加的工程量),是否并入各土方工程量中,按各省、自治区、直辖市或行业建设主管部门的规定实施,如并入各土方工程量中,办理工程结算时,按经发包人认可的施工组织设计规定计算,编制工程量清单时,可按表 A. 1-3、表 A. 1-4、表 A. 1-5 规定计算。

(6) 冻土是指在 0℃ 以下并含有冰的冻结土。冻土层一般位于冰冻线以上。

表 A.1-3　放坡系数表

土类别	放坡起点/m	人工挖土	机械挖土		
			在坑内作业	在坑上作业	顺沟槽在坑上作业
一、二类土	1.20	1:0.5	1:0.33	1:0.75	1:0.5
三类土	1.50	1:0.33	1:0.25	1:0.67	1:0.33
四类土	2.00	1:0.25	1:0.10	1:0.33	1:0.25

注：1.沟槽、基坑中土类别不同时，分别按其放坡起点、放坡系数、依不同土类别厚度加权平均计算。

2.计算放坡时，在交接处的重复工程量不予扣除，原槽、坑作基础垫层时，放坡自垫层上表面开始计算。

表 A.1-4　基础施工所需工作面宽度计算表

基础材料	每边各增加工作面宽度/mm
砖基础	200
浆砌毛石、条石基础	150
混凝土基础垫层支模板	300
混凝土基础支模板	300
基础垂直面做防水层	1000（防水层面）

注：本表按《全国统一建筑工程预算工程量计算规则》GJDGZ-101—1995 整理

表 A.1-5　管沟施工每侧所需工作面宽度计算表

管沟材料＼管道结构宽/mm	≤500	≤1000	≤2500	>2500
混凝土及钢筋混凝土管道/mm	400	500	600	700
其他材质管道/mm	300	400	500	600

注：1.本表按《全国统一建筑工程预算工程量计算规则》GJDGZ-101—95 整理

2.管道结构宽：有管座的按基础外缘，无管座的按管道外径

（7）淤泥，是一种稀软状、不易成形的灰黑色、有臭味、含有半腐朽的植物遗体（占60％以上）、置于水中有动植物残体渣滓浮于水面并常有气泡由水中冒出的泥土。

（8）流砂，在坑内抽水时，坑底下就会形成流动状态，随地下水一起流动涌进坑内，边挖边冒，无法挖深。

挖方出现流砂、淤泥时，如设计未明确，在编制工程量清单时，其工程数量可为暂估量，结算时应根据实际情况由发包人和承包人双方现场签证确认工程量。

（9）管沟土方工程量不论有无管沟设计均按长度计算。管沟开挖加宽工作面、放坡和接口处加宽工作面，应包括在管沟土方报价内。

二、全国消耗量定额相关规定

（1）土壤分类。土壤按一、二类土，三类土和四类土分类，其具体分类见表 6-1。

表 6-1　土壤分类表

土壤分类	土壤名称	开挖方法
一、二类土	粉土、沙土（粉砂、细砂、中砂、粗砂、砾砂）、粉质黏土、弱中盐渍土、软土（淤泥质土、泥炭、泥炭质土）、软塑红黏土、冲填土	用锹、少许用镐、条锄开挖。机械能全部直接铲挖满载者

续表

土壤分类	土壤名称	开挖方法
三类土	黏土、碎石土(圆砾、角砾)混合土、可塑红黏土、硬塑红黏土、强盐渍土、素填土、压实填土	主要用镐、条锄,少许用锹开挖。机械需部分刨松方能铲挖满载者,或可直接铲挖但不能满载者
四类土	碎石土(卵石、碎石、漂石、块石)、坚硬红黏土、超盐渍土、杂填土	全部用镐、条锄挖掘,少许用撬棍挖掘。机械须普遍刨松方能铲挖满载者

(2) 场地平整,系指建筑物所在现场厚度≤±30cm的就地挖、填及平整。挖填厚度>±30cm时,全部厚度按一般土方相应规定另行计算,但该部位仍计算平整场地。

(3) 干土、湿土、淤泥的划分。干土、湿土的划分,以地质勘测资料的地下常年水位为界,地下常水位以上为干土,以下为湿土,地表水排除后,土壤含水率≥25%时为湿土。

含水率超过液限,土和水的混合物呈现流动状态时为淤泥。

温度在0℃及以下,并加含有冰的土壤为冻土。

土方项目是按挖干土(天然含水率)编制的,人工挖、运湿土时,相应项目人工乘以系数1.18。机械挖、运湿土时,相应项目人工、机械乘以系数1.15。采取降水措施后,人工挖、运相应项目人工乘以系数1.09,机械挖、运土不再乘以系数。

(4) 本部分中未包括现场障碍物清除、地下常水位以下的施工降水、土石方开挖过程中的地表水排除与边坡支护,实际发生时,应另按措施项目计算。

(5) 桩间挖土不扣除桩体和空洞所占体积,相应项目乘以系数1.5。

(6) 人工土方

① 人工挖一般土方、沟槽、地坑深度超过6m时,6m<深度≤7m,按深度≤6m相应项目人工乘以系数1.25;7m<深度≤8m,按深度≤6m相应项目人工乘以系数1.25^2;以此类推。

② 挡土板内人工挖槽坑时,相应项目人工乘以系数1.43。

(7) 机械挖土方

① 挖掘机(含小型挖掘机)挖土方项目,已综合考虑挖掘机挖土方和挖掘机挖土方后,基底和边坡遗留厚度≤0.3m的人工清理和修整。使用时不得调整,人工基底清理和边坡修整不另行计算。

② 小型挖掘机,系指斗容量≤0.3m³的挖掘机,适用于基础(含垫层)底宽≤1.2m的沟槽土方工程或底面积≤8m²的基坑土方工程。

③ 推土机推土,当土层平均厚度≤0.3m时,相应项目人工、机械乘以系数1.25。

④ 挖掘机在垫板上作业时,相应项目人工、机械乘以系数1.25。挖掘机下铺设垫板、汽车运输道路上铺设材料时,其费用另行计算。

⑤ 人工、人力车、汽车的负载上坡(坡度≤15%)降效因素,已综合在相应运输项目中,不另行计算。推土机、装载机负载上坡时,其运距按坡度区段斜长乘以表6-2的系数计算。

表 6-2　重车上坡降效系数表

坡度/%	5~10	10~15	15~20	20~25
系数	1.75	2.0	2.25	2.50

(8) 基础土方、沟槽、地坑的划分。

① 沟槽:槽底宽度(设计图示的基础或垫层的宽度,下同)7m以内,且槽长大于3倍槽宽的为沟槽。如宽1m、长4m的土方为槽。

② 地坑：底面积 150m² 以内，且底长边小于 3 倍短边的为地坑。如宽 2m、长 5m 的土方为坑。

③ 一般土方：不属沟槽、地坑或场地平整的为土方。如宽 8m、长 28m 的土方为一般土方。

三、全国消耗量定额工程量计算规则

（一）土方开挖、运输均按开挖前的天然密实体积计算

土方回填，按回填后的竣工体积计算。不同状态的土方体积按表 6-3 换算。

表 6-3　土方体积折算系数表

天然密实度体积	虚方体积	夯实后体积	松填体积
1.00	1.30	0.87	1.08
0.77	1.00	0.67	0.83
1.15	1.50	1.00	1.25
0.92	1.20	0.80	1.00

（二）基础土石方开挖深度

应按基础（含垫层）底标高至设计室外地坪标高确定。交付施工场地标高与设计室外地坪标高不同时，应按交付施工场地标高确定。如图 6-1 (a)、(b) 所示，H 为开挖深度。

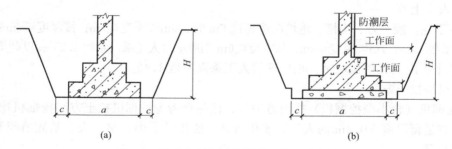

(a)　　　　　　　　　(b)

图 6-1　基础土石方开挖深度工作面示意图

（三）基础施工的工作面宽度

按施工组织设计计算；施工组织设计无规定时，按下列规定计算。

(1) 当组成基础的材料不同或施工方式不同时，基础施工所需的工作面宽度按表 6-4 计算。

表 6-4　基础工作面宽度

基础材料	单边工作面宽度/m
砖基础	0.20
毛石、方整石基础	0.25
混凝土基础支模板	0.40
混凝土基础垫层支模板	0.15
基础垂直面做砂浆防潮层	0.40（自防潮层面）
基础垂直面做防水层或防腐层	1.0（自防水层或防腐层面）
支挡土板	0.10

① 基础土方开挖需要放坡时，单边的工作面宽度是指该部分基础底坪外边线，至放坡后同标高的土方边坡之间的水平宽度。如图 6-1 (b) 所示。

② 基础由几种不同的材料组成时，其工作面宽度是指按各自要求的工作面宽度的最大值。如图 6-1（b）所示，混凝土基础要求工作面大于防潮层和垫层的工作面，应先满足混凝土垫层宽度要求，再满足混凝土基础工作面要求；如果垫层工作面宽度，超出了上部基础要求工作面外边线，则以垫层顶面其工作面的外边线开始放坡。

③ 槽坑开挖需要支挡土板时，单边的开挖增加宽度，应为按基础材料确定的工作面宽度与支挡土板的工作面宽度之和。

（2）基础施工需要搭设脚手架时，基础施工的工作面宽度，条形基础按 1.50m 计算（只计算一面）；独立基础按 0.45m 计算（四面均计算）。

（3）基坑土方大开挖需做边坡支护时，基础施工的工作面宽度按 2.00m 计算。

（4）基坑内施工各种桩时，基础施工的工作面宽度按 2.00m 计算。

（5）管道施工的工作面宽度同清单规范规定。

（四）基础土方的放坡

（1）土方放坡的起点深度和放坡坡度系数，按施工组织设计计算；施工组织设计无规定时，按表 6-5 计算。

表 6-5　土方放坡起点深度和放坡坡度系数

土壤类别	放坡起点深度/m	放坡坡度系数			
		人工挖土	机械挖土		
			坑内作业	坑上作业	沟槽上作业
一、二类土	1.20	1:0.50	1:0.33	1:0.75	1:0.50
三类土	1.50	1:0.33	1:0.25	1:0.67	1:0.33
四类土	2.00	1:0.25	1:0.10	1:0.33	1:0.25

（2）基础土方放坡，自基础（含垫层）底标高算起。

（3）沟槽、基坑中土壤类别不同时，分别按其放坡起点、放坡系数、依据不同土壤厚度加权平均计算，如图 6-2 所示。综合放坡系数计算公式为：

$$K = (K_1 h_1 + K_2 h_2)/h$$

式中　K——综合放坡系数；

K_1、K_2——不同土类放坡系数；

h_1、h_2——不同土类的厚度；

h——放坡总深度。

（4）放坡与支挡土板，相互不得重复计算。支挡土板时，不计算放坡工程量。

（5）计算放坡时，放坡交叉处的重复工程量，不予扣除。如图 6-3 所示。若单位工程中计算的沟槽工程量超出大开挖工程量，应按大开挖工程量，执行沟槽开挖的相应子目。实际不放坡或放坡小于定额规定时，仍按规定的放坡系数计算工程量（设计有规定者除外）。

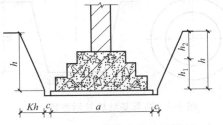

图 6-2　不同土类综合放坡示意图

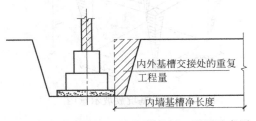

图 6-3　内外基槽交叉处放坡重复工程量示意图

（五）沟槽土石方

按设计图示沟槽长度乘以沟槽断面面积，以体积计算。其中沟槽断面面积，应包括工作面宽度、放坡宽度或石方允许超挖量的面积。

（1）条形基础的沟槽长度，按设计规定计算；设计无规定时，按下列规定计算。

1）外墙沟槽，按外墙中心线长度计算。突出墙面的墙剁，按墙剁突出墙面的中心线长度，并入相应工程量计算。

2）内墙沟槽、框架间墙沟槽，按基础（含垫层）之间垫层（或基础底）的净长度（不考虑工作面和超挖宽度）。如图 6-3 所示。外、内墙突出部分的沟槽体积，按突出部分的中心线长度并入相应部位工程量内计算。

① 挖沟槽工程量

（a）无垫层，不放坡，不带挡土板，无工作面 $V=aHL$

（b）无垫层，不放坡，不带挡土板，有工作面 $V=(a+2c)HL$

（c）在垫层下面双面放坡 $V=(a+2c+KH)HL$

（d）无垫层，双面支挡土板 $V=(a+2c+0.2)HL$

（e）无垫层，一面支挡土板、一面放坡 $V=(a+2c+0.1+KH/2)HL$

式中　V——挖土工程量，m^3；

　　　a——基础宽，m；

　　　c——基础工作面，m；

　　　K——综合放坡系数；

　　　H——挖土深度，m；

　　　L——外墙为中心线长度；内墙为基础（垫层）底面之间的净长度，m。

② 挖土方、基坑工程量

（a）无垫层，不放坡，不带挡土板，无工作面 $V=Hab$（矩形）；$V=H\pi R^2$（圆形）

（b）无垫层，周边放坡（如图 6-4 所示）

$$V=(a+2c+Kh)(b+2c+Kh)h+\frac{1}{3}K^2h^3（矩形）$$

（c）有垫层，周边放坡

$$V=(a+2c+Kh)(b+2c+Kh)h+\frac{1}{3}K^2h^3+(a_1+2c_1)(b_1+2c_1)(H-h)（矩形）$$

（d）无垫层，不带挡土板，无工作面（如图 6-5 所示）

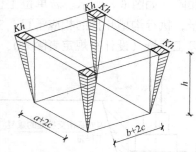

图 6-4　矩形基坑放坡示意图

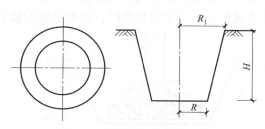

图 6-5　圆形基坑放坡示意图

$$V=\frac{1}{3}\pi H(R^2+R_1^2+RR_1)\,(圆形)$$

$$R_1=R+KH$$

式中　V——挖土工程量，m^3；

　　　a——基础长度，m；

　　　b——基础宽度，m；

　　　c——基础工作面，m；

　　　K——综合放坡系数；

　　　h——垫层上表面至室外地坪的高度，m；

　　　a_1——垫层长度，m；

　　　b_1——垫层宽度，m；

　　　c_1——垫层工作面，m；

　　　H——挖土深度，m；

　　　R——圆形坑底半径，m；

　　　R_1——圆形坑顶半径，m。

（2）管道的沟槽长度，按设计规定计算；设计无规定时，以设计图示管道中心线长度（不扣除下口直径或边长≤1.5m的井池）计算。下口直径或边长＞1.5m的井池的土石方，另按基坑的相应规定计算。设计规定沟底宽度的，按设计规定尺寸计算，设计无规定的，可按表6-6规定的宽度计算。

表6-6　管道施工单面工作面宽度计算表　　　　　　　单位：mm

管道材质	管道基础外沿宽度(无基础时管道外径)			
	≤500	≤1000	≤2500	＞2500
混凝土管、水泥管	400	500	600	700
其他管道	300	400	500	600

管道沟槽挖土工程量＝$(b+2c)HL$

式中　b——管道沟槽宽，m；

　　　H——管道沟槽深，m；

　　　L——管道沟槽中心线长度，m。

（六）基坑土方

按设计图示基础（含垫层）尺寸，另加工作面宽度、土方放坡宽度乘以开挖深度，以体积计算。

（七）一般土方

按设计图示基础（含垫层）尺寸，另加工作面宽度、土方放坡宽度乘以开挖深度，以体积计算。机械施工坡道的土方工程量，并入相应工程量内计算。

（八）原土夯实或碾压

按施工组织设计规定的尺寸，以面积计算。

（九）基地钎探

以垫层（或基础）面积计算。

（十）机械土方的运距

按挖土区重心至填方区（或堆放区）重心间的最短（直线）距离计算。

（十一）平整场地

按设计图示尺寸，以建筑物首层建筑面积计算。建筑物地下室结构外边线突出首层结构外边线时，其突出部分的建筑面积与首层建筑面积计算合并计算。

四、应用案例

【案例 6-1】 某建筑平面图如图 6-6 所示。墙体厚度 240mm，台阶上部雨篷外出宽度与阳台一致，阳台为挑阳台。按要求平整场地，土壤类别为三类。试计算场地平整的工程量清单和综合单价（不含措施费、规费和税金）。其中，企业管理费按人工费与机械费之和的 10.8% 计取，利润按人工费与机械费之和的 8% 计取。

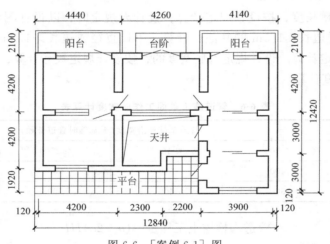

图 6-6　[案例 6-1] 图

解：1.编制平整场地工程量清单

根据清单工程量计算规则，平整场地工程量为首层建筑面积。

平整场地工程量 $= 12.84 \times (3.0 + 3.0 + 4.2 + 0.24) - [(0.12 + 4.20 + 2.30 + 0.12) \times (1.92 - 0.12) + (2.20 - 0.24) \times 3.00]$（平台部分）$- [(2.30 - 0.24) \times (4.20 - 0.24) + 2.20 \times (3.00 - 0.24)]$（天井部分）$+ [(2.10 - 0.12) \times (4.44 + 4.14) \times 0.5]$（阳台）$= 134.05 - 18.01 - 14.23 + 8.49 = 110.31 (m^2)$

列分部分项工程量清单见表 6-7。

表 6-7　分部分项工程量清单

工程名称：某工程

序号	项目编码	项目名称	项目特征	计量单位	工程数量
1	010101001001	平整场地	① 土壤类别：三类土； ② 弃土运距：10m 以内； ③ 取土运距：10m 以内	m²	110.31

2. 计算平整场地清单综合单价

根据《房屋建筑与装饰工程消耗量定额》（TY01-31—2015）规定，平整场地分为人工平整场地和机械平整场地。在此两个施工方案分别计算，对比选优。

（1）人工平整场地

$$平整场地工程量＝110.31m^2$$

人工平整场地消耗量定额如表 6-8 所示。

表 6-8　平整场地相关定额消耗量　　　　单位：100m²

定额编号			1-123	1-124	市场价格/元
项目			人工平整场地	机械平整场地	
名称		单位	消耗量		
人工	普工	工日	3.579	0.085	100
	一般技工	工日	—	—	160
	高级技工	工日	—	—	240
机械	履带式推土机 75kW	台班	—	0.15	900

人工平整场地套用定额子目（1-123）

人工费：3.579 工日/100m²×100 元/工日×110.31m²＝394.91 元

管理费：394.91×10.8％＝42.65(元)

利润：394.91×8％＝31.59(元)

平整场地综合单价：(394.91＋42.65＋31.59)÷110.31＝4.25(元/m²)

（2）机械平整场地

工程量＝110.31m²

机械平整场地：套定额子目（1-124）

机械费：0.15 台班/100m²×900 元/台班×110.31m²＝148.92 元

人工费：0.085 工日/100m²×100 元/工日×110.31m²＝9.38 元

管理费：(148.92＋9.38)×10.8％＝17.10(元)

利润：(148.92＋9.38)×8％＝12.66(元)

平整场地综合单价：(148.92＋9.38＋17.10＋12.66)÷110.31＝1.70(元/m²)

有以上两种方法比较可以知道，机械平整场地更加便宜，所以选择机械平整场地。详见表 6-9。

表 6-9　分部分项工程量清单计价表

工程名称：某工程

序号	项目编码	项目名称	项目特征	计量单位	工程数量	综合单价	合价
1	010101001001	平整场地	① 土壤类别：三类土；② 弃土运距：10m；③ 取土运距：10m	m²	110.31	1.70	187.53

【案例 6-2】　如图 6-7 所示，挖掘机大开挖（自卸汽车运输）土方工程，招标人提供的地质资料为三类土，设计放坡系数为 0.3，地下水位−6.30m，地面已平整至设计地面标高，按

规范要求做基底钎探。施工现场留土约 500m³（自然体积）用做回填土，运距 100m，其余全部用自卸汽车外运，余土运输距离 800m。计算挖运土工程量和工程量清单综合单价。其中，企业管理费按人工费与机械费之和的 10.8％计取，利润按人工费与机械费之和的 8％计取。

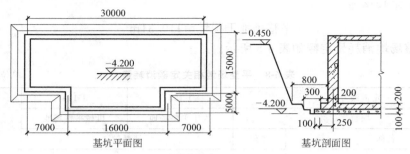

图 6-7　［案例 6-2］图

解：1. 挖基础土方清单工程量

挖基础土方工程量＝[（30.00＋0.35×2）×（15.00＋0.35×2）＋（16.00＋0.35×2）×5.00]×（4.20＋0.45）＝（481.99＋83.50）×3.75＝2120.59（m³）

分部分项工程量清单见表 6-10。

表 6-10　分部分项工程量清单

工程名称：某工程

序号	项目编码	项目名称	项目特征	计量单位	工程数量
1	010101002001	挖一般土方	① 土壤类别：三类土； ② 基础形式：满堂； ③ 挖土深度：3.75m； ④ 土方运距：800m	m³	2120.59

2. 投标人根据地质资料和施工方案计算挖基础土方和运土方量

该项目发生的工程内容：机械挖土方（含排地表水）、运土方、基底钎探。放坡系数取 0.3。

（1）需挖土方量

挖土方总量＝上层[（30.00＋0.10×2＋0.80×2＋0.3×3.45）×（15.00＋5.00＋0.10×2＋0.80×2＋0.3×3.45）－7.00×5.00×2]×3.45＋1/3×0.3²×3.45³＋中层[（30.00＋0.25×2＋0.30×2＋0.3×0.20）×（15.00＋5.00＋0.25×2＋0.30×2＋0.3×0.20）－7.00×5.0×2]×0.20＋1/3×0.3²×0.20³＋下层[（30.00＋0.35×2＋0.10×2）×（15.00＋5.00＋0.35×2＋0.10×2）－7.00×5.00×2]×0.1＝2346.50＋117.87＋57.58＝2521.95（m³）

（2）需运土方量

现场留土 500m³ 使用人工运输，余土采用机械运输。

需运土方量＝2521.95－500.00＝2021.95（m³）。

（3）基底钎探量

基底钎探工程量＝481.99＋83.50＝565.49（m²）。

3. 施工方案选择

（1）人工挖土方方案：现场留土采用人力车运土，余土采用装载机装车自卸汽车运土。

① 人工挖土人、材、机费用：消耗量定额套（1-4），详见表 6-11。

表 6-11　土方工程相关定额消耗量　　　　　单位：10m³

定额编号		1-4	1-30	1-31	1-47	1-61	1-65	
项目		人工挖一般土方	人力车运土方		挖掘机挖装一般土方	装载机装车	自卸汽车运土方	市场价格/元
		三类土基深≤4m	运距≤50m	运距每增50m	三类土	土方	运距≤1km	
名称	单位	消耗量						
人工	普工	工日	4.686	1.294	0.312	0.266	0.051	0.026	100
	一般技工	工日	—	—	—	—	—	—	160
	高级技工	工日	—	—	—	—	—	—	240
机械	履带式推土机 75kW	台班				0.022			900
	履带式单斗液压挖掘机 1m³	台班				0.024			1150
	轮胎式装载机 1.5m³	台班					0.022		680
	自卸汽车 15t	台班						0.058	970

人工费：2521.95m³×4.686 工日/10m³×100 元/工日＝118178.58 元。

② 人力车运土人、材、机费用：消耗量定额套（1-30）＋（1-31）详见表 6-11。

人工费：500m³×（1.294＋0.312）工日/10m³×100 元/工日＝8030 元。

③ 装载机装车自卸汽车运土人、材、机费用：消耗量定额套（1-61）＋（1-65）详见表 6-11。

人工费：2021.95m³×（0.051＋0.026）工日/10m³×100 元/工日＝1556.90 元。

机械费：2021.95m³×（0.022 台班/10m³×680 元/台班＋0.058 台班/10m³×970 元/台班）＝2021.95×7.122＝14400.33 元

④ 管理费：（118178.58 元＋8030 元＋1556.9 元＋14400.33 元）×10.8％＝15353.91 元

⑤ 利润：（118178.58 元＋8030 元＋1556.9 元＋14400.33 元）×8％＝11373.26 元

人工挖土方案费用总计＝118178.58 元＋8030 元＋1556.9 元＋14400.33 元＋15353.91 元＋11373.26 元＝168892.98 元

人工挖一般土方清单综合单价＝168892.98 元÷2120.59m³＝79.64 元/m³

（2）机械挖土方案：采用挖掘机挖装一般土方，自卸汽车运土方。

挖掘机挖装一般土方，自卸汽车运土方人、材、机费用：消耗量定额套（1-47）＋（1-65），其中，人工消耗量：0.266＋0.026＝0.292(工日/10m³)。

人工费：2521.95m³×0.292 工日/10m³×100 元/工日＝7364.09 元

机械费：2521.95m³×（0.022 台班/10m³×900 元/台班＋0.024 台班/10m³×1150 元/台班＋0.058 台班/10m³×970 元/台班）＝2521.95×10.366＝26142.53(元)

管理费：（7364.09 元＋26142.53 元）×10.8％＝3618.72 元

利润：（7364.09 元＋26142.53 元）×8％＝2680.53 元

机械挖土总费用＝7364.09 元＋26142.53 元＋3618.72＋2680.53＝39805.87(元)

机械挖一般土方案综合单价＝39805.87 元÷2120.59m³＝18.77 元/m³，详见表 6-12。

通过方案比选，我们发现机械挖土方案比人工挖土方案降低成本率达到 76.4％。所以选择机械挖土方案更经济。

表 6-12 分部分项工程量清单计价表

工程名称：某工程

序号	项目编码	项目名称及特征	项目特征	计量单位	工程数量	金额/元	
						综合单价	合价
1	010101002001	挖一般土方	① 土壤类别：三类土； ② 基础形式：满堂； ③ 挖土深度：3.75m； ④ 土方运距：800m	m³	2120.59	18.77	39803.47

第二节 石方工程计量与计价

一、清单计算规范与计价办法相关规定

《房屋建筑与装饰工程工程量计算规范》附录 A.2 石方工程项目包括挖一般石方、挖沟槽石方、挖基坑石方、挖管沟石方。

表 A.2 石方工程（编号：010102）

项目编码	项目名称	项目特征	计量单位	工程量计算规则	工作内容
010102001	挖一般石方	1. 岩石类别 2. 开凿深度 3. 弃碴运距	m³	按设计图示尺寸以体积计算	1. 排地表水 2. 凿石 3. 运输
010102002	挖沟槽石方			按设计图示尺寸沟槽底面积乘以挖石深度以体积计算	
010102003	挖基坑石方			按设计图示尺寸基坑底面积乘以挖石深度以体积计算	
010102004	挖管沟石方	1. 岩石类别 2. 管外径 3. 挖沟深度	1. m 2. m³	1. 以米计量，按设计图示一管道中心线长度计算 2. 以立方米计量，按设计图示截面积乘以长度计算	1. 排地表水 2. 凿石 3. 回填 4. 运输

注：1. 挖石应按自然地面测量标高至设计地坪标高的平均厚度确定。基础石方开挖深度应按基础垫层底表面标高至交付施工现场地标高确定，无交付施工场地标高时，应按自然地面标高确定。

2. 厚度＞±300mm 的竖向布置挖石或山坡凿石应按本表中挖一般石方项目编码列项。

3. 沟槽、基坑、一般石方的划分为：底宽≤7m，底长＞3 倍底宽为沟槽；底长≤3 倍底宽、底面积≤150m² 为基坑；超出上述范围则为一般石方。

4. 弃碴运距可以不描述，但应注明由投标人根据施工现场实际情况自行考虑，决定报价。

5. 石方体积应按挖掘前的天然密实体积计算。如需按天然密实体积折算时，应按规范表 A.2-1 系数计算。

6. 管沟石方项目适用于管道（给排水、工业、电力、通信）、电缆沟及连接井（检查井）等。

表 A.2-1 石方体积折算系数表

石方类别	天然密实体积	虚方体积	松填体积	码方
石方	1.0	1.54	1.31	
块石	1.0	1.75	1.43	1.67
砂夹石	1.0	1.07	0.94	

二、全国消耗量定额相关规定

（一）岩石按极软岩、软岩、较软岩、较硬岩、坚硬岩分类（具体分类见表6-13）

表6-13 岩石分类表

岩石分类		代表性岩石	开挖方法
极软岩		1. 全风化的各种岩石 2. 各种半成岩	部分用手凿工具、部分用爆破法开挖
软质岩	软岩	1. 强风化的坚硬岩或较硬岩 2. 中等风化~强风化的较软岩 3. 未风化~微风化的大理石、板岩、石灰岩、泥质砂岩等	用风镐和爆破法开挖
	较软岩	1. 中等风化~强风化的坚硬岩或较硬岩 2. 未风化~微风化的凝灰岩、千枚岩、泥灰岩、砂质泥岩等	用爆破法开挖
硬质岩	较硬岩	1. 微风化的坚硬岩 2. 未风化~微风化的大理岩、板岩、石灰岩、白云岩、钙质砂岩等	用爆破法开挖
	坚硬岩	未风化~微风化的花岗岩、闪长岩、辉绿岩、玄武岩、安山岩、片麻岩、石英岩、石英砂岩、硅质砾岩、硅质石灰岩等	用爆破法开挖

（二）基础石方、沟槽、地坑的划分

（1）沟槽：槽底宽度（设计图示的基础或垫层的宽度，下同）7m以内，且槽长大于3倍槽宽的为沟槽。如宽1m、长4m的石方为石沟槽。

（2）地坑：底面积150m²以内，且底长边小于3倍短边的为地坑。如宽2m、长5m的石方为石地坑。

（3）一般石方：不属沟槽、地坑或场地平整的为一般石方。如宽8m、长28m的土方为一般石方。

三、全国消耗量定额工程量计算规则

（1）爆破岩石允许超挖量分别为：极软岩、软岩0.20m，较软岩、较硬岩、坚硬岩0.15m。允许超挖量是指底面及四周共5个方向的超挖量。

（2）岩石爆破后人工修整基底与修整边坡，按岩石爆破的规定尺寸（含工作面宽度和允许超挖量）以面积计算。

（3）沟槽石方，按设计图示沟槽长度乘以沟槽断面面积，以体积计算。其中沟槽断面面积，应包括工作面宽度、石方允许超挖量的面积。

（4）基坑石方，按设计图示基础（含垫层）尺寸，另加工作面宽度、石方允许超挖量乘以开挖深度，以体积计算。

（5）一般石方，按设计图示基础（含垫层）尺寸，另加工作面宽度、石方允许超挖量乘以开挖深度，以体积计算。机械施工坡道的石方工程量，并入相应工程量内计算。

（6）运石方应按天然实体积计算，如有不同，按表6-14折算系数调整。

表6-14　石方体积折算系数表

名称	天然密实	虚方	松填
石方	1.00	1.54	1.31
	0.65	1.00	0.85
	0.76	1.18	1.00
块石	1.00	1.75	1.43
砂夹石	1.00	1.07	0.94

四、应用案例

【案例6-3】　某工程设计室外地坪以下有石方（软岩）需要开挖，如图6-8所示。要求人工开凿，并清运石渣，运距200m。编制工程量清单及工程量清单综合单价。其中，企业管理费按人工费与机械费之和的10.8%计取，利润按人工费与机械费之和的8%计取。

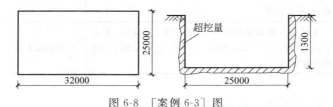

图6-8　[案例6-3]图

解：1. 招标人编制挖一般石方工程量清单

挖一般石方工程量＝32.00×25.00×1.30＝1040.00m³，分部分项工程清单见表6-15。

表6-15　分部分项工程量清单

工程名称：某工程

序号	项目编码	项目名称	项目特征	计量单位	工程数量
1	010102001001	挖一般石方	① 岩石类别：软岩； ② 开凿深度：1.3m； ③ 弃渣运距：200m	m³	1040.00

2. 投标人根据地质资料和施工方案计算挖基础石方和运石方工程量并计算综合单价

该项目发生的工程内容：人工凿软岩和石渣清理运输，超挖每边0.2m。

人工凿、运软岩定额工程量＝(32.00＋0.2×2)×(25.00＋0.2×2)×(1.30＋0.2)＝1234.44(m³)

人工凿软岩：套全国消耗量定额（1-71），见表6-16。

人工装车、人力车运石渣：套全国消耗量定额（1-102）＋（1-105）＋（1-106）×3，见表6-16。

[1.624＋1.901＋0.312×3＝4.461(工日/10m³)]。

表 6-16　石方工程相关定额消耗量

定额编号		1-71	1-102	1-105	1-106	市场价格/元
项目		人工凿一般石方	人工装车	人力车运石渣		
		软岩	石渣	运距≤50m	≤500m,每增运50m	
名称	单位	消耗量/10m³				
人工	普工　工日	6.467	1.624	1.901	0.312	100
	一般技工　工日	—	—	—	—	160
	高级技工　工日	—	—	—	—	240

人工费：(6.467＋4.461)×100＝1092.8(元)

管理费和利润：1092.8 元×(10.8%＋8%)＝205.45 元

人工挖一般石方综合单价＝1234.44＝(1092.8＋205.45)元/10m³÷1040＝154.10 元/m³，见表 6-17。

表 6-17　分部分项工程量清单计价表

工程名称：某工程

序号	项目编码	项目名称	项目特征	计量单位	工程数量	金额/元	
						综合单价	合价
1	010102001001	挖一般石方	① 岩石类别：软岩； ② 开凿深度：1.3m； ③ 弃渣运距：200m；	m³	1040.00	154.10	160264

第三节　土石方回填计量与计价

一、计价规范与计价办法相关规定

《房屋建筑与装饰工程工程量计算规范》附录 A.3 回填项目包括回填方和余方弃置两个项目。

表 A.3　回填

项目编码	项目名称	项目特征	计量单位	工程量计算规则	工作内容
010103001	回填方	1.密实度要求 2.填方材料品种 3.填方粒径要求 4.填方来源、运距	m³	按设计图示尺寸以体积计算。 1.场地回填：回填面积乘平均回填厚度 2.室内回填：主墙间面积乘回填厚度，不扣除间隔墙。 3.基础回填：按挖方清单项目工程量减去自然地坪以下埋设的基础体积(包括基础垫层及其他构筑物)	1.运输 2.回填 3.压实
010103002	余方弃置	1.废弃料品种 2.运距		按挖方清单项目工程量减去利用回填方体积计算	余方点装料运输至弃置点

注：1.填方密实度要求，在无特殊要求情况下，项目特征可描述为满足设计和规范的要求。

2.填方材料品种可以不描述，但应注明由投标人根据设计要求验方后方可填入，并符合相关工程的质量规范要求。

3.填方粒径要求，在无特殊要求情况下，项目特征可以不描述。

4.如需买土回填应在项目特征填方来源中描述，并注明买土方数量。

二、全国统一消耗量定额相关规定

（1）本回填部分仅指使用就地取土的素土回填。

（2）基础（地下室）周边回填材料时，执行"地基处理与边坡支护工程"中的"地基处理"相应项目，人工、机械乘以系数0.9。

三、全国消耗量定额工程量计算规则

（1）基底钎探，以垫层（或基础）底面积计算。

（2）原土夯实与碾压，按施工组织设计规定的尺寸，以面积计算。

（3）回填土分夯填、松填和虚方，按下列规定以体积计算

① 沟槽、基坑回填，挖方体积减去设计室外地坪以下建筑物、基础（含垫层）体积计算。

② 房心（含地下室内）回填，按主墙间净面积乘以回填厚度以体积计算。

③ 场区回填，按回填面积乘以平均回填厚度以体积计算。

④ 管道沟槽回填，按挖方体积减去管道基础和下表管道折合回填体积计算。管径在500mm以下的不扣除管道所占体积；管径超过500mm以上时每米管长度按表6-18规定折合回填体积计算。

表6-18 管道折合回填体积表 单位：m³/m

管道名称	管道公称直径/mm（以内）					
	500	600	800	1000	1200	1500
混凝土管级钢筋混凝土管道	—	0.33	0.60	0.92	1.15	1.45
其他材质管道	—	0.22	0.46	0.74	—	—

（4）土方运输，以天然密实体积计算。

挖土总体积减去回填土（折合天然密实体积），总体积为正，则为余土外运；总体积为负值时，则为取土内运。

四、应用案例

【案例6-4】 如图6-9所示，某工程根据招标人提供的基础资料，采用就地取土（粉质黏土）回填，运土距离50m。地面垫层及面层总厚度200mm。编制基础土方回填工程量清单并进行工程量清单报价。其中，企业管理费按人工费与机械费之和的10.8%计取，利润按人工费与机械费之和的8%计取。

解：1. 招标方土方回填清单工程量的编制

（1）挖沟槽土方清单工程量。

$$L_{中}=(9.00+3.60×5)×2+0.24×3=54.72(m)$$

$$L_{内}=9.00-1.2=7.8(m)$$

$$挖土深度=1.5+0.3-0.45=1.35(m)$$

$$挖沟槽土方清单工程量=(54.72+7.8)×1.20×1.35=101.28(m³)$$

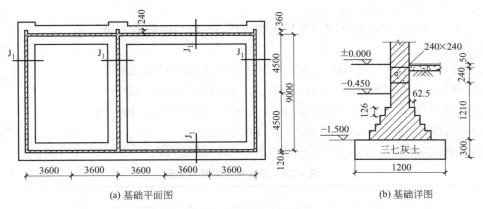

(a) 基础平面图   (b) 基础详图

图 6-9 [案例 6-4]图

（2）自然地面以下埋设物体积。

$$L_{中}=(9.00+3.60×5)×2+0.24×3=54.72(m)$$

$$L_{内}=9.00-0.24=8.76(m)$$

砖基础工程量$=(0.24×1.05+0.0625×5×0.126×4)×(54.72+8.76)=26.0(m^3)$

条形基础 3：7 灰土垫层工程量$=1.20×0.30×54.72+1.20×0.30×(9.00-1.20)$

$$=22.51(m^3)$$

（3）回填方工程量。

基础回填清单工程量$=101.28-26.0-22.51=52.77$（m^3）

室内回填清单工程量$=[(7.2-0.24)×(9-0.24)+(3.6×3-0.24)×(9-0.24)]×(0.45-0.2)$

$$=38.37(m^3)$$

分部分项工程量清单见表 6-19。

表 6-19 分部分项工程量清单

工程名称：某工程

序号	项目编码	项目名称	项目特征	计量单位	工程数量
1	010103001001	基础回填方	① 回填部位：房心； ② 土质类型：粉质黏土，二类； ③ 夯填	m^3	38.37
2	010103001002	基础回填方	① 回填部位：槽边； ② 土质类型：粉质黏土，二类； ③ 夯填	m^3	52.77

2.工程量清单报价编制

（1）挖土方施工工程量计算。

挖土深度 1.35m，需要放坡，取放坡系数 0.5。三七灰土垫层部分进行原位回填，基础底宽 740mm，每边有 230mm 的工作面宽度，满足砖基础 200mm 工作面的要求。所以放坡从三七灰土上沿开始。

基础挖土方工程量$=[1.2×0.3+(1.2+0.5×1.05)×1.05]×(54.72+7.8)=135.75(m^3)$

槽边土方回填定额工程量$=135.75-26.0-22.51=87.24(m^3)$

房心回填施工工程量$=$清单房心回填量$=38.37(m^3)$

（2）工程量清单综合单价计算。

槽边土方回填土夯填套全国消耗量定额子目（1-133），见表 6-20。

槽边回填费用：

人工费：0.852 工日/$10m^3 \times 100$ 元/工日$\times 87.24m^3 = 743.28$ 元

机械费：0.955 台班/$10m^3 \times 26$ 元/台班$\times 87.24m^3 = 216.62$ 元

管理费和利润：$(743.28 + 216.62) \times (10.8\% + 8\%) = 180.46$（元）

总费用：$743.28 + 216.62 + 180.46 = 1140.36$（元）

基础回填综合单价 1140.36 元$\div 52.77m^3 = 21.61$ 元/m^3

表 6-20　回填相关定额消耗量　　　　　　　　单位：$10m^3$

定额编号			1-130	1-131	1-132	1-133	市场价格/元
项目			夯填土				
			人工		机械		
			地坪	槽坑	地坪	槽坑	
名称		单位	消耗量				
人工	普工	工日	1.303	1.705	0.652	0.852	100
	一般技工	工日	—	—	—	—	160
	高级技工	工日	—	—	—	—	240
材料	水	m^3	0.155	0.155	—	—	5.00
机械	电动夯实机 250N·m	台班	—	—	0.730	0.955	26.00

房心土方回填全国消耗量定额套（1-132），见表 6-20。

人工费：0.652×100 元/工日$\times 38.37m^3 = 250.17$ 元

机械费：0.730 台班/$10m^3 \times 26$ 元/台班$\times 38.37m^3 = 72.64$ 元

管理费及利润：$(250.17 + 72.64) \times (10.8\% + 8\%) = 60.69$（元）

房心回填时需购买黏土 $135.75 - (87.24 + 38.37) \times 1.15 = -8.7$（$m^3$），市场价格 25 元/$m^3$，需要增加购土费用 $8.7 \times 25 = 217.5$（元）。

总费用：$250.17 + 72.64 + 217.5 + 60.69 = 601$（元）

房心回填综合单价$= 601 \div 38.37 = 15.66$（元/m^3）

分部分项工程量清单计价表见表 6-21。

表 6-21　分部分项工程量清单计价表

工程名称：某工程

序号	项目编码	项目名称	项目特征	计量单位	工程数量	金额/元	
						综合单价	合价
1	010103001001	基础回填方	① 回填部位:房心; ② 土质类型:粉质黏土,二类; ③ 夯填	m^3	38.37	21.61	829.18
2	010103001002	基础回填方	① 回填部位:槽边; ② 土质类型:粉质黏土,二类; ③ 夯填	m^3	52.77	15.66	826.38

习　题

一、选择题

1. 根据《房屋建筑与装饰工程工程量计算规范》的规定，冻土开挖工程量应（　　）。

A. 按设计图示尺寸以体积计算

B. 按设计图示位置、界限以体积计算

C. 按设计图示尺寸开挖面积乘以厚度以体积计算

D. 按设计图示尺寸以基层垫层底面积乘以挖土深度计算

2. 根据《房屋建筑与装饰工程工程量计算规范》的规定，挖沟槽土方的工程量应（　　）。

A. 按设计图示以中心线长度计算

B. 按设计图示位置、界限以体积计算

C. 按设计图示尺寸开挖面积乘以厚度以体积计算

D. 按设计图示尺寸以基层垫层底面积乘以挖土深度计算

3. 根据《房屋建筑与装饰工程工程量计算规范》的规定，挖淤泥、流沙工程量应（　　）。

A. 按设计图示尺寸以面积计算

B. 按设计图示位置、界限以体积计算

C. 按设计图示尺寸开挖面积乘以厚度以体积计算

D. 按设计图示墙中心线长乘以厚度乘以槽深以体积计算

二、计算题

1. 试计算图6-10所示建筑物人工场地平整的工程量及其综合单价，墙厚均为240，轴线均居中。

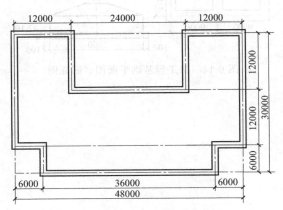

图6-10　某工程首层平面图

2. 某工程如图6-11所示，坑底面积为矩形，尺寸为32m×16m，深为2.8m，地下水位距自然地面为2m，土为坚土，弃土运距200m。试计算：人工挖土方的清单工程量及综合单价。

3. 某室外管道沟槽工程如图6-12所示，土为二类土，槽长500m，宽0.9m，平均深度为1.8m，槽断面如图所示，地下水位距地面1.5m，试计算沟槽开挖的综合单价。

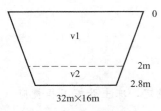

图 6-11　某工程基坑剖面图

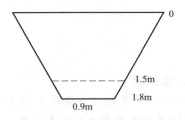

图 6-12　某室外管道工程沟槽剖面图

4. 某柱下独立基础土方工程如图 6-13 所示，底部尺寸为 5m×4m（矩形），每边还需增加工作面 0.3m，地下水位标高为−3.00m，土为普通土，试计算综合单价。

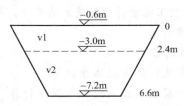

图 6-13　某工程地坑剖面图

5. 已知基础平面图如图 6-14 所示，土为三类土，墙厚 240mm，混凝土基础厚 300mm，梯形部位上顶宽 500mm，高 200mm。室内地坪厚 150mm。计算：（1）土方工程；（2）土方回填。夯填，余土运距 100m。

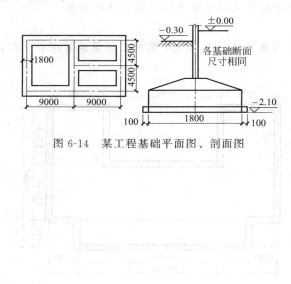

图 6-14　某工程基础平面图、剖面图

第七章
地基处理与边坡支护工程计量与计价

第一节　地基处理工程计量与计价

一、计价规范与计价办法相关规定

《房屋建筑与装饰工程工程量计算规范》附录 B. 地基处理与边坡支护工程项目，包括地基处理、基坑与边坡支护两部分。

地基处理工程量清单项目设置、项目特征描述的内容、计量单位及工程量计算规则，应按表 B.1 的规定执行。

表 B.1　地基处理（编号：010201）

项目编码	项目名称	项目特征	计量单位	工程量计算规则	工作内容
010201001	换填垫层	1. 材料种类及配比； 2. 压实系数； 3. 掺加剂品种	m³	按设计图示尺寸以体积计算	1. 分层铺填；2. 碾压、振密或夯实；3. 材料运输
010201002	铺设土工合成材料	1. 部位 2. 品种 3. 规格		按设计图示尺寸以面积计算	1. 挖填锚固沟；2. 铺设；3. 固定；4. 运输
010201003	预压地基	1. 排水竖井种类、断面尺寸、排列方式、间距、深度 2. 预压方法 3. 预压荷载、时间 4. 砂垫层厚度	m²	按设计图示处理范围以面积计算	1. 设置排水竖井、盲沟、滤水管；2. 铺设砂垫层、密封膜；3. 堆载、卸荷或抽气设备安拆、抽真空；4. 材料运输
010201004	强夯地基	1. 夯击能量 2. 夯击遍数 3. 夯击点布置形式、间距 4. 地耐力要求 5. 夯填材料种类			1. 铺设夯填材料；2. 强夯；夯填材料运输
010201005	振冲密实（不填料）	1. 地层情况 2. 振密深度 3. 孔距			1. 振冲加密；2. 泥浆运输

续表

项目编码	项目名称	项目特征	计量单位	工程量计算规则	工作内容
010201006	振冲桩（填料）	1. 地层情况 2. 孔桩长度、桩长 3. 柱经 4. 填充材料种类	1. m 2. m^3	1. 以米计量，按设计图示尺寸以桩长计算 2. 以立方米计量，按设计桩截面乘以桩长以体积计算	1. 振冲成孔、填料、振实；2. 材料运输；3. 泥浆运输
010201007	砂石桩	1. 地层情况 2. 孔桩长度、桩长 3. 桩径 4. 成孔方法 5. 材料种类、级配	1. m 2. m^3	1. 以米计量，按设计图示尺寸以桩长（包括桩尖）计算 2. 以立方米计量，按设计桩截面乘以桩长（包括桩尖）以体积计算	1. 成孔；2. 填充、振实；3. 材料运输
010201008	水泥粉煤灰碎石桩	1. 地层情况 2. 孔桩长度、桩长 3. 桩径 4. 成孔方法 5. 混合料强度等级	m	按设计图示尺寸以桩长（包括桩尖）计算	1. 成孔；2. 混合料制作、灌注、养护；3. 材料运输
010201009	深层搅拌桩	1. 地层情况 2. 孔桩长度、桩长 3. 桩截面尺寸 4. 水泥强度等级、掺量	m	按设计图示尺寸以桩长计算	1. 预搅下钻、水泥浆制作、粉浆搅拌提升成桩；2. 材料运输
010201010	粉喷桩	1. 地层情况 2. 孔桩长度、桩长 3. 桩径 4. 粉体种类、掺量 5. 水泥强度等级、石灰粉要求	m	按设计图示尺寸以桩长计算	1. 预搅下钻、粉喷搅拌提升成桩；2. 材料运输
010201011	夯实水泥土柱	1. 地层情况 2. 孔桩长度、桩长 3. 桩径 4. 成孔方法 5. 水泥强度等级 6. 混合料配合比	m	按设计图示尺寸以桩长（包括桩尖）计算	1. 成孔、夯底；2. 水泥土拌合、填料、夯实；3. 材料运输
010201012	高压喷射注浆桩	1. 地层情况 2. 孔桩长度、桩长 3. 桩截面 4. 注浆类型、方法 5. 水泥强度等级	m	按设计图示尺寸以桩长计算	1. 成孔；2. 水泥浆制作、高压喷射注浆；3. 材料运输
010201013	石灰桩	1. 地层情况 2. 孔桩长度、桩长 3. 桩径 4. 成孔方法 5. 混合料强度等级	m	按设计图示尺寸以桩长（包括桩尖）计算	1. 成孔；2. 混合料制作、运输、夯填
010201014	灰土（土）挤密桩	1. 地层情况 2. 孔桩长度、桩长 3. 桩径 4. 成孔方法 5. 灰土级配	m	按设计图示尺寸以桩长（包括桩尖）计算	1. 成孔；2. 灰土拌合、运输、填充、夯实

续表

项目编码	项目名称	项目特征	计量单位	工程量计算规则	工作内容
010201015	柱锤冲扩桩	1.地层情况 2.孔桩长度、桩长 3.桩径 4.成孔方法 5.桩体材料种类、配合比	m	按设计图示尺寸以桩长计算	1 安、拔套管；2.冲孔、填料、夯实；3.桩体材料制作、运输
010201016	注浆地基	1.地层情况 2.空钻深度、注浆深度 3.注浆间距 4.浆液种类及配比 5.注浆方法 6.水泥强度等级	1. m 2. m³	1.以米计量，按设计图示尺寸以钻孔深度计算 2.以立方米计量，按设计图示尺寸以加固体积计算	1.成孔；2.注浆导管制作、安装；3.浆液制作、压浆；4.材料运输
010201017	褥垫层	1.厚度 2.材料品种及比例	1. m² 2. m³	1.以平方米计量，按设计图示尺寸以铺设面积计算 2.以立方米计量，按设计图示尺寸以体积计算	材料拌合、运输、铺设、压实

注：项目特征中的桩长包括桩尖，孔桩长度=孔深-桩长，孔深为自然地面至设计桩底的深度。

二、全国消耗量定额相关规定

1.填料加固

(1)填料加固项目适用于软弱地基挖土后的换填材料加固工程。

(2)填料加固夯填灰土就地取土时，应扣除灰土配比中的黏土。

2.强夯

(1)强夯项目中每单位面积夯点数，是指设计文件规定单位面积内的夯点数量，若设计文件中夯点数量与定额不同时，采用内插法计算消耗量。

(2)强夯的夯击击数系指强夯机械就位后，夯锤在同一点上下起落的次数。

(3)强夯工程量应区别不同夯击能量和夯点密度，按设计图示夯击范围及夯击遍数分别计算。

3.填料桩

碎石桩与砂石桩的充盈系数为1.3，损耗率为2%。实测砂石配合比及充盈系数不同时可以调整。其中灌注砂石桩除充盈系数和损耗率外，还包括级配密实系数1.334。

4.搅拌桩

(1)深层搅拌水泥桩项目按1喷2搅施工编制，实际施工为2喷4搅时，项目的人工、机械乘以系数1.43；实际施工为2喷2搅，4喷4搅时分别按1喷2搅、2喷4搅计算。

(2)水泥搅拌桩的水泥掺入量按加固土重（1800kg/m³）的13%考虑，如设计不同时，按每增减1%项目计算。

(3)深层水泥搅拌桩项目已综合了正常施工工艺需要的重复喷浆（粉）和搅拌。空搅部分按相应项目的人工及搅拌桩机台班乘以系数0.5计算。

（4）三轴水泥搅拌桩项目水泥掺入量按加固土重（1800kg/m³）的18%考虑，如设计不同时，按深层水泥搅拌桩每增减1%项目计算；按2拌2喷施工工艺考虑，设计不同时，每增（减）1搅1喷按相应项目人工和机械费增（减）40%计算。空搅部分按相应项目的人工及搅拌机械台班乘以系数0.5计算。

（5）三轴水泥搅拌桩设计要求全断面套打时，相应项目的人工及机械乘以系数1.5，其余不变。

5. 注浆桩

高压旋喷桩项目已综合接头处的复喷工料；高压喷射注浆桩的水泥设计用量与定额不同时，应予以调整。

6. 注浆地基所用的浆体材料用量应按照设计含量调整

7. 打桩工程按陆地打垂直桩编制

设计要求打斜桩时，斜度≤1∶6时，相应项目的人工、机械乘以系数1.25；斜度＞1∶6时，相应项目的人工、机械乘以系数1.43。

8. 桩间补桩或在地槽中及强夯后的地基上打桩时，相应项目的人工、机械乘以系数1.15

9. 单独打试桩、锚桩，按相应项目的打桩人工及机械乘以系数1.5

10. 若单位工程的碎石桩、砂石桩的工程量≤60m³，其相应项目的人工、机械乘以系数1.25

三、全国消耗量定额工程量计算规则

（1）填料加固，按设计图示尺寸以体积计算。

（2）强夯，按设计图示强夯处理范围以面积计算。设计无规定时，按建筑物外围轴线每边各加4m计算。

（3）灰土桩、砂石桩、碎石桩、水泥粉煤灰碎石桩均按设计桩长（包括桩尖）乘以设计桩外径截面积，以体积计算。

（4）搅拌桩

① 深层水泥搅拌桩、三轴水泥搅拌桩、高压旋喷水泥桩按设计桩长加50cm乘以设计桩外径截面积，以体积计算。

② 三轴水泥搅拌桩中的插、拔型钢工程量按设计图示型钢以质量计算。

（5）高压喷射水泥桩成孔按设计图示尺寸以桩长计算。

（6）分成注浆钻孔数量按设计图示以钻孔深度计算。注浆数量按设计图纸注明加固土体的体积计算。

（7）压密注浆钻孔数量按设计图示以钻孔深度计算。注浆数量按下列规定计算。

① 设计图纸明确加固土体体积的，按设计图纸注明的体积计算。

② 设计图纸以布点形式图示土体加固范围的，则按两孔间距的一半作为扩散半径，以布点边线各加扩散半径，形成计算平面，计算注浆体积。

③ 如果设计图纸注浆点在钻孔灌注桩之间，按两注浆孔的一半作为每孔的扩散半径，以此圆柱体积计算注浆体积。

（8）凿桩头按凿桩长度乘桩断面以体积计算。

四、应用案例

【案例 7-1】 某工程采用直径为 400mm 的水泥粉煤灰碎石桩（CFG 桩），强度等级不低于 C20，桩长 9.00m，共 1037 根，桩顶标高 -1.80m，室外地坪标高 -0.30m。编制工程量清单及工程量清单综合单价。其中，企业管理费按人工费与机械费之和的 10.8% 计取，利润按人工费与机械费之和的 8% 计取。

解：1. 招标人编制 CFG 桩工程量清单

CFG 桩工程量 = 9.00×1037 = 9333.00m，工程量清单见表 7-1。

表 7-1 分部分项工程量清单

工程名称：某工程

序号	项目编码	项目名称	项目特征	计量单位	工程数量
1	010201008001	CFG 桩	1. 桩长：9m； 2. 桩径：400mm； 3. 成孔方法：螺旋钻杆成孔； 4. 强度等级：C20。	m	9333.00

2. 投标人 CFG 桩工程量清单综合单价的编制

CFG 桩施工量 = 3.14×0.2×0.2×9×1037 = 1172.22 （m³）

全国统一消耗量定额及各要素市场价格见表 7-2。

表 7-2 CFG 桩定额消耗量　　　　　　　　　　　　　　　　　单位：10m³

定额编号			2-48	市场价格 /元
项目			水泥粉煤灰碎石桩	
名称		单位	消耗量	
人工	普工	工日	4.875	100
	一般技工	工日	9.75	160
	高级技工	工日	1.625	240
材料	水泥 P.O 42.5	t	2.586	380
	砂子中粗砂	m³	6.865	70
	碎石 40 以内	m³	9.037	60
	粉煤灰	m³	2.256	290
	水	m³	3.00	5.00
	铁件	kg	5.522	5.0
机械	涡浆式混凝土搅拌机 250L	台班	0.860	200
	履带式起重机 5t	台班	0.903	500
	机动翻斗车 1t	台班	1.239	210
	螺旋钻机 600mm	台班	1.805	620

人工费：(4.875×100+9.75×160+1.625×240)元/10m³×1172.22m³ = 285728.63 元

材料费：(2.586×380+6.865×70+9.037×60+2.256×290+3×5.0+5.522×5)元/10m³×1172.22m³ = 316769.01 元

机械费：$(0.86×200＋0.903×500＋1.239×210＋1.805×620)$元$/10m^3×1172.22m^3＝$ 234771.05 元

管理费及利润：$(285728.63$元$＋234771.05$元$)×(10.8\%＋8\%)＝97853.94$ 元

定额总费用：285728.63元$＋234771.05$元$＋97853.94$元$＝618353.62$元

CFG 桩清单综合单价$＝618353.62$元$÷9333＝66.25$元/m

注：CFG 桩的空桩费已经包含在消耗量里面，不再单独记取。

分部分项工程量清单计价表见表 7-3。

表 7-3 分部分项工程量清单计价表

工程名称：某工程

序号	项目编码	项目名称	项目特征	计量单位	工程数量	金额/元	
						综合单价	合价
1	010201008001	CFG 桩	1. 桩长：9m； 2. 桩径：400mm； 3. 成孔方法：螺旋钻杆成孔； 4. 强度等级：C20	m	9333.00	66.25	618311.25

第二节　基坑与边坡支护计量与计价

一、计价规范与计价办法相关规定

《房屋建筑与装饰工程工程量计算规范》附录表 B.2 基坑与边坡支护项目包括：地下连续墙（010202001）、咬合灌注桩（010202002）、原木桩（010202003）、预制钢筋混凝土板桩（010202004）、型钢桩（010202005）、钢板桩（010202006）、锚杆（锚索）（010202007）、土钉（010202008）、喷射混凝土、水泥砂浆（010202009）、钢筋混凝土支撑（010202010）、钢支撑（010202011）共 11 项。

基坑与边坡支护工程量清单项目设置、项目特征描述的内容、计量单位及工程量计算规则，应按表 B.2 的规定执行。

表 B.2　地基处理（编号：010202）

项目编码	项目名称	项目特征	计量单位	工程量计算规则	工作内容
010202001	地下连续墙	1. 地层情况；2. 导墙类型、截面；3. 墙体厚度；4. 成槽深度；5. 混凝土种类、强度等级；6. 接头形式	m^3	按设计图示墙中心线长乘以厚度乘以槽深以体积计算	1. 挖孔成槽、余土运输；2. 导墙制作、安装；3. 锁口管吊拔；4. 浇注混凝土连续墙；5. 材料运输
010202002	咬合灌注桩	1. 地层情况；2. 桩长；3. 桩径；4. 混凝土种类、强度等级；5. 部位	1. m 2. 根	1. 以米计量，按设计图示尺寸以桩长计算；2. 以根计量，按设计图示数量计算	1. 成孔、固壁；2. 混凝土制作、运输、灌注、养护；3. 套管压拔；4. 土方、废泥浆外运；5. 打桩场地硬化剂泥浆池、泥浆沟

续表

项目编码	项目名称	项目特征	计量单位	工程量计算规则	工作内容
010202003	圆木柱	1.地层情况;2.桩长;3.材质;4.尾径;5.桩倾斜度	1. m 2. 根	1.以米计量,按设计图示尺寸以桩长(包括桩尖)计算; 2.以根计量,按设计图示数量计算	1. 工作平台搭拆;2.桩机移位;3.桩靴安装;4.沉桩
010202004	预制钢筋混凝土板桩	1.地层情况;2.送桩深度、桩长;3.桩截面;4.沉桩方法;5.连接方式;6.混凝土种类、强度等级			1. 工作平台搭拆;2.桩机移位;3.沉桩;4.板桩连接
010202005	型钢桩	1.地层情况或部位;2.送桩深度、桩长;3.规格型号;4.桩倾斜度;5.防护材料种类;6.是否拔出	1. t 2. 根	1.以吨计量,按设计图示尺寸以质量计算 2.以根计量,按设计图示数量计算	1. 工作平台搭拆;2. 桩机移位;3. 打(拔)桩;4.接桩;5.刷防护材料
010202006	钢板桩	1. 地层情况;2.桩长;3.板桩厚度	1. t 2. m²	1.以吨计量,按设计图示尺寸以质量计算 2.以平方米计量,按设计图示墙中心线长乘以桩长以面积计算	1. 工作平台搭拆;2.桩机移位;3.打拔钢板桩
010202007	锚杆(锚索)	1.地层情况;2.锚杆类型、部位;3.钻孔深度;4.钻孔直径;5.杆体材料品种、规格、数量;6.预应力;7.浆液种类、强度等级	1. m 2. 根	1.以米计量,按设计图示尺寸以钻孔深度计算; 2.以根计量,按设计图示数量计算	1.钻孔、浆液制作、运输、压浆;2.锚杆制作、安装;3.张拉锚固;4.锚杆施工平台搭设、拆除
010202008	土钉	1.地层情况;2.钻孔深度;3.钻孔直径;4.置入方法;5.杆体材料品种、规格、数量;6.浆液种类、强度等级			钻孔、浆液制作、运输、压浆;2.土钉制作、安装;3.土钉施工平台搭设、拆除
010202009	喷射混凝土、水泥砂浆	1. 部位;2.厚度;3.材料种类;4.混凝土(砂浆)类别、强度等级	m²	按设计图示尺寸以面积计算	1. 修整边坡;2. 混凝土(砂浆)制作、运输、喷射、养护;3.钻排水孔、安装排水管;4. 喷射施工平台搭设、拆除
010202010	钢筋混凝土支撑	1.部位;2.混凝土种类;3.混凝土强度等级	m³	按设计图示尺寸以体积计算	1. 模板(支架或支撑)制作、安装、拆除、堆放、运输及清理模内杂物、刷隔离剂等;2. 混凝土(砂浆)制作、运输、喷射、养护
010202011	钢支撑	部位;钢材种类、规格;探伤要求	t	按设计图示尺寸以质量计算。不扣除孔眼质量,焊条、铆钉、螺栓等不另增加质量	1. 支撑、铁件制作(摊销、租赁);2.支撑、铁件安装;3.探伤;4.刷漆;5.拆除;6.运输

二、全国消耗量定额相关规定

（1）地下连续墙包括导墙挖土方、泥浆处理及外运、钢筋加工，实际发生时，按相应规定另行计算。

（2）挡土板项目分为疏板和密板。疏板是指间隔支挡土板，且板间净空≤150cm 的情况；密板是指满堂支挡土板或板间净空≤30cm 的情况。

（3）钢支撑仅适用于基坑开挖的大型支撑安装、拆除。

（4）若单位工程的钢板桩的工程量≤50t 时，其人工、机械量按相应项目乘以系数 1.25 计算。

（5）注浆项目中注浆管消耗量为摊销量，若为一次性使用量，可进行调整。

三、全国统一定额工程量计算规则

（1）地下连续墙

① 现浇导墙混凝土按设计图示墙以体积计算。现浇导墙混凝土模板按混凝土与模板接触的面积，以面积计算。

② 成槽工程量按设计长度乘以墙厚及成槽深度以体积计算。

③ 锁口管以"段"为单位，锁口管吊拔按连续墙段数计算，定额中已包括锁扣管的分摊费用。

④ 清底置换以"段"为单位（段指槽壁单元槽段）。

⑤ 现浇连续墙混凝土工程量按设计长度乘以墙厚及墙深加 0.5m，以体积计算。

⑥ 凿地下连续墙超灌混凝土，设计无规定时，其工程量按墙体断面面积乘以 0.5m，以体积计算。

（2）钢板桩。打拔钢板桩按设计桩体以质量计算。安、拆导向夹具按设计图示尺寸以长度计算。

（3）砂浆土钉、砂浆锚杆的钻孔、灌浆，按设计文件或施工组织设计规定（设计图示尺寸）以钻孔深度，以长度计算。喷射混凝土护坡区分土层与岩层，按设计文件（或施工组织设计）规定尺寸，以面积计算。钢筋、钢管锚杆按设计图示以质量计算。锚头制作、安装、张拉、锁定按设计图示以"套"计算。

（4）挡土板按设计文件（或施工组织设计）规定的支挡范围，以面积计算。

（5）钢支撑按设计图示尺寸以质量计算，不扣除孔眼质量，焊条、螺栓等也不另增加质量。

四、应用案例

【案例 7-2】 郑州市某办公大厦主要包括 25 层地上建筑和 3 层地下室，基坑开挖深度 11.8m。根据施工组织设计，采用土钉加锚杆的复合支护体系，第 1、2、4、5、6、7、8 层为土钉，从上到下长度分别为 8m、9m、12m、12m、9m、6m、6m，倾角均为 10°，水平与竖向间距均为 1.4m；第 3 层为预应力锚杆与土钉间隔布置，锚杆总长为 18m（自由段长度为 5m），土钉长度为 12m。锚杆的预张拉力均为 150kN，水平间距为 2.8m，锚杆孔直径 100mm，钢筋取 28mm 螺纹钢筋，锚固段注浆 C25 预拌混凝土，如图 7-1 所示。喷射护坡 C25 混凝土厚度为 60mm。其中，企业管理费按人工费与机械费之和的 10.8% 计取，利润按人工费与机械费之和的 8% 计取。编制边坡支护工程量清单并进行清单报价（不考虑挂网等费用）。

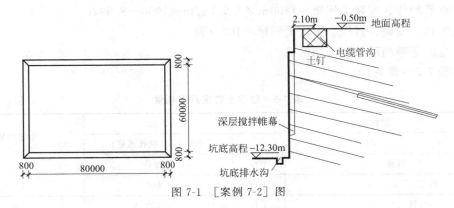

图 7-1 ［案例 7-2］图

解：1. 招标人土钉、锚杆支护工程量清单的编制

每层打孔数量：

长 80m 边：$80÷1.4=57.14$(孔)，取 57 孔，

宽 60m 边：$60÷1.4=42.86$(孔)，取 43 孔。

每层总孔数：$57×2+43×2=200$(孔)。

土钉工程量$=200×(8+9+12+12+9+6+6)+100×12=13600$(m)

锚杆工程量$=100×18=1800$(m)

土钉、锚杆钢筋制作、安装工程量$=(13600+1800)m×4.83kg/m÷1000=74.382t$

喷射混凝土护坡工程量$=(80.80+60.80)×2×\sqrt{0.8^2+11.8^2}=3349.43$(m²)

工程量清单见表 7-4。

表 7-4 分部分项工程量清单

工程名称：某工程

序号	项目编码	项目名称	项目特征	计量单位	工程数量
1	010202007001	锚杆支护	1.φ28 螺纹钢筋 2.孔深 18m,直径 100mm 3.150kN 预应力 4.C25 预拌混凝土注浆	m	1800
2	010202008001	土钉支护	1.土钉深度：6~12m； 2.φ28 螺纹钢筋； 3.混凝土强度等级：C25	m	13600
3	010202009001	喷射混凝土	1.部位：边坡 2.厚度：60mm 3.材料种类：C25 混凝土	m²	3349.43

2. 土钉支护工程量清单计价表的编制

(1) 根据施工组织设计，计算土钉、锚杆支护工程量

土钉工程量$=200×(8+9+12+12+9+6+6)+100×12=13600$(m)

喷射混凝土护坡工程量$=(80.80+60.80)×2×\sqrt{0.8^2+11.8^2}=3349.43$(m²)

锚杆工程量$=100×18=1800$(m)

锚杆锚孔注浆工程量$=100×(18-5)=1300$(m)

土钉钢筋制作、安装工程量＝13600m×4.83kg/m÷1000＝65.688t

锚杆钢筋制作、安装工程量＝1800m×4.83kg/m÷1000＝8.694t

锚头制作、安装、张拉、锁定工程量＝100（套）

（2）全国定额消耗量及市场价格

详见表7-5～表7-10。

表7-5　砂浆土钉定额消耗量　　　　　　　　　　单位：100m

定额编号			2-82	市场价格/元
项目			砂浆土钉（钻孔灌浆）	
名称		单位	消耗量	
人工	普工	工日	4.566	100
	一般技工	工日	9.132	160
	高级技工	工日	1.522	240
材料	水泥砂浆 1∶1	m³	1.266	280
	耐压胶管 φ50	m	0.800	26.0
机械	气动灌浆机	台班	2.000	10
	灰浆搅拌机 200L	台班	2.000	160
	锚杆钻孔机 32mm	台班	1.300	1920
	内燃单极离心清水泵 50mm	台班	5.000	40
人、材、机合计			2283＋375.28＋3036＝5694.28（元）	

综合单价：（2283＋3036）×18.8％＋5694.28＝6694.25（元/100m）

表7-6　土层锚杆机械钻孔定额消耗量　　　　　　　　单位：100m

定额编号			2-84	市场价格/元
项目			土层锚杆机械钻孔	
名称		单位	消耗量	
人工	普工	工日	2.897	100
	一般技工	工日	5.795	160
	高级技工	工日	0.966	240
材料	金属材料	kg	—	—
机械	工程地质液压钻机	台班	3.5	540
人、材、机合计			1448.74＋1890＝3338.74（元）	

综合单价：3338.74×（1＋18.8％）＝3966.42（元/100m）

表7-7　土层锚杆锚孔注浆定额消耗量　　　　　　　　单位：100m

定额编号			2-88	市场价格/元
项目			土层锚杆锚孔注浆	
名称		单位	消耗量	
人工	普工	工日	0.701	100
	一般技工	工日	1.402	160
	高级技工	工日	0.234	240

续表

定额编号			2-88	市场价格 /元
项目			土层锚杆锚孔注浆	
名称		单位	消耗量	
材料	预拌混凝土 C25	m³	0.101	260
	水泥砂浆 1:1	m³	1.266	280
	高压胶管 φ50	m	0.800	20.0
机械	电动灌浆机	台班	2.000	160
	灰浆搅拌机 200L	台班	2.000	25
人、材、机合计			350.58＋380.74＋370＝1101.32(元)	

综合单价:1101.32＋(350.58＋370)×18.8%＝1236.79(元/100m)

表 7-8 钢筋锚杆、土钉制作、安装定额消耗量　　　　　　单位:10t

定额编号			2-91	市场价格 /元
项目			钢筋锚杆、土钉制作、安装	
名称		单位	消耗量	
人工	普工	工日	12.238	100
	一般技工	工日	24.476	160
	高级技工	工日	4.079	240
材料	螺纹钢筋 φ25 以外	t	10.25	3400
	低合金钢焊条 E43	kg	40.000	15
	镀锌铁丝 φ0.7	kg	21.800	6.0
机械	交流弧焊机 32kV·A	台班	2.500	85
	汽车式起重机 8t	台班	6.300	700
	对焊机 75kV·A	台班	1.000	110
	钢筋弯曲机 40mm	台班	0.200	25.0
	钢筋切断机 40mm	台班	0.900	40.0
	电动单筒慢速卷扬机 10kN	台班	1.700	180.0
人、材、机合计			6118.92＋35580.8＋5079.5＝46779.22(元)	

综合单价:46779.22＋(6118.92＋5079.5)×18.8%＝48884.52(元/10t)

表 7-9 喷射混凝土定额消耗量　　　　　　单位:100m²

定额编号			2-94	2-96	市场价格 /元
项目			喷射混凝土		
			初喷厚 50mm	每增减 10mm	
名称		单位	消耗量		
人工	普工	工日	2.965	0.540	100
	一般技工	工日	5.932	1.081	160
	高级技工	工日	0.989	0.18	240

续表

定额编号			2-94	2-96	市场价格/元
项目			喷射混凝土		
			初喷厚 50mm	每增减 10mm	
名称		单位	消耗量		
材料	预拌混凝土 C25	m³	5.101	1.010	260
	水	m³	11.260	2.250	5.0
	耐压胶管 ϕ50	m	1.860	0.370	26.0
机械	电动空气压缩机 10m³/min	台班	0.520	0.100	360
	混凝土湿喷机 5m³/h	台班	0.560	0.110	340
2-94 子目人、材、机合计			1482.98＋1430.92＋377.6＝3291.5(元)		
2-96 子目人、材、机合计			270.16＋283.47＋73.4＝627.03(元)		
2-94 子目综合单价:3291.5＋(1482.98＋377.6)×18.8%＝3641.29(元/100m²)					
2-96 子目综合单价:627.03＋(270.16＋73.4)×18.8%＝691.62(元/100m²)					

表 7-10　钢筋锚头制作、安装、张拉、锁定定额消耗量　　　　单位：10 套

定额编号			2-97	市场价格/元
项目			锚头制作、安装、张拉、锁定	
名称		单位	消耗量	
人工	普工	工日	3.241	100
	一般技工	工日	6.483	160
	高级技工	工日	1.081	240
材料	钢板综合	t	0.350	3750
	乙炔气	m³	1.700	28
	氧气	m³	3.498	4.0
	六角螺母	套	20.400	0.4
	低碳钢焊条(综合)	kg	28.000	6.0
	镀锌铁丝 ϕ4.0	kg	2.000	6.0
	钢筋 ϕ10 以内	t	0.061	3500
机械	立式油压千斤顶 200t	台班	2.000	11
	交流弧焊机 32kV·A	台班	1.400	85
	汽车式起重机 8t	台班	0.600	700
人、材、机合计			1620.82＋1775.75＋561＝3957.57(元)	
综合单价:3957.57＋(1620.82＋561)×18.8%＝4367.75(元/10 套)				

（3）综合单价计算

土钉支护清单综合单价＝(6694.25 元/100m×13600m＋48884.52 元/10t×65.688t)÷13600m

　　　　　　　　　＝90.55 元/m

锚杆支护清单综合单价＝(3966.42 元/100m×1800m＋1236.79 元/100m×1300m

　　　　　　　　　＋48884.52 元/10t×8.694t＋4367.75 元/10 套×100)

$$\div 1800\mathrm{m}=96.47\ 元/\mathrm{m}$$

喷射混凝土清单综合单价 $=(3641.29\ 元/100\mathrm{m}^2+691.62\ 元/100\mathrm{m}^2)\times 3349.43\mathrm{m}^2\div 3349.43\mathrm{m}^2$
$$=43.33\ 元/\mathrm{m}^2$$

分部分项工程量清单计价表见表 7-11。

表 7-11　分部分项工程量清单计价表

工程名称：某工程

序号	项目编码	项目名称	项目特征	计量单位	工程数量	金额/元	
						综合单价	合价
1	010202007001	锚杆支护	1. φ28 螺纹钢筋 2. 孔深 18m,直径 100mm 3. 150kN 预应力 4. C25 预拌混凝土注浆	m	1800	96.47	173646
2	010202008001	土钉支护	1. 土钉深度:6～12m; 2. φ28 螺纹钢筋; 3. 混凝土强度等级:C25	m	13600	90.55	1231480
3	010202009001	喷射混凝土	1. 部位:边坡 2. 厚度:60mm 3. 材料种类:C25 混凝土	m²	3349.43	43.33	145130.80

习　题

1. 某工程采用粉喷桩进行地基加固,设计桩顶距自然地面 1.5m,基础垫层距自然地面 2m,桩径 0.5m,桩长 12m,水泥掺量为每米桩长加水泥 50kg,共 2000 根桩,试计算该粉喷桩工程的工程量及其报价。

2. 某工程采用强夯方法提高地基的承载力,设计锤重 16t,锤升起高度 12m,每点夯击 8 次,低锤满拍互压 1/3,基础外围尺寸为 48×24m（矩形）,试计算强夯工程量及其报价。

3. 某大型深基础工程基础底面尺寸为 50m×40m,深 12m,由于周边环境复杂,计划采用预应力锚杆加土钉复合地基处理边坡,放坡系数取 0.1,土钉间距为 1.0×1.0m（即 1m² 边坡 1 根土钉）,长度为 10m。预应力锚杆在基坑深 3.5m、6.5m、9.5m 处各设一道,间距为 2m,长度为 14m,预应力 150kPa。喷射 C25 混凝土 100mm 厚。不考虑外挂钢筋网及脚手架。试编制边坡支护工程量清单并进行清单报价。

第八章

桩基工程计量与计价

第一节　打桩工程计量与计价

一、计价规范与计价办法相关规定

《房屋建筑与装饰工程工程量计算规范》附录 C 包括两部分，即 C.1 打桩，C.2 灌注桩。附录 C.1 打桩项目包括预制钢筋混凝方桩（010301001），预制钢筋混凝土管桩（010301002）、钢管桩（010301003）、截桩头（010301004）4 个部分。

表 C.1　打桩

项目编码	项目名称	项目特征	计量单位	工程量计算规则	工作内容
010301001	预制钢筋混凝方桩	1. 地层情况 2. 送桩深度、桩长 3. 桩截面 4. 桩倾斜度 5. 沉桩方式 6. 接桩方式 7. 混凝土强度等级	1. m 2. m³ 3. 根	1. 以米计量，按设计图示尺寸以桩长（包括桩尖）计算 2. 以立方米计量，按设计图示截面乘以桩长（包括桩尖）以实体积计算 3. 以根计量，按设计图示数量计算	1. 工作平台搭拆 2. 桩机竖拆、移位 3. 沉桩 4. 接桩 5. 送桩
010301002	预制钢筋混凝土管桩	1. 地层情况 2. 送桩深度、桩长 3. 桩外径、壁厚 4. 桩倾斜度 5. 沉桩方法 6. 桩尖类型 7. 混凝土强度等级 8. 填充材料种类 9. 防护材料种类			1. 工作平台搭拆 2. 桩机竖拆、移位 3. 沉桩 4. 接桩 5. 送桩 6. 桩尖制作安装 7. 填充材料、刷防护材料
010301003	钢管桩	1. 地层情况 2. 送桩深度、桩长 3. 材质 4. 管径、壁厚 5. 桩倾斜度 6. 沉桩方法 7. 填充材料种类 8. 防护材料种类	1. t 2. 根	1. 以吨计量，按设计图示尺寸以质量计算 2. 以根计量，按设计图示数量计算	1. 工作平台搭拆 2. 桩机竖拆、移位 3. 沉桩 4. 接桩 5. 送桩 6. 切割钢管、精割盖帽 7. 管内取土 8. 填充材料、刷防护材料

续表

项目编码	项目名称	项目特征	计量单位	工程量计算规则	工作内容
010301004	截(凿)桩头	1. 桩类型 2. 桩头截面、高度 3. 混凝土强度等级 4. 有无钢筋	1. m³ 2. 根	1. 以立方米计量,按设计桩截面乘以桩头长度以体积计算 2. 以根计量,按设计图示数量计算	1. 截桩头 2. 凿平 3. 废料外运

注:1. 地层情况根据岩土工程勘察报告按单位工程各地层所占比例(包括范围值)进行描述。对无法准确描述的地层情况,可注明由投标人根据岩土工程勘察报告自行决定报价。

2. 项目特征中的桩截面、混凝土强度等级、桩类型等可直接用标准图代号或设计桩型进行描述。

3. 预制钢筋混凝土方桩、预制钢筋混凝土管桩项目以成品桩编制,应包括成品桩购置费,如果用现场预制桩,应包括现场预制的所有费用。

4. 打试验桩和打斜桩应按相应项目编码单独列项,并应在项目特征中注明试验桩或斜桩(斜率)。

5. 截(凿)桩头项目适用于本规范附录 B、附录 C 所列桩的桩头截(凿)。

6. 预制钢筋混凝土管桩桩顶与承台的连接构造按本规范附录 E 相关项目列项。

7. 桩基础的承载力检测、桩身完整性检测等费用按国家相关取费标准单独计算,不在本清单项目中。

二、全国消耗量定额相关规定

(1) 单位工程打(灌)桩工程量在表 8-1 规定数量以内时,其人工、机械量按相应定额子目乘以系数 1.25 计算。

表 8-1　单位工程桩基工程表

项目	单位工程的工程量
预制钢筋混凝土方桩	200m³
预制钢筋混凝土管桩	1000m
预制钢筋混凝土板桩	100m³
钢管桩	50t

(2) 单独打试验桩、锚桩时,按相应定额的打桩人工、机械乘以系数 1.5。

(3) 打桩工程以平地打桩(坡度小于 15°)为准,在斜坡上打桩(坡度大于 15°),按相应定额子目人工、机械乘以系数 1.15。如在基坑内(基坑深度>1.5m,基坑面积≤500m²)打桩,或在地坪上打坑槽内桩(坑槽深度>1m),按相应定额子目人工、机械乘以系数 1.11。

(4) 打桩工程按陆地打垂直桩编制,设计要求打斜度在 1:6 以内的桩,按相应定额子目人工、机械乘以系数 1.25 调整;如斜度大于 1:6 的桩,按相应定额子目人工、机械乘以系数 1.43 调整。

(5) 桩间补桩或在强夯后的地基上打桩时,相应定额人工、机械乘以系数 1.15。

(6) 打桩工程,如遇送桩时,可按打桩相应项目人工、机械乘以表 8-2 中的系数。

表 8-2　打桩工程中送桩系数调整表

送桩深度	系数
≤2m	1.25
≤4m	1.43
>4m	1.67

（7）打压预制钢筋混凝土桩、预应力钢筋混凝土管桩，定额按购入成品考虑，已包含桩位半径在15m范围内的移动、起吊、就位；超过15m时的场内运输，按构件运输1km以内的相应项目计算。

（8）预应力钢筋混凝土管桩桩头灌芯部分按人工挖孔桩灌桩芯项目执行。

三、全国统一定额工程量计算规则

（1）预制钢筋混凝土桩按设计桩长（包括桩尖）乘以桩截面面积，以体积计算。

（2）预应力钢筋混凝土管桩。

① 打、压预应力钢筋混凝土管桩按设计桩长（不包括桩尖），以长度计算。

② 预应力钢筋混凝土管桩钢桩尖按设计图示尺寸，以质量计算。

③ 预应力钢筋混凝土管桩，如设计要求加注填充材料时，填充部分另按本章钢管桩填芯相应项目执行。

④ 桩头灌芯按设计尺寸以灌注体积计算。

（3）钢管桩

① 钢管桩按设计要求的桩体质量计算。

② 钢管桩内切割、精割盖帽按设计要求的数量计算。

③ 钢管桩管内钻孔取土、填芯，按设计桩长乘以填芯截面，以体积计算。

（4）打桩工程的送桩均按设计桩顶标高至打桩前的自然地面标高另加0.5m计算相应的送桩工程量。

（5）预制混凝土桩、钢管桩电焊接桩，按设计要求接桩头的数量计算。

（6）预制混凝土截桩按设计要求截桩的数量计算。截桩长度≤1m时，不扣减相应桩的打桩工程量；截桩长度＞1m时，其超过部分按实扣减打桩工程量，但桩体的价格不扣除。

（7）预制混凝土桩凿桩头按设计图示桩截面乘以桩头长度，以体积计算。凿桩头长度设计无规定时，桩头长度按桩体高40d（d为桩体主筋直径，主筋直径不同时取大者）计算；灌注混凝土桩凿桩头按设计超灌高度（设计有规定的按设计要求，设计无规定的按0.5m）乘以桩身设计截面积，以体积计算。

（8）桩头钢筋整理，按所整理的桩的数量计算。

四、应用案例

【案例 8-1】 某市中心教学楼项目采用钢筋混凝土方桩基础，用静力压桩机打预制钢筋混凝土方桩750根，如图8-1所示。桩长15m，桩断面尺寸为300mm×300mm，桩顶标高为−2.10m，室外地坪标高−0.40m。其中，企业管理费按人工费与机械费之和的10.8%计取，利润按人工费与机械费之和的8%计取。试编制工程量清单及工程量清单报价。

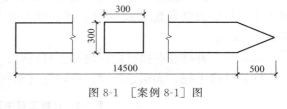

图 8-1　［案例 8-1］图

解：1.钢筋混凝土方桩工程量清单的编制

工程数量=15.00×750=11250.00m，工程量清单见表8-3。

表 8-3　分部分项工程量清单

工程名称：某工程

序号	项目编码	项目名称	项目特征	计量单位	工程数量
1	010301001001	预制钢筋混凝土方桩	1. 桩的种类：钢筋混凝土方桩 2. 桩长：15m 3. 桩截面：300mm×300mm 4. 混凝土强度等级：C30 6. 桩顶标高－2.1m 7. 室外地面标高－0.4m	m	11250.00

2. 投标人编制钢筋混凝土方桩工程量清单计价表

（1）根据施工组织设计，计算打桩、送桩工程量

压桩工程量＝0.30×0.30×15.00×750＝1012.50（m³）＞200m²，非小型工程，不计系数。

（2）定额消耗量及对应市场价格

压桩消耗量定额详见表 8-4。

表 8-4　压预制钢筋混凝土方桩定额消耗量　　　　　　　计量单位：10m³

定额编号			3-6	市场价格/元
项目			压预制钢筋混凝土方桩	
名称		单位	消耗量	
人工	普工	工日	0.75	100
	一般技工	工日	1.499	160
	高级技工	工日	0.25	240
材料	预制钢筋混凝土桩	m³	10.100	850
	白棕绳	kg	0.900	20.0
	垫木	m³	0.030	1050
	金属周转材料	kg	2.420	5.00
机械	静力压桩机	台班	0.400	1100
	履带式起重机机 15t	台班	0.240	750
人、材、机合计			374.84＋8930.1＋620＝9924.94（元）	
综合单价：9924.94＋（374.84＋620）×18.8%＝10111.97（元/10m³）				

（3）综合单价计算

送桩长度＝2.1－0.4＋0.5＝2.2m，应乘以送桩系数1.43。

预制钢筋混凝土方桩综合单价＝[10111.97 元＋（374.84＋620）×（1.43－1）]/10m³×1012.5m³÷11250＝94.86 元/m

分部分项工程量清单计价表见表 8-5。

表 8-5　分部分项工程量清单计价表

工程名称：某工程

序号	项目编码	项目名称	项目特征	计量单位	工程数量	金额/元	
						综合单价	合价
1	010301001001	预制钢筋混凝土方桩	1. 桩的种类：钢筋混凝土方桩 2. 桩长：15m 3. 桩截面：300mm×300mm 4. 混凝土强度等级：C30 6. 桩顶标高－2.1m 7. 室外地面标高－0.4m	m	11250.00	94.86	1067175

第二节　灌注桩计量与计价

一、计价规范与计价办法相关规定

《房屋建筑与装饰工程工程量计算规范》附录 C.2 灌注桩项目包括泥浆护壁成孔灌注桩等 7 个项目。

表 C.2　灌注桩（010302）

项目编码	项目名称	项目特征	计量单位	工程量计算规则	工作内容
010302001	泥浆护壁成孔灌注桩	1.地层情况 2.空桩长度、桩长 3.桩径 4.成孔方法 5.护筒类型、长度 6.混凝土类别、强度等级			1.护筒埋设 2.成孔、固壁 3.混凝土制作、运输、灌注、养护 4.土方、废泥浆外运 5.打桩场地硬化及泥浆池、泥浆沟
010302002	沉管灌注桩	1.地层情况 2.空桩长度、桩长 3.复打长度 4.桩径 5.沉管方法 6.桩尖类型 7.混凝土类别、强度等级	1.m 2.m³ 3.根	1.以米计量,按设计图示尺寸以桩长(包括桩尖)计算 2.以立方米计量,按不同截面在桩上范围内以体积计算。 3.以根计量,按设计图示数量计算	1.打(沉)拔钢管 2.桩尖制作、安装 3.混凝土制作、运输、灌注、养护
010302003	干作业成孔灌注桩	1.地层情况 2.空桩长度、桩长 3.桩径 4.扩孔直径、高度 5.成孔方法 6.混凝土类别、强度等级			1.成孔、扩孔 2.混凝土制作、运输、灌注、振捣、养护
010302004	挖孔桩土（石）方	1.地层情况 2.挖孔深度 3.弃土(石)运距	m³	按设计图示尺寸(含护壁)截面积乘以挖孔深度以立方米计算	1.排地表水 2.挖土、凿石 3.基底钎探 4.运输
010302005	人工挖孔灌注桩	1.桩芯长度 2.桩芯直径、扩底直径、扩底高度 3.护壁厚度、高度 4.护壁混凝土类别、强度等级 5.桩芯混凝土类别、强度等级	1.m³ 2.根	1.以立方米计量,按桩芯混凝土体积计算 2.以根计量,按设计图示数量计算	1.护壁制作 2.混凝土制作、运输、灌注、振捣、养护
010302006	钻孔压浆桩	1.地层情况 2.空钻长度、桩长 3.钻孔直径 4.水泥强度等级	1.m 2.根	1.以米计量,按设计图示尺寸以桩长计算 2.以根计量,按设计图示数量计算	钻孔、下注浆管、投放骨料、浆液制作、运输、压浆

续表

项目编码	项目名称	项目特征	计量单位	工程量计算规则	工作内容
010302007	灌注桩后压浆	1. 注浆导管材料、规格 2. 注浆导管长度 3. 单孔注浆量 4. 水泥强度等级	孔	按设计图示以注浆孔数计算	1. 注浆导管制作、安装 2. 浆液制作、运输、压浆

注：1. 地层情况根据岩土工程勘察报告按单位工程各地层所占比例（包括范围值）进行描述。对无法准确描述的地层情况，可注明由投标人根据岩土工程勘察报告自行决定报价。

2. 项目特征中的桩长应包括桩尖，空桩长度=孔深-桩长，孔深为自然地面至设计桩底的深度。

3. 项目特征中的桩截面（桩径）、混凝土强度等级、桩类型等可直接用标准图代号或设计桩型进行描述。

4. 泥浆护壁成孔灌注桩是指在泥浆护壁条件下成孔，采用水下灌注混凝土的桩。其成孔方法包括冲击钻成孔、冲抓锥成孔、回旋钻成孔、潜水钻成孔、泥浆护壁的旋挖成孔等。

5. 沉管灌注桩的沉管方法包括锤击沉管法、振动沉管法、振动冲击沉管法、内夯沉管法等。

6. 干作业成孔灌注桩是指不用泥浆护壁和套管护壁的情况下，用钻机成孔后，下钢筋笼，灌注混凝土的桩，适用于地下水位以上的土层使用。其成孔方法包括螺旋钻成孔、螺旋钻成孔扩底、干作业的旋挖成孔等。

7. 混凝土种类：指清水混凝土、彩色混凝土、水下混凝土等，如在同一地区即使用预拌（商品）混凝土，又允许现场搅拌混凝土时，也应注明。

8. 混凝土灌注桩的钢筋笼制作、安装，按本规范附录E中相关项目编码列项。

9. 桩基础的承载力检测、桩身完整性检测等费用按国家相关取费标准单独计算，不在本清单项目中。

二、全国消耗量定额相关规定

（1）钻孔、冲孔、旋挖成孔等灌注桩设计要求进入岩石层时执行入岩子目，入岩指钻入中风化的坚硬岩。

（2）单位工程灌注桩工程量在表8-6规定数量以内时，其人工、机械量按相应定额子目乘以系数1.25计算。

表8-6 单位工程桩基工程表

项目	单位工程的工程量
钻孔、旋挖成孔灌注桩	150m³
沉管、冲孔成孔灌注桩	100m³

（3）定额各种灌注桩的材料用量中，均已包括了充盈系数和材料损耗，见表8-7。

表8-7 灌注桩充盈系数及材料损耗表

项目名称	充盈系数	损耗率/%
冲孔桩机成孔灌注桩	1.30	1
旋挖、冲击钻机冲孔灌注桩	1.25	1
回旋、螺旋钻机钻孔灌注桩	1.20	1
沉管桩机成孔灌注桩	1.15	1

（4）灌注桩中的钢筋笼、铁件制作项目，实际发生时按钢筋混凝土工程中的钢筋考虑。

（5）沉管灌注桩的预制桩尖项目，按钢筋混凝土工程中的小型构件项目执行。

三、全国统一定额工程量计算规则

（1）钻孔桩、旋挖桩成孔工程量按打桩前自然地坪标高至设计桩底标高的成孔长度乘以设计桩径截面积，以体积计算。入岩增加项目工程量按实际入岩深度乘以设计桩径截面积，以体积计算。

（2）冲孔桩基冲击锤冲孔工程量分别按进入土层、岩层的成孔长度乘以设计桩径截面积，以体积计算。

（3）钻孔桩、旋挖桩、冲孔桩灌注混凝土工程量按设计桩径截面积乘以设计桩长（包括桩尖）另加加灌长度，以体积计算。加灌长度设计有规定者，按设计要求计算，设计无规定者，按0.5m计算。

（4）沉管成孔工程量按打桩前自然地坪标高至设计桩底标高（不包括预制桩尖）的成孔长度乘以钢管外径截面积，以体积计算。

（5）沉管桩灌注混凝土工程量按钢管外径截面积乘以设计桩长（包括桩尖）另加加灌长度，以体积计算。加灌长度设计有规定者，按设计要求计算，设计无规定者，按0.5m计算。

（6）人工挖孔桩挖孔工程量分别按进入土层、岩层的成孔长度乘以设计护壁外围截面积，以体积计算。

（7）人工挖孔桩模板工程量，按现浇混凝土护壁与模板的实际接触面积计算。

（8）人工挖孔桩灌注混凝土护壁和桩芯工程量分别按设计图示截面积乘以设计桩长（包括桩尖）另加加灌长度，以体积计算。加灌长度设计有规定者，按设计要求计算，设计无规定者，按0.25m计算。

（9）泥浆运输工程量按钻孔体积计算。

（10）桩孔回填工程量按打桩前自然地坪标高至桩加灌长度的顶面乘以桩设计截面面积以体积计算。

四、应用案例

【案例8-2】　某教学楼项目基础采用振动沉管混凝土灌注桩，设计桩顶标高-2.5m，自然地面标高-0.3m，设计桩长14m，超灌取0.5m，钢管外径0.6m，桩根数为350根，混凝土强度等级为C30。其中，企业管理费按人工费与机械费之和的10.8%计取，利润按人工费与机械费之和的8%计取。编制现场灌注桩工程量清单及清单报价。

解：1.混凝土灌注桩工程量清单的编制

混凝土灌注桩工程量＝14.00×350＝4900.00（m），工程量清单见表8-8。

表8-8　分部分项工程量清单

工程名称：某工程

序号	项目编码	项目名称	项目特征	计量单位	工程数量
1	010302002001	沉管灌注桩	1.桩的种类：打桩机打孔桩； 2.桩长：14m； 3.桩径：φ600mm； 4.混凝土强度等级：C30 5.桩顶标高-2.5m 6.自然地面标高-0.3m	m	4900.00

2. 混凝土灌注桩工程量清单计价表的编制

该项目发生的工程内容：成孔、混凝土制作、运输、灌注。

(1) 沉管成孔工程量$=3.14/4×0.6^2×(14+2.5-0.3)×350=1602.34(m^3)>100(m^3)$

沉管混凝土工程量$=3.14/4×0.6^2×(14+0.5)×350=1434.20(m^3)$

(2) 定额消耗量及对应市场价格

沉管灌注桩成孔消耗量定额详见表8-9。

表8-9　沉管桩成孔定额消耗量　　　　　　　计量单位：$10m^3$

定额编号			3-77	市场价格 /元
项目			沉管桩成孔(桩长)	
名称		单位	消耗量	
人工	普工	工日	1.312	100
	一般技工	工日	2.624	160
	高级技工	工日	0.437	240
材料	垫木	m^3	0.030	1050
	金属周转材料	kg	7.00	5.00
机械	振动沉拔桩机 400kN	台班	0.640	1000
人、材、机合计			$655.92+66.5+640=1362.42$(元)	
综合单价：$1362.42+(655.92+640)×18.8\%=1605.96$(元/$10m^3$)				

灌注混凝土消耗量指标见表8-10。

表8-10　沉管桩灌注混凝土定额消耗量　　　　计量单位：$10m^3$

定额编号			3-87	市场价格 /元
项目			沉管桩成孔灌注混凝土	
名称		单位	消耗量	
人工	普工	工日	0.648	100
	一般技工	工日	1.295	160
	高级技工	工日	0.216	240
材料	预拌水下混凝土 C30	m^3	11.615	260
	金属周转材料	kg	3.8	5.00
人、材、机费用合计			$323.84+3038.9=3362.74$(元)	
综合单价：$3362.74+323.84×18.8\%=3423.62$(元/$10m^3$)				

综合单价$=(1605.96$元/$10m^3×1602.34m^3+3423.62$元/$10m^3×1434.20m^3)÷4900$

$=152.72$元/m，分部分项工程量清单计价表见表8-11。

表 8-11　分部分项工程量清单计价表

工程名称：某工程

序号	项目编码	项目名称	项目特征	计量单位	工程数量	金额/元	
						综合单价	合价
1	010302002001	沉管灌注桩	1. 桩的种类：打桩机打孔桩； 2. 桩长：14m； 3. 桩径：φ600mm； 4. 混凝土强度等级：C30； 5. 桩顶标高－2.5m； 6. 自然地面标高－0.3m	m	4900.00	152.72	748328

习　题

1. 某工程桩基础为柴油打桩机打沉管灌注桩，设计桩长 12m，桩径 500mm，混凝土为 C25（20），每根桩钢筋用量为 110kg，共有 100 根桩，试计算打桩工程的清单工程量及其综合单价。

2. 某工程桩基为钻冲孔灌注桩，共 48 根，每根桩长 20m，桩径 1m，混凝土为 C20（40），每根桩钢筋笼设计重量为 450kg，每四根桩上设置一个尺寸为 8×8×0.8 的独立桩承台，每个独立桩承台钢筋设计用量为 3.35t，混凝土为 C20（40），试计算桩及承台的清单工程量及综合单价。

第九章

砌筑工程计量与计价

《房屋建筑与装饰工程工程量计算规范》附录 D 砌筑工程共分为 4 个部分，即：D.1 砖砌体，D.2 砌块砌体，D.3 石砌体，D.4 垫层，D.5 相关问题说明。

第一节　砖砌体、砌块砌体工程计量与计价

一、计价规范与计价办法相关规定

（一）砖砌体

《房屋建筑与装饰工程工程量计算规范》附录 D.1 砖砌体项目，包括砖基础、实心砖墙等 14 个项目。详见表 D.1。

表 **D.1**　砖砌体 （010401）

项目编码	项目名称	项目特征	计量单位	工程量计算规则	工作内容
010401001	砖基础	1. 砖品种、规格、强度等级 2. 基础类型 3. 砂浆强度等级 4. 防潮层材料种类	m^3	按设计图示尺寸以体积计算。 包括附墙垛基础宽出部分体积，扣除地梁（圈梁）、构造柱所占体积，不扣除基础大放脚 T 形接头处的重叠部分及嵌入基础内的钢筋、铁件、管道、基础砂浆防潮层和单个面积≤$0.3m^2$ 的孔洞所占体积，靠墙暖气沟的挑檐不增加。 基础长度：外墙按外墙中心线，内墙按内墙净长线计算	1. 砂浆制作、运输 2. 砌砖 3. 防潮层铺设 4. 材料运输
010401002	砖砌挖孔桩护壁	1. 砖品种、规格、强度等级 2. 砂浆强度等级	m^3	按设计图示尺寸以立方米计算。	1. 砂浆制作、运输 2. 砌砖 3. 材料运输

项目编码	项目名称	项目特征	计量单位	工程量计算规则	工作内容
010401003	实心砖墙			按设计图示尺寸以体积计算。扣除门窗、洞口、嵌入墙内的钢筋混凝土柱、梁、圈梁、挑梁、过梁及凹进墙内的壁龛、管槽、暖气槽、消火栓箱所占体积，不扣除梁头、板头、檩头、垫木、木楞头、沿缘木、木砖、门窗走头、砖墙内加固钢筋、木筋、铁件、钢管及单个面积≤0.3m² 的孔洞所占的体积。凸出墙面的腰线、挑檐、压顶、窗台线、虎头砖、门窗套的体积亦不增加。凸出墙面的砖垛并入墙体体积内计算。	
010401004	多孔砖墙	1.砖品种、规格、强度等级 2.墙体类型 3.砂浆强度等级、配合比	m³	1.墙长度：外墙按中心线、内墙按净长计算； 2.墙高度： （1）外墙：斜（坡）屋面无檐口天棚者算至屋面板底；有屋架且室内外均有天棚者算至屋架下弦底另加 200mm；无天棚者算至屋架下弦底另加300mm，出檐宽度超过600mm 时按实砌高度计算；与钢筋混凝土楼板隔层者算至板顶。平屋顶算至钢筋混凝土板底。 （2）内墙：位于屋架下弦者，算至屋架下弦底；无屋架者算至天棚底另加 100mm；有钢筋混凝土楼板隔层者算至楼板顶；有框架梁时算至梁底。 （3）女儿墙：从屋面板上表面算至女儿墙顶面（如有混凝土压顶时算至压顶下表面）。 （4）内、外山墙：按其平均高度计算。 3.框架间墙：不分内外墙按墙体净尺寸以体积计算。 4.围墙：高度算至压顶上表面（如有混凝土压顶时算至压顶下表面），围墙柱并入围墙体积内	1.砂浆制作、运输 2.砌砖 3.刮缝 4.砖压顶砌筑 5.材料运输
010401005	空心砖墙				
010401006	空斗墙	1.砖品种、规格、强度等级 2.墙体类型 3.砂浆强度等级、配合比	m³	按设计图示尺寸以空斗墙外形体积计算。墙角、内外墙交接处、门窗洞口立边、窗台砖、屋檐处的实砌部分体积并入空斗墙体积内	1.砂浆制作、运输 2.砌砖 3.装填充料 4.刮缝 5.材料运输
010401007	空花墙			按设计图示尺寸以空花部分外形体积计算，不扣除空洞部分体积	

项目编码	项目名称	项目特征	计量单位	工程量计算规则	工作内容
010401008	填充墙	1. 砖品种、规格、强度等级 2. 墙体类型 3. 填充材料种类及厚度 4. 砂浆强度等级、配合比	m³	按设计图示尺寸以填充墙外形体积计算	1. 砂浆制作、运输 2. 砌砖 3. 装填充料 4. 刮缝 5. 材料运输
010401009	实心砖柱	1. 砖品种、规格、强度等级 2. 柱类型 3. 砂浆强度等级、配合比	m³	按设计图示尺寸以体积计算。扣除混凝土及钢筋混凝土梁垫、梁头所占体积	1. 砂浆制作、运输 2. 砌砖 3. 刮缝 4. 材料运输
010404010	多孔砖柱				
010404011	砖检查井	1. 井截面、深度 2. 砖品种、规格、强度等级 3. 垫层材料种类、厚度 4. 底板厚度 5. 井盖安装 6. 混凝土强度等级 7. 砂浆强度等级 8. 防潮层材料种类	座	按设计图示数量计算	1. 砂浆制作、运输 2. 铺设垫层 3. 底板混凝土制作、运输、浇筑、振捣、养护 4. 砌砖; 5. 刮缝 6. 井池底、壁抹灰 7. 抹防潮层 8. 材料运输
010404012	零星砌砖	1. 零星砌砖名称、部位 2. 砖品种、规格、强度等级 3. 砂浆强度等级、配合比	1. m³ 2. m² 3. m 4. 个	1. 以立方米计量,按设计图示尺寸截面积乘以长度计算。 2. 以平方米计量,按设计图示尺寸水平投影面积计算。 3. 以米计量,按设计图示尺寸长度计算。 4. 以个计量,按设计图示数量计算	1. 砂浆制作、运输 2. 砌砖 3. 刮缝 4. 材料运输
010404013	砖散水、地坪	1. 砖品种、规格、强度等级 2. 垫层材料种类、厚度 3. 散水、地坪厚度 4. 面层种类、厚度 5. 砂浆强度等级	m²	按设计图示尺寸以面积计算。	1. 土方挖、运 2. 地基找平、夯实 3. 铺设垫层 4. 砌砖散水、地坪 5. 抹砂浆面层

项目编码	项目名称	项目特征	计量单位	工程量计算规则	工作内容
010404014	砖地沟、明沟	1.砖品种、规格、强度等级 2.沟截面尺寸 3.垫层材料种类、厚度 4.混凝土强度等级 5.砂浆强度等级	m	以米计量，按设计图示以中心线长度计算	1.土方挖、运 2.铺设垫层 3.底板混凝土制作、运输、浇筑、振捣、养护 4.砌砖 5.刮缝、抹灰 6.材料运输

注：1. "砖基础"项目适用于各种类型砖基础：柱基础、墙基础、管道基础等。

2. 基础与墙（柱）身使用同一种材料时，以设计室内地面为界（有地下室者，以地下室室内设计地面为界），以下为基础，以上为墙（柱）身。基础与墙身使用不同材料时，位于设计室内地面高度≤±300mm时，以不同材料为分界线，高度＞±300mm时，以设计室内地面为分界线。

3. 砖围墙以设计室外地坪为界，以下为基础，以上为墙身。

4. 框架外表面的镶贴砖部分，按零星项目编码列项。

5. 附墙烟囱、通风道、垃圾道，应按设计图示尺寸以体积（扣除孔洞所占体积）计算并入所依附的墙体体积内。当设计规定孔洞内需抹灰时，应按本规范附录 M 中零星抹灰项目编码列项。

6. 空斗墙的窗间墙、窗台下、楼板下、梁头下等的实砌部分，按零星砌砖项目编码列项。

7. "空花墙"项目适用于各种类型的空花墙，使用混凝土花格砌筑的空花墙，实砌墙体与混凝土花格应分别计算，混凝土花格按混凝土及钢筋混凝土中预制构件相关项目编码列项。

8. 台阶、台阶挡墙、梯带、锅台、炉灶、蹲台、池槽、池槽腿、砖胎模、花台、花池、楼梯栏板、阳台栏板、地垄墙、≤0.3m² 的孔洞填塞等，应按零星砌砖项目编码列项。砖砌锅台与炉灶可按外形尺寸以个计算，砖砌台阶可按水平投影面积以平方米计算，小便槽、地垄墙可按长度计算，其他工程按立方米计算。

9. 砖砌体内钢筋加固，应按本规范附录 E 中相关项目编码列项。

10. 砖砌体勾缝按本规范附录 M 中相关项目编码列项。

11. 检查井内的爬梯按本附录 E 中相关项目编码列项；井、池内的混凝土构件按附录 E 中混凝土及钢筋混凝土预制构件编码列项。

12. 如施工图设计标注做法见标准图集时，应注明标注图集的编码、页号及节点大样。

（二）砌块砌体

《房屋建筑与装饰工程工程量计算规范》GB 50854—2013 附录 D.2 砌块砌体，工程量清单项目设置、项目特征描述的内容、计量单位及工程量计算规则，应按表 D.2 的规定执行。包括砌块墙和砌块柱两部分内容。

表 D.2　砌块砌体（编号：010402）

项目编码	项目名称	项目特征	计量单位	工程量计算规则	工作内容
010402001	砌块墙	1.砌块品种、规格、强度等级 2.墙体类型 3.砂浆强度等级	m³	按设计图示尺寸以体积计算。扣除门窗、洞口、嵌入墙内的钢筋混凝土柱、梁、圈梁、挑梁、过梁及凹进墙内的壁龛、管槽、暖气槽、消火栓箱所占体积，不扣除梁头、板头、檩头、垫木、木楞头、沿缘木、木砖、门窗走头、砖墙内加固钢筋、木筋、铁件、钢管及单个面积≤0.3m² 的孔洞所占的体积。凸出墙面的腰线、挑檐、压顶、窗台线、虎头砖、门窗套的体积亦不增加。凸出墙面的砖垛并入墙体体积内计算。	1.砂浆制作、运输 2.砌砖、砌块 3.勾缝 4.材料运输

续表

项目编码	项目名称	项目特征	计量单位	工程量计算规则	工作内容
010402001	砌块墙	1. 砌块品种、规格、强度等级 2. 墙体类型 3. 砂浆强度等级	m³	1. 墙长度：外墙按中心线、内墙按净长计算； 2. 墙高度： （1）外墙：斜（坡）屋面无檐口天棚者算至屋面板底；有屋架且室内外均有天棚者算至屋架下弦底另加 200mm；无天棚者算至屋架下弦底另加 300mm，出檐宽度超过 600mm 时按实砌高度计算；与钢筋混凝土楼板隔层者算至板顶。平屋顶算至钢筋混凝土板底。 （2）内墙：位于屋架下弦者，算至屋架下弦底；无屋架者算至天棚底另加 100mm；有钢筋混凝土楼板隔层者算至楼板顶；有框架梁时算至梁底。 （3）女儿墙：从屋面板上表面算至女儿墙顶面（如有混凝土压顶时算至压顶下表面）。 （4）内、外山墙：按其平均高度计算。 3. 框架间墙：不分内外墙按墙体净尺寸以体积计算。 4. 围墙：高度算至压顶上表面（如有混凝土压顶时算至压顶下表面），围墙柱并入围墙体积内	1. 砂浆制作、运输 2. 砌砖、砌块 3. 勾缝 4. 材料运输
010402002	砌块柱	1. 砌块品种、规格、强度等级 2. 柱类型 3. 砂浆强度等级	m³	按设计图示尺寸以体积计算。扣除混凝土及钢筋混凝土梁垫、梁头所占体积	

注：1. 砌体内加筋、砌体拉结的制作、安装，应按本规范附录 E 中的相关项目编码列项。

2. 砌块排列应上下错缝搭砌，如果搭错缝长度满足不了规定的压搭要求，应采取压砌钢筋网片的措施，具体构造要求按设计规定。若设计无规定时，应注明由投标人根据工程实际情况自行考虑。

3. 砌体垂直灰缝宽＞30mm 时，采用 C20 细石混凝土灌实，灌注的混凝土应按本规范附录 E 相关项目编码列项。

二、全国消耗量定额相关规定

（1）定额中砖、砌块和石料按标准或常用规格编制，设计规格与定额不同时，砌体材料和砌筑材料用量应做调整换算，砌筑砂浆按干混预拌砌筑砂浆编制。定额所列砌筑砂浆种类和强度等级、砌块专用砌筑黏结剂品种，如设计与定额不同时，应作调整换算。

（2）定额中的墙体砌筑层高度是按 3.6m 编制的，如超过 3.6m 时，其超过部分工程量的定额人工乘以系数 1.3。

（3）基础与墙身的划分同清单规定。但砖砌地沟不分墙基和墙身，按不同材质合并工程量套用相应项目。

（4）砖砌体和砌块砌体不分内、外墙，均执行对应品种的砖和砌块项目，其中：定额中包含了腰线、窗台线、挑檐等部分艺术形式砌体及构造柱马牙岔、先立门窗框等增加用工因素，使用时不作调整；清水砖砌体均包括了原浆勾缝，设计需要加浆勾缝时，应另行计算。

（5）填充墙以填炉渣、炉渣混凝土为准，如实际使用材料不同时允许换算，其他不变。

（6）围墙套用墙相关定额项目，双面清水围墙按相应单面清水墙项目，人工用量乘以系数 1.15 计算。

（7）砖砌挡土墙，套用砖基础定额项目。

（8）砌筑圆弧形砌体基础、墙，可按相应定额子目人工用量乘以系数 1.1，砖、砌块及砂浆用量乘以系数 1.03 计算。

（9）砖砌体钢筋加固，砌体内加筋、灌注混凝土，墙体拉结筋的制作、安装，及墙基、墙身的防潮层、防水、抹灰等，应按定额其他相关章节的项目及规定执行。

（10）人工级配砂石垫层是按（粗）砂 15%、砾石 85% 的级配比例编制的。

（11）砌体中钢筋的主要类型。

类型一，当砖砌体受压构件的截面尺寸受到限制时，为了提高砖砌体的承压能力，设计上往往采用在砖砌体中加配钢筋网片的做法，这种砌体称为网状配筋砖砌体构件。如图 9-1 所示。

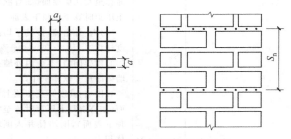

图 9-1　砖砌体加钢筋网片示意

类型二，砌体中设置的拉结钢筋（简称锚拉筋），如框架柱与后砌框架间墙交接处、砌块墙与后砌隔墙交接处、构造柱与墙交接处、墙体转角处、纵横墙交接处等。如图 9-2 所示。

类型三，是在施工中砖砌体的转角处和交接处不能同时砌筑而留斜槎又确实困难的临时间断处，可按《砌体结构工程施工质量验收规范》GB 50203—2011 的规定留直阳槎，并加设拉结筋。这些钢筋在施工图纸中不标注，而需按施工组织设计的规定设置。如图 9-3 所示。

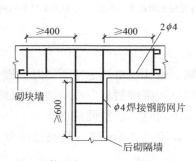

图 9-2　砌体墙与后砌墙交接处钢筋网片

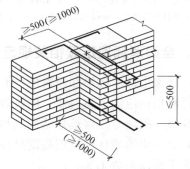

图 9-3　实心砖直槎砌筑和拉结筋示意

三、砌筑工程主要分项项目的工程量计算方法

(一) 砖砌体、砌块砌体

1. 砖基础

砖基础(指条形砖基础),不分基础的宽度和高度,均需按设计图示尺寸以体积计算工程量。

计算公式如下:

$$V = LBh$$

式中　V——所求基础的体积;

　　　L——基础长度;

　　　B——基础宽度;

　　　h——基础高度。

(1) 基础长度的计取　外墙的基础长度取外墙的中心线长;内墙的基础长度取内墙的净长线长。

(2) 基础宽度的计取　基础宽度是指基础主墙身的厚度,需按设计图示尺寸计取。

(3) 基础高度的计取　为了满足刚性角的要求,砖基础底部需做大放脚。砖基础底部的大放脚分为等高式 [如图 9-4 (a) 所示] 和不等高式亦称间隔式 [如图 9-4 (b) 所示]。

等高式大放脚每两皮砖一收,每次收进 1/4 砖长加灰缝,即每步放脚层数相等,高度为 126mm,每步放脚宽度相等,宽度为 62.5mm。

不等高式大放脚是两皮一收与一皮一收相间隔,每步放脚高度不等,为 126mm 和 63mm 互相交替间隔放脚;每步放脚宽度相等,为 62.5mm。有时候图纸为了标注方便,把高度直接标注为 120mm,宽度标注为 60mm,如图 9-4 所示,算量时要记得转换成标准尺寸。

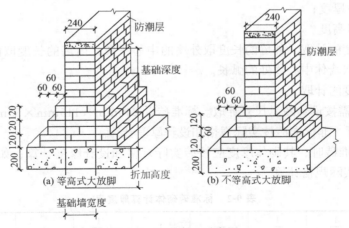

图 9-4　基础断面示意图

基础高度,应以基础垫层上表面至基础顶面与基础大放脚的折加高之和计算。计算公式为:

$$h = 基础设计高 + 折加高$$

"基础设计高"为基础垫层上表面至基础与墙身分界处(设计室内地坪、材料分界处、设计室外地坪);"折加高"为基础大放脚两旁部分应折算的高度。折算高度见表 9-1。

表 9-1　砖基础大放脚高度折算表

放脚层数	折算为高度/m												折算为面积 m²	
	1/2 砖 (0.115)		1 砖 (0.24)		1.5 砖 (0.365)		2 砖 (0.49)		2.5 砖 (0.615)		3 砖 (0.74)			
	等高	不等高	等高	不等高	等高	不等高	等高	不等高	等高	不等高	等高	不等高	等高	不等高
一	0.137	0.137	0.066	0.066	0.043	0.043	0.032	0.032	0.026	0.026	0.021	0.021	0.0158	0.0158
二	0.411	0.342	0.197	0.164	0.129	0.108	0.096	0.08	0.077	0.064	0.064	0.053	0.0473	0.0394
三	0.822	0.685	0.394	0.328	0.259	0.216	0.193	0.161	0.154	0.128	0.128	0.106	0.0945	0.0788
四	1.37	1.096	0.656	0.525	0.432	0.345	0.321	0.253	0.256	0.205	0.213	0.17	0.1575	0.126
五			0.984	0.788	0.647	0.518	0.482	0.38	0.384	0.307	0.319	0.255	0.2363	0.189
六			1.378	1.083	0.906	0.712	0.672	0.53	0.538	0.419	0.447	0.351	0.3308	0.2599
七			1.838	1.444	1.208	0.949	0.90	0.707	0.717	0.563	0.596	0.468	0.441	0.3465
八			2.363	1.838	1.553	1.208	1.157	0.90	0.922	0.717	0.766	0.596	0.567	0.4411
九			2.953	2.297	1.942	1.51	1.447	1.125	1.153	0.896	0.958	0.745	0.7088	0.5513
十			3.61	2.789	2.372	1.834	1.768	1.366	1.409	1.088	1.171	0.905	0.8663	0.6694

（4）砖基础工程量计算中需扣除与增加的内容

附墙垛基础宽出部分体积折加长度合并计算，扣除地梁（圈梁）、构造柱所占体积，不扣除基础大放脚 T 形接头处的重叠部分及嵌入基础的钢筋、铁件、管道、基础防潮层及单个面积≤0.3m² 的孔洞所占的体积，靠墙暖气沟的挑檐不增加。

2.实砌砖墙、砌块墙

砖墙、砌块墙按设计图示尺寸以体积计算工程量。计算公式如下：

$$V = LBh$$

式中　V——所求砖墙的体积；

　　　L——砖墙长度；

　　　B——砖墙厚度；

　　　h——砖墙高度。

（1）砖墙长度的计取　外墙的长度取外墙的中心线长；内墙的长度取内墙的净长线长；弧形墙的长度应取墙体中心线处的弧长。

（2）砖墙厚度的计取

① 砖墙厚度需按设计图示尺寸计取。标准砖以 240mm×115mm×53mm 为准，其砌体厚度按表 9-2 计算。非标准砖按实际规格和设计厚度计算。

② 使用非标准砖时，其砌体厚度应按砖实际规格和设计厚度计算；如设计厚度与实际规格不同时，按实际规格计算。

表 9-2　标准砖砌体计算厚度表

砖数	$\frac{1}{4}$	$\frac{1}{2}$	$\frac{3}{4}$	1	$1\frac{1}{2}$	2	$2\frac{1}{2}$	3
计算厚度/mm	53	115	138	240	365	490	615	740

（3）砖墙高度的计取　砖墙的高度，应按照墙体所在的不同部位，根据图示高度分别计取。如设计图纸无规定时，需按下列定额规定计取。

1）外墙

① 斜（坡）屋面无檐口天棚的檐墙高度，算至屋面板底 [如图 9-5（a）所示]。

② 斜（坡）屋面，且室内外均有天棚的檐墙高度，算至屋架下弦底面另外加 200mm [如图 9-5（b）所示]。

③ 平屋面的檐墙高度有挑檐者算至钢筋混凝土板底 [如图 9-5（c）所示]。平屋面有女儿墙无檐口者算至钢筋混凝土板顶 [如图 9-5（d）所示]。

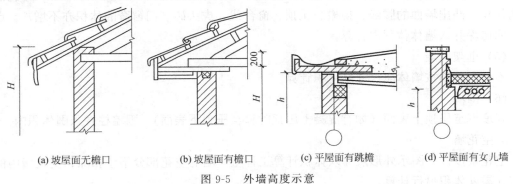

(a) 坡屋面无檐口   (b) 坡屋面有檐口   (c) 平屋面有跳檐   (d) 平屋面有女儿墙

图 9-5 外墙高度示意

④ 无天棚的檐墙高度，算至屋架下弦底面另外加 300mm（如图 9-6 所示）。

⑤ 砖砌出檐宽度超过 600mm 时，应按实砌高度计算（如图 9-7 所示）。

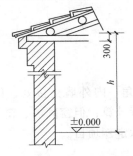
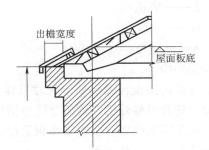

图 9-6 无天棚外墙高度   图 9-7 出檐超过 600mm 外墙高度

2）内墙

① 钢筋混凝土楼隔层下的内墙，其高度取至楼板底面（图 9-8）。

② 位于屋架下弦的内墙，其高度算至屋架下弦底（图 9-9）。

③ 无屋架的内墙，其高度算至天棚底另加 100mm（图 9-10）。

④ 位于框架梁下的内墙，其高度算至梁底面。

图 9-8 楼隔层内墙   图 9-9 屋架下内墙   图 9-10 无屋架内墙

3）女儿墙 从屋面板上表面算至女儿墙顶面（如有混凝土压顶时算至压顶下表面）。

4）内、外出墙 按其平均高度计算。

（4）实砌砖墙工程量计算中需扣除与增加的内容

扣除门窗、洞口、嵌入墙内的钢筋混凝土柱、梁、圈梁、挑梁、过梁及凹进墙内的壁龛、管槽、暖气槽、消火栓箱所占体积，不扣除梁头、板头、檩头、垫木、木楞头、沿缘木、木砖、门窗走头、砖墙内加固钢筋、木筋、铁件、钢管及单个面积≤0.3m² 的孔洞所占的体积。凸出墙面的腰线、挑檐、压顶、窗台线、虎头砖、门窗套的体积亦不增加。凸出墙面的砖垛并入墙体体积内计算。

（5）框架间墙

不分内外墙按墙体净尺寸以体积计算。

（6）围墙

高度算至压顶上表面（如有混凝土压顶时算至压顶下表面），围墙柱并入围体积内。

3. 空花墙

空花墙按设计图示外形尺寸以体积计算工程量。墙的空花部分不予扣除，空花墙中的实砌部分需以体积另行计算。

空花墙的计算公式为： $V=LBh$

式中　V——所求空花墙的外形体积；

　　　L——墙长；

　　　B——墙厚；

　　　h——墙高。

4. 空斗墙

空斗墙需按设计图示外形尺寸以体积计算工程量。墙角、内外墙交接处，门窗洞口立边，窗台砖及屋檐处的实砌部分已包括在定额内，不得另行计算；但窗间墙、窗台下、楼板下、梁头下等实砌部分，需以体积另行计算，执行零星砌体定额项目。

空斗墙的计算公式为： $V=LBh$

式中　V——所求空斗墙的外形体积；

　　　L——墙长；

　　　B——墙厚；

　　　h——墙高。

5. 填充墙

填充墙需按设计图示尺寸以填充墙外形体积计算工程量。

填充墙的计算公式为： $V=LBh$

式中　V——所求填充墙的体积；

　　　L——墙长；

　　　B——墙厚；

　　　h——墙高。

计算填充墙的工程量时，应扣除门窗洞口所占的体积和梁（包括过梁、圈梁、挑梁等）所占的体积。填充墙中实砌部分已包括在定额内，不得另行计算。

6. 实心砖柱

砖柱包括柱基础和柱身两部分，需分不同的砖柱断面形式，按设计图示尺寸以体积计算工程量。

（1）方砖柱　方砖柱的计算公式为：$V=Sh$

式中　V——所求砖柱的体积；

　　　S——柱截面面积；

　　　h——柱高。

"柱高"为柱的设计高与柱基础大放脚的折加高之和。

（2）圆砖柱　亦需按圆砖柱的柱身体积与放脚体积之和，按设计图示尺寸以体积计算。

（3）砖柱工程量计算中需扣除与增加的内容　计算砖柱工程量时，应扣除混凝土或钢筋混凝土梁垫的体积；不扣除伸入柱内的梁头、板头所占的体积；需增加双面附墙垛及其基础的体积。

7. 砖散水、地坪

按设计图示尺寸以面积计算。

8. 其他砖砌体

（1）砖砌锅台、炉灶，不分大小，均按设计图示外形尺寸以体积计算工程量。不扣除各种空洞的体积。

（2）砌砖台阶、厕所蹲台、水槽腿、灯箱、垃圾箱、台阶挡墙或梯带、花台、花池、地垄墙及支撑地楞的砖墩、房上烟囱、屋面架空隔热层砖墩及毛石墙的门窗立边、窗台虎头砖等各种零星砌体，均应按设计图示尺寸以体积计算工程量。

（3）砖砌地沟　不分墙基、墙身，均需以体积合并计算工程量。

（4）砖拱。砖平拱、弧拱，如图 9-11 所示，均需按图示尺寸以 m³ 计算工程量。如设计无规定时，应按预算定额的有关规定计算。计算公式如下。

砖平拱：$$V=LBh$$

式中　V——砖平拱体积；

　　　L——拱长（门窗洞口宽度两端共加 100mm）；

　　　B——拱宽（即墙厚）；

　　　h——拱高（门窗洞口宽度小于 1500mm 时，拱高为 240mm；门窗洞口宽度大于 1500mm 时，拱高为 365mm。）。

砖弧拱：$$V=LBh$$

式中　V——砖弧拱体积；

　　　L——拱长（门窗洞口中心线处的弧长两端共加 100mm）；

　　　B——拱宽（即墙厚）；

　　　h——拱高（门窗洞口宽度小于 1500mm 时，拱高为 240mm；门窗洞口宽度大于 1500mm 时，拱高为 365mm）。

（5）平砌砖过梁，如图 9-12 所示，需按图示尺寸以 m³ 计算工程量。如设计无规定时，应按预算定额的有关规定计算。计算公式如下。

平砌砖过梁：$$V=LBh$$

式中　V——砖过梁体积；

　　　L——梁长（门窗洞口宽度两端共加 500mm）；

　　　B——梁宽（即墙厚）；

　　　h——梁高（梁高为 440mm）。

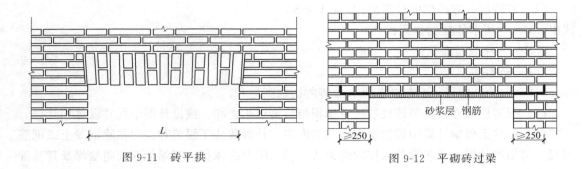

图 9-11 砖平拱　　　　　　　　　图 9-12 平砌砖过梁

（二）轻质隔墙

轻质隔墙按设计图示尺寸以面积计算。

（三）垫层工程量按设计图示尺寸以体积计算。

四、应用案例

【案例 9-1】　某单层建筑物如图 9-13 所示，墙身为 M10 混合砂浆砌筑标准黏土砖，内外墙厚均为 370mm，混水砖墙。$GZ370mm\times370mm$ 从基础到板顶，女儿墙处 $GZ240mm\times240mm$ 到砖压顶顶面，梁高 500mm，附墙垛高度至梁底，门窗洞口上全部采用砖平拱过梁。M_1：$1500mm\times2700mm$；M_2：$1000mm\times2700mm$；C_1：$1800mm\times1800mm$。其中，企业管理费按人工费与机械费之和的 10.8% 计取，利润按人工费与机械费之和的 8% 计取。试计算砖墙的工程量及综合单价。

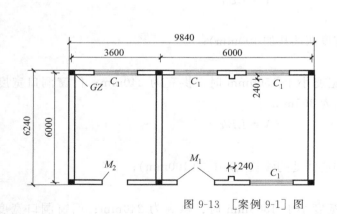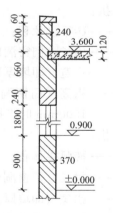

图 9-13　[案例 9-1] 图

解：1. 实心砖墙工程量清单的编制

$L_{中}=(9.84-0.37+6.24-0.37)\times2-0.37\times6=28.46(m)$

$L_{内}=6.24-0.37\times2=5.50(m)$

240 女儿墙 $L_{中}=(9.84-0.24+6.24-0.24)\times2-0.24\times6=29.76(m)$

① 365 砖墙工程量 $=[(28.46+5.50)\times3.60-1.50\times2.70-1.00\times2.70-1.80\times1.80\times4]\times0.365+0.24\times0.24\times(3.60-0.50\,梁底)\times2=37.79(m^3)$

② 女儿墙工程量 $=0.24\times0.56\times29.76=4.00(m^3)$，工程量清单见表 9-3。

表 9-3　分部分项工程量清单

工程名称：

序号	项目编码	项目名称	项目特征	计量单位	工程数量
1	010401003001	实心砖墙	① 墙体类型：混水墙； ② 墙体厚度：365mm； ③ 砖品种、规格：240mm×115mm×53mm标准砖； ④ 砂浆强度等级：M10混合砂浆	m³	37.79
2	010401003002	实心砖墙	① 墙体类型：混水墙； ② 墙体厚度：240mm； ③ 砖品种、规格：240mm×115mm×53mm标准砖； ④ 砂浆强度等级：M10混合砂浆	m³	4.00

2. 实心砖墙工程量清单计价表的编制

该项目发生的工程内容：砌筑砖墙体，砖平拱过梁，女儿墙。

（1）定额工程量的计算

① 砖平拱过梁工程量

砖平拱过梁工程量＝(1.5＋1.0＋0.1×2)×0.24×0.365＋(1.8＋0.1)×0.365×0.365×4＝1.25(m³)

砖平拱过梁：套 4-36。

② 365 混水砖墙

$L_{中}$＝(9.84－0.37＋6.24－0.37)×2－0.37×6＝28.46(m)

$L_{内}$＝6.24－0.37×2＝5.50(m)

砖墙工程量＝0.365×[(3.6×28.46－1.5×2.7－1.0×2.7－1.8×1.8×4)＋3.6×5.50]＋0.24×0.24×(3.6－0.5)×2－1.25＝37.79－1.25＝36.54(m³)

M10混合砂浆砌筑砖墙体：套 4-11。

③ 240 女儿墙

240 女儿墙 $L_{中}$＝(9.84＋6.24)×2－0.24×4－0.24×6＝29.76(m)

女儿墙工程量＝0.24×0.56×29.76＝4.00(m³)

女儿墙 M10 混合砂浆：套 4-10。

（2）砖平拱定额消耗量及对应市场价格

相关消耗量定额详见表 9-4。

表 9-4　砌筑工程相关定额消耗量　　　　计量单位：10m³

定额编号		4-10	4-11	4-36	市场价格/元
项目		混水砖墙1砖	混水砖墙1砖半	砖碹	
名称	单位	消耗量	消耗量	消耗量	
人工 普工	工日	2.756	2.595	6.279	100
一般技工	工日	7.281	7.054	14.309	160
高级技工	工日	1.214	1.176	2.385	240

续表

定额编号		4-10	4-11	4-36	市场价格 /元
项目		混水砖墙1砖	混水砖墙1砖半	砖碹	
名称	单位	消耗量	消耗量	消耗量	
材料 普通砖	千块	5.337	5.290	5.380	290
砌筑砂浆 DM M10	m³	2.313	2.440	2.290	180
水	m³	1.060	1.070	1.060	5.0
其他材料费	%	0.180	0.180	—	
板枋材	m³	—	—	0.304	2100
圆钉	kg	—	—	6.600	7.00
机械 干混砂浆罐式搅拌机	台班	0.228	0.244	0.229	200
人、材、机费用合计		4-10 子目:1731.92+1972.91+45.6=3509.43(元) 4-11 子目:1670.38+1982.21+48.8=3701.39(元) 4-36 子目:3489.74+1977.7+45.8=5513.24(元)			
综合单价		4-10 子目:3509.43+(1731.92+45.6)×18.8%=3843.60(元/10m³) 4-11 子目:3701.39+(1670.38+48.8)×18.8%=4024.60(元/10m³) 4-36 子目:5513.24+(3489.74+45.8)×18.8%=6177.92(元/10m³)			

365 砖墙综合单价＝(4024.60 元/10m³×36.54m³＋6177.92 元/10m³×1.25m³)÷37.79
＝441.99 元/m³

女儿砖墙综合单价＝3843.60 元/10m³×4 ÷4＝384.36 元/m³，分部分项工程量清单计价表见表9-5。

表 9-5 分部分项工程量清单计价表

工程名称：

序号	项目编码	项目名称	项目特征	计量单位	工程数量	综合单价	合价
1	010401003001	实心砖墙	① 墙体类型:双面混水墙; ② 墙体厚度:365mm; ③ 砖品种、规格:240mm×115mm×53mm 标准砖; ④ 砂浆强度等级:M10 混合砂浆	m³	37.79	441.99	16702.80
2	010401003002	实心砖墙	① 墙体类型:女儿墙; ② 墙体厚度:240mm; ③ 砖品种、规格:240mm×115mm×53mm 标准砖; ④ 砂浆强度等级:M10 混合砂浆	m³	4.00	384.36	1537.44

第二节 石砌体及非混凝土垫层

一、计价规范与计价办法相关规定

（一）石砌体

《房屋建筑与装饰工程工程量计算规范》GB 50854—2013 附录 D.3 石砌体，工程量清单项目设置、项目特征描述的内容、计量单位级工程量计算规则，应按表 D.3 的规定执行。

表 D.3   石砌体（编号：010403）

项目编码	项目名称	项目特征	计量单位	工程量计算规则	工作内容
010403001	石基础	1.石料品种、规格 2.基础类型 3.砂浆强度等级	m³	按设计图示尺寸以体积计算。 　包括附墙垛基础宽出部分体积,不扣除基础砂浆防潮层和单个面积≤0.3m²的孔洞所占体积,靠墙暖气沟的挑檐不增加。 　基础长度:外墙按外墙中心线,内墙按内墙净长线计算	1.砂浆制作、运输 2.吊装 3.砌石 4.防潮层铺设 5.材料运输
010403002	石勒脚			按设计图示尺寸以体积计算。扣除单个面积＞0.3m²的空洞所占的体积	
010403003	石墙	1.石品种、规格 2.石表面加工要求 3.勾缝要求 4.砂浆强度等级、配合比		按设计图示尺寸以体积计算。 　扣除门窗、洞口、嵌入墙内的钢筋混凝土柱、梁、圈梁、挑梁、过梁及凹进墙内的壁龛、管槽、暖气槽、消火栓箱所占体积,不扣除梁头、板头、檩头、垫木、木楞头、沿缘木、木砖、门窗走头、石墙内加固钢筋、木筋、铁件、钢管及单个面积≤0.3m²的孔洞所占的体积。凸出墙面的腰线、挑檐、压顶、窗台线、虎头砖、门窗套的体积亦不增加。凸出墙面的砖垛并入墙体体积内计算。 　1.墙长度:外墙按中心线、内墙按净长计算; 　2.墙高度: 　(1)外墙:斜(坡)屋面无檐口天棚者算至屋面板底;有屋架且室内外均有天棚者算至屋架下弦底另加 200mm;无天棚者算至屋架下弦底另加 300mm,出檐宽度超过 600mm 时按实砌高度计算;与钢筋混凝土楼板隔层者算至板顶。平屋顶算至钢筋混凝土板底。 　(2)内墙:位于屋架下弦者,算至屋架下弦底;无屋架者算至天棚底另加 100mm;有钢筋混凝土楼板隔层者算至楼板顶;有框架梁时算至梁底。 　(3)女儿墙:从屋面板上表面算至女儿墙顶面(如有混凝土压顶时算至压顶下表面)。 　(4)内、外山墙:按其平均高度计算。 　3.框架间墙:不分内外墙按墙体净尺寸以体积计算。 　4.围墙:高度算至压顶上表面(如有混凝土压顶时算至压顶下表面),围墙柱并入围墙体积内	1.砂浆制作、运输 2.吊装 3.砌石 4.石表面加工 5.防潮层铺设 6.材料运输

续表

项目编码	项目名称	项目特征	计量单位	工程量计算规则	工作内容
010403004	石挡土墙	1. 石品种、规格 2. 石表面加工要求 3. 勾缝要求 4. 砂浆强度等级、配合比	m³	按设计图示尺寸以体积计算	1. 砂浆制作、运输 2. 吊装 3. 砌石 4. 变形缝、泄水孔、压顶抹灰 5. 滤水层 6. 勾缝 7. 材料运输
010403005	石柱				1. 砂浆制作、运输 2. 吊装 3. 砌石 4. 石表面加工 5. 勾缝 6. 材料运输
010403006	石栏杆		m	按设计图示尺寸以长度计算	
010403007	石护坡	1. 垫层材料种类、厚度 2. 石材种类、规格 3. 护坡厚度、高度 4. 石表面加工要求 5. 勾缝要求 6. 砂浆强度等级、配合比	m³	按设计图示尺寸以体积计算	
010403008	石台阶				1. 铺设垫层 2. 石料加工 3. 砂浆制作、运输 4. 砌石 5. 石表面加工 6. 勾缝 7. 材料运输
010403009	石坡道		m²	按设计图示以水平投影面积计算	
010403010	石地沟、明沟	1. 沟截面尺寸 2. 土壤类别、运距 3. 垫层材料种类、厚度 4. 石料种类、规格 5. 石表面加工要求 6. 勾缝要求 7. 砂浆强度等级、配合比	m	按设计图示以中心线长度计算	1. 土方挖运 2. 砂浆制作运输 3. 铺设垫层 4. 砌石 5. 石表面加工 6. 勾缝 7. 回填 8. 材料运输

（二）垫层

《房屋建筑与装饰工程工程量计算规范》GB 50854—2013 附录 D.4 垫层，工程量清单项目设置、项目特征描述的内容、计量单位及工程量计算规则，应按表 D.4 的规定执行。该垫层主要包括非混凝土垫层的清单分项，如三七灰土、二八灰土等。

表 D.4　垫层（编号：010404）

项目编码	项目名称	项目特征	计量单位	工程量计算规则	工作内容
010404001	垫层	垫层材料种类、配合比、厚度	m³	按设计图示尺寸以立方米计算	1. 垫层材料的拌制 2. 垫层铺设 3. 材料运输

二、全国消耗量定额相关规定

（一）石砌体

（1）石基础、石勒脚、石墙的划分：基础与勒脚应以设计室外地坪为界，勒脚与墙身应以室内地坪为界。石围墙内、外地坪标高不同时，应以较低地坪标高为界，以下为基础；内、外标高之差为挡土墙时，挡土墙以上为墙身。

（2）毛料石护坡高度超过 4m 时，定额人工乘以系数 1.15。

（二）垫层

非混凝土垫层主要是指灰土垫层、三合土垫层、砂垫层、毛石垫层、碎砖垫层、碎石垫层、炉（矿）渣垫层等。

人工级配砂石垫层是按中（粗）砂 15％（不含填充石子空隙）、砾石 85％（含填充砂）的级配编制的。

三、全国统一定额工程量计算规则

（一）石砌体

石基础、石墙的工程量计算规则参照砖砌体相应规定。石勒脚、石挡土墙、石护坡、石台阶按设计图示尺寸以体积计算，石坡道按设计图示尺寸以水平投影面积计算，墙面勾缝按设计图示尺寸以面积计算。

（二）垫层工程量

按设计图示尺寸以体积计算。

四、应用案例

【案例 9-2】　某基础工程尺寸如图 9-14 所示，3∶7 灰土垫层 300mm 厚；粗料石基础，M10 水泥砂浆砌筑；钢筋混凝土圈梁断面为 240mm×240mm。其中，企业管理费按人工费与机械费之和的 10.8％计取，利润按人工费与机械费之和的 8％计取。试编制粗料石基础工程量清单及综合单价。

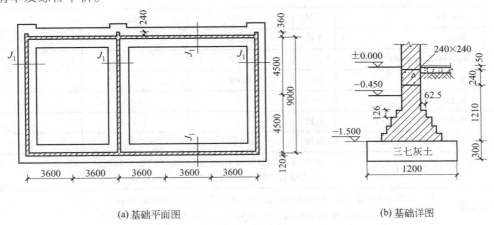

(a)基础平面图　　　　　　　　　　(b)基础详图

图 9-14　［案例 9-2］图

解：1. 粗料石基础工程量清单的编制

$L_{中}=(9.00+3.60×5)×2+0.24×3=54.72(m)$

$L_{内}=9.00-0.24=8.76(m)$

料石基础工程量$=(0.24×1.50+0.0625×5×0.126×4-0.24×0.24)×(54.72+8.76)=29.19(m^3)$

基础垫层工程量$=1.20×0.30×54.72+1.20×0.30×(9.00-1.20)=22.51(m^3)$

工程量清单见表9-6。

表 9-6　分部分项工程量清单

工程名称：

序号	项目编码	项目名称	项目特征	计量单位	工程数量
1	010403001001	石基础	① 基础形式：条形； ② 品种、规格：粗料石； ③ 砂浆强度等级：M10 水泥砂浆	m³	29.19
2	010404001001	垫层	垫层：3：7灰土，300mm 厚	m³	22.51

2. 石基础工程量清单计价表的编制

该项目发生的工程内容：铺设垫层、石基础砌筑。

$L_{中}=(9.00+3.60×5)×2+0.24×3=54.72(m)$

$L_{内}=9.00-0.24=8.76(m)$

① 条形基础3：7灰土垫层：

灰土垫层工程量$=1.20×0.30×54.72+1.20×0.30×(9.00-1.20)=22.51(m^3)$

② 料石基础工程量$=(0.24×1.50+0.0625×5×0.126×4-0.24×0.24)×(54.72+8.76)=29.19(m^3)$

③ 相关配套定额见表9-7。

表 9-7　石砌体工程相关定额消耗量　　　　计量单位：10m³

定额编号			4-55	4-72	市场价格/元
项目			石基础（粗料石）	灰土	
名称		单位	消耗量	消耗量	
人工	普工	工日	2.190	1.584	100
	一般技工	工日	5.454	3.167	160
	高级技工	工日	0.910	0.528	240
材料	料石	千块	10.00	—	65
	砌筑砂浆 DM M10	m³	1.407	—	180
	水	m³	0.80	—	5.0
	灰土3：7	%	—	10.200	50.0
机械	电动夯实机 250N·m	台班	—	0.440	26.0
	干混砂浆罐式搅拌机	台班	0.141	—	200
人、材、机费用合计			4-55 子目：1310.04+907.26+28.2=2245.5（元） 4-72 子目：791.84+510+11.44=1313.28（元）		
综合单价			4-55 子目：2245.5+(1310.04+28.2)×18.8%=2497.09（元/10m³） 4-72 子目：1313.28+(791.84+11.44)×18.8%=1464.30（元/10m³）		

石基础清单综合单价＝2497.09 元/10m³×29.19m³÷29.19m³＝249.71 元/m³

3∶7 灰土垫层清单综合单价＝1464.30 元/10m³×22.51m³÷22.51m³＝146.43 元/m³

工程量清单计价见表 9-8。

表 9-8 分部分项工程量清单计价表

工程名称

序号	项目编码	项目名称	项目特征	计量单位	工程数量	金额/元	
						综合单价	合价
1	010403001001	石基础	① 基础形式:条形; ② 品种、规格:粗料石; ③ 砂浆强度等级:M10 水泥砂浆	m³	29.19	249.71	7289.03
2	010404001001	垫层	垫层:3∶7 灰土,300mm 厚	m³	22.51	146.43	3296.14

习　题

1. 某砖基础平面图、剖面图如图 9-15 所示,墙厚均为 240mm,轴线均居中。试计算砖基础的工程量及其综合单价。

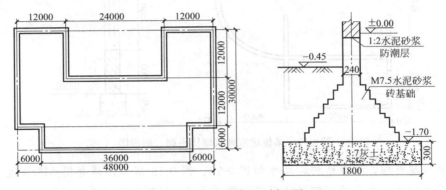

图 9-15　砖基础平面、剖面图

2. 如图 9-16 所示,某工程 M7.5 水泥砂浆砌筑 MU15 水泥实心砖墙基础(砖规格 240mm×115mm×53mm)。编制该砖基础砌筑工程量清单及其综合单价。

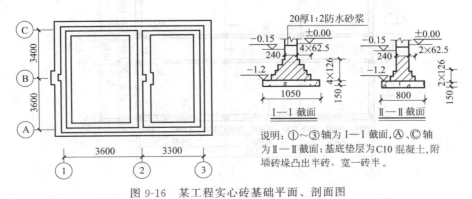

图 9-16　某工程实心砖基础平面、剖面图

3.某工程实心砖墙工程量清单表如表9-9所示，请修改错误并进行清单报价。

表9-9 某工程量清单表

序号	项目编码	项目名称	计量单位	工程数量
1	010302001001	实心砖外墙：Mu10水泥实心砖，墙厚一砖，M5.0混合砂浆砌筑	m³	120
2	010302001002	实心砖窗下外墙：Mu10水泥实心砖，墙厚3/4砖，M5.0混合砂浆砌筑；外侧1:2水泥砂浆加浆勾缝	m³	8.1
3	010302001003	实心砖内隔墙：Mu10水泥实心砖，墙厚3/4砖，M5.0混合砂浆砌筑（墙顶现浇楼板长度24.6m，板厚120mm）	m³	60

4.某传达室，如图9-17所示，砖墙体用M2.5混合砂浆砌筑，M_1为1000mm×2400mm，M_2为900mm×2400mm，C_1为1500mm×1500mm，门窗上部均设过梁，断面为240mm×180mm，长度按门窗洞口宽度每边增加250mm；外墙均设圈梁（内墙不设），断面为240mm×240mm，计算墙体工程量并确定综合单价。

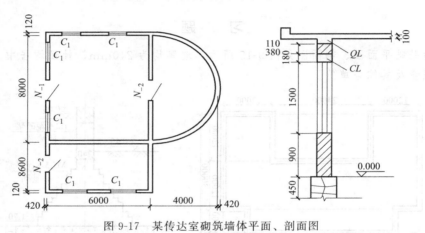

图9-17 某传达室砌筑墙体平面、剖面图

5.某单层建筑物，框架结构，尺寸如图9-18、图9-19所示，墙身用M5.0混合砂浆砌筑加气混凝土砌块，女儿墙砌筑煤矸石空心砖，混凝土压顶断面240mm×60mm，墙厚均为

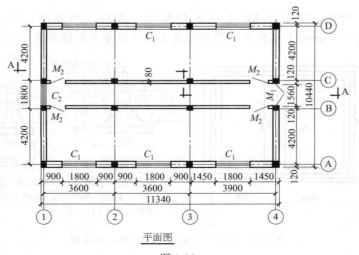

平面图

图9-18

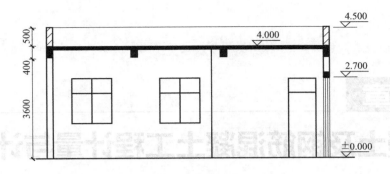

A—A剖面图

图 9-19

240mm，石膏空心条板墙 80mm 厚。框架柱断面 240mm×240mm 到女儿墙顶，框架梁断面 240mm×400mm，门窗洞口上均采用现浇钢筋混凝土过梁，断面 240mm×180mm。M_1：1560mm×2700mm，M_2：1000mm×2700mm，C_1：1800mm×1800mm，C_2：1560mm×1800mm。试计算墙体工程量并报价。

第十章

混凝土及钢筋混凝土工程计量与计价

《房屋建筑与装饰工程工程量计算规范》附录 E 混凝土及钢筋混凝土工程分为 17 个分项工程清单项目，即：E.1 现浇混凝土基础、E.2 现浇混凝土柱、E.3 现浇混凝土梁、E.4 现浇混凝土墙、E.5 现浇混凝土板、E.6 现浇混凝土楼梯、E.7 现浇混凝土其他构件、E.8 后浇带、E.9 预制混凝土柱、E.10 预制混凝土梁、E.11 预制混凝土屋架、E.12 预制混凝土板、E.13 预制混凝土楼梯、E.14 其他预制构件、E.15 钢筋工程、E.16 螺栓铁件、E.17 相关问题及说明等。

第一节　现浇混凝土工程计量与计价

一、现浇混凝土基础

（一）清单计算规范与计价办法相关规定

《房屋建筑与装饰工程工程量计算规范》附录 E.1 现浇混凝土基础项目，包括垫层、带形基础、独立基础、满堂基础、桩承台基础、设备基础。

表 E.1　现浇混凝土基础（编号：010501）

项目编码	项目名称	项目特征	计量单位	工程量计算规则	工作内容
010501001	垫层	1. 混凝土类别 2. 混凝土强度等级	m³	按设计图示尺寸以体积计算。不扣除构件内钢筋、预理铁件和伸入承台基础的桩头所占体积	1. 模板及支撑制作、安装、拆除、堆放、运输及清理模内杂物、刷隔离剂等 2. 混凝土制作、运输、浇筑、振捣、养护
010501002	带形基础				
010501003	独立基础				
010501004	满堂基础				
010501005	桩承台基础				
010501006	设备基础	1. 混凝土类别 2. 混凝土强度等级 3. 灌浆材料、灌浆材料强度等级			

注：1. 有肋带形基础、无肋带形基础应按 E.1 中相关项目列项，并注明肋高。

2. 箱式满堂基础中柱、梁、墙、板按 E.2、E.3、E.4、E.5 相关项目分别编码列项；箱式满堂基础底板按 E.1 的满堂基础项目列项。

3. 框架式设备基础中柱、梁、墙、板分别按 E.2、E.3、E.4、E.5 相关项目编码列项；基础部分按 E.1 相关项目编码列项。

4. 如为毛石混凝土基础，项目特征应描述毛石所占比例。

(二) 全国消耗量定额相关规定

(1) 混凝土按预拌混凝土编制，采用现场搅拌时，执行相应的预拌混凝土项目，再执行现场搅拌混凝土调整费项目。现场搅拌混凝土调整费项目中，仅包含了冲洗搅拌机用水量，如需冲洗石子，用水量另行处理。

(2) 预拌混凝土是指在混凝土厂集中搅拌、用混凝土罐车运输到施工现场并入模的混凝土（圈过梁及构造柱项目中已综合考虑了因施工条件限制不能直接入模的因素）。固定泵、泵车项目适用于混凝土送到施工现场未入模的情况，泵车项目仅适用于高度在 15m 以内，固定泵项目适用所有高度。

(3) 混凝土按常用强度等级考虑，设计强度等级不同时可以换算；混凝土各种外加剂统一在配合比中考虑；图纸设计要求增加的外加剂另行计算。

(4) 毛石混凝土，按毛石占混凝土体积的 20% 计算，如设计要求不同时，可以换算。

(5) 混凝土结构物实体积最小几何尺寸大于 1m，且按规定需进行温度控制的大体积混凝土，温度控制费用按照经批准的专项施工方案另行计算。

(6) 独立桩承台执行独立基础项目，带形桩承台执行带形基础项目，与满堂基础相连的桩承台执行满堂基础项目。

(三) 全国统一定额工程量计算规则

(1) 混凝土工程量除另有规定者外，均按设计图示尺寸以体积计算。不扣除构件内钢筋、预埋铁件及墙、板中 $0.3m^2$ 以内的孔洞所占体积。型钢混凝土中型钢骨架所占体积按 $7850kg/m^3$ 扣除。

(2) 基础：按设计图示尺寸以体积计算，不扣除伸入承台基础的桩头所占体积。

① 带形基础，不分有肋式与无肋式均按带形基础项目计算，有肋式带形基础，肋高（指基础扩大顶面至梁顶面的高）≤1.2m 时，合并计算；>1.2m 时，扩大顶面以下的基础部分，按无肋带形基础项目计算，扩大面以上部分，按墙项目计算。外墙按设计外墙中心线长度，内墙按设计内墙基础图示长度乘设计断面计算，即：

带形基础工程量＝外墙中心线长度×设计断面＋设计内墙基础图示长度×设计断面

② 箱式基础分别按基础、柱、墙、板等有关规定计算。

③ 设备基础：设备基础除块体（块体设备基础是指没有空间的实心混凝土形式）以外，其他类型设备基础分别按基础、柱、墙、梁、板等有关规定计算。

④ 柱与柱基的划分以柱基的扩大顶面为分界线，如图 10-1 所示。

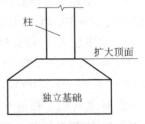

图 10-1 钢筋混凝土独立基础

(四) 应用案例

【案例 10-1】 某现浇钢筋混凝土带形基础、独立基础的尺寸如图 10-2 所示。混凝土垫层强度等级为 C15，混凝土基础强度等级为 C20。其中，企业管理费按人工费的 26.4% 计取，利润按人工费的 15.4% 计取。试编制现浇钢筋混凝土基础工程量清单及综合单价。

解：1. 现浇混凝土基础工程量清单的编制

① 带形基础工程量

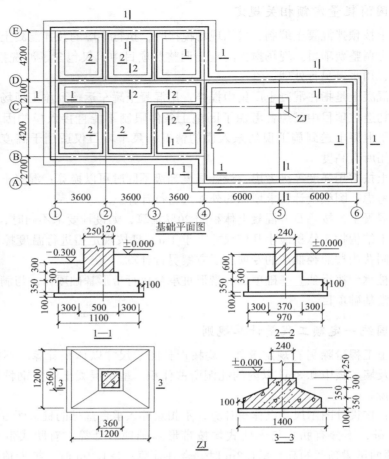

图 10-2 ［案例 10-1］图

$L_{中}=(3.60\times3+6.00\times2+0.25\times2-0.37+2.70+4.20\times2+2.10+0.25\times2-0.37)\times2=72.52(m)$

J_{2-2} 上层 $L_{净}=3.60\times3-0.37+(3.60+4.20-0.37)\times2+(4.20-0.37)\times2+4.20+2.10-0.37=10.43+14.86+7.66+5.93=38.88(m)$

J_{2-2} 下层 $L_{净}=38.88-0.30\times2\times6=35.28(m)$

$V_{带}=(1.10\times0.35+0.50\times0.30)\times72.52+0.97\times0.35\times35.28+0.37\times0.30\times38.88=38.80+11.98+4.32=55.10(m^3)$

② 独立基础工程量＝设计图示体积

$V_{独}=1.20\times1.20\times0.35+0.35/3\times(1.20\times1.20+0.36\times0.36+1.20\times0.36)+0.36\times0.36\times0.30=0.504+0.234+0.039=0.78(m^3)$，

③ 混凝土垫层工程量＝设计图示体积

J_{2-2} 垫层 $L_{净}=38.88-0.40\times2\times6=34.08(m)$

$V_{垫层}=72.52\times1.3\times0.1+34.08\times1.17\times0.1+1.4\times1.4\times0.1=13.61(m^3)$

工程量清单见表 10-1。

表 10-1　分部分项工程量清单

工程名称：某工程

序号	项目编码	项目名称	项目特征	计量单位	工程数量	金额/元	
						综合单价	合价
1	010501001001	垫层	① 预拌混凝土 C15， ② 厚度：100 厚；	m³	13.61		
2	010501002001	带形基础	① 有梁式混凝土基础； ② 混凝土强度等级：预拌 C20；	m³	55.10		
3	010501003001	独立基础	① 阶梯式混凝土基础； ② 混凝土强度等级：预拌 C20；	m³	0.78		

2. 现浇混凝土基础工程量清单报价的编制

（1）带型基础工程量　带型基础工程量清单规则和定额规则相同，所以施工量也为 55.10m³。相应定额子目见表 10-2。

表 10-2　混凝土工程相关定额消耗量　　　　　　　　　计量单位：10m³

定额编号			5-1	5-3	5-5	市场价格/元
项目			垫层	带形基础	独立基础	
				混凝土	混凝土	
名称		单位	消耗量	消耗量	消耗量	
人工	普工	工日	1.111	1.024	0.840	100
	一般技工	工日	2.221	2.050	1.681	160
	高级技工	工日	0.370	0.342	0.280	240
材料	预拌混凝土 C15	m³	10.100	—	—	200
	预拌混凝土 C20	m³	—	10.100	10.100	260
	水	m³	3.950	1.009	1.125	5.0
	塑料薄膜	m²	47.775	12.590	15.927	0.26
	电	kW·h	2.310	2.310	2.310	0.70
人、材、机费用合计			5-1 子目：555.26＋2053.79＝2609.05（元） 5-3 子目：512.48＋2635.94＝3148.42（元） 5-5 子目：420.16＋2637.38＝3057.54（元）			
综合单价			5-1 子目：2609.05＋555.26×41.8％＝2841.15（元/10m³） 5-3 子目：3148.42＋512.48×41.8％＝3362.64（元/10m³） 5-5 子目：3057.54＋420.16×41.8％＝3233.17（元/10m³）			

带型基础综合单价＝3362.64 元/10m³×55.10m³÷55.10m³＝336.26 元/m³

（2）独立基础工程量　独立基础工程量清单规则和定额规则相同，所以施工量也为 0.78m³；

独立基础综合单价＝3233.17 元/10m³×0.78m³÷0.78m³＝323.32 元/m³

（3）基础垫层工程量　基础垫层工程量清单规则和定额规则相同，所以施工量也为 13.61m³；

基础垫层综合单价＝2841.15元/10m³×13.61m³÷13.61m³＝284.12元/m³

各分部分项工程量清单详见表10-3。

表10-3　分部分项工程量清单

工程名称：某工程

序号	项目编码	项目名称	项目特征	计量单位	工程数量	金额/元	
						综合单价	合价
1	010501001001	垫层	① 预拌混凝土 C15； ② 厚度：100 厚	m³	13.61	284.12	3866.87
2	010501002001	带形基础	① 有梁式混凝土基础； ② 混凝土强度等级：预拌 C20	m³	55.10	336.26	18527.93
3	010501003001	独立基础	① 阶梯式混凝土基础； ② 混凝土强度等级：预拌 C20	m³	0.78	323.32	252.19

二、现浇混凝土柱

（一）计价规范与计价办法相关规定

《房屋建筑与装饰工程工程量计算规范》附录 E.2 现浇混凝土柱项目，包括矩形柱、构造柱、异形柱。

表 E.2　现浇混凝土柱（010502）

项目编码	项目名称	项目特征	计量单位	工程量计算规则	工作内容
010502001	矩形柱	1. 混凝土类别 2. 混凝土强度等级	m³	按设计图示尺寸以体积计算。 柱高： 　1. 有梁板的柱高，应自柱基上表面（或楼板上表面）至上一层楼板上表面之间的高度计算 　2. 无梁板的柱高，应自柱基上表面（或楼板上表面）至柱帽下表面之间的高度计算 　3. 框架柱的柱高：应自柱基上表面至柱顶高度计算 　4. 构造柱按全高计算，嵌接墙体部分（马牙槎）并入柱身体积 　5. 依附柱上的牛腿和升板的柱帽，并入柱身体积计算	1. 模板及支架（撑）制作、安装、拆除、堆放、运输及清理模内杂物、刷隔离剂等 2. 混凝土制作、运输、浇筑、振捣、养护
010502002	构造柱				
010502003	异形柱	1. 柱形状 2. 混凝土种类 3. 混凝土强度等级			

（二）全国消耗量定额相关规定

（1）混凝土按预拌混凝土编制，采用现场搅拌时，执行相应的预拌混凝土项目，再执行现场搅拌混凝土调整费项目。现场搅拌混凝土调整费项目中，仅包含了冲洗搅拌机用水量，如需冲洗石子，用水量另行处理。

（2）现浇钢筋混凝土柱项目，均综合了每层底部灌注水泥砂浆的消耗量。

（3）二次灌浆，如灌注材料与设计不同时，可以换算；空心砖内灌注混凝土，执行小型构件项目。

（4）钢管柱浇筑混凝土适用反顶升浇筑施工时，增加的材料、机械另行计算。

（三）全国统一定额工程量计算规则

按设计图示尺寸以体积计算。

（1）有梁板的柱高，应自柱基上表面（或楼板上表面）至上一层楼板上表面之间的高度计算，如图 10-3 所示。

（2）无梁板的柱高，应自柱基上表面（或楼板上表面）至柱帽下表面之间的高度计算，如图 10-4 所示。

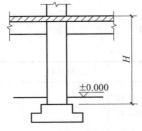
图 10-3　有梁板柱高示意

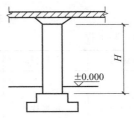
图 10-4　无梁板柱高示意

（3）框架柱的柱高，应自柱基上表面至柱顶高度计算，如图 10-5 所示。

（4）构造柱按全高计算，嵌接墙体部分并入柱身体积，如图 10-6 所示。构造柱按 E.2 中矩形柱工程量清单项目编码列项。

（5）依附柱上的牛腿和升板的柱帽，并入柱身体积计算，如图 10-7 所示。

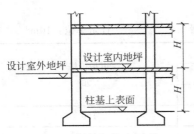
图 10-5　框架柱高示意

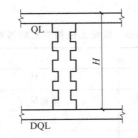
图 10-6　构造柱高示意

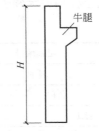
图 10-7　带牛腿钢筋混凝土现浇柱

（6）钢管混凝土柱以钢管高度按照钢管内经计算混凝土体积。

（四）应用案例

【案例 10-2】　某钢筋混凝土框架 10 榀，尺寸如图 10-8 所示，混凝土强度等级为 C30。其中，企业管理费按人工费的 26.4% 计取，利润按人工费的 15.4% 计取。编制现浇钢筋混凝土框架柱工程量清单及综合单价。

解：1. 现浇混凝土框架柱工程量清单的编制

现浇混凝土矩形柱工程量 $= (0.40 \times 0.40 \times 4.00 \times 3 + 0.40 \times 0.25 \times 0.80 \times 2) \times 10 = 20.80(m^3)$，工程量清单见表 10-4。

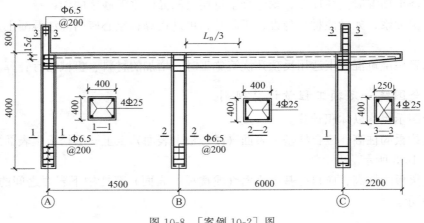

图 10-8 ［案例 10-2］图

表 10-4 分部分项工程量清单

工程名称：某工程

序号	项目编码	项目名称	项目特征	计量单位	工程数量
1	010502001001	矩形柱	① 柱种类、断面：矩形柱，上柱 400mm × 250mm、下柱 400mm × 400mm； ② 混凝土强度等级：C30	m³	20.80

2. 现浇混凝土柱工程量清单计价表的编制

现浇混凝土矩形柱浇筑工程量＝$(0.40 \times 0.40 \times 4.00 \times 3 + 0.40 \times 0.25 \times 0.80 \times 2) \times 10$
$$= 20.80 (m^3)$$

混凝土柱相关定额子目详见表 10-5。

表 10-5 混凝土柱相关定额消耗量   计量单位：10m³

	定额编号		5-11	市场价格 /元
	项目		矩形柱	
	名称	单位	消耗量	
人工	普工	工日	2.164	100
	一般技工	工日	4.326	160
	高级技工	工日	0.721	240
材料	预拌混凝土 C20	m³	9.797	260
	土工布	m²	0.912	12
	水	m³	0.911	5.0
	预拌水泥砂浆	m³	0.303	220
	电	kW·h	3.750	0.70
人、材、机费用合计		5-11 子目：1081.6＋2632.0＝3713.60（元）		
综合单价		5-11 子目：＝3713.60＋1081.6×41.8％＝4165.71（元/10m³）		

由于案例中柱要求使用预拌混凝土 C30，市场价格为 290 元/m³，需要将定额综合单价

中的 C20 换出。需增加材料费(290-260)×9.797=293.91(元)。

矩形柱清单综合单价＝(4165.71 元＋293.91 元)/10m³ 元×20.80m³÷20.8m³＝
445.96 元/m³

分部分项工程量清单计价表见表 10-6。

表 10-6 分部分项工程量清单计价表

工程名称：某工程

序号	项目编码	项目名称	项目特征	计量单位	工程数量	金额/元	
						综合单价	合价
1	010502001001	矩形柱	① 柱种类、断面：矩形柱，上柱 400mm×250mm、下柱 400mm×400mm； ② 混凝土强度等级：C30	m³	20.80	445.96	9275.97

三、现浇混凝土梁

(一) 清单计算规范与计价办法相关规定

《房屋建筑与装饰工程工程量计算规范》附录 E.3 现浇混凝土梁项目，包括基础梁、矩形梁、异形梁、圈梁、过梁、弧形、拱形梁。

表 E.3 现浇混凝土梁 (010503)

项目编码	项目名称	项目特征	计量单位	工程量计算规则	工作内容
010503001	基础梁	1.混凝土种类 2.混凝土强度等级	m³	按设计图示尺寸以体积计算。伸入墙内的梁头、梁垫并入梁体积内。 梁长： 1.梁与柱连接时，梁长算至柱侧面 2.主梁与次梁连接时，次梁长算至主梁侧面	1.模板及支架(撑)制作、安装、拆除、堆放、运输及清理模内杂物、刷隔离剂等 2.混凝土制作、运输、浇筑、振捣、养护
010503002	矩形梁				
010503003	异形梁				
010503004	圈梁				
010503005	过梁				
010503006	弧形、拱形梁	1.混凝土类别 2.混凝土强度等级	m³	按设计图示尺寸以体积计算。伸入墙内的梁头、梁垫并入梁体积内。 梁长： 1.梁与柱连接时，梁长算至柱面 2.主梁与次梁连接时，次梁长算至主梁侧面	1.模板及支架(撑)制作、安装、拆除、堆放、运输及清理模内杂物、刷隔离剂等 2.混凝土制作、运输、浇筑、振捣、养护

(二) 全国消耗量定额相关规定

(1) 混凝土按预拌混凝土编制，采用现场搅拌时，执行相应的预拌混凝土项目，再执行现场搅拌混凝土调整费项目。现场搅拌混凝土调整费项目中，仅包含了冲洗搅拌机用水量，如需冲洗石子，用水量另行处理。

（2）斜梁按坡度＞10°且≤30°综合考虑的。斜梁坡度在10°以内的执行梁的项目；坡度在30°以上、45°以内时人工乘以系数1.05；坡度在45°以上、60°以内时人工乘以系数1.10；坡度在60°以上时人工乘以系数1.20。

（3）叠合梁、板分别按梁、板相应项目执行。

（4）型钢组合混凝土构件，执行普通混凝土相应构件项目，人工、机械乘以系数1.20。

（三）全国统一定额工程量计算规则

梁：按设计图示尺寸以体积计算，伸入砖墙内的梁头、梁垫并入梁体积内。

梁与柱相连时，梁长算至柱侧面；

主梁与次梁连接时，次梁长算至主梁侧面。

（四）应用案例

【案例10-3】 某钢筋混凝土框架10根，尺寸如图10-9所示。混凝土强度等级为C30，梁截面250mm×500mm，外挑250mm×400(300)mm，梁模版为复合木板。其中，企业管理费按人工费的26.4%计取，利润按人工费的15.4%计取。编制现浇钢筋混凝土框架梁的工程量清单及综合单价。

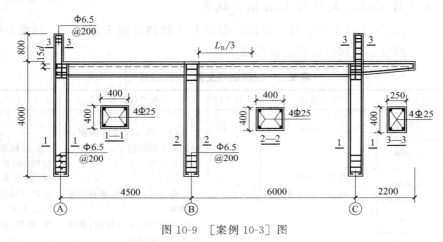

图10-9 ［案例10-3］图

解：现浇混凝土梁工程量清单的编制

1.清单工程量计算

现浇混凝土矩形梁工程量＝[0.25×0.50×(4.50＋6.00－0.40×2)＋0.25×0.35×(2.20－0.20)]×10＝(1.213＋0.175)×10＝13.88(m³)。工程量清单见表10-7。

表10-7 分部分项工程量清单

工程名称：某工程

序号	项目编码	项目名称	项目特征	计量单位	工程数量	金额/元	
						综合单价	合价
1	010503001001	矩形梁	① 梁底标高：4.5m； ② 梁截面：250mm×500mm，外挑250mm×400(300)mm ③ 混凝土：预拌C30； ④ 复合模板支模	m³	13.88		

2. 现浇混凝土矩形梁工程量清单计价表的编制

① 矩形梁混凝土工程量＝13.88（m³）

② 矩形梁复合模板工程量＝[(0.25＋0.50×2)×(4.50＋6.00－0.40×2)＋(0.25＋0.35×2)×(2.20－0.20)]×10＝(12.125＋1.9)×10＝140.25(m²)

矩形梁相关定额子目消耗量定额见表 10-8、模版相关定额消耗量见表 10-9。

表 10-8　混凝土矩形梁相关定额消耗量　　　　　计量单位：10m³

定额编号			5-17	市场价格/元
项目			矩形梁	
名称		单位	消耗量	
人工	普工	工日	0.905	100
	一般技工	工日	1.810	160
	高级技工	工日	0.302	240
材料	预拌混凝土 C20	m³	10.10	260
	塑料薄膜	m²	29.75	0.26
	水	m³	3.09	5.0
	土工布	m²	2.72	12
	电	kW·h	3.750	0.70
人、材、机费用合计			5-11 子目：452.58＋2684.45＝3137.03(元)	
综合单价		5-17 子目：＝3137.03＋452.58×41.8%＝3326.21(元/10m³)		

表 10-9　混凝土矩形梁模板相关定额消耗量　　　　　计量单位：100m²

定额编号			5-232	市场价格/元
项目			矩形梁	
			复合模板、钢支撑	
名称		单位	消耗量	
人工	普工	工日	5.473	100
	一般技工	工日	10.947	160
	高级技工	工日	1.825	240
材料	复合模板	m²	24.675	40.0
	板枋材	m³	0.447	2100
	钢支撑及配件	kg	69.480	5.0
	木支撑	m³	0.029	1800
	圆钉	kg	1.224	7.00
	隔离剂	kg	10.0	1.00
	水泥砂浆 1:2	m³	0.012	240
	镀锌铁丝 ϕ0.7	kg	0.18	6.0
	硬塑料管 ϕ20	m	14.193	2.50
	塑料粘胶带 20mm×50m	卷	4.50	20.0
	对拉螺栓	kg	5.794	8.50
机械	木工圆锯机 500mm	台班	0.037	26.0
人、材、机费用合计			5-232 子目：2736.82＋2522.56＋0.962＝5260.34(元)	
综合单价		5-232 子目：5260.34＋2736.82×41.8%＝6404.33(元/100m²)		

由于案例中梁要求使用预拌混凝土 C30，市场价格为 290 元/m³，需要将定额综合单价中的 C20 换出。需增加材料费 $(290-260) \times 10.10 = 303$（元）。

矩形梁综合单价 = [（3326.21 元 + 303）/10m³ × 13.88m³ + 6404.33 元/100m² × 140.25m²] ÷ 13.88m³ = 1010.01 元/m³

分部分项工程量清单计价表见表 10-10。

表 10-10　分部分项工程量清单计价表

工程名称：某工程

序号	项目编码	项目名称	项目特征	计量单位	工程数量	金额/元	
						综合单价	合价
1	010503002001	矩形梁	① 梁底标高：4.5m； ② 梁截面：250mm×500mm，外挑 250mm×400(300)mm ③ 混凝土：预拌 C30； ④ 复合模板支模	m³	13.88	1010.01	14018.94

四、现浇混凝土墙

（一）计价规范与计价办法相关规定

《房屋建筑与装饰工程工程量计算规范》附录 E.4 现浇混凝土墙项目，包括直形墙和弧形墙、短肢剪力墙、挡土墙四项。

表 E.4　现浇混凝土墙

项目编码	项目名称	项目特征	计量单位	工程量计算规则	工作内容
010504001	直形墙	1. 混凝土种类 2. 混凝土强度等级	m³	按设计图示尺寸以体积计算。 扣除门窗洞口及单个面积 >0.3m² 的孔洞所占体积，墙垛及突出墙面部分并入墙体体积内计算	1. 模板及支架（撑）制作、安装、拆除、堆放、运输及清理模内杂物、刷隔离剂等 2. 混凝土制作、运输、浇筑、振捣、养护
010504002	弧形墙				
010504003	短肢剪力墙				
010504004	挡土墙				

注：短肢剪力墙是指截面厚度不大于 300mm、各肢截面高度与厚度之比的最大值大于 4 但不大于 8 的剪力墙；各肢截面高度与厚度之比的最大值不大于 4 的剪力墙按柱项目编码列项。

（二）全国消耗量定额相关规定

（1）混凝土按预拌混凝土编制，采用现场搅拌时，执行相应的预拌混凝土项目，再执行现场搅拌混凝土调整费项目。现场搅拌混凝土调整费项目中，仅包含了冲洗搅拌机用水量，如需冲洗石子，用水量另行处理。

（2）现浇钢筋混凝土墙项目，均综合了每层底部灌注水泥砂浆的消耗量。地下室外墙执行直行墙项目。

（三）全国消耗量定额工程量计算规则

（1）墙：按设计图示尺寸以体积计算，扣除门窗洞口及 0.3m² 以外孔洞所占体积，墙垛及凸出部分并入墙体积内计算。直行墙中门窗洞口上的梁并入墙体积；短肢剪力墙结构砌体内门窗洞口上的梁并入梁体积计算。

（2）现浇混凝土墙与基础的划分，以基础扩大面的顶面为分界线，以下为基础，以上为墙身。

（3）墙与柱连接时墙算至柱边；墙与梁连接时墙算至梁底；墙与板连接时板算至墙侧；未凸出墙面的暗梁暗柱并入墙体积。

（四）应用案例

【案例 10-4】 某地下车库工程，现浇钢筋混凝土柱墙板尺寸如图 10-10 所示。门洞 4000mm×3000mm，混凝土强度等级均为 C30，组合钢模板。其中，企业管理费按人工费的 26.4% 计取，利润按人工费的 15.4% 计取。试编制现浇钢筋混凝土墙工程量清单及综合单价。

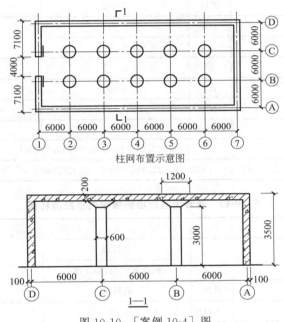

图 10-10 ［案例 10-4］图

解：1. 现浇混凝土墙工程量清单的编制

现浇钢筋混凝土墙工程量＝(图示长度×图示高度－门窗洞口面积)×墙厚＋附墙柱体积

现浇钢筋混凝土墙工程量＝[(6.00×6＋6.00×3)×2×3.50－4.00×3.00]×0.20＝73.20(m³)，工程量清单见表 10-11。

表 10-11　分部分项工程量清单

工程名称：某工程

序号	项目编码	项目名称	项目名称	计量单位	工程数量	金额/元	
						综合单价	合价
1	010504001001	直形墙	① 墙类型：混凝土地下室外墙； ② 墙厚度：200mm； ③ 混凝土强度等级：C30； ④ 组合钢模板支模	m³	73.20		

2.现浇混凝土直行墙工程量清单计价表的编制

① 现浇混凝土直行墙工程量＝73.20m³

② 现浇混凝土直行墙模板工程量＝[(6.00×6＋6.00×3)×2×3.50－4.00×3.00](外面)＋[(6.00×6＋6.00×3)×2×(3.50－0.2)－4.00×3.00](里面)＝710.4(m²)

直行墙相关消耗量定额子目见表10-12。模板定额消耗量见表10-13。

表 10-12　混凝土直行墙相关定额消耗量　　　计量单位：10m³

	定额编号		5-24	市场价格/元
	项目		直行墙	
	名称	单位	消耗量	
人工	普工	工日	1.241	100
	一般技工	工日	2.482	160
	高级技工	工日	0.414	240
材料	预拌混凝土 C20	m³	9.825	260
	预拌水泥砂浆	m³	0.275	220
	水	m³	0.690	5.0
	土工布	m²	0.703	12
	电	kW·h	3.660	0.70
人、材、机费用合计			5-24 子目：620.58＋2629.45＝3250.03(元)	
综合单价		5-24 子目：＝3250.03＋620.58×41.8%＝3509.43(元/10m³)		

表 10-13　混凝土直行墙模板相关定额消耗量　　　计量单位：100m²

	定额编号		5-243	市场价格/元
	项目		直行墙	
			组合钢模板、钢支撑	
	名称	单位	消耗量	
人工	普工	工日	5.717	100
	一般技工	工日	11.432	160
	高级技工	工日	1.905	240
材料	组合钢模板	kg	71.83	4.5
	板枋材	m³	0.029	2100
	钢支撑及配件	kg	24.58	5.0
	木支撑	m³	0.016	1800
	圆钉	kg	0.55	7.00
	隔离剂	kg	10.0	1.00
	零星卡具	kg	44.03	5.0
	铁件(综合)	kg	3.540	4.50
机械	木工圆锯机 500mm	台班	0.009	26.0
人、材、机费用合计			5-243 子目：2858.02＋785.77＋0.234＝3644.02(元)	
综合单价		5-243 子目：3644.02＋2858.02×41.8%＝4838.68(元/100m²)		

由于案例中梁要求使用预拌混凝土 C30，市场价格为 290 元/m³，需要将定额综合单价中的 C20 换出。需增加材料费 $=(290-260)\times9.825=294.75$（元）。

直行墙清单综合单价 $=[(3509.43$ 元 $+294.75)/10\text{m}^3\times73.2\text{m}^3+4838.68$ 元 $/100\text{m}^2\times710.4\text{m}^2]\div73.2\text{m}^3=850.01$ 元 $/\text{m}^3$

分部分项工程量清单计价表见表 10-14。

表 10-14　分部分项工程量清单计价表

工程名称：某工程

序号	项目编码	项目名称	项目名称	计量单位	工程数量	金额/元	
						综合单价	合价
1	010504001001	直形墙	① 墙类型：混凝土地下室外墙； ② 墙厚度：200mm； ③ 混凝土强度等级：C30； ④ 组合钢模板支模	m³	73.20	850.01	62220.73

五、现浇混凝土板

（一）清单计算规范与计价办法相关规定

《房屋建筑与装饰工程工程量计算规范》附录 E.5 现浇混凝土板项目，包括有梁板、无梁板、平板、拱板、薄壳板、栏板、天沟、挑檐板、雨篷、悬挑板、阳台板、空心板、其他板。

表 E.5　现浇混凝土板

项目编码	项目名称	项目特征	计量单位	工程量计算规则	工作内容
010505001	有梁板			按设计图示尺寸以体积计算，不扣除单个面积≤0.3m² 的柱、垛以及孔洞所占体积。压形钢板混凝土楼板扣除构件内压形钢板所占体积。有梁板（包括主、次梁与板）按梁、板体积之和计算，无梁板按板和柱帽体积之和计算，各类板伸入墙内的板头并入板体积内，薄壳板的肋、基梁并入薄壳体积内计算	1. 模板及支架（撑）制作、安装、拆除、堆放、运输及清理模内杂物、刷隔离剂等 2. 混凝土制作、运输、浇筑、振捣、养护
010505002	无梁板				
010505003	平板				
010505004	拱板				
010505005	薄壳板	1. 混凝土种类 2. 混凝土强度等级	m³		
010505006	栏板				
010505007	天沟（檐沟）、挑檐板			按设计图示尺寸以体积计算	
010505008	雨篷、悬挑板、阳台板			按设计图示尺寸以墙外部分体积计算。包括伸出墙外的牛腿和雨篷反挑檐的体积	
010505009	空心板			按设计图示尺寸以体积计算。空心板(GBF 高强薄壁蜂巢芯板等)应扣除空心部分体积	
010505010	其他板			按设计图示尺寸以体积计算	

注：现浇挑檐、天沟板、雨篷、阳台与板（包括屋面板、楼板）连接时，以外墙外边线为分界线；与圈梁（包括其他梁）连接时，以梁外边线为分界线。外边线以外为挑檐、天沟、雨篷或阳台。

（二）全国消耗量定额相关规定

（1）混凝土按预拌混凝土编制，采用现场搅拌时，执行相应的预拌混凝土项目，再执行现场搅拌混凝土调整费项目。现场搅拌混凝土调整费项目中，仅包含了冲洗搅拌机用水量，如需冲洗石子，用水量另行处理。

（2）斜板按坡度＞10°且≤30°综合考虑。斜板坡度在10°以内的执行板的项目；坡度在30°以上、45°以内时人工乘以系数1.05；坡度在45°以上、60°以内时人工乘以系数1.10；坡度在60°以上时人工乘以系数1.20。

（3）叠合板按板相应项目执行。

（4）压型钢板上浇筑混凝土，执行平板项目，人工乘以系数1.10。

（三）全国消耗量定额工程量计算规则

现浇板，按设计图示尺寸以体积计算。不扣除构件内钢筋、预埋铁件及单个面积 0.3m² 以内的柱、垛及孔洞所占体积。各类板伸入墙内的板头并入板体积内计算。各种板具体规定如下。

① 有梁板系指梁（包括主、次梁）与板构成一体并至少有三边是以承重梁支承的板。有梁板（包括主、次梁与板）按梁、板体积之和计算。如图 10-11 所示。

现浇有梁板混凝土工程量＝图示长度×图示宽度×板厚＋主梁及次梁体积

主梁及次梁体积＝主梁长度×主梁宽度×肋高＋次梁净长度×次梁宽度×肋高

② 无梁板系指不带梁而直接用柱头支承的板。无梁板按板和柱帽体积之和计算。如 10-12 所示，即：

现浇无梁板混凝土工程量＝图示长度×图示宽度×板厚＋柱帽体积

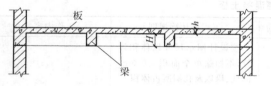

图 10-11　现浇有梁板

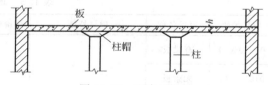

图 10-12　现浇无梁板

③ 平板系指无柱、梁直接由墙承重的板。现浇板在房间开间上设置梁，且现浇板二边或三边由墙承重者，应视为平板，其工程量应分别按梁、板计算。由剪力墙支撑的板按平板计算。平板与圈梁相接时，板算至圈梁的侧面。

④ 薄壳板的肋、基梁并入薄壳体积内计算。

⑤ 空心板按设计图示尺寸以体积（扣除空心部分）计算。

⑥ 现浇挑檐、天沟板、雨篷、阳台板（包括遮阳板、空调机板）按设计图示尺寸以墙外部分体积计算，包括伸出墙外的牛腿和反挑檐的体积。伸入墙内的梁执行相应子目。

现浇挑檐、天沟板、雨篷、阳台与板（包括屋面板、楼板）连接时，以外墙外边线为分界线；与圈梁（包括其他梁）连接时，以梁外边线为分界线，外边线以外为挑檐、天沟、雨篷或阳台。

⑦ 栏板按设计图示尺寸以体积计算，包括伸入墙内部分。楼梯栏板的长度，按设计图示长度。如图 10-13 所示。

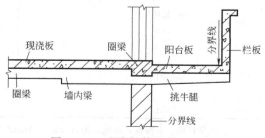

图 10-13　现浇钢筋混凝土阳台

⑧ 斜屋面板是指斜屋面铺瓦用的钢筋混凝土基层板。斜屋面按板断面面积乘以斜长。有梁时，梁板合并计算。屋脊处八字脚的加厚混凝土（素混凝土）已包括在消耗量内，不单独计算。若屋脊处八字脚的加厚混凝土配置钢筋作梁使用，应按设计尺寸并入斜板工程量内计算，如图 10-14 所示，即

斜屋面板混凝土工程量＝图示板长度×板厚×斜坡长度＋板下梁体积

⑨ 圆弧形老虎窗顶板是指坡屋面阁楼部分，为了采光而设计的圆弧形老虎窗的钢筋混凝土顶板。圆弧形老虎窗顶板套用拱板子目，如图 10-15 所示。

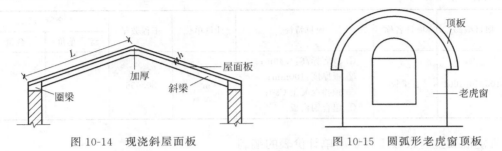

图 10-14 现浇斜屋面板　　　　图 10-15 圆弧形老虎窗顶板

⑩ 飘窗左右混凝土立板，按混凝土栏板计算。飘窗上下的混凝土挑板、空调室外机的混凝土搁板，按混凝土挑檐计算。

⑪ 预制钢筋混凝土板补现浇板缝时，当板缝宽度（指下口宽度）在 2cm 以上 15cm 以内者，执行预制板间补缝子目；板缝宽度超过 15cm 宽者，执行平板相应子目。

（四）应用案例

【案例 10-5】 某工程现浇钢筋混凝土框架有梁板，尺寸如图 10-16 所示。预拌混凝土强度等级 C30，组合钢模板。其中，企业管理费按人工费的 26.4％计取，利润按人工费的 15.4％计取。编制现浇钢筋混凝土框架有梁板工程量清单及综合单价。

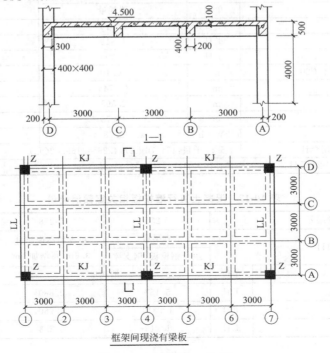

框架间现浇有梁板

图 10-16 ［案例 10-5］图

解：1.现浇混凝土有梁板工程量清单的编制

现浇钢筋混凝土有梁板工程量=（板）$(3.00×6+0.20×2)×(3.00×3+0.20×2)×0.10$+（纵梁肋）$(3.0×6+0.20×2)×2×(0.20×0.40+0.3×0.4)$+（横梁肋）$(3.00×3+0.20×2-0.30×2-0.20×2)×(4×0.20×0.40+3×0.3×0.4)-0.4×0.4×0.1×6-0.3×0.3×0.4×6$=$17.296+7.36+5.712-0.096-0.216=30.056(m^3)$，工程量清单见表10-15。

表 10-15　分部分项工程量清单

工程名称：某工程

序号	项目编码	项目名称	项目特征	计量单位	工程数量	金额/元	
						综合单价	合价
1	010505001001	有梁板	① 板底标高：4.40m； ② 板厚度：100mm； ③ 预拌混凝土 C30； ④ 组合钢模板	m³	30.056		

2.现浇混凝土有梁板工程量清单计价表的编制

① 现浇混凝土有梁板工程量=$30.056m^3$

② 现浇混凝土有梁板模板工程量=（梁板底）$(3.00×6+0.20×2)×(3.00×3+0.20×2)$+（主梁外侧）$(3.0×3-0.20×2)×0.5×6$+（主梁内测）$(3.0×3-0.20×2-0.20×2)×0.40×8$+（次横梁侧）$(3.00×3-0.1-0.15-0.20×2)×0.4×8$+（次纵梁侧）$(3.00×3-0.1-0.1-0.20×2)×0.4×8$=$172.96+25.8+26.24+26.72+26.88=252.36(m^2)$

直行墙相关消耗量定额子目见表10-16。模板定额消耗量见表10-17。

表 10-16　混凝土有梁板相关定额消耗量　　　　计量单位：10m³

定额编号			5-30	市场价格 /元
项目			有梁板	
名称		单位	消耗量	
人工	普工	工日	0.910	100
	一般技工	工日	1.819	160
	高级技工	工日	0.303	240
材料	预拌混凝土 C20	m³	10.10	260
	塑料薄膜	m²	49.749	0.26
	水	m³	2.595	5.0
	土工布	m²	4.975	12
	电	kW·h	3.78	0.70
人、材、机费用合计			5-24 子目：454.76+2714.26=3169.02（元）	
综合单价		5-24 子目：3169.02+454.76×41.8%=3359.11（元/10m³）		

表 10-17　混凝土直行墙模板相关定额消耗量　　　　计量单位：100m²

定额编号			5-255	5-278	市场价格 /元
项目			有梁板	板支撑高度超过 3.6m，每增加 1m	
			组合钢模板、钢支撑		
名称		单位	消耗量		
人工	普工	工日	5.157	0.880	100
	一般技工	工日	10.314	1.760	160
	高级技工	工日	1.719	0.293	240

续表

定额编号		5-255	5-278	市场价格 /元
项目		有梁板	板支撑高度超过 3.6m,每增加 1m	
		组合钢模板、钢支撑		
名称	单位	消耗量		
材料	组合钢模板	kg	72.050	—	4.5
	板枋材	m³	0.066	—	2100
	钢支撑及配件	kg	58.04	10.320	5.0
	梁卡具 模板用	kg	5.460	—	4.5
	木支撑	m³	0.193	—	1800
	零星卡具		35.25	—	5.0
	圆钉	kg	1.700	—	7.00
	镀锌铁丝 φ4.0	kg	22.140	—	5.5
	隔离剂	kg	10.000	—	1.00
	水泥砂浆 1:2	m³	0.007	—	240
	镀锌铁丝 φ0.7	kg	0.180	—	6.0
机械	木工圆锯机 500mm	台班	0.037	—	26.0
人、材、机费用合计		5-243 子目:2578.5+1436.61+0.962=4016.07(元) 5-278 子目:439.92+51.60=491.52(元)		
综合单价		5-243 子目:4016.07+2578.5×41.8%=5093.89(元/100m²) 5-278 子目:491.52+439.92×41.8%=675.41(元/100m²)		

由于案例中有梁板要求使用预拌混凝土 C30,市场价格为 290 元/m³,需要将定额综合单价中的 C20 换出。需增加材料费=(290−260)×10.1=303(元)。

有梁板清单综合单价=[(3359.11 元+303)/10m³×30.056m³+(5093.89+675.41)元/100m²×252.36m²]÷30.056m³=850.62 元/m³

分部分项工程量清单计价表见表 10-18。

表 10-18　分部分项工程量清单

工程名称:某工程

序号	项目编码	项目名称	项目特征	计量单位	工程数量	金额/元	
						综合单价	合价
1	010505001001	有梁板	① 板底标高:4.40m; ② 板厚度:100mm; ③ 预拌混凝土 C30; ④ 组合钢模板	m³	30.056	850.62	25566.23

六、现浇混凝土楼梯

(一) 计价规范与计价办法相关规定

《房屋建筑与装饰工程工程量计算规范》附录 E.6 现浇混凝土楼梯项目,包括直形楼梯和弧形楼梯两项。

表 E.6　现浇混凝土楼梯

项目编码	项目名称	项目特征	计量单位	工程量计算规则	工作内容
010506001	直形楼梯	① 混凝土种类； ② 混凝土强度等级	1. m² 2. m³	1. 以平方米计量，按设计图示尺寸以水平投影面积计算。不扣除宽度≤500mm 的楼梯井，伸入墙内部分不计算。 2. 以立方米计量，按设计图示尺寸以体积计算	1. 模板及支架（撑）制作、安装、拆除、堆放、运输及清理模内杂物、刷隔离剂等； 2. 混凝土制作、运输、浇筑、振捣、养护
010506002	弧形楼梯				

注：整体楼梯（包括直形楼梯、弧形楼梯）水平投影面积，包括休息平台、平台梁、斜梁和楼梯的连接梁。当整体楼梯与现浇楼板无梯梁连接时，以楼梯的最后一个踏步边缘加 300mm 计算。

（二）全国消耗量定额相关规定

（1）楼梯是按建筑物一个自然层双跑楼梯考虑，如单坡直行楼梯按相应项目定额乘以系数 1.2；三跑楼梯（即一个自然层、两个休息平台）按相应项目定额乘以系数 0.9；四跑楼梯按相应项目定额乘以系数 0.75。

（2）当图纸设计板式楼梯梯段底板厚度大于 150mm、梁式楼梯梯段底板厚度大于 80mm 时，混凝土消耗量按实调整，人工按相应比例调整。

（3）弧形楼梯是指一个自然层旋转弧度小于 180° 的楼梯，螺旋楼梯是指一个自然层旋转弧度大于 180° 的楼梯。

（三）全国消耗量定额工程量计算规则

楼梯（包括休息平台、平台梁、楼梯底板、斜梁及楼梯与楼板的连接梁）按设计图书水平投影面积计算，不扣除宽度小于 500mm 的楼梯井，伸入墙内部分不计算。混凝土楼梯（含直形和旋转形）与楼板以楼梯顶部与楼板的连接梁为界，连接梁以外为楼板。当整体楼梯与现浇楼板无梯梁连接时，以楼梯的最后一个踏步边缘加 300mm 为界。如图 10-17 所示。

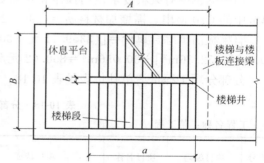

图 10-17　现浇钢筋混凝土楼梯示意图

当 $b≤500mm$ 时，$S=A×B$

当 $b>500mm$ 时，$S=A×B-a×b$

踏步旋转楼梯按其楼梯部分的水平投影面积，乘以周数计算（不包括中心柱）。弧形楼梯按旋转楼梯计算。

（四）应用案例

【案例 10-6】 某地下储藏室现浇钢筋混凝土楼梯（单跑），尺寸如图 10-18 所示。预拌混凝土强度等级 C30，其中，企业管理费按人工费的 26.4% 计取，利润按人工费的 15.4% 计取。编制现浇钢筋混凝土楼梯工程量清单及综合单价计算。

解：1. 现浇混凝土楼梯工程量清单的编制

现浇混凝土楼梯工程量＝图示水平长度×图示水平宽度－大于 500mm 宽楼梯井

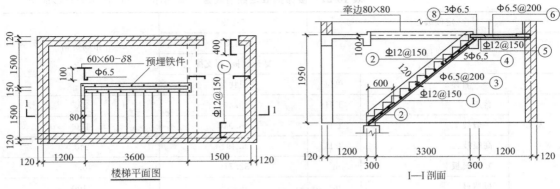

图 10-18 ［案例 10-6］图

现浇混凝土楼梯工程量＝(0.30＋3.30＋0.30)×(1.50＋0.15－0.12)＝5.97(m²)，工程量清单见表 10-19。

表 10-19 分部分项工程量清单

工程名称：某工程

序号	项目编码	项目名称	项目特征	计量单位	工程数量	金额/元	
						综合单价	合价
1	010506001001	直形楼梯	① 板式单跑无休息平台； ② 梯板厚度：120mm； ③ 预拌混凝土 C30	m²	5.97		

2.现浇混凝土楼梯工程量清单计价表的编制

现浇混凝土楼梯工程量＝5.97m²

现浇楼梯相关消耗量定额子目见表 10-20，模板定额见表 10-21。

表 10-20 混凝土楼梯定额消耗量　　　　　单位：10m² 水平投影面积

定额编号			5-46	市场价格 /元
项目			直行楼梯	
名称		单位	消耗量	
人工	普工	工日	0.802	100
	一般技工	工日	1.604	160
	高级技工	工日	0.267	240
材料	预拌混凝土 C20	m³	2.586	260
	塑料薄膜	m²	11.529	0.26
	水	m³	0.722	5.0
	土工布	m²	1.090	12
	电	kW·h	1.560	0.70
人、材、机费用合计		5-46 子目：400.92＋693.14＝1094.06(元)		
综合单价		5-46 子目：1094.06＋400.92×41.8%＝1261.64(元/10m²)		

表 10-21　楼梯模板定额消耗量　　　单位：100m² 水平投影面积

定额编号			5-279	市场价格/元
项目			直行楼梯	
			复合模板、钢支撑	
名称		单位	消耗量	
人工	普工	工日	19.474	100
	一般技工	工日	38.946	160
	高级技工	工日	6.491	240
材料	复合模板	m²	52.719	40.0
	板枋材	m³	0.946	2100
	钢支撑及配件	kg	65.36	5.0
	圆钉	kg	2.408	7.00
	隔离剂	kg	19.59	1.00
	塑料粘胶带 20mm×50m	卷	7.00	20.0
机械	木工圆锯机 500mm	台班	0.050	26.0
人、材、机费用合计			5-279 子目:9736.6+4598.61+1.3=14336.51(元)	
综合单价			5-279 子目:14336.51+9736.6×41.8%=18406.41(元/100m²)	

由于案例中直行楼梯要求使用预拌混凝土 C30，市场价格为 290 元/m³，需要将定额综合单价中的 C20 换出。需增加材料费(290-260)×2.586=77.58(元)。

直行楼梯清单综合单价=[(1261.64+77.58)元/10m²×1.2+18406.41 元/100m²×1.2]×5.97m²÷5.97m²=381.58 元/m²，分部分项工程量清单计价表见表 10-22。

表 10-22　分部分项工程量清单计价表

工程名称：某工程

序号	项目编码	项目名称	项目特征	计量单位	工程数量	金额/元	
						综合单价	合价
1	010506001001	直形楼梯	① 板式单跑无休息平台； ② 梯板厚度:120mm; ③ 预拌混凝土 C30	m²	5.97	381.58	2278.03

七、现浇混凝土其他构件及后浇带

（一）计价规范与计价办法相关规定

(1)《房屋建筑与装饰工程工程量计算规范》附录 E.7 现浇混凝土其他构件项目，包括散水、坡道、室外地坪、电缆沟、地沟、台阶、扶手、压顶、化粪池、检查井、其他构件七项。

表 E.7 现浇混凝土其他构件（010507）

项目编码	项目名称	项目特征	计量单位	工程量计算规则	工作内容
010507001	散水、坡道	1.垫层材料种类、厚度 2.面层厚度 3.混凝土种类； 4.混凝土强度等级 5.变形缝填塞材料种类	m²	按设计图示尺寸以水平投影面积计算。不扣除单个≤0.3m²的孔洞所占面积	1.地基夯实 2.铺设垫层 3.模板及支架（撑）制作、安装、拆除、堆放、运输及清理模内杂物、刷隔离剂等； 4.混凝土制作、运输、浇筑、振捣、养护 5.变形缝填塞
010507002	室外地坪	1.地坪厚度 2.混凝土强度等级			
010507003	电缆沟、地沟	1.土壤类别 2.沟截面材料尺寸 3.垫层材料种类、厚度 4.混凝土种类 5.混凝土强度等级 6.防护材料种类	m	按设计图示以中心线长度计算	1.挖填、运土石方 2.铺设垫层 3.模板及支架（撑）制作、安装、拆除、堆放、运输及清理模内杂物、刷隔离剂等； 4.混凝土制作、运输、浇筑、振捣、养护 5.刷防护材料
010507004	台阶	1.踏步高、宽 2.混凝土种类 3.混凝土强度等级	1.m² 2.m³	1.以平方米计量，按设计图示尺寸水平投影面积计算 2.以立方米计量，按设计图示尺寸以体积计算	1.模板及支架（撑）制作、安装、拆除、堆放、运输及清理模内杂物、刷隔离剂等； 2.混凝土制作、运输、浇筑、振捣、养护
010507005	扶手、压顶	1.断面尺寸 2.混凝土种类 3.混凝土强度等级	1.m 2.m³	1.以米计量，按设计图示的中心延长米计算 2.以立方米计量，按设计图示尺寸以体积计算	
010507006	化粪池、检查井	1.部位 2.混凝土种类 3.防水、抗渗要求	1.m³ 2.座	1.按设计图示尺寸以体积计算 2.以座计量，按设计图示数量计算	
010507007	其他构件	1.构件的类型 2.构件规格 3.部位 4.混凝土种类 5.混凝土强度等级	m³		

　　（2）《房屋建筑与装饰工程工程量计算规范》后浇带项目设置、项目特征描述的内容、计量单位及工程量计算规则应按表 E.8 的规定执行。

表 E.8 后浇带（编号：010508）

项目编码	项目名称	项目特征	计量单位	工程量计算规则	工作内容
010508001	后浇带	1. 混凝土种类 2. 混凝土强度等级	m³	按设计图示尺寸以体积计算	1. 模板及支架（撑）制作、安装、拆除、堆放、运输及清理模内杂物、刷隔离剂等 2. 混凝土制作、运输、浇筑、振捣、养护

（二）全国消耗量定额相关规定

（1）散水混凝土按厚度 60mm 编制，如设计厚度不同时，可以换算；散水包括了混凝土浇筑、编码压实抹光及嵌缝内容，未包括基础夯实、垫层内容。

（2）台阶混凝土含量是按 1.22m³/10m² 综合编制的，如设计含量不同时，可以换算；台阶包括了混凝土浇筑及养护内容，未包括基础夯实、垫层及面层装饰内容，发生时执行其他章节相应项目。

（3）凸出混凝土柱、梁的线条，并入相应的柱、梁构件内；凸出混凝土外墙面、阳台梁、栏板外侧≤300mm 的装饰线条，执行扶手、压顶项目；凸出混凝土外墙、梁外侧＞300mm 的板，按伸出外墙的梁、板体积合并计算，执行悬挑板项目。

（4）后浇带包括了与原混凝土接缝处的钢丝网用量。

（三）全国消耗量定额工程量计算规则

（1）栏板、扶手按设计图示尺寸以体积计算，伸入砖墙内的部分并入栏板、扶手体积计算。

（2）挑檐、天沟按设计图书以墙外部分体积计算。挑檐、天沟板与板连接时，以外墙外边线为分界线；与梁连接时，以梁外边线为分界线；外墙外边线以外为挑檐、天沟。

（3）凸阳台按阳台项目计算；凹进墙内的阳台，按梁、板分别计算，阳台栏板、压顶分别按栏板、压顶项目计算。

（4）雨篷梁、板工程量合并，按雨篷以体积计算，高度≤400mm 的栏板并入雨篷体积内计算，栏板高度＞400mm 时，其超过部分，按栏板计算。

（5）散水、台阶按设计图示尺寸，以水平投影面积计算。台阶与平台连接时其投影面积应以最上层踏步外沿加 300mm 计算。

（6）场馆看台、地沟、混凝土后浇带按设计图示尺寸以体积计算。

（四）应用案例

【案例 10-7】 某建筑室外散水如图 10-19 所示。预拌混凝土强度等级 C20，其中，企业管理费按人工费的 26.4％ 计取，利润按人工费的 15.4％ 计取。编制现浇钢筋混凝土楼梯工程量清单及综合单价计算。

解：1. 室外散水清单工程量的编制

散水清单工程量 = [(15.5+0.8+13.7+0.8)×2-3.0]×0.8 = 58.6×0.8 = 46.88 (m²)，详见表 10-23。

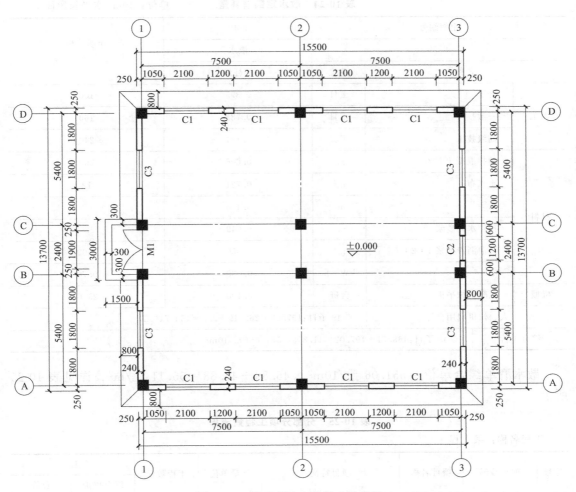

图 10-19　某建筑物室外散水示意图

表 10-23　分部分项工程量清单

工程名称：某工程

序号	项目编码	项目名称	项目特征	计量单位	工程数量	金额/元	
						综合单价	合价
1	010507001001	散水	① 100 厚预拌混凝土 C20； ② 变形缝填塞材料种类:石油沥青砂浆 1：2：7	m²	46.88		

2. 室外散水清单综合单价的编制

散水施工工程量＝46.88m²

散水消耗量定额子目见表 10-24。

表 10-24　散水定额消耗量　　　　　　　　　单位：10m² 水平投影面积

定额编号			5-49	市场价格 /元
项目			散水	
名称		单位	消耗量	
人工	普工	工日	0.395	100
	一般技工	工日	0.788	160
	高级技工	工日	0.131	240
材料	预拌混凝土 C20	m³	0.606	260
	土工布	m²	0.721	12
	水	m³	3.435	5.0
	预拌水泥砂浆	m³	0.049	220
	石油沥青砂浆 1:2:7	m³	0.050	1500
	电	kW·h	0.030	0.70
机械	混凝土抹平机	台班	0.100	25.0
人、材、机费用合计		5-49 子目：197.02＋269.19＋2.5＝468.71（元）		
综合单价		5-49 子目：468.71＋197.02×41.8%＝551.06（元/10m²）		

散水清单综合单价＝551.06 元/10m²×46.88÷46.88＝55.11 元/m²，详见表 10-25 所示。

表 10-25　分部分项工程量清单

工程名称：某工程

序号	项目编码	项目名称	项目特征	计量单位	工程数量	金额/元	
						综合单价	合价
1	010507001001	散水	① 100 厚预拌混凝土 C20； ② 变形缝填塞材料种类：石油沥青砂浆 1:2:7	m²	46.88	55.11	2583.56

第二节　预制混凝土工程计量与计价

一、清单计算规范与计价办法相关规定

1.预制混凝土柱

《房屋建筑与装饰工程工程量计算规范》附录 E.9 预制混凝土柱工程量清单项目设置、项目特征描述的内容、计量单位及工程量计算规则应按规定执行。

表 E.9　预制混凝土柱（编号：010509）

项目编码	项目名称	项目特征	计量单位	工程量计算规则	工作内容
010509001	矩形柱	1.图代号 2.单件体积 3.安装高度 4.混凝土强度等级 5.砂浆强度等级、配合比	1. m³ 2.根	1.以立方米计量，按设计图示尺寸以体积计算 2.以根计量，按设计图示尺寸以数量计算	1.模板及支架（撑）制作、安装、拆除、堆放、运输及清理模内杂物、刷隔离剂等 2.混凝土制作、运输、浇筑、振捣、养护。 3.构件运输、安装 4.砂浆制作、运输 5.接头灌封、养护
010509002	异形柱				

2.预制混凝土梁

《房屋建筑与装饰工程工程量计算规范》附录 E.10 预制混凝土梁工程量清单项目设置、项目特征描述的内容、计量单位及工程量计算规则应按规定执行。

表 E.10　预制混凝土梁（编号：010510）

项目编码	项目名称	项目特征	计量单位	工程量计算规则	工作内容
010510001	矩形梁	1.图代号 2.单件体积 3.安装高度 4.混凝土强度等级 5.砂浆强度等级、配合比	1. m³ 2.根	1.以立方米计量，按设计图示尺寸以体积计算 2.以根计量，按设计图示尺寸以数量计算	1.模板及支架（撑）制作、安装、拆除、堆放、运输及清理模内杂物、刷隔离剂等 2.混凝土制作、运输、浇筑、振捣、养护 3.构件运输、安装 4.砂浆制作、运输 5.接头灌封、养护
010510002	异形梁				
010510003	过梁				
010510004	拱形梁				
010510005	鱼腹式吊车梁				
010510006	其他梁				

3.预制混凝土屋架

《房屋建筑与装饰工程工程量计算规范》附录 E.11 预制混凝土屋架工程量清单项目设置、项目特征描述的内容、计量单位及工程量计算规则应按规定执行。

表 E.11　预制混凝土屋架（编号：010511）

项目编码	项目名称	项目特征	计量单位	工程量计算规则	工作内容
010511001	折线型	1.图代号 2.单件体积 3.安装高度 4.混凝土强度等级 5.砂浆强度等级、配合比	1. m³ 2.榀	1.以立方米计量，按设计图示尺寸以体积计算 2.以榀计量，按设计图示尺寸以数量计算	1.模板及支架（撑）制作、安装、拆除、堆放、运输及清理模内杂物、刷隔离剂等 2.混凝土制作、运输、浇筑、振捣、养护 3.构件运输、安装 4.砂浆制作、运输 5.接头灌封、养护
010511002	组合				
010511003	薄腹				
010511004	门式钢架				
010511005	天窗架				

4.预制混凝土板

《房屋建筑与装饰工程工程量计算规范》附录 E.12 预制混凝土板工程量清单项目设置、项目特征描述的内容、计量单位及工程量计算规则应按规定执行。

表 E.12 预制混凝土板（编号：010512）

项目编码	项目名称	项目特征	计量单位	工程量计算规则	工作内容
010512001	平板	1. 图代号 2. 单件体积 3. 安装高度 4. 混凝土强度等级 5. 砂浆强度等级、配合比	1. m³ 2. 榀	1. 以立方米计量,按设计图示尺寸以体积计算 2. 以榀计量,按设计图示尺寸以数量计算	1. 模板及支架（撑）制作、安装、拆除、堆放、运输及清理模内杂物、刷隔离剂等 2. 混凝土制作、运输、浇筑、振捣、养护 3. 构件运输、安装 4. 砂浆制作、运输 5. 接头灌封、养护
010512002	空心板				
010512003	槽型板				
010512004	网架板				
010512005	折线板				
010512006	带肋板				
010512007	大型板				
010512008	沟盖板、井盖板、井圈	1. 单件体积 2. 安装高度 3. 混凝土强度等级 4. 砂浆强度等级、配合比	1. m³ 2. 块（套）	1. 以立方米计量,按设计图示尺寸以体积计算 2. 以块计量,按设计图示尺寸以数量计算	

5. 预制混凝土楼梯

《房屋建筑与装饰工程工程量计算规范》附录 E.13 预制混凝土楼梯工程量清单项目设置、项目特征描述的内容、计量单位及工程量计算规则应按规定执行。

表 E.13 预制混凝土楼梯（编号：010513）

项目编码	项目名称	项目特征	计量单位	工程量计算规则	工作内容
010513001	楼梯	1. 楼梯类型 2. 单件体积 3. 混凝土强度等级 4. 砂浆强度等级、配合比	1. m³ 2. 段	1. 以立方米计量,按设计图示尺寸以体积计算。扣除空心踏步板孔洞体积 2. 以段计量,按设计图示尺寸数量计算	1. 模板及支架（撑）制作、安装、拆除、堆放、运输及清理模内杂物、刷隔离剂等 2. 混凝土制作、运输、浇筑、振捣、养护 3. 构件运输、安装 4. 砂浆制作、运输 5. 接头灌封、养护

6. 其他预制构件

《房屋建筑与装饰工程工程量计算规范》附录 E.14 其他预制构件工程量清单项目设置、项目特征描述的内容、计量单位及工程量计算规则应按规定执行。

表 E.14 其他预制构件（编号：010514）

项目编码	项目名称	项目特征	计量单位	工程量计算规则	工作内容
010514001	垃圾道、通风道、烟道	1. 单件体积 2. 混凝土强度等级 3. 砂浆强度等级	1. m³ 2. m² 3. 根（块、套）	1. 以立方米计量,按设计图示尺寸以体积计算。不扣除单个面积≤300mm×300mm 的孔洞所占体积,扣除烟道、垃圾道、通风道的孔洞所占体积 2. 以平方米计量,按设计图示尺寸以面积计算。不扣除单个面积≤300mm×300mm 的孔洞所占面积 3. 以根计量,按设计图示尺寸数量计算	1. 模板及支架（撑）制作、安装、拆除、堆放、运输及清理模内杂物、刷隔离剂等 2. 混凝土制作、运输、浇筑、振捣、养护 3. 构件运输、安装 4. 砂浆制作、运输 5. 接头灌封、养护
010514002	其他构件	1. 构件的类型 2. 单件体积 3. 混凝土强度等级 4. 砂浆强度等级			

二、全国消耗量定额相关规定

（1）预制混凝土隔板，执行预制混凝土架空隔热板项目。

（2）混凝土构件运输

① 构件运输适用于构件堆放场地或构件加工厂至施工现场的运输。运距以 30km 以内考虑，30km 以上另行计算。

② 构件运输基本运距按场内运输 1km、场外运输 10km 分别列项，实际运距不同时，按场内每增减 0.5km、场外每增减 1km 项目调整。

③ 定额已综合考虑施工现场内、外运输道路等级、路况、重车上下坡等不同因素。

④ 构件运输不包括桥梁、涵洞、道路加固、管线、路灯迁移及因限载、限高而发生的相关措施费用。

⑤ 预制混凝土构件运输，按表 10-26 预制混凝土构件分类。

表 10-26　预制混凝土构件分类

类别	项　目
1 类	桩、柱、梁、板、墙单件体积≤1m³、面积≤4m²、长度≤5m
2 类	桩、柱、梁、板、墙单件体积>1m³、面积>4m²、5m<长度≤6m
3 类	6m 以上至 14m 的桩、柱、梁、板、屋架、桁架、托架（14 以上另行计算）
4 类	天窗架、侧板、端壁板、天窗上下档及小型构件

（3）预制混凝土构件安装

① 构件安装不分履带式起重机或轮胎式起重机，以综合考虑编制。构件安装是按单机作业考虑的，如因构件超重须双机抬吊时，按相应项目人工、机械乘以系数 1.20。

② 构件安装是按机械起吊点中心回转半径 15m 以内距离计算。如距离超过 15m，构件须用起重机移运就位，且运距在 50m 以内的，起重机械乘以系数 1.25；运距超过 50m 的，应另按构件运输项目计算。

③ 小型构件安装是指单体构件体积小于 0.1m³ 以内的构件安装。

④ 构件安装不包括运输、安装过程中起重机械、运输机械场内行驶道路的加固、铺垫工作的人工、材料、机械消耗，发生该费用时另行计算。

⑤ 构件安装高度以 20m 以内为准，安装高度超过 20m 并小于 30m 时，按相应项目人工、机械乘以系数 1.20。安装高度（除塔吊施工外）超过 30m 时，另行计算。

⑥ 塔式起重机的机械台班均已包括在垂直运输机械费项目中。

（4）装配式建筑构件安装

① 装配式建筑构件按外购成品考虑。

② 装配式建筑构件包括预制钢筋混凝土柱、梁、叠合梁、叠合楼板、叠合外墙板、外墙板、内墙板、女儿墙、楼梯、阳台、空调板、预埋套管、注浆等项目。

③ 装配式建筑构件未包括构件卸车、堆放支架及垂直运输进行等内容。

④ 构件运输执行本节混凝土构件运输相应项目。

⑤ 如预制外墙构件中已包含框安装，则计算相应窗扇费用时应扣除窗框安装人工。

⑥ 柱、叠合楼板项目中已包括接头、注浆工作内容，不再另行计算。

三、全国消耗量定额工程量计算规则

（1）预制混凝土均按图示尺寸以体积计算，不扣除构件内钢筋、铁件及小于 0.3m² 以内孔洞所占体积。

（2）预制混凝土构件接头灌缝，均按预制混凝土构件体积计算。

习　　题

1.基础尺寸做法如图 10-20 所示，C10 混凝土垫层厚度为 100mm，C20 混凝土条形基础，计算混凝土基础工程的工程量清单及其报价。

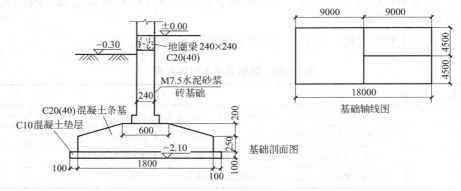

图 10-20　基础剖面图、轴线图

2.某工程有现浇杯型基础共 20 个，尺寸如图 10-21 所示，混凝土为 C20（40），试计算杯型基础的清单工程量及其报价。

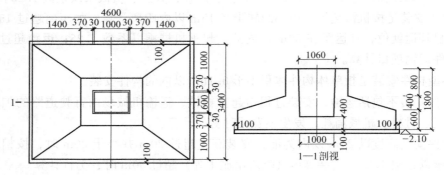

图 10-21　独立基础图

3.某住宅楼底层 C30（40）现浇碎石混凝土框架结构平面如图 10-22 所示。柱高 4.2m（板底标高 3.48m，梁底标高 3.0m），断面尺寸为 400mm×400mm，梁断面尺寸为 300mm×600mm，现浇板厚 120mm；试编制该框架的工程量清单。

4.某工程现浇框架结构，其二层结构平面图如图 10-23 所示，已知设计室内地坪±0.00，柱基顶面标高−0.90m，楼面结构标高为 6.5m，柱、梁、板均采用 C20 现浇商品泵送混凝土，板厚度 120mm。试计算柱、梁、板的混凝土量。

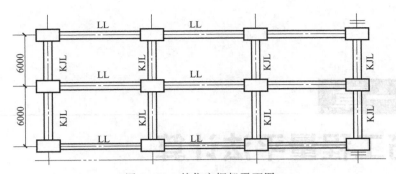

图 10-22　某住宅框架平面图

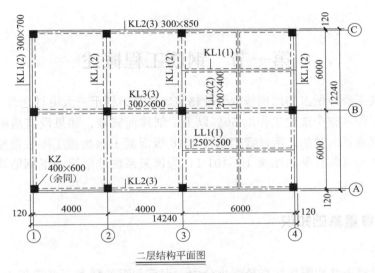

二层结构平面图

图 10-23　某工程框架结构图

第十一章
钢筋工程量平法计算

第一节　钢筋工程概述

钢筋在建筑工程中所占的比例较大，价格也比较高，属于三大主材之首。就造价工作来说，钢筋算量工作占整个造价工作的 50% 以上，细碎而繁杂，如果没有清晰的钢筋算量思路，是很难把钢筋算清楚的，所以我们依据 2016 版混凝土结构施工图平面整体表示方法制图规则和构造详图（简称平法图集 16G101-1）为例来系统地学习一下钢筋算量知识是非常必要的。

一、钢筋算量基础知识

1.钢筋种类

（1）钢筋混凝土结构配筋按直径大小分为：钢筋和钢丝两类。直径在 6mm 以上的称为钢筋；直径在 6mm 以内的称为钢丝。

（2）按生产工艺分。钢筋按生产工艺分为：热轧钢筋、余热处理钢筋、冷拉钢筋、冷拔钢筋、冷轧钢筋等多种。

（3）常用钢筋种类的表达方法。按照《混凝土结构设计规范》（2015 版）GB 50010—2010 规定：

① HPB300 表示强度级别为 $300N/mm^2$ 的普通热轧光圆钢筋；

② HRBF400 表示强度级别为 $400N/mm^2$ 的细晶粒热轧带肋钢筋；

③ HRBF500 表示强度级别为 $500N/mm^2$ 的细晶粒热轧带肋钢筋；

④ HRB400E 表示强度级别为 $400N/mm^2$ 且有较高抗震性能要求的普通热轧带肋钢筋；

⑤ HRB500 表示强度级别为 $500N/mm^2$ 的普通热轧带肋钢筋。

2.混凝土保护层的厚度

混凝土保护层：结构构件中的钢筋骨架被浇筑于混凝土中，在钢筋骨架的外围四周必须有混凝土将钢筋包裹住，最外层钢筋外边缘至混凝土表面的距离，就是钢筋的混凝土保护层厚度。

混凝土保护层的厚度和环境类别及构件类型有关，环境类别的规定如表 11-1。

表 11-1　混凝土结构的环境类别

环境类别	条件
一	室内干燥环境； 无侵蚀性静水浸没环境
二 a	室内潮湿环境； 非严寒和非寒冷地区的露天环境； 非严寒和非寒冷地区与无侵蚀性的水和土壤直接接触的环境； 严寒和寒冷地区的冰冻线以下与无侵蚀性的水或土壤直接接触的环境
二 b	干湿交替环境； 水位频繁变动环境； 严寒和寒冷地区的露天环境； 严寒和寒冷地区冰冻线以上与无侵蚀性的水或土壤直接接触的环境
三 a	严寒和寒冷地区冬季水位变动区环境； 受除冰盐影响环境； 海岸环境
四	海水环境
五	受人为或自然的侵蚀性物质影响的环境

混凝土保护层最小厚度按表 11-2 的规定选择。

表 11-2　受力钢筋的混凝土保护层最小厚度　　　　单位：mm

环境类别	墙、板	梁、柱
一	15	20
二 a	20	25
二 b	25	30
三 a	30	40
三 b	40	50

注：1.表中混凝土保护层厚度值最外层钢筋外边缘至混凝土表面的距离，适用于设计使用年限为 50 年的混凝土结构；

2.表中构件中混凝土保护层厚度不应小于钢筋的公称直径；

3.设计使用年限为 100 年的混凝土结构，一类环境中，最外层钢筋的保护层厚度不应小于表中数值的 1.4 倍，二、三类环境中，应采取专门的有效措施；

4.混凝土强度等级不大于 C25 时，表中保护层厚度应增加 5；

5.基础底面钢筋的保护层厚度，有混凝土垫层时应从垫层顶面算起，且不应小于 40mm。

3.钢筋锚固

钢筋与混凝土之所以能够可靠地结合，实现共同工作的材料特点，主要一点就是它们之间存在黏结力。很显然，钢筋伸入混凝土内的长度愈长，黏结效果越好。钢筋的锚固长度是指钢筋伸入支座内的长度。其目的是防止钢筋被拔出，见图 11-1。

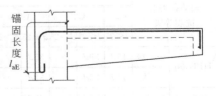

图 11-1　锚固长度

受拉钢筋基本锚固长度按表 11-3 的规定选择。

表 11-3　受拉钢筋基本锚固长度 l_{ab}、l_{abE}

钢筋种类	抗震等级	混凝土强度等级								
		C20	C25	C30	C35	C40	C45	C50	C55	≥C60
HPB300	一、二级（l_{abE}）	$45d$	$39d$	$35d$	$32d$	$29d$	$28d$	$26d$	$25d$	$24d$
	三级（l_{abE}）	$41d$	$36d$	$32d$	$29d$	$26d$	$25d$	$24d$	$23d$	$22d$
	四级（l_{abE}） 非抗震（l_{ab}）	$39d$	$34d$	$30d$	$28d$	$25d$	$24d$	$23d$	$22d$	$21d$
HRB335 HRBF335	一、二级（l_{abE}）	$44d$	$38d$	$33d$	$31d$	$29d$	$26d$	$25d$	$24d$	$24d$
	三级（l_{abE}）	$40d$	$35d$	$31d$	$28d$	$26d$	$24d$	$23d$	$22d$	$22d$
	四级（l_{abE}） 非抗震（l_{ab}）	$38d$	$33d$	$29d$	$27d$	$25d$	$24d$	$22d$	$21d$	$21d$
HRB400 HRBF400 RRB400	一、二级（l_{abE}）	—	$46d$	$40d$	$37d$	$33d$	$32d$	$31d$	$30d$	$29d$
	三级（l_{abE}）	—	$42d$	$37d$	$34d$	$30d$	$29d$	$28d$	$27d$	$26d$
	四级（l_{abE}） 非抗震（l_{ab}）	—	$40d$	$35d$	$32d$	$29d$	$28d$	$27d$	$26d$	$25d$
HRB500 HRBF500	一、二级（l_{abE}）	—	$55d$	$49d$	$45d$	$41d$	$39d$	$37d$	$36d$	$35d$
	三级（l_{abE}）	—	$50d$	$45d$	$41d$	$38d$	$36d$	$34d$	$33d$	$32d$
	四级（l_{abE}） 非抗震（l_{ab}）	—	$48d$	$43d$	$39d$	$36d$	$34d$	$32d$	$31d$	$30d$

受拉钢筋锚固长度按表 11-4 的规定选择。

表 11-4　受拉钢筋锚固长度 l_a

钢筋种类	混凝土强度等级																
	C20	C25		C30		C35		C40		C45		C50		C55		≥C60	
	$d{\leqslant}25$	$d{\leqslant}25$	$d{>}25$	$d{\leqslant}25$	$d{>}25$	$d{\leqslant}25$	$d{>}25$	$d{\leqslant}25$	$d{>}25$	$d{\leqslant}25$	$d{>}25$	$d{\leqslant}25$	$d{>}25$	$d{\leqslant}25$	$d{>}25$	$d{\leqslant}25$	$d{>}25$
HPB300	$39d$	$34d$	—	$30d$	—	$28d$	—	$25d$	—	$24d$	—	$23d$	—	$22d$	—	$21d$	
HRB335、HRBF335	$38d$	$33d$	—	$29d$	—	$27d$	—	$25d$	—	$23d$	—	$22d$	—	$21d$	—	$21d$	
HRB400、HRBF400 RRB400	—	$40d$	$44d$	$35d$	$39d$	$32d$	$35d$	$29d$	$32d$	$28d$	$31d$	$27d$	$30d$	$26d$	$29d$	$25d$	$28d$
HRB500、HRBF500	—	$48d$	$53d$	$43d$	$47d$	$39d$	$43d$	$36d$	$40d$	$34d$	$37d$	$32d$	$35d$	$31d$	$34d$	$30d$	$33d$

受拉钢筋抗震锚固长度按表 11-5 的规定选择。

表 11-5　受拉钢筋抗震锚固长度 l_{aE}

钢筋种类及抗震等级		混凝土强度等级																
		C20	C25		C30		C35		C40		C45		C50		C55		≥C60	
		$d{\leqslant}25$	$d{\leqslant}25$	$d{>}25$	$d{\leqslant}25$	$d{>}25$	$d{\leqslant}25$	$d{>}25$	$d{\leqslant}25$	$d{>}25$	$d{\leqslant}25$	$d{>}25$	$d{\leqslant}25$	$d{>}25$	$d{\leqslant}25$	$d{>}25$	$d{\leqslant}25$	$d{>}25$
HPB300	一二级	$45d$	$39d$	—	$35d$	—	$32d$	—	$29d$	—	$28d$	—	$26d$	—	$25d$	—	$24d$	
	三级	$41d$	$36d$	—	$32d$	—	$29d$	—	$26d$	—	$25d$	—	$24d$	—	$23d$	—	$22d$	
HRB335 HRBF335	一二级	$44d$	$38d$	—	$33d$	—	$31d$	—	$29d$	—	$26d$	—	$25d$	—	$24d$	—	$24d$	
	三级	$40d$	$35d$	—	$31d$	—	$28d$	—	$26d$	—	$24d$	—	$23d$	—	$22d$	—	$22d$	—

续表

钢筋种类及抗震等级		C20	C25		C30		C35		C40		C45		C50		C55		≥C60	
		混凝土强度等级																
		d≤25	d≤25	d>25	d≤25	d>25	d≤25	d>25	d≤25	d>25	d≤25	d>25	d≤25	d>25	d≤25	d>25	d≤25	d>25
HRB400 HRBF400	一二级	—	46d	54d	40d	45d	37d	40d	33d	37d	32d	36d	31d	35d	30d	33d	29d	32d
	三级	—	42d	46d	37d	41d	34d	37d	30d	34d	29d	33d	28d	32d	27d	30d	26d	29d
HRB500 HRBF500	一二级	—	55d	61d	49d	54d	45d	49d	41d	46d	39d	43d	37d	40d	36d	39d	35d	38d
	三级	—	50d	56d	45d	49d	41d	45d	38d	42d	36d	39d	34d	37d	33d	36d	32d	35d

注：当为环氧树脂涂层带肋钢筋时，乘以系数 1.25；当施工过程中易受扰动的钢筋，乘以系数 1.10；受拉钢筋钢筋的锚固长度计算值不应小于 200mm。

4. 钢筋连接

工厂生产出来的钢筋均按一定规格（如 9m、12m 等）的定长尺寸制作。而实际工程中使用的钢筋均是有长有短，形状各异，因此需要对钢筋进行连接处理。

钢筋连接分为以下三种情况。

（1）绑扎连接　直接将两根钢筋相互参差地搭接在一起，就是绑扎连接。同一连接区段内纵向受拉钢筋绑扎搭接接头的连接区段长度为 $1.3l_1$ 或 $1.3l_{1E}$，如图 11-2 所示。

纵向受拉钢筋搭接长度 l_1 按表 11-6 的规定选择。

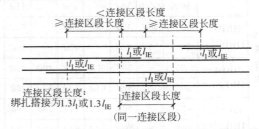

图 11-2　同一连接区段内纵向受拉钢筋绑扎搭接接头

表 11-6　纵向受拉钢筋搭接长度 l_1

钢筋种类及抗震等级		C20	C25		C30		C35		C40		C45		C50		C55		≥C60	
		混凝土强度等级																
		d≤25	d≤25	d>25	d≤25	d>25	d≤25	d>25	d≤25	d>25	d≤25	d>25	d≤25	d>25	d≤25	d>25	d≤25	d>25
HPB300	≤25%	47d	41d	—	36d	—	34d	—	30d	—	29d	—	28d	—	26d	—	25d	—
	50%	55d	48d	—	42d	—	39d	—	35d	—	34d	—	32d	—	31d	—	29d	—
	100%	62d	54d	—	48d	—	45d	—	40d	—	38d	—	37d	—	35d	—	34d	—
HRB335 HRBF335	≤25%	46d	40d	—	35d	—	32d	—	30d	—	28d	—	26d	—	25d	—	25d	—
	50%	53d	46d	—	41d	—	38d	—	35d	—	32d	—	31d	—	29d	—	29d	—
	100%	61d	53d	—	46d	—	43d	—	40d	—	37d	—	35d	—	34d	—	34d	—
HRB400 HRBF400	≤25%	—	48d	53d	42d	47d	38d	42d	35d	38d	34d	37d	32d	36d	31d	35d	30d	34d
	50%	—	56d	62d	49d	55d	45d	49d	41d	45d	39d	43d	38d	42d	36d	41d	35d	39d
	100%	—	64d	70d	56d	62d	51d	56	46d	51d	45d	50d	43d	48d	42d	46d	40d	45d
HRB500 HRBF500	≤25%	—	58d	64d	52d	56d	47d	52d	44d	48d	41d	44d	38d	42d	37d	41d	36d	40d
	50%	—	67d	74d	60d	66d	55d	60d	50d	56d	48d	52d	45d	49d	43d	48d	42d	46d
	100%	—	77d	85d	69d	75d	62d	69d	58d	64d	54d	59d	51d	56d	50d	54d	48d	53d

纵向受拉钢筋抗震搭接长度 l_{1E} 按表 11-7 的规定选择。

表 11-7　纵向受拉钢筋抗震搭接长度 l_{lE}

钢筋种类及抗震等级			混凝土强度等级																
			C20	C25		C30		C35		C40		C45		C50		C55		≥C60	
			d≤25	d≤25	d>25	d≤25	d>25	d≤25	d>25	d≤25	d>25	d≤25	d>25	d≤25	d>25	d≤25	d>25	d≤25	d>25
一、二级抗震	HPB300	≤25%	54d	47d	—	42d	—	38d	—	35d	—	34d	—	31d	—	30d	—	29d	—
		50%	63d	55d	—	49d	—	45d	—	41d	—	39d	—	36d	—	35d	—	34d	—
	HRB335 HRBF335	≤25%	53d	46d	—	40d	—	37d	—	35d	—	31d	—	30d	—	29d	—	29d	—
		50%	62d	53d	—	46d	—	43d	—	41d	—	36d	—	35d	—	34d	—	34d	—
	HRB400 HRBF400	≤25%	—	55d	61d	48d	54d	44d	48d	40d	44d	38d	43d	37d	42d	36d	40d	35d	38d
		50%	—	64d	71d	56d	63d	52d	56d	46d	52d	45d	50d	43d	49d	42d	46d	41d	45d
	HRB500 HRBF500	≤25%	—	66d	73d	59d	65d	54d	59d	49d	55d	47d	52d	44d	48d	43d	47d	42d	46d
		50%	—	77d	85d	69d	76d	63d	70d	57d	64d	55d	60d	52d	56d	50d	55d	49d	53d
三级抗震	HPB300	≤25%	49d	43d	—	38d	—	35d	—	31d	—	30d	—	29d	—	28d	—	26d	—
		50%	57d	50d	—	45d	—	41d	—	36d	—	35d	—	34d	—	32d	—	31d	—
	HRB335 HRBF335	≤25%	48d	42d	—	36d	—	34d	—	31d	—	29d	—	28d	—	26d	—	25d	—
		50%	56d	49d	—	42d	—	39d	—	36d	—	34d	—	32d	—	31d	—	31d	—
	HRB400 HRBF400	≤25%	—	50d	55d	44d	49d	41d	44d	36d	41d	35d	40d	34d	38d	32d	36d	31d	35d
		50%	—	59d	64d	52d	57d	48d	52d	41d	56d	39d	45d	38d	42d	36d	41d		
	HRB500 HRBF500	≤25%	—	60d	67d	54d	59d	49d	54d	44d	50d	43d	47d	41d	44d	40d	44d	38d	42d
		50%	—	70d	78d	63d	69d	57d	63d	53d	59d	50d	55d	48d	52d	46d	50d	45d	49d

注：当不同直径的钢筋搭接时，表中 d 值取较细钢筋的直径；在任何情况下搭接长度不得小于300mm；当为环氧树脂涂层带肋钢筋时，乘以系数 1.25；当施工过程中易受扰动的钢筋，乘以系数 1.10。

（2）焊接连接　焊接连接包括对焊、单面焊、双面焊、电渣压力焊、气压焊等几种情况。对于纵向受拉钢筋焊接连接的区段规定如图 11-3 所示。

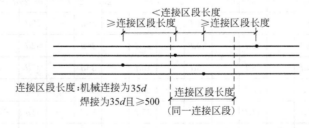

图 11-3　同一连接区段纵向受拉钢筋机械连接、焊接接头

（3）机械连接　机械连接包括直螺纹连接、锥螺纹连接、套管冷挤压连接等几种情况。对于纵向受拉钢筋机械连接的区段规定如图 11-3 所示。

当受拉钢筋直径＞25mm 及受压钢筋直径＞28mm 时，不易采用绑扎搭接；轴心受拉及小偏心受拉构件中纵向受力钢筋不应采用绑扎搭接。

5.钢筋弯勾的计算

钢筋弯勾根据弯折的角度不同取不同的值，纵向钢筋一般按图 11-4 计算。箍筋及拉筋一般按图 11-5 计算。

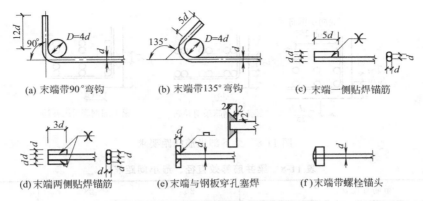

(a) 末端带90°弯钩   (b) 末端带135°弯钩   (c) 末端一侧贴焊锚筋

(d) 末端两侧贴焊锚筋   (e) 末端与钢板穿孔塞焊   (f) 末端带螺栓锚头

图 11-4   纵向钢筋弯钩与机械锚固形式

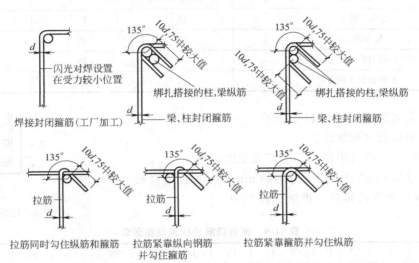

图 11-5   封闭箍筋及拉筋弯钩构造

非框架梁及不考虑地震作用的悬挑梁、箍筋及拉筋弯钩平直段长度可为 $5d$；当构件受扭时，箍筋及拉筋弯钩平直段长度应为 $10d$。

拉结筋的构造如图 11-6 所示。

6. 梁、柱中纵向钢筋间距要求

梁中纵向钢筋分为上部纵筋和下部纵筋，上部纵筋间距要求如图 11-7 所示，下部纵筋间距要求如图 11-8 所示。其中，d 为钢筋最大直径。梁并筋等效直径和最小间距按表 11-8 计算。

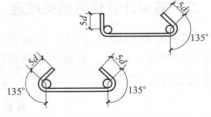

图 11-6   拉结筋构造

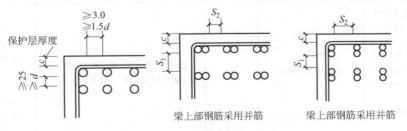

图 11-7   梁上部纵筋间距要求

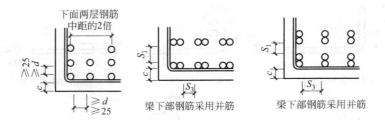

图 11-8　梁下部纵筋间距要求

表 11-8　梁并筋等效直径、最小间距表

单筋直径 d	25	28	32
并筋根数	2	2	2
等效直径 d_{eq}	35	39	45
层净距 S_1	35	39	45
上部钢筋净距 S_2	53	59	68
下部钢筋净距 S_3	35	39	45

柱中纵筋间距要求如图 11-9 所示。

7. 钢筋单位长度重量计算

钢筋重量与直径（半径）的平方成正比。

每米的重量（kg）＝钢筋的直径（mm）×钢筋的直径（mm）× 0.00617。常用钢筋公称直径重量见表 11-9。

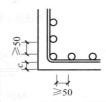

图 11-9　柱纵筋间距要求

表 11-9　常用钢筋公称直径重量表

直径/mm	6	8	10	12	14	16	18	20	22	25	28	32
重量/（kg/m）	0.222	0.395	0.617	0.888	1.21	1.58	2.0	2.47	2.98	3.85	4.83	6.31

二、清单计算规范相关规定

《房屋建筑与装饰工程工程量计算规范》附录 E.15 钢筋工程（010515）、E.16 螺栓、铁件（010516）项目，主要用来计算钢筋混凝土工程中的钢筋、螺栓、铁件。其具体清单分项如表 E.15、表 E.16。

表 E.15　钢筋工程（010515）

项目编码	项目名称	项目特征	计量单位	工程量计算规则	工作内容
010515001	现浇构件钢筋				1. 钢筋制作、运输 2. 钢筋安装 3. 焊接（绑扎）
010515002	预制构件钢筋	钢筋种类、规格	t	按设计图示钢筋（网）长度（面积）乘单位理论质量计算	
010515003	钢筋网片				1. 钢筋网制作、运输 2. 钢筋网安装 3. 焊接（绑扎）

续表

项目编码	项目名称	项目特征	计量单位	工程量计算规则	工作内容
010515004	钢筋笼	钢筋种类、规格		按设计图示钢筋（网）长度（面积）乘单位理论质量计算	1.钢筋笼制作、运输 2.钢筋笼安装 3.焊接（绑扎）
010515005	先张法预应力钢筋	1.钢筋种类、规格 2.锚具种类		按设计图示钢筋长度乘单位理论质量计算	1.钢筋制作、运输 2.钢筋张拉
010515006	后张法预应力钢筋		t	按设计图示钢筋（丝束、绞线）长度乘单位理论质量计算。 1.低合金钢筋两端均采用螺杆锚具时，钢筋长度按孔道长度减0.35m计算，螺杆另行计算 2.低合金钢筋一端采用镦头插片、另一端采用螺杆锚具时，钢筋长度按孔道长度计算，螺杆另行计算 3.低合金钢筋一端采用镦头插片、另一端采用帮条锚具时，钢筋增加0.15m计算；两端均采用帮条锚具时，钢筋长度按孔道长度增加0.3m计算 4.低合金钢筋采用后张混凝土自锚时，钢筋长度按孔道长度增加0.35m计算	
010515007	预应力钢丝	1.钢筋种类、规格 2.钢丝种类、规格 3.钢绞线种类、规格 4.锚具种类 5.砂浆强度等级		5.低合金钢筋（钢绞线）采用JM、XM、QM型锚具，孔道长度≤20m时，钢筋长度增加1m计算，孔道长度>20m时，钢筋长度增加1.8m计算 6.碳素钢丝采用锥形锚具，孔道长度≤20m时，钢丝束长度按孔道长度增加1m计算，孔道长度>20m时，钢丝束长度按孔道长度增加1.8m计算 7.碳素钢丝采用镦头锚具时，钢丝束长度按孔道长度增加0.35m计算。	1.钢筋、钢丝、钢绞线制作、运输 2.钢筋、钢丝、钢绞线安装 3.预埋管孔道铺设 4.锚具安装 5.砂浆制作、运输 6.孔道压浆、养护
010515008	预应力钢绞线				
010515009	支撑钢筋（铁马）	1.钢筋种类 2.规格		按钢筋长度乘单位理论质量计算	钢筋制作、焊接、安装
010515010	声测管	1.材质 2.规格型号		按设计图示尺寸质量计算	1.检测管截断、封头 2.套管制作、焊接 3.定位、固定

注：1.现浇构件中伸出构件的锚固钢筋应并入钢筋工程量内。除设计（包括规范规定）标明的搭接外，其他施工搭接不计算工程量，在综合单价中综合考虑。

2.现浇构件中固定位置的支撑钢筋、双层钢筋用的"铁马"在编制工程量清单时，其工程数量可为暂估量，结算时按现场签证数量计算。

表 E.16　螺栓、铁件（010516）

项目编码	项目名称	项目特征	计量单位	工程量计算规则	工作内容
010516001	螺栓	1. 螺栓种类；2. 规格	t	按设计图示尺寸以质量计算	1. 螺栓、铁件制作、运输；2. 螺栓、铁件安装
010516002	预埋铁件	1. 钢材种类；2. 规格；3. 铁件尺寸			
010516003	机械连接	1. 连接方式；2. 螺纹套筒种类；3. 规格	个	按数量计算	1. 钢筋套丝；2. 套筒连接

注：编制工程量清单时，其工程数量可为暂估量，实际工程量按现场签证数量计算。

三、全国消耗量定额相关规定

（1）钢筋工程按钢筋的不同品种和规格以现浇构件、预制构件、预应力构件以及箍筋分别列项，钢筋的品种、规格比例按常规工程设计综合考虑。

（2）除定额规定单独列项计算以外，各类钢筋、铁件的制作成型、绑扎、安装、接头、固定所用人工、材料、机械消耗均已综合在相应项目内；设计另有规定者，按设计要求计算。直径 25mm 以上的钢筋连接按机械连接考虑。

（3）钢筋工程中措施钢筋，按设计图纸规定及施工验收规范要求计算，按品种、规格执行相应项目。如采用其他材料时，另行计算。

（4）现浇构件冷拔钢丝按 $\phi10$ 以内钢筋制作安装项目执行。

（5）型钢组合混凝土构件中，型钢骨架执行金属结构工程相应项目；钢筋执行现浇构件钢筋相应项目，人工乘以系数 1.50、机械乘以系数 1.15。

（6）弧形构件钢筋执行钢筋相应项目，人工乘以系数 1.05。

（7）混凝土空心楼板中钢筋网片，执行现浇构件钢筋相应项目，人工乘以系数 1.3、机械乘以系数 1.15。

（8）预应力混凝土构件中的非预应力钢筋按钢筋相应项目执行。

（9）非预应力钢筋未包括冷加工，如设计要求冷加工时，另行计算。

（10）预应力钢筋如设计要求人工时效处理时，应另行计算。

（11）后张法钢筋的锚固是按钢筋帮条焊、U 型插垫编制的，如采用其他方法锚固时，应另行计算。

（12）预应力钢丝束、钢绞线综合考虑了一端、两端张拉；锚具按单锚、群锚分别列项，单锚按单孔锚具列入，群锚按 3 孔列入。预应力钢丝束、钢绞线长度大于 50m 时，应采用分段张拉；用于地面预制构件时，应扣除项目中张拉平台摊销费。

（13）植筋不包括植入的钢筋制作、化学螺栓，钢筋制作，按钢筋制作安装相应项目执行，化学螺栓另行计算，使用化学螺栓，应扣除植筋胶的消耗量。

（14）地下连续墙钢筋笼安放，不包括钢筋笼制作，钢筋笼制作按现浇钢筋制作安装相应项目执行。

（15）固定预埋铁件所消耗的材料按实计算，执行相应项目。

（16）现浇混凝土小型构件，执行现浇构件钢筋相应项目，人工、机械乘以系数 2。

四、全国消耗量定额工程量计算规则

（1）现浇、预制构件钢筋，按设计图示钢筋长度乘以单位理论质量计算。

（2）钢筋搭接长度应按设计图示及规范要求计算；设计图示及规范要求未标明搭接长度的，不另计算搭接长度。

（3）钢筋的搭接（接头）数量应按设计图示及规范要求计算；设计图示及规范要求未标明的，按以下规定计算：

① ϕ10 以内的长钢筋按每 12m 计算一个钢筋搭接（接头）；

② ϕ10 以上的长钢筋按每 9m 计算一个钢筋搭接（接头）。

（4）先张法预应力钢筋按设计图示钢筋长度乘以单位理论质量计算。

（5）后张法预应力钢筋按设计图示钢筋长度乘以单位理论质量计算。

① 低合金钢筋两端均采用螺杆锚具时，钢筋长度按孔道长度减 0.35m 计算，螺杆另行计算。

② 低合金钢筋一端采用镦头插片、另一端采用螺杆锚具时，钢筋长度按孔道长度计算，螺杆另行计算。

③ 低合金钢筋一端采用镦头插片、另一端采用帮条锚具时，钢筋增加 0.15m 计算；

④ 两端均采用帮条锚具时，钢筋长度按孔道长度增加 0.3m 计算。

⑤ 低合金钢筋采用后张混凝土自锚时，钢筋长度按孔道长度增加 0.35m 计算。低合金钢筋（钢绞线）采用 JM、XM、QM 型锚具，孔道长度≤20m 时，钢筋长度增加 1m 计算，孔道长度＞20m 时，钢筋长度增加 1.8m 计算。

⑥ 碳素钢丝采用锥形锚具，孔道长度≤20m 时，钢丝束长度按孔道长度增加 1m 计算，孔道长度＞20m 时，钢丝束长度按孔道长度增加 1.8m 计算。

⑦ 碳素钢丝采用镦头锚具时，钢丝束长度按孔道长度增加 0.35m 计算。

（6）预应力钢丝束、钢绞线锚具安装按套数计算。

（7）当设计要求钢筋接头采用机械连接时，按数量计算，不再计算该处的钢筋搭接长度。

（8）植筋按数量计算，植入钢筋按外露和植入部分之和长度乘以单位理论质量计算。

（9）钢筋网片、混凝土灌注桩钢筋笼、地下连续墙钢筋笼按设计图示钢筋长度乘以单位理论质量计算。

（10）混凝土构件预埋铁件、螺栓，按设计图示尺寸，以质量计算。

钢筋工程的最大难点不在于如何进行清单分项，而在于如何将图纸中的钢筋、螺栓、铁件的工程量计算出来，即造价人员常说的钢筋抽样。本章根据最新《混凝土结构施工图平面整体表示方法制图规则和构造详图》（简称"平法图集"）进行讲解如何进行钢筋抽样。现行平法图集主要有三本，即 16G101-1（现浇混凝土框架、剪力墙、梁、板）、16G101-2（现浇混凝土板式楼梯）、16G101-3（独立基础、条形基础、筏形基础及桩承台）。

第二节 梁平法钢筋工程量的计算

一、梁的平面表示方法

1. 平面注写方式

系在梁平面布置图上，分别在不同编号的梁中各选一根梁，在其上注写梁的截面尺寸和配筋的具体数值，见图 11-10。平面注写包括集中标注和原位标注。集中标注表达梁的通用数值，原位标注表达梁的特殊数值。当集中标注中的某项数值不适用于梁的某部位时，则将该项数值用原位标注，使用时，原位标注取值优先。

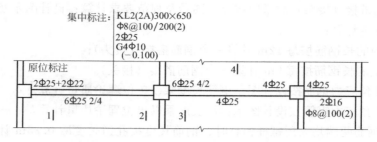

图 11-10　平面注写方式示例图

2. 截面注写方式

系在梁平面布置图上，分别在不同编号的梁中各选择 1 根梁，用剖面号引出配筋图，并在其上注写梁的截面尺寸和配筋具体数值。

将图 11-10 中 KL2 用截面注写方式表示（见图 11-11）。

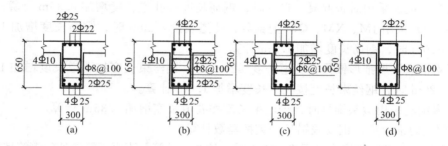

图 11-11　截面注写方式示例图

3. 集中标注内容解释

（1）梁编号　在实际工程中可能遇到各种各样的梁，平法图集将梁归类如下，见表 11-10。

表 11-10　梁的分类及编号

梁类型	代号	序号	跨数及是否带有悬挑
楼层框架梁	KL	XX	(XX)、(XXA)或(XXB)
楼层框架扁梁	KBL	XX	(XX)、(XXA)或(XXB)
屋面框架梁	WKL	XX	(XX)、(XXA)或(XXB)
框支梁	KZL	XX	(XX)、(XXA)或(XXB)
托柱转换梁	TZL	XX	(XX)、(XXA)或(XXB)
非框架梁	L	XX	(XX)、(XXA)或(XXB)
悬挑梁	XL	XX	(XX)、(XXA)或(XXB)
井字梁	JZL	XX	(XX)、(XXA)或(XXB)

注：(XXA) 为一端悬挑，(XXB) 为两端悬挑，悬挑不计入跨数。

例：KL2 (2A) 表示第 2 号框架梁，2 跨，一端悬挑；

L9 (7B) 表示第 9 号非框架梁，7 跨，两端有悬挑。

（2）梁截面　梁编号后面紧跟着是梁的截面，一般用"截面宽×截面高"表示，如：

300×650 表示梁的截面宽为 300mm，截面高为 650mm。

（3）箍筋的表示方法　箍筋包括钢筋级别、直径、加密区与非加密区间距及肢数等内容。

例：φ10@100/200（4），表示箍筋为一级钢筋，直径为 φ10，加密区间距为 100，非加密区间距为 200，均为四肢箍。

φ8@100（4）/150（2），表示箍筋为一级钢筋，直径为 φ8，加密区间距为 100，四肢箍；非加密区间距为 150，两肢箍。

13φ10@150/200（4），表示箍筋为一级钢筋，直径为 φ10；梁的两端各有 13 根四肢箍，间距为 150；梁的中部间距为 200，四肢箍。

18φ12@150（4）/200（2），表示箍筋为一级钢筋，直径 φ12；梁两端各有 18 根四肢箍，间距为 150；梁跨中部分，间距为 200，双肢箍。

（4）梁上下通长筋和架立筋的表示方法

① 如果只有上部通长筋，没有下部通长筋，则集中标注只表示上部通长筋。

例：图 11-11 集中标注中 2φ25 表示上部通长筋为两根二级钢筋，直径为 25。

② 如果同时有上部通长筋和下部通长筋，用分号"；"隔开。

例：2φ22；3φ25 表示梁上部通长筋为 2 根二级钢筋，直径为 22；梁下部通长筋为 3 根二级钢筋，直径为 25。

③ 架立筋需要用括号将其括起来。

例：2φ22＋（4φ12）用于六肢箍，其中 2φ22 为通长筋，4φ12 为架立筋。

（5）梁侧面纵筋表示方法

① 构造腰筋：当梁腹高（梁高－板厚）≥450mm 时，需配置纵向构造钢筋，此项注写值以大写字母 G 打头。其根数表示梁两侧的总根数，且对称配置。

例：G4φ12，表示梁的两个侧面共配置 4φ12 的纵向构造钢筋，每侧各配置 2φ12。

② 抗扭腰筋：当两侧需配置受扭纵向钢筋时，此项注写值以大写字母 N 打头。

例：N6φ22，表示梁的两个侧面共配置 6φ22 的受扭纵向钢筋，每侧各配置 3φ22。

（6）梁顶面标高高差表示方法（该项为选注值）　梁顶面标高高差，系指相对于结构层楼面标高的高差值，有相对高差时，须将其写入括号内，无高差时不注。

当某梁的顶面高于所在结构层的楼面标高时，其标高高差为正值；反之为负值。例：某结构层的楼面标高为 44.950m，当某梁的梁顶面标高高差注写值为（－0.05）时，即表明该梁顶面标高相对于 44.950m 低 0.05m。

4.原位标注内容解释

（1）梁支座上部纵筋表示方法

① 当上部纵筋为一排时，用图 11-12 方式表示。

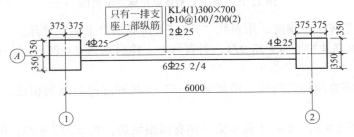

图 11-12　端支座原位标注示例图

② 当上部纵筋多于一排时，用斜线"/"将各排纵筋自上而下分开。

例：梁支座上部纵筋注写为 6Φ25 4/2，则表示上一排纵筋为 4Φ25，下一排纵筋为 2Φ25。

③ 当同排纵筋有两种直径时，用加号"＋"将两种直径的纵筋相连，注写时将角筋写在前面。

例：梁支座上部有四根纵筋，2Φ25 放在角部，2Φ22 放在中部，在梁支座上部应注写为 2Φ25＋2Φ22。

④ 当梁中间支座两边的上部纵筋不同时，须在支座两边分别标注，见图 11-13。

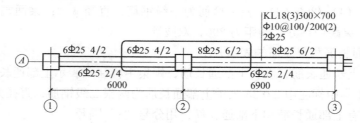

图 11-13　中间支座原位标注示例图

当梁中间支座两边的上部纵筋相同时，可仅在支座的一边标注配筋值，另一边省去不注，见图 11-14。

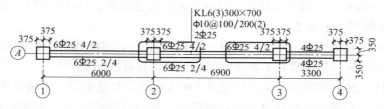

图 11-14　中间支座原位标注示例图

（2）梁下部纵筋的表示方法

① 当梁下部纵筋为一排时，用下列方式表示，见图 11-15。

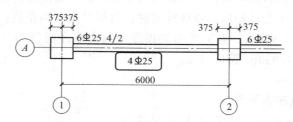

图 11-15　梁下部钢筋原位标注示例图

② 当下部纵筋多于一排时，用斜线"/"将各排纵筋自上而下分开。

例：梁下部纵筋注写为 6Φ25 2/4，则表示上一排纵筋为 2Φ25，下一排纵筋为 4Φ25，全部伸入支座。

③ 当同排纵筋有两种直径时，用加号"＋"将两种直径的纵筋相连，注写时角筋写在前面。

例：下部纵筋 2Φ25＋2Φ22 表示梁下部有四根纵筋，角部为 2Φ25，中间为 2Φ22。

④ 当梁下部纵筋不全伸入支座时候，将梁支座下部纵筋减少的数量写在括号内。

例：梁下部纵筋注写为 6Φ25 2(-2)/4，则表示上排纵筋为 2Φ25，且不伸入支座；下一排纵筋为 4Φ25，全部伸入支座。

梁下部纵筋注写为 2Φ25+3Φ22(-3)/5Φ25，则表示上排纵筋为 2Φ25 和 3Φ22，其中 3Φ22 不伸入支座；下一排纵筋为 5Φ25，全部伸入支座。

（3）梁加腋的表示方法　当梁设置竖向加腋时，加腋部位下部斜纵筋应在支座下部以 Y 打头注写在括号内，如图 11-16 所示。当梁设置水平加腋时，水平加腋内上、下部斜纵筋应在加腋支座上部以 Y 打头注写在括号内，上下部斜纵筋之间用 "/" 分隔，如图 11-17 所示。

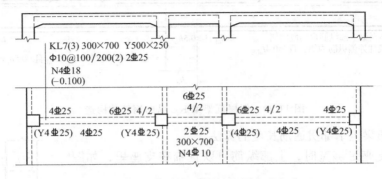

图 11-16　梁竖向加腋平面注写表达方式

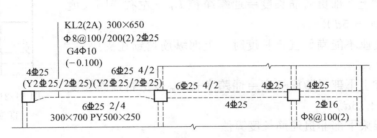

图 11-17　梁水平加腋平面注写表达方式

（4）吊筋的表示方法　吊筋要画在平面图的主梁上，用引线注写总配筋值，见图 11-18。

（5）附加箍筋的表示方法　附加箍筋将其直接画在主梁上，括号内的数字表示肢数，见图 11-19。

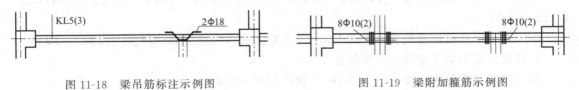

图 11-18　梁吊筋标注示例图　　　　　　　　图 11-19　梁附加箍筋示例图

二、梁中钢筋工程量的计算

（一）楼层框架梁 KL 钢筋的计算方法

1. 楼层框架梁 KL 纵向钢筋构造

楼层框架梁 KL 纵向钢筋的构造如图 11-20 所示。

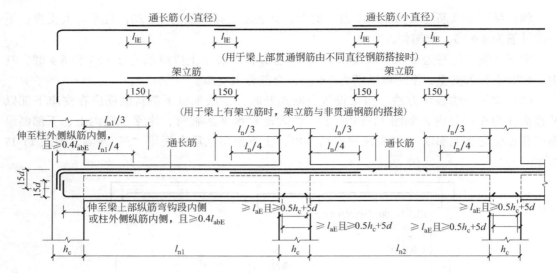

图 11-20　楼层框架梁 KL 纵向钢筋的构造

2. 楼层框架梁上下部贯通筋长度的算法

（1）当梁支座足够宽时，上部纵筋可以直锚在支座里，如图 11-21 所示。

楼层框架梁上下部贯通筋长度＝通跨净长 L_n＋左右锚固长度 $\max[l_{aE}，(0.5h_c+5d)]$

（2）当梁支座不能满足直锚长度时，上部纵筋弯锚在支座里，如图 11-20 所示。

楼层框架梁上下部贯通筋长度＝通跨净长 L_n＋左右锚固长度 $(h_c-$保护层厚$+15d)$

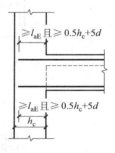

图 11-21　梁端支座
直锚示例图

3. 楼层框架梁下部非贯通筋长度算法

（1）当端支座足够宽时，端支座下部非贯通筋直锚在端支座里，下部非贯通筋长度按如下公式计算：

下部非贯通筋长度＝净跨 L_n＋左右锚固长度 $\max[l_{aE}，(0.5h_c+5d)]$

（2）当端支座不能满足直锚长度时，必须弯锚，非贯通筋长度计算如下：

边跨下部非贯通筋长度＝净跨 L_n＋端支座$(h_c-$保护层厚$+15d)$＋中间支座 $\max[l_{aE}，(0.5h_c+5d)]$

中间跨下部非贯通筋长度＝净跨 L_{n2}＋左右锚入支座内长度 $\max[l_{aE}，(0.5h_c+5d)]$

4. 楼层框架梁端支座负筋长度算法

第一排端支座负筋长度＝$l_{n1}/3+(h_c-$保护层厚$+15d)$

第二排端支座负筋长度＝$l_{n1}/4+(h_c-$保护层厚$+15d)$

5. 楼层框架梁中间支座负筋长度算法

第一排中间支座负筋长度＝$2\times L_n/3+h_c$（这里 L_n 取 L_{n1} 和 L_{n2} 中较大值）。

第二排中间支座负筋长度＝$2\times L_n/4+h_c$（这里 L_n 取 L_{n1} 和 L_{n2} 中较大值）。

6. 楼层框架梁架立筋长度算法

连接框架梁第一排支座负筋的钢筋叫架立筋，架立筋主要起固定梁中间箍筋的作用，见图 11-22。

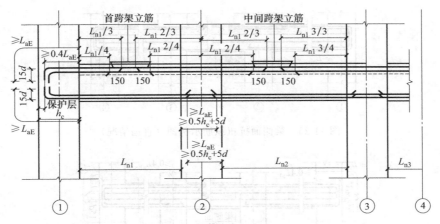

图 11-22　梁架立筋示例图

边跨架立筋长度＝$L_{n1}-L_{n1}/3-\max(L_{n1}, L_{n2})/3+150\times2$

中间跨架立筋长度＝$L_{n2}-\max(L_{n1}, L_{n2})/3-\max(L_{n2}, L_{n3})/3+150\times2$

7. 框架梁侧面纵筋长度算法

梁侧面纵筋分构造纵筋和抗扭纵筋。

(1) 框架梁侧面构造纵筋长度算法　梁侧面构造纵筋截面图见图 11-23。

① 当梁净高 $h_w\geq450$ 时，在梁的两个侧面沿高度配置纵向构造钢筋；纵向构造钢筋间距 $a\leq200$mm。

② 当梁宽≤350mm 时，拉筋直径为 6mm；梁宽>350mm 时，拉筋直径为 8mm。拉筋间距为非加密间距的两倍。当设有多排拉筋时，上下两排拉筋竖向错开设置。

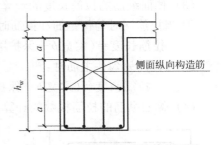

图 11-23　梁侧面构造纵筋截面图

梁侧面构造纵筋长度按图 11-24 进行计算。

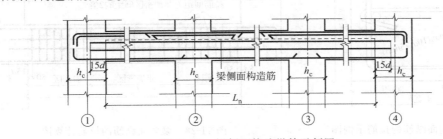

图 11-24　梁侧面构造纵筋示例图

由图 11-24 可知：

$$梁侧面构造纵筋=L_n+15d\times2(L_n 为梁通跨净长)$$

(2) 框架梁侧面抗扭纵筋长度算法　梁侧面抗扭钢筋的计算方法和下通筋一样，也分两种情况，直锚情况和弯锚情况。

① 当端支座足够大时，梁侧面抗扭纵向钢筋直锚在端支座里，见图 11-25。

梁侧面抗扭纵向钢筋长度＝通跨净长 L_n＋左右锚固长度 $\max[L_{aE}, (0.5h_c+5d)]$

② 当支座不能满足直锚长度时，必须弯锚，见图 11-26。

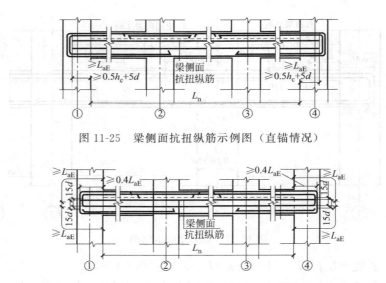

图 11-25 梁侧面抗扭纵筋示例图（直锚情况）

图 11-26 梁侧面抗扭纵筋示例图（弯锚情况）

梁侧面抗扭纵向钢筋长度＝通跨净长 L_n＋左右锚固长度$(h_c-$保护层厚$+15d)$

（3）侧面纵筋的拉筋长度的计算 由侧面纵筋一定有拉筋，拉筋配置见图 11-27。

① 当拉筋同时勾住主筋和箍筋时：

$$拉筋长度＝(梁宽 b-保护层\times2)+2d+1.9d\times2+\max(10d,75mm)\times2$$

② 当拉筋只勾住主筋时：

$$拉筋长度＝(梁宽 b-保护层\times2)+1.9d\times2+\max(10d,75mm)\times2$$

（4）侧面纵筋的拉筋根数的计算 拉筋根数配置见图 11-28。

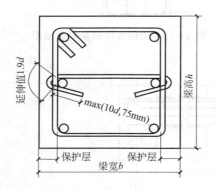

图 11-27 梁侧面纵筋的拉筋示例图

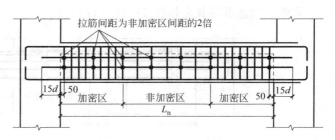

图 11-28 梁侧面纵筋的拉筋计算图

根据图 11-28，拉筋根数＝$(L_n-50\times2)/$非加密区间距的 2 倍$+1$

8. 楼层框架梁箍筋的算法

（1）箍筋的形式 箍筋的形式一般有矩形箍筋和螺旋箍筋两种形式，如图 11-29 所示。

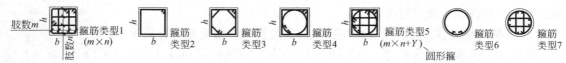

图 11-29 箍筋形式

（2）箍筋长度

① 双支箍　如图 11-30 所示为一双支箍，其长度计算如下：

箍筋长度＝（H＋B）×2－保护层×8＋1.9d×2＋max(10d,75mm)×2

② 四支箍　四支箍长度＝一个双支箍长度×2

＝｛[（B－2b＋d）×0.667＋（H－2b＋d）]×2＋1.9d×2＋max(10d,75mm)×2｝×2

式中，b 表示保护层厚度。

③ 螺旋箍　螺旋箍长度＝$\sqrt{(螺距)^2＋(3.14×螺旋直径)^2}$×螺旋圈数

（3）梁箍筋根数的算法

1）一级抗震箍筋根数的算法

① 一级抗震箍筋根数按图 11-31 计算。

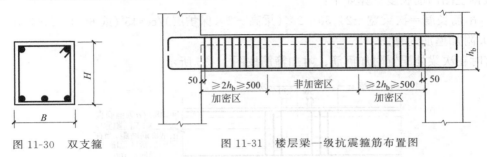

图 11-30　双支箍　　　　　　　图 11-31　楼层梁一级抗震箍筋布置图

② 根据图 11-31，一级抗震箍筋根数计算见表 11-11。

箍筋根数＝加密区根数×2＋非加密区根数

表 11-11　一级抗震箍筋根数计算

加密区根数计算	非加密区根数计算
[（梁高 h_b×2－50)/加密间距＋1]×2	(净跨长－加密区长×2)/非加密间距－1

2）二～四级抗震箍筋根数的算法　按图 11-32 计算。

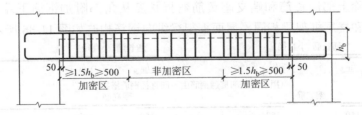

图 11-32　楼层梁二～四级抗震箍筋布置图

根据图 11-32，二～四级抗震箍筋根数计算见表 11-12。

箍筋根数＝加密区根数×2＋非加密区根数

表 11-12　二～四级抗震箍筋根数计算

加密区根数计算	非加密区根数计算
[（梁高 h_b×1.5－50)/加密间距＋1]×2	(净跨长－加密区长×2)/非加密间距－1

9.吊筋的算法

（1）当主梁为次梁的支座时，会出现吊筋，吊筋一般用图 11-33 表示。

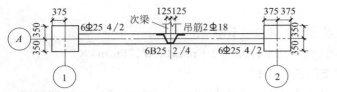

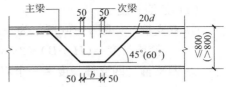

图 11-33　梁吊筋示例图　　　　　　　　　图 11-34　附加吊筋构造

（2）吊筋构造详图如图 11-34 所示。

当主梁高≤800mm 时，吊筋弯折角度为 45°；当主梁高＞800mm 时，吊筋弯折角度为 60°。

根据上图吊筋长度计算如下：

吊筋长度＝次梁宽＋2×50＋2×（梁高－2×保护层）/cos45°（或 60°）＋2×20d

10. 附加箍筋的算法

有时在次梁处配置附加箍筋，附加箍筋按图 11-35 所示。

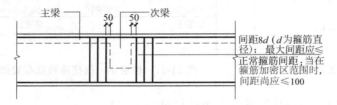

图 11-35　附加箍筋构造

附加箍筋长度算法和箍筋的计算方法一样。

附加箍筋的间距为 8d 且≤100mm，附加根数按图纸标注计算。

（二）屋面框架梁钢筋的计算方法

1. 屋面框架梁 WKL 纵向钢筋构造

屋面框架梁除上部通长筋和端支座负筋弯折长度从角部附加钢筋下端下延长 15d 外，其他钢筋的算法和楼层框架梁相同，屋面框架梁纵向钢筋构造如图 11-36 所示。

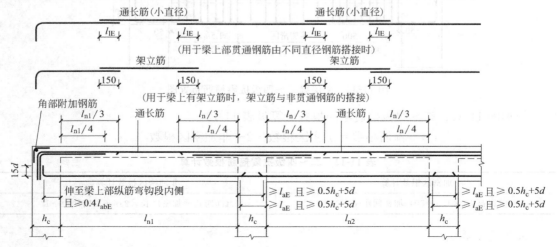

图 11-36　屋面框架梁 WKL 纵向钢筋构造

2.屋面框架梁上部贯通筋长度算法

屋面框架梁上部贯通筋长度＝通跨净长＋（左端支座宽－保护层＋300＋15d）＋（右端支座宽－保护层＋300＋15d）

3.屋面框架梁上部第一排负筋长度算法

屋面框架梁上部第一排负筋长度＝净跨L_{n1}/3＋（左端支座宽－保护层＋300＋15d）

4.屋面框架梁上部第二排负筋长度算法

屋面框架梁上部第二排负筋长度＝净跨L_{n1}/4＋（左端支座宽－保护层＋300＋15d）

（三）非框架梁钢筋的计算方法

1.非框架梁配筋构造

非框架梁除端支座负筋和下部钢筋算法与框架梁不同外，其他和框架梁的算法相同。非框架梁配筋见图11-37。

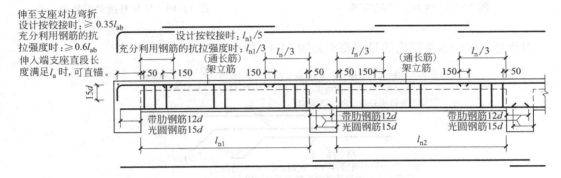

图 11-37　非框架梁配筋构造

2.非框架梁下部钢筋的算法

带肋钢筋：非框架梁下部钢筋长度＝跨净长＋12d×2

光圆钢筋：非框架梁下部钢筋长度＝跨净长＋15d×2

3.非框架梁端支座负筋的算法

设计按铰接时：非框架梁端支座负筋长度＝l_{n1}/5＋（支座宽－保护层＋15d）

充分利用钢筋抗拉强度时：非框架梁端支座负筋长度＝l_{n1}/3＋（支座宽－保护层＋15d）

（四）不伸入支座的梁下部纵向钢筋的断点位置

不伸入支座的梁下部纵向钢筋的断点位置如图11-38所示。

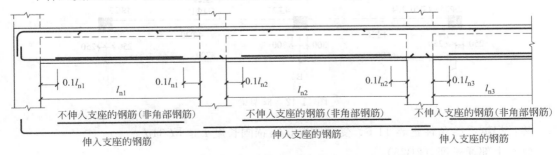

图 11-38　不伸入支座的梁下部纵向钢筋的断点位置

（五）悬挑梁钢筋的计算方法

悬挑梁分为纯悬挑梁和延伸悬挑梁。通常纯悬挑梁配筋方式如图 11-39 所示，延伸悬挑梁配筋如图 11-40 所示。

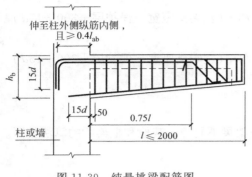

图 11-39　纯悬挑梁配筋图

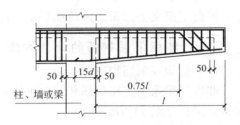

图 11-40　延伸悬挑梁配筋图

对于悬挑梁中这类钢筋的设置要求如图 11-41 所示。

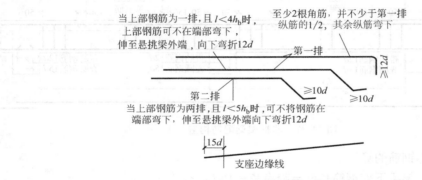

图 11-41　悬挑梁中钢筋配筋要求

三、应用案例

【案例 11-1】　已知框架梁 KL3（2），如图 11-42 所示，混凝土强度 C30，纵向钢筋 HRB335，抗震等级三级，受力筋混凝土保护层厚度为 30mm。计算框架梁的钢筋工程量。

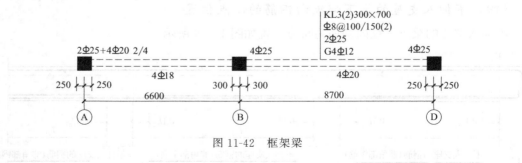

图 11-42　框架梁

解：根据已给条件查表 11-5，受拉钢筋抗震锚固长度 L_{aE} 取 31d。

（1）上部通长筋（2B25）

单支钢筋长度＝6.6＋8.7＋0.25×2－2×0.03＋2×15×0.025＝16.49(m)

B25 钢筋每米长度重量为 3.85kg，则：

钢筋重量 $G=16.49×2×3.85=126.97(kg)$

（2）端支座角筋：

A 支座：（4B20）

单支钢筋长度：$(6.6-0.25-0.3)/4+0.5-0.03+15×0.020=2.28(m)$

B20 钢筋每米长度重量为 3.47kg，则：

钢筋重量 $G=2.28×4×2.47=22.53(kg)$

D 支座：（2B25）

单支钢筋长度：$(8.7-0.25-0.3)/3+0.5-0.03+15×0.025=3.56(m)$

钢筋重量 $G=3.56×2×3.85=27.41(kg)$

（3）中支座直筋（2B25）

单支钢筋长度：$2×(8.7-0.25-0.3)/3+0.6=6.03(m)$

钢筋重量 $G=6.03×2×3.85=46.43(kg)$

（4）下部纵筋：

AB 跨：（4B18）

单支钢筋长度$=6.6-0.25-0.3+0.5-0.03+15×0.018+31×0.018=7.35(m)$

B18 钢筋每米长度重量为 2.00kg，则：

钢筋重量 $G=7.35×4×2=58.80(kg)$

BD 跨（4B20）

单支钢筋长度$=8.7-0.25-0.3+0.5-0.03+15×0.02+31×0.02=9.54(m)$

钢筋重量 $G=9.54×4×2.47=94.26(kg)$

（5）梁中构造筋

AB 跨：（4A12）

单支钢筋长度$=6.6-0.25-0.3+2×15×0.012=6.41(m)$

B12 钢筋每米长度重量为 0.888kg/m，则：

钢筋重量 $G=6.41×4×0.888=22.77(kg)$

BD 跨：（4A12）

单支钢筋长度$=8.7-0.25-0.3+2×15×0.012=8.51(m)$

钢筋重量 $G=8.51×4×0.888=30.23(kg)$

（6）箍筋

本工程抗震等级三级，箍筋弯钩增加长度取 $11.9d$。

单支箍筋长度$=2×(0.3+0.7)-8×0.030+2×11.9×0.008=1.86(m)$

$$AB 跨支数=\frac{6.6-0.25-0.3-2×1.5×0.7}{0.15}+\left(\frac{1.5×0.7-0.05}{0.1}\right)×2+1=48(支)$$

$$BD 跨支数=\frac{8.7-0.25-0.3-2×1.5×0.7}{0.15}+\left(\frac{1.5×0.7-0.05}{0.1}\right)×2+1=62(支)$$

A8 钢筋每米长度重量为 0.395kg，则：

钢筋重量 $G=1.86×(48+62)×0.395=80.82(kg)$

（7）拉筋

本工程梁宽 300mm＜350mm，所以使用直径 6mm 的拉筋。拉筋弯钩增加长度取

1.9d＋75mm。

单支拉筋长度＝0.3－0.03×2＋2×（1.9×0.006＋0.075）＝0.413（m）

拉筋根数

AB跨＝（6.6－0.25－0.3－2×0.05）÷0.3＋1＝21（根）

BD跨＝（8.7－0.25－0.3－2×0.05）÷0.3＋1＝28（根）

总根数＝（21＋28）×2＝98（根）

A6钢筋每米长度重量为0.222kg/m，则：

钢筋重量G＝0.413×98×0.222＝8.99（kg）

第三节　板的钢筋工程量计算

一、有梁楼盖板平法施工图制图规则

有梁楼盖板平法施工图，系在楼面板和屋面板布置图上，采用平面注写的表达方式。板平面注写主要包括板块集中标注和板支座原位标注。

1. 结构平面坐标方向的规定

（1）当两向轴网正交布置时，图面从左至右为 X 方向，从下至上为 Y 方向；

（2）当轴网转折时，局部坐标方向顺轴网转折角度做相应的转折；

（3）当轴网向心布置时，切向为 X 方向，径向为 Y 方向。

2. 板块集中标注

（1）板块集中标注的内容为：板块编号、板厚、贯通纵筋以及当板面标高不同时的标高高差。

（2）对于普通楼面，两向均以一跨为一块板；对于密肋楼盖，两向主梁（框架梁）均以一跨为一块板（非主梁密肋不计）。所有板块应逐一编号，相同编号的板块可择其一做集中标注，其他仅注写置于圆圈内的板编号，以及当板面标高不同时的标高高差。

① 板块编号　板块编号按表 11-13 规定。

表 11-13　板块编号规定

板类型	代号	序号
楼面板	LB	××
屋面板	WB	××
悬挑板	XB	××

② 板厚　板厚注写为 h＝×××；当悬挑板的端部改变截面厚度时，用斜线分隔根部与端部的高度值，注写为 h＝×××/×××；当设计已在图注中统一注明板厚时，此项可不注。

③ 贯通纵筋　贯通纵筋按板块的下部和上部分别注写（当板块上部不设贯通纵筋时则不注），并以 B 代表下部，T 代表上部；B&T 代表下部与上部；X 向贯通筋以 X 打头，Y 向贯通筋以 Y 打头，两向贯通筋配置相同时则以 X&Y 打头。当为单向板时，另一向贯通筋的分布筋可不必注写，而在图中统一注明。

当在某些板内（例如在延伸悬挑板 YXB，或纯悬挑板 XB 的下部）配置有构造钢筋时，则 X 向以 X_C，Y 向以 Y_C 打头注写。

④ 板面标高高差　系指相对于结构层楼面标高的高差，应将其注写在括号内，且有高差时注，无高差时不注。

例：板平法集中标注见图 11-43。

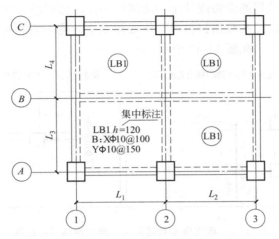

集中标注

LB1 $h=120$
B:Xϕ10@100
Yϕ10@150

图 11-43　板平法集中标注

解：LB1 表示 1 号楼板，板厚 120mm，板下部配置的贯通纵筋 X 向为ϕ10@100，Y 向为ϕ10@150；

板上部未配置贯通纵筋。

⑤重要说明　同一编号板块的类型、板厚和贯通纵筋均应相同，但板面标高、跨度、平面形状以及板支座上部的非贯通纵筋可以不同，如同一编号板块的平面形状可以为矩形、多边形及其他形状等。施工预算时，应根据其实际平面形状，分别计算各块板的混凝土与钢材用量。

3.板支座原位标注

板支座原位标注的内容为：板支座上部非贯通纵筋和纯悬挑板上部受力钢筋。

（1）相关规定　板支座原位标注的钢筋，应在配置相同跨的第一跨表达（当在两悬挑部位单独配置时则在原位表达）。在配置相同跨的第一跨（或梁悬挑部位），垂直板支座（梁或墙）绘制一段适宜长度的中粗实线（当该筋通长设置在悬挑板或端跨板上部时，实线段应画至对边或贯通短跨），以该线段代表支座上部非贯通纵筋，并在线段上方注写钢筋编号、配筋值、横向连续布置跨数，以及是否横向布置到梁的悬挑端。一端悬挑在跨数后面加 A，两端悬挑在跨数后面加 B。具体如图 11-44。

板支座上部非贯通筋自支座中线向跨内的伸出长度，注写在线段的下方位置。当中间支座上部非贯通纵筋向支座两侧对称伸出时，可以仅在支座一侧线段下方标注伸出长度，另一侧不注。当向支座两侧非对称伸出时，应分别在支座两侧线段下方注

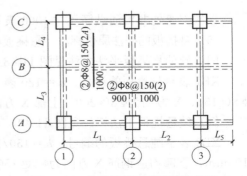

图 11-44　非悬挑板的平法原位标注

写伸出长度。具体见图 11-44 所示。

图 11-45 中 2 轴上的板支座非贯通筋，②表示编号为 2 非贯通钢筋，φ8@150 表示直径为圆 8 的钢筋，间距为 150mm，（2）表示连续布置的跨数为两跨，900、1000 表示自梁支座中线向跨内延伸的长度，两边对称延伸时，另一列可不标注，如 B 轴线上的板支座非贯通的 2 号钢筋所示，A 表示一端有悬挑。

（2）板支座非贯通筋贯通全跨或伸出悬挑端的平法原位标注　对线段画至对边贯通全跨或贯通全悬挑长度的上部通长纵筋，贯通全跨或伸至全悬挑一侧的长度值不注，只注明非贯通筋另一侧的伸出长度值，如图 11-45 所示。

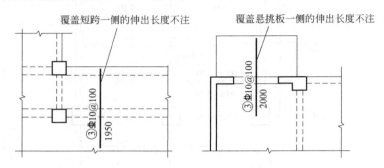

图 11-45　板支座非贯通筋通全跨或伸出至悬挑端

（3）板支座为弧形非贯通纵筋的平法原位标注　当板支座为弧形，支座上部非贯通纵筋呈放射状分布时，应按图 11-46 所示方法表示。

（4）板端支座平法原位标注（见图 11-47）

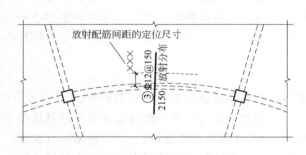

图 11-46　弧形支座处放射配筋

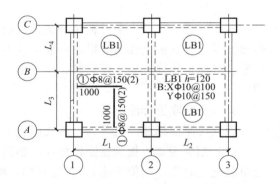

图 11-47　支座单边平法原位标注

板端支座处非贯通纵筋尺寸 1000 表示自支座中线到跨内延伸的长度。

（5）悬挑板的平法原位标注　悬挑板根据钢筋布置的不同可分为延伸悬挑板和纯悬挑板。

例：延伸悬挑板平法标注见图 11-48。

XB1 表示悬挑板的编号，$h = 120$ 表示板的厚度为 120mm，下部构造配钢筋 X 方向为 φ8@150，Y 方向为 φ8@200，上部 X 方向为 φ8@150，Y 方向按 3 号筋布置。

例：纯悬挑板平法标注见图 11-49。

XB2 表示纯悬挑板的编号，$h = 150/100$ 表示板的根部厚度为 150mm，板的端部厚度为 100mm，下部构造钢筋 X 方向为 φ8@150，Y 方向为 φ8@200，上部 X 方向为 φ8@150，Y 方向按 1 号筋布置。

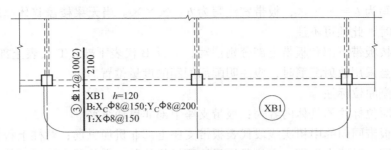

图 11-48　延伸悬挑板平法标注

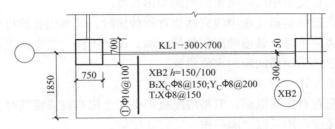

图 11-49　纯悬挑板平法标注

4. 隔一布一布筋方式

当板的上部已配置有贯通纵筋，但需增配板支座上部非贯通纵筋时，应结合已配置的同向贯通纵筋的直径与间距采取"隔一布一"方式配置。

（1）直径相同情况

例：板上部已配置贯通纵筋φ12@250，该跨同向配置的上部支座非贯通纵筋为⑤φ12@250，表示在该支座上部设置的纵筋实际为φ12@125，其中 1/2 为贯通纵筋，1/2 为⑤非贯通纵筋。

（2）直径不同情况

例：板上部已配置贯通纵筋φ10@250，该跨同向配置的上部支座非贯通纵筋为③φ12@250，表示该支座上部设置的纵筋实际为（1φ10＋1φ12）/250，实际间距为 125mm。

二、无梁楼盖平法施工图制图规则

无梁楼盖平法施工图，系在楼面板和屋面板布置图上，采用平面注写的表达方式。板平面注写主要有板带集中标注、板带支座原位标注两部分内容。

1. 板带集中标注

集中标注应在板带贯通纵筋配置相同跨的第一跨（X 向为左端跨，Y 向为下端跨）注写。相同编号的板带可择其一做集中标注，其他仅注写板带编号。板带集中标注的具体内容为：板带编号，板带厚及板带宽和贯通纵筋。板带编号按表 11-14 的规定执行。

表 11-14　板带编号

板带类型	代号	序号	跨数及有无悬挑
柱上板带	ZSB	××	（××）、（××A）或（××B）
跨中板带	KZB	××	（××）、（××A）或（××B）

板带厚注写为 $h=\times\times\times$，板带宽注写为 $b=\times\times\times$。当无梁楼盖整体厚度和板带宽度已在图中注明时，此项可不注。

贯通纵筋按板带下部和板带上部分别注写，并以 B 代表下部，T 代表上部，B&T 代表下部和上部。当采用放射配筋时，应注明配筋间距的度量位置。

2.板带支座原位标注

板带支座原位标注的具体内容为：板带支座上部非贯通纵筋。

以一段与板带同向的中粗实线段代表板带支座上部非贯通纵筋；对柱上板带，实线段贯穿柱上区域绘制；对跨中板带，实线段横贯柱网轴线绘制。在线段上注写钢筋编号、配筋值及在线段的下方注写自支座中线向两侧跨内的伸出长度。

当板带支座非贯通纵筋自支座中线向两侧对称伸出时，其伸出长度可仅在一侧标注；当配置在有悬挑端的边柱上时，该筋伸出到悬挑尽端，设计不注。当支座上部非贯通纵筋呈放射分布时，设计者应注明配筋间距的定位位置。

3.隔一布一布筋方式

当板带上部已配置有贯通纵筋，但需增配板带支座上部非贯通纵筋时，应结合已配置的同向贯通纵筋的直径与间距采取"隔一布一"方式配置。

三、板的钢筋工程量计算

（一）有梁楼盖楼面板 LB 和屋面板 WB 的钢筋计算

1.有梁楼盖楼面板 LB 和屋面板 WB 钢筋构造

有梁楼盖楼面板 LB 和屋面板 WB 钢筋构造如图 11-50 所示，当相邻等跨或不等跨的上部贯通纵筋配置不同时，应将配置较大者越过其标注的跨数终点或起点伸出至相邻跨的跨中连接区域连接。

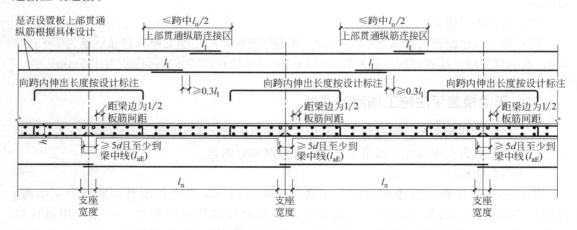

图 11-50 有梁楼盖楼面板 LB 和屋面板 WB 钢筋构造
（括号内的锚固长度 l_{aE} 用于梁板式转换层的板）

除如图 11-50 所示搭接连接外，板纵筋可采用机械连接或焊接连接，上部钢筋连接位置应在图中所示连接区，下部钢筋宜在距支座 1/4 净跨内。

2.板在端部支座的锚固构造

板在端部支座的锚固构造分为普通楼屋面板和用于梁板式转换层的楼面板，如图 11-51 所示。

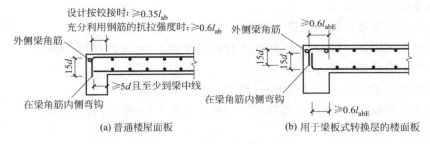

图 11-51　板在端部支座的锚固构造

当板的端部为剪力墙中间层时，其构造如图 11-52 所示。

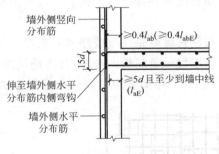

图 11-52　端部支座为剪力墙中间层

当板的端部为剪力墙墙顶时，其构造如图 11-53 所示。

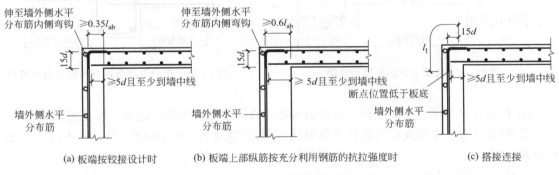

图 11-53　端部支座为剪力墙墙顶

3. 板底筋计算

（1）板底筋长度计算（X、Y 方向均有）

底筋伸进支座长度为：max（支座宽/2，5d）。

底筋长度＝净跨＋max(左支座宽/2,5d)＋max(右支座宽/2,5d)

（2）板底筋根数计算

第一根钢筋距支座边为 1/2 板筋间距

底筋根数＝(净跨－板筋间距)/板筋间距＋1＝净跨/板筋间距

4. 板上部贯通筋计算

筋长度＝左右端支座之间的净长＋(左端支座宽－保护层厚－支座内钢筋直径＋15d)

　　　　＋(右端支座宽－保护层厚－支座内钢筋直径＋15d)

板上部贯通筋根数＝(净跨－板筋间距)/板筋间距＋1＝净跨/板筋间距

5. 板端支座负筋计算

板端支座负筋长度＝标注长度＋(板厚－板保护层厚×2)×2

板端支座负筋根数＝(净跨－板筋间距)/板筋间距＋1＝净跨/板筋间距

6. 板中间支座负筋计算

板中间支座负筋长度＝标注长度＋(板厚－板保护层厚×2)×2

板端支座负筋根数＝(净跨－板筋间距)/板筋间距＋1＝净跨/板筋间距

7. 支座负筋分布筋计算

(1) 端支座负筋分布筋计算　负筋分布筋长度按图 11-54 所示计算。一般规定，分布筋和负筋参差 150mm。

① 分布筋带弯勾　分布筋长度＝轴线（或净跨）长度－负筋标注长度×2＋150×2＋弯勾×2

② 分布筋不带弯勾　分布筋长度＝轴线（或净跨）长度－负筋标注长度×2＋150×2

③ 根数计算　负筋分布筋根数＝负筋板内净长/分布筋间距＋1（向上取整）

(2) 中间支座负筋分布筋计算　中间支座负筋分布筋分布如图 11-55 所示。

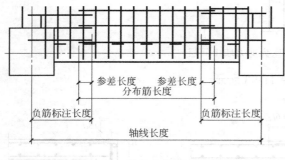 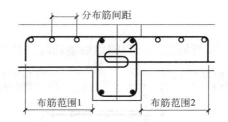

图 11-54　负筋分布筋长度计算图　　　图 11-55　中间支座负筋分布筋根数计算图

① 长度计算　中间支座负筋的分布筋长度计算同端支座负筋，这里不再赘述。

② 根数计算　中间支座负筋分布筋根数＝(布筋范围 1/分布筋间距＋1)＋(布筋范围 2/分布筋间距＋1)

8. 板顶温度筋计算

为了防止板受热胀冷缩而产生裂缝，通常在板的上部负筋中间位置布置温度筋。

(1) 温度筋长度计算　根据图 11-56 计算温度筋的长度。

1) 当负筋标注到支座中心线时，

温度筋长度＝两支座中心线长度－负筋标注长度×2＋参差长度 150×2＋弯勾×2

2) 当负筋标注到支座边线时，

温度筋长度＝两支座间净长－负筋标注长度×2＋参差长度 150×2＋弯勾×2

(2) 温度筋根数　温度筋间距按图 11-57 计算。

1) 当负筋标注到支座中心线时，

温度筋根数＝(两支座中心线长度－负筋标注长度×2)/温度筋间距－1

2) 当负筋标注到支座边线时，

温度筋长度＝(两支座间净长－负筋标注长度×2)/温度筋间距－1

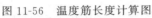

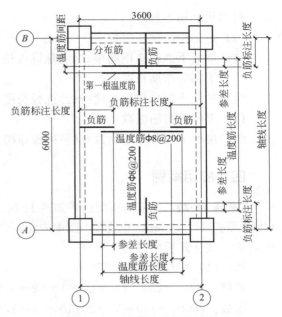

图 11-56 温度筋长度计算图

图 11-57 温度筋根数计算图

（二）悬挑板的钢筋计算

纯悬挑板平法标注见图 11-58，纯悬挑板剖面图见图 11-59。

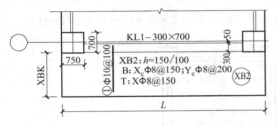

图 11-58 纯悬挑板平法标注

注：未注明分布筋间距为 $\phi 8@250$。

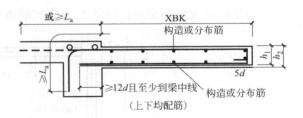

图 11-59 纯悬挑板剖面图

1.纯悬挑板上部钢筋计算

（1）上部受力钢筋长度

纯悬挑板上部受力钢筋长度＝悬挑板净跨 XBK＋锚固长度 L_{aE}＋$(h_1$－保护层×2)＋$5d$＋弯勾(二级钢筋不加)

（2）上部受力钢筋根数

纯悬挑板上部受力钢筋根数＝(悬挑板长度 L－保护层×2)/上部受力钢筋间距＋1

（3）上部分布筋长度

纯悬挑板上部分布筋长度＝(悬挑板长度 L－保护层×2)＋弯勾×2(或不加弯勾)

（4）上部分布筋根数

纯悬挑板上部分布筋根数＝(悬挑板净跨 XBK－保护层)/分布筋间距＋1

2.纯悬挑板下部钢筋计算

（1）下部构造钢筋长度

纯悬挑板下部构造钢筋长度＝(悬挑板净跨 XBK－保护层)＋max(支座宽/2,12d)＋弯

勾×2(二级钢筋不加)

（2）下部构造钢筋根数

纯悬挑板下部构造钢筋根数＝(悬挑板长度 L－保护层×2)/下部构造钢筋间距＋1

（3）下部分布筋长度

纯悬挑板下部分布筋长度＝(悬挑板长度 L－保护层×2)＋弯勾×2(或不加弯勾)

（4）下部分布筋根数

纯悬挑板下部分布筋根数＝(悬挑板净跨 XBK－保护层)/分布筋间距＋1

四、应用案例

【案例 11-2】　某双跨板配筋图如图 11-60 所示，有梁板中 KL (300×700) 混凝土等级为 C30，保护层厚 15mm，非抗震。图中未注明分布筋为 φ8@250 不带弯钩，温度筋为 φ8@200 带弯钩。试计算板中钢筋工程量。

解：（1）X 方向底筋计算

长度：$3300＋150×2＋6.25×10×2＝3725(mm)$

根数：$(6000－300－50×2)/100＋1＝57(根)$

由于两跨板底筋相同，所以 X 方向底筋质量为 $3.725×57×2×0.617＝262.01(kg)$。

（2）Y 方向底筋计算

长度：$5700＋150×2＋6.25×10×2＝6125(mm)$

根数：$(3600－300－50×2)/150＋1＝23(根)$

由于两跨板底筋相同，所以 Y 方向底筋质量为 $6.125×23×2×0.617＝173.84(kg)$。

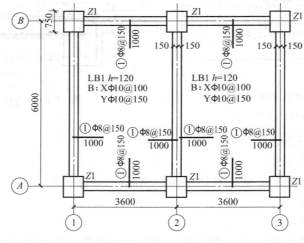

图 11-60　平面配筋图

（3）支座负筋

长度：

端支座负筋长度：锚固长度＋弯钩＋板内净长＋弯折长度＝$(34×8＋6.25×8)＋(1000－150)＋(120－15×2)＝1262(mm)$

中间支座负筋长度：$1000＋1000＋(120－15×2)×2＝2180(mm)$

根数：

①轴、②轴、③轴：$(6000-300-50\times2)/150+1=39(根)$

A 轴、B 轴：$(3600-300-50\times2)/150+1=23(根)$

所以，支座负筋质量为 $1.262\times(39\times2+23\times4)\times0.395+2.18\times39\times0.395=118.33(kg)$。

（4）负筋分布筋

长度：$6000-1000\times2+150\times2=4300(mm)$；

$3600-1000\times2+150\times2=1900(mm)$；

根数：$(1000-150)/250+1=4.4$，取 5 根

所以，支座负筋分布筋质量为 $4.3\times5\times4\times0.395+1.9\times5\times4\times0.395=48.98(kg)$。

（5）温度筋

X 方向长度：$3600-1000\times2+150\times2+6.25\times8\times2=2000(mm)$

Y 方向长度：$6000-1000\times2+150\times2+6.25\times8\times2=4400(mm)$

X 方向根数：$(6000-1000\times2)/200-1=19(根)$

Y 方向根数：$(3600-1000\times2)/200-1=7(根)$

所以，温度筋质量为 $2.0\times19\times2\times0.395+4.4\times7\times2\times0.395=54.35(kg)$。

由计算可知，$\phi10$ 钢筋重量为 435.85kg，$\phi8$ 钢筋重量为 221.66kg。

第四节　柱的钢筋工程量计算

一、柱的平面表示方法

1. 柱平法施工图的表示方法

柱平法施工图系在柱平面布置图上采用列表注写方式或截面注写方式表达。柱平面布置图可以采用适当比例单独绘制，也可以与剪力墙平面布置图合并绘制。

在柱平法施工图中，应按规定注明各结构层的楼面标高、结构层高及相应的结构层高，尚应注明上部结构嵌固部位位置。

2. 列表注写方式

列表注写方式，系在柱平面布置图上，分别在同一编号的柱中选择一个（有时需要选择几个）截面标注几何参数代号；在柱表中注写柱编号、柱段起止标高、几何尺寸与配筋的具体数值，并配以各种柱截面形状及其箍筋类型图的方式，来表达柱平法施工图。

柱表注写内容的规定如下。

（1）注写柱编号。在实际工程中，会出现各种各样的柱，柱编号由类型代号和序号组成，应符合见表 11-15。

表 11-15　柱编号

柱类型	代号	序号
框架柱	KZ	××
转换柱	ZHZ	××
芯柱	XZ	××
梁上柱	LZ	××
剪力墙上柱	QZ	××

（2）注写各段柱的起止标高，自柱根部往上以变截面位置或截面未变但配筋改变处为界分段注写。框架柱和转换柱的根部标高系指基础顶面标高；芯柱的根部标高系指根据结构实际需要而定的起始位置标高；梁上柱的根部标高系指梁顶面标高；剪力墙上柱的根部表格为墙顶面标高。

（3）对于矩形柱，注写柱截面尺寸 $b \times h$ 及与轴线关系的几何参数代号 b_1、b_2 和 h_1、h_2 的具体数值，需对应于各段柱分别注写。其中 $b=b_1+b_2$，$h=h_1+h_2$。当截面的某一边收缩变化至与轴线重合或偏到轴线的另一侧时，b_1、b_2、h_1、h_2 中的某项为零或为负值。对于圆柱，表中 $b \times h$ 一栏改用在圆柱直径数字前加 d 表示。为表达简单，圆柱截面与轴线的关系也用 b_1、b_2 和 h_1、h_2 表示，并使 $d=b_1+b_2=h_1+h_2$。

（4）注写柱纵筋。当柱纵筋直径相同，各边根数也相同时，将纵筋注写在"全部纵筋"一栏中；除此之外，柱纵筋分角筋、截面 b 边中部筋和 h 边中部筋三项分别注写。

（5）注写箍筋类型号及箍筋肢数，在箍筋类型栏内注写箍筋复合的具体方式，需画在表的上部或图中的适当位置，并在其上标注与表中相对应的 b、h 和类型号。当圆柱采用螺旋箍筋时，需在箍筋前加"L"。采用列表注写方式表达的柱平面施工图示例见图 11-61 和表 11-16。

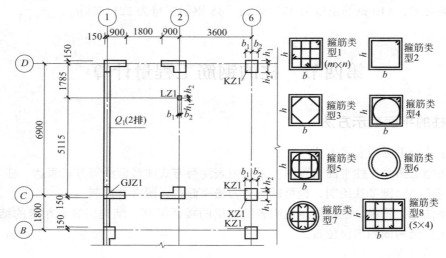

图 11-61 柱的列表注写方式例图

表 11-16 柱的列表注写方式例表

柱号	标高	$b \times h$（圆柱直径 D）	b_1	b_2	h_1	h_2	全部纵筋	角筋	b 边一侧中部筋	h 边一侧中部筋	箍筋类型号	箍筋
KZ1	−0.03～19.47	750×700	375	375	150	550	24 Φ 25				1(5×4)	Φ 10@100/200
	19.47～37.47	650×600	325	325	150	450		4 Φ 22	5 Φ 22	4 Φ 20	1(4×4)	Φ 10@100/200
	37.47～59.07	550×500	275	275	150	350		4 Φ 22	5 Φ 22	4 Φ 20	1(4×4)	Φ 10@100/200
XZ1	−0.03～8.67						8 Φ 25					
	在②×Ⓑ轴 KZ1 中设置											

3.截面注写方式

柱截面注写方式，系在柱平面布置图的柱截面上，分别在同一编号的柱中选择一个截面，以直接注写截面尺寸和配筋具体数值的方式来表达柱平法施工图。在同一编号的柱中选

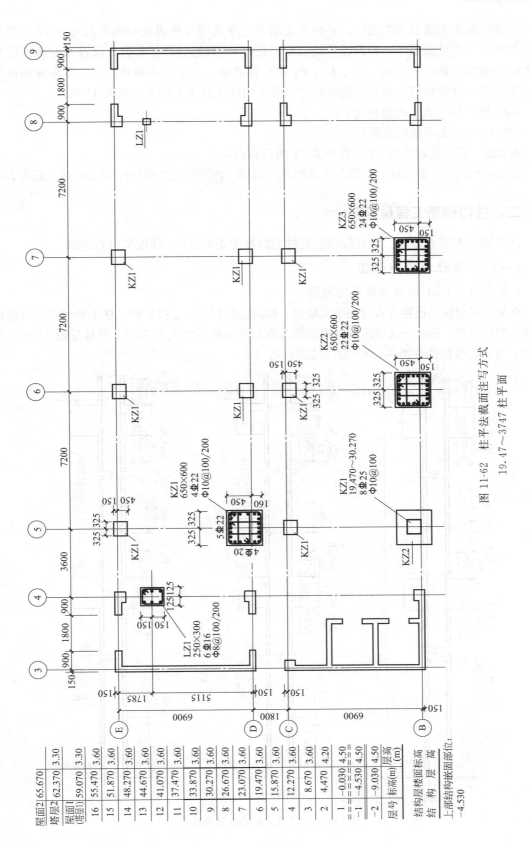

图 11-62　柱平法截面注写方式
19.47～3747 柱平面

<table>
<tr><td>屋面2</td><td>65.670</td><td>3.30</td></tr>
<tr><td>塔层2</td><td>62.370</td><td>3.30</td></tr>
<tr><td>屋面1
(塔层1)</td><td>59.070</td><td>3.60</td></tr>
<tr><td>16</td><td>55.470</td><td>3.60</td></tr>
<tr><td>15</td><td>51.870</td><td>3.60</td></tr>
<tr><td>14</td><td>48.270</td><td>3.60</td></tr>
<tr><td>13</td><td>44.670</td><td>3.60</td></tr>
<tr><td>12</td><td>41.070</td><td>3.60</td></tr>
<tr><td>11</td><td>37.470</td><td>3.60</td></tr>
<tr><td>10</td><td>33.870</td><td>3.60</td></tr>
<tr><td>9</td><td>30.270</td><td>3.60</td></tr>
<tr><td>8</td><td>26.670</td><td>3.60</td></tr>
<tr><td>7</td><td>23.070</td><td>3.60</td></tr>
<tr><td>6</td><td>19.470</td><td>3.60</td></tr>
<tr><td>5</td><td>15.870</td><td>3.60</td></tr>
<tr><td>4</td><td>12.270</td><td>3.60</td></tr>
<tr><td>3</td><td>8.670</td><td>3.60</td></tr>
<tr><td>2</td><td>4.470</td><td>4.20</td></tr>
<tr><td>1</td><td>-0.030</td><td>4.50</td></tr>
<tr><td>-1</td><td>-4.530</td><td>4.50</td></tr>
<tr><td>-2</td><td>-9.030</td><td>4.50</td></tr>
<tr><td>层号</td><td>标高(m)</td><td>层高</td></tr>
</table>

结构层楼面标高
结 构 层 高

上部结构嵌固部位：
-4.530

择一个截面放大到能看清的比例，并在各配筋图上继其编号后再注写截面尺寸 $b \times h$、角筋或全部纵筋（当纵筋采用一种直径其能够看清楚时）、箍筋的具体数值，以及在柱截面配筋图上标注截面与轴线关系 b_1、b_2、h_1、h_2 的具体数值。当采用两种直径时，需再注写截面各边中部筋的具体数值。采用截面注写方式表达的柱平面施工图示例见图 11-62。

KZ2 集中标注表达的意思是：

650×600：表示柱的截面尺寸。

22C22：表示全部纵筋 22 根直径为 22 的三级钢。

A10@100/200：表示柱的箍筋直径为 10 的一级钢，加密取间距为 100，非加密区间距为 200。

二、柱内钢筋工程量计算

柱内钢筋类型有多种，此处仅以框架柱为例按照 16G101 平法图集进行讲解。

（一）框架柱的构造详图

1. 框架柱（KZ）纵向钢筋连接构造

框架柱纵向钢筋连接方式分为绑扎搭接、机械连接和焊接连接三种。柱中相邻纵向钢筋连接接头相互错开，在同一连接区段内钢筋接头面积百分率不宜大于 50%。具体见图 11-63。图中 H_n 为所在楼层的柱净高，h_c 为柱截面长边尺寸。

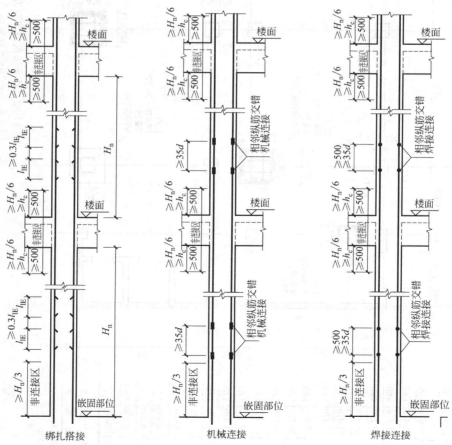

图 11-63　KZ 纵向钢筋连接构造

2.框架柱箍筋加密区

除具体工程设计标注由箍筋全高加密的柱外,柱箍筋加密区按图 11-64 所示。

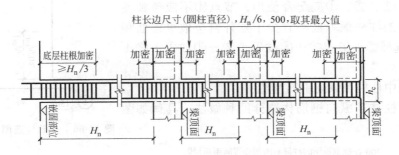

图 11-64　KZ 箍筋加密区范围

3.柱中钢筋在基础中的构造

柱中钢筋在基础中的构造如图 11-65 所示,图中 h_j 为基础底面至基础顶面的高度,柱下为基础梁时,h_j 为梁底面至顶面的高度。锚固区横向箍筋应满足直径≥$d/4$(d 为纵筋最大直径),间距≤$5d$(d 为纵筋最小直径)且≤100 的要求。基础构造图中的 1 号插筋如图 11-66 所示。

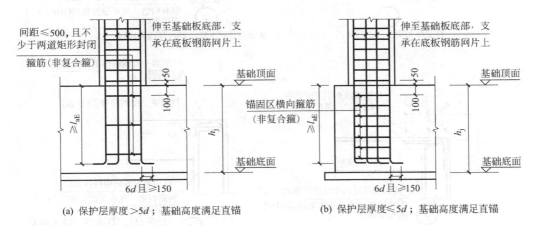

(a) 保护层厚度>d;基础高度满足直锚　　　　(b) 保护层厚度≤$5d$;基础高度满足直锚

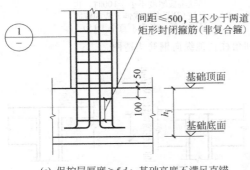
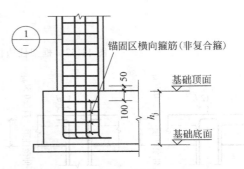

(c) 保护层厚度>$5d$;基础高度不满足直锚　　　　(d) 保护层厚度≤$5d$;基础高度不满足直锚

图 11-65　柱中纵向钢筋在基础中的构造

4. 框架柱边柱和角柱柱顶纵向钢筋构造

框架柱边柱和角柱柱顶纵向钢筋构造如图 11-67 所示，图中节点①、②、③、④应配合使用，节点④不应单独使用，伸入梁内的柱外侧纵筋不宜少于柱外侧全玻纵筋面积的 65%。可选择②+④或③+④或①+②+④或①+③+④的做法。

5. 框架柱中柱柱顶纵向钢筋构造

框架柱中柱柱顶纵向钢筋构造分四种做法，具体如图 11-68 所示。

图 11-66　基础构造图中的 1 号插筋

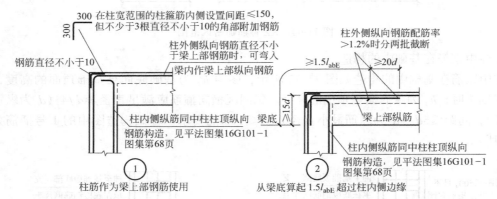

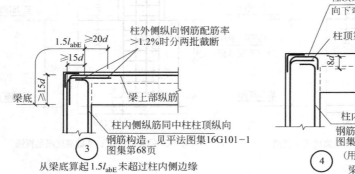

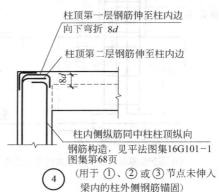

图 11-67　框架柱边柱和角柱柱顶纵向钢筋构造图

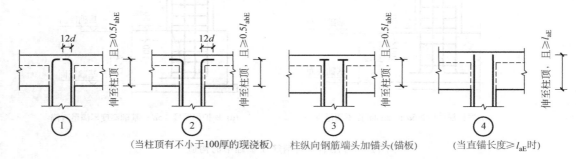

图 11-68　框架柱中柱柱顶纵向钢筋构造

（二）框架柱内钢筋的计算

1. 框架柱中纵向钢筋的计算

框架柱中的纵向钢筋无论采用何种连接方式，每根纵向钢筋在每一层都要连接一次，在嵌固部位以下插入基础锚固，在屋面部位和梁、板穿插锚固。嵌固面以下插入基础部分的长度按图 11-66 进行计算，数值上等于 h_j ＋弯折长度。顶层柱的锚入长度根据柱的位置的不同，按图 11-67、图 11-68 进行计算。

嵌固面以上至屋面梁底算法如下：

绑扎搭接：单根柱内纵筋长度＝屋面标高－屋面梁高－嵌固面标高＋楼层数×搭接长度

机械连接：单根柱内纵筋长度＝屋面标高－屋面梁高－嵌固面标高

机械连接接头数：楼层数×钢筋根数

焊接连接：单根柱内纵筋长度＝屋面标高－屋面梁高－嵌固面标高

焊接连接接头数：楼层数×钢筋根数

绑扎搭接框架柱中纵向钢筋总长度＝插入基础长度＋屋面标高－屋面梁高－嵌固面标高＋楼层数×搭接长度＋顶层柱锚入长度

机械连接、焊接连接框架柱中纵向钢筋总长度＝插入基础长度＋屋面标高－屋面梁高－嵌固面标高＋顶层柱锚入长度

2. 框架柱中箍筋的计算

① 箍筋根数　混凝土柱箍筋根数按图 11-64、图 11-65 进行计算，基础箍筋 N_1、各层箍筋 N_2 计算公式为：

$$N_1＝(基础高度－基础保护层)/间距－1$$

式中　基础高度——基础底板厚度，m；

间距——基础箍筋间距≤500，且不少于两道箍筋。

$$N_2＝加密区长度/加密间距＋非加密区长度/非加密间距＋1$$

式中　加密区、非加密区长度——各层加密区为本层柱根部、梁下及梁高部位，其余为非加密区，长度见图 11-61、图 11-65。

② 箍筋长度　箍筋长度计算同梁箍筋。

三、应用案例

【案例 11-3】 某钢筋混凝土柱，尺寸如图 11-69 所示，现浇 C25 混凝土，现场搅拌。柱上端水平锚固长度为 300mm，基础混凝土保护层 35mm；柱混凝土保护层 25mm。计算此现浇钢筋混凝土柱的钢筋工程量（φ6.5 钢筋每米长度重为 0.26kg）。

解：① 计算 φ25 钢筋工程量

φ25 的钢筋工程量＝[(0.40＋1.00＋0.7－0.035＋0.20)＋(0.70＋2.40＋0.60)＋(0.60＋0.50－0.0025＋0.30)]×4×3.85＝113(kg)＝0.113(t)

② 计算 φ6.5 箍筋工程量

φ6.5 箍筋根数＝[(0.4＋1.00－0.0035)/0.20－1]＋[(0.70－0.05＋0.6＋0.5－0.025)/0.1＋2.40/0.2＋1]＝37(根)

φ6.5 箍筋单根长度＝2×(0.50＋0.40)－8×0.025＋4×0.0065＋2×8.25×0.0065＝1.733(m)

φ6.5 箍筋工程量＝1.733×37×0.260＝16.67(kg)＝0.017(t)

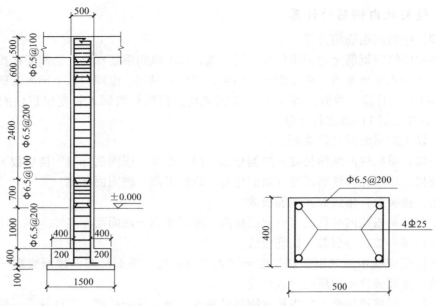

图 11-69　钢筋混凝土柱

习　题

　　某钢筋混凝土结构建筑物，共计四层，首层层高 4.2m，其他层层高 3.9m。首层平面图、独立基础配筋图、柱网布置及配筋图、梁配筋图、板配筋图如图 11-70～图 11-74 所示。

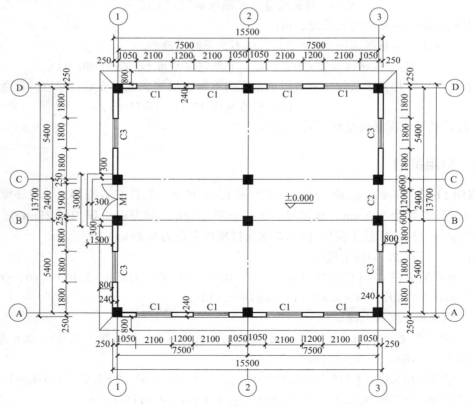

图 11-70　首层平面布置图

求：（1）独立基础中的钢筋工程量；

（2）角柱、边柱、中柱中钢筋工程量；

（3）KL1～KL4 中的钢筋工程量；

（4）LB1、LB2 中钢筋工程量。

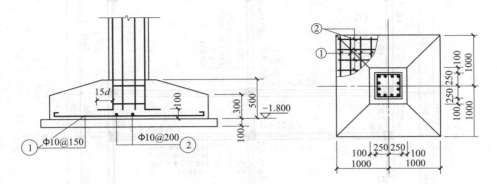

图 11-71　独立基础配筋图

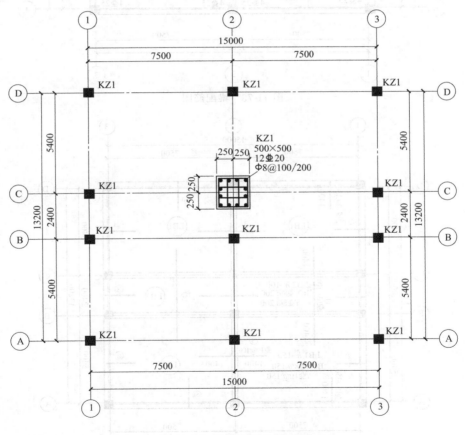

图 11-72　柱网布置及配筋图

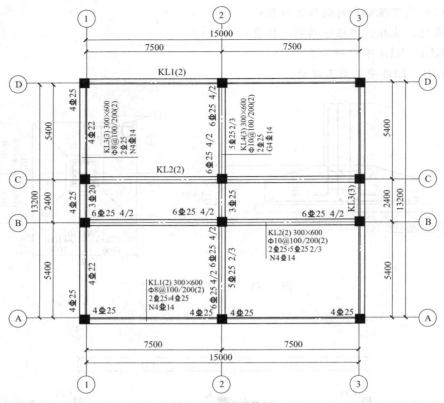

图 11-73　梁配筋图

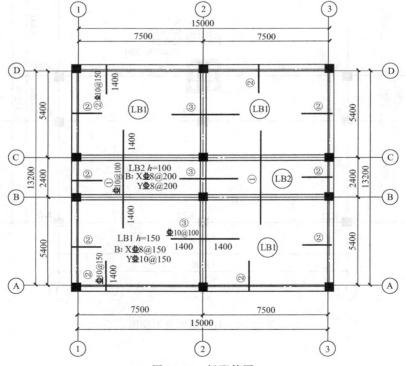

图 11-74　板配筋图

第十二章
门窗工程计量与计价

门窗作为房屋建筑中的交通联系及采光通风之用，是建筑外观的一部分。门窗工程包括各种门窗及其他与门窗有关的木结构项目。

门由门框、门扇、五金配件组成；窗由窗框、窗扇、五金配件等组成。

门窗类型有带亮子或不带亮子，带纱或不带纱，单扇、双扇或三扇，半百叶或全百叶，半玻或全玻，全玻自由门或半玻自由门，带门框或不带门框等；也可按开启方式进行分类。

其中"侧亮"指亮子设置于门、窗的两侧，而不是设在上部，在上面的常称为亮子或上亮。

其他木结构项目包括门窗套、门窗贴脸、门窗筒子板、窗帘盒、窗帘轨道、五金安装、闭门器安装等。

筒子板是沿门窗周围加设的一层装饰性木板。

门窗贴脸是指在门窗洞口内侧四周墙壁上，并与门窗筒子板连接配套的装饰性条板，以封盖住樘子与粉刷之间的缝隙，使之整齐、美观。

窗帘盒、窗帘轨设置在窗樘内侧顶部，用于吊挂窗帘。

第一节　门工程计量与计价

一、清单计算规范相关规定

《房屋建筑与装饰工程工程量计算规范》附录 H 中关于门工程主要包括木门、金属门、金属卷帘（闸）门、厂库房大门、特种门、其他门。

1. 木门工程量计算规则

木门工程量清单项目设置、项目特征描述、计量单位及工程量计算规则应按表 H.1 的规定执行。

表 H. 1　木门（编码：010801）

项目编码	项目名称	项目特征	计量单位	工程量清单计价规则	工作内容
010801001	木质门	1. 门代号及洞口尺寸 2. 镶嵌玻璃品种、厚度	1. 樘 2. m²	1. 以樘计量，按设计图示数量计算 2. 以平方米计量，按设计图示洞口尺寸以面积计算	1. 门安装 2. 玻璃安装 3. 五金安装
010801002	木质门带套				
010801003	木质连窗门				
010801004	木质防火门				
010801005	木门框	1. 门代号及洞口尺寸 2. 框截面尺寸 3. 防护材料种类	1. 樘 2. m	1. 以樘计量，按设计图示数量计算 2. 以米计量，按设计图示框的中心线以延长米计算	1. 木门框制作、安装 2. 运输 3. 刷防护材料
010801006	门锁安装	1. 锁品种 2. 锁规格	个（套）	按设计图示数量计算	安装

注：1. 木质门应区分镶板门、企口木板门、实木装饰门、胶合板门、夹板装饰门、木纱门、全玻门、木质半玻门等项目，分别编码列项。

2. 木质门带套计量按洞口尺寸以面积计算，不包括门套的面积，单门套应计算在综合单价内。

3. 以樘计量，项目特征必须描述洞口尺寸；以平方米计量，项目特征可不描述洞口尺寸。

4. 单独制作安装木门框按木门框编码列项。

2. 金属门工程量计算规则

金属门工程量清单项目设置、项目特征描述、计量单位及工程量计算规则应按表 H. 2 的规定执行。

表 H. 2　金属门（编码：010802）

项目编码	项目名称	项目特征	计量单位	工程量清单计价规则	工作内容
010802001	金属（塑钢）门	1. 门代号及洞口尺寸 2. 门框或扇外围尺寸 3. 门框、扇材质 4. 玻璃品种、厚度	1. 樘 2. m²	1. 以樘计量，按设计图示数量计算 2. 以平方米计量，按设计图示洞口尺寸以面积计算	1. 门安装 2. 五金安装 3. 玻璃安装
010802002	彩板门	1. 门代号及洞口尺寸 2. 门框或扇外围尺寸			
010802003	钢质防火门	1. 门代号及洞口尺寸 2. 门框或扇外围尺寸 3. 门框、扇材质			1. 门安装 2. 五金安装
010802004	防盗门				

注：1. 金属门应区分金属平开门、金属推拉门、金属地弹门、全玻门、金属半玻门等项目分别编码列项。

2. 铝合金门五金包括：地弹簧、门锁、拉手、门插、门铰、螺丝等。

3. 以樘计量，项目特征必须描述洞口尺寸，没有洞口尺寸必须描述门框或山外围尺寸，以平方米计量，项目特征可不描述洞口尺寸及框、扇外围尺寸。

4. 以平方米计量，无设计图示洞口尺寸，按门框、扇外围以面积计算。

3. 金属卷帘（闸）门工程量计算规则

金属卷帘（闸）门工程量清单项目设置、项目特征描述、计量单位及工程量计算规则应按表 H. 3 的规定执行。

表 H.3　金属卷帘（闸）门（编码：010803）

项目编码	项目名称	项目特征	计量单位	工程量清单计价规则	工作内容
010803001	金属卷帘（闸）门	1.门代号及洞口尺寸 2.门材质 3.启动装置品种、规格	1.樘 2.m²	1.以樘计量，按设计图示数量计算 2.以平方米计量，按设计图示洞口尺寸以面积计算	1.门运输、安装 2.启动装置、活动小门、五金安装
010803002	防火卷帘（闸）门				

注：以樘计量，项目特征必须描述洞口尺寸；以平方米计量，项目特征可不描述洞口尺寸。

4.厂库房大门、特种门工程量计算规则

厂库房大门、特种门工程量清单项目设置、项目特征描述、计量单位及工程量计算规则应按表 H.4 的规定执行。

表 H.4　厂库房大门、特种门（编码：010804）

项目编码	项目名称	项目特征	计量单位	工程量清单计价规则	工作内容
010804001	木板大门	1.门代号及洞口尺寸 2.门框或扇外围尺寸 3.门框、扇材质 4.五金种类、规格 5.防护材料种类	1.樘 2.m²	1.以樘计量，按设计图示数量计算 2.以平方米计量，按设计图示洞口尺寸以面积计算	1.门制作运输 2.门、五金配件安装 3.刷防护材料
010804002	钢木大门				
010804003	全钢板大门				
010804004	防护铁丝门			1.以樘计量，按设计图示数量计算 2.以平方米计量，按设计图示门框或扇以面积计算	
010804005	金属栅格门	1.门代号及洞口尺寸 2.门框或扇外围尺寸 3.门框、扇材质 4.启动装置品种、规格		1.以樘计量，按设计图示数量计算 2.以平方米计量，按设计图示洞口尺寸以面积计算	1.门安装 2.启动装置、五金配件安装
010804006	钢质花饰大门	1.门代号及洞口尺寸 2.门框或扇外围尺寸 3.门框、扇材质		1.以樘计量，按设计图示数量计算 2.以平方米计量，按设计图示门框或扇以面积计算	1.门安装 2.五金配件安装
010804007	特种门			1.以樘计量，按设计图示数量计算 2.以平方米计量，按设计图示洞口尺寸以面积计算	

注：1.特种门应区分冷藏门、冷冻间门、保温门、变电室门、隔音门、放射线门、人防门、金库门等项目，分别编码列项。

2.以樘计量，项目特征必须描述洞口尺寸，没有洞口尺寸必须描述门框或扇外围尺寸；以平方米计量，项目特征可不描述洞口尺寸及框、扇的外围尺寸。

3.以平方米计量，无设计图示洞口尺寸，按门框、扇外围以面积计算。

5.其他门工程量计算规则

其他门工程量清单项目设置、项目特征描述、计量单位及工程量计算规则应按表 H.5 的规定执行。

表 H. 5　其他门（编码：010805）

项目编码	项目名称	项目特征	计量单位	工程量清单计价规则	工作内容
010805001	电子感应门	1. 门代号及洞口尺寸 2. 门框或扇外围尺寸 3. 门框、扇材质 4. 玻璃品种、厚度 5. 启动装置的品种、规格 6. 电子配件品种、规格	1. 樘 2. m²	1. 以樘计量，按设计图示数量计算 2. 以平方米计量，按设计图示洞口尺寸以面积计算	1. 门安装 2. 启动装置、五金、电子配件安装
010805002	旋转门				
010805003	电子对讲门	1. 门代号及洞口尺寸 2. 门框或扇外围尺寸 3. 门材质 4. 玻璃品种、厚度 5. 启动装置的品种、规格 6. 电子配件品种、规格			
010805004	电动伸缩门				
010805005	全玻自由门	1. 门代号及洞口尺寸 2. 门框或扇外围尺寸 3. 框材质 4. 玻璃品种、厚度			1. 门安装 2. 五金安装
010805006	镜面不锈钢饰面门	1. 门代号及洞口尺寸 2. 门框或扇外围尺寸 3. 框、扇材质 4. 玻璃品种、厚度			
010805007	复合材料门				

注：1. 以樘计量，项目特征必须描述洞口尺寸，没有洞口尺寸必须描述门框或山外围尺寸，以平方米计量，项目特征可不描述洞口尺寸及框、扇外围尺寸。

2. 以平方米计量，无设计图示洞口尺寸，按门框、扇外围以面积计算。

二、全国消耗量定额相关规定

（一）木门

成品套装门安装包括门套和门扇的安装。

（二）金属门、窗

（1）铝合金成品门窗安装项目按隔热断桥铝合金型材考虑，当设计为普通铝合金型材时，按相应项目执行，其中工人乘以系数 0.8。

（2）金属门连窗，门、窗应分别执行相应项目。

（3）彩板钢窗附框安装执行彩板钢门附框安装项目。

（三）金属卷帘（闸）

（1）金属卷帘（闸）项目是按卷帘侧装考虑的，当设计为中装时，按相应项目执行，人工乘以系数 1.1。

（2）金属卷帘（闸）项目是按不带活动小门考虑的，当设计为带活动小门时，按相应项目执行，其中人工乘以系数 1.07，材料调整为带活动小门金属卷帘（闸）。

（3）金属卷帘（闸）按镀锌钢板卷帘（闸）项目执行，并将材料中的镀锌钢板卷帘换为相应的防火卷帘。

（四）厂库房大门、特种门

（1）厂库房大门项目是按一、二类木种考虑的，如采用三、四类木种时，制作按相应项目执行，人工和机械乘以系数 1.3；安装按相应项目执行，人工和机械乘以系数 1.35。

（2）厂库房大门的钢骨架制作以钢材重量表示，已包括再定额中，不再另列项计算。

（3）冷藏库门、冷藏冻结间门、防辐射门安装项目包括筒子板制作安装。

（五）其他门

（1）全玻璃门扇安装项目按地弹门考虑，其中地弹簧消耗量可按实际调整。

（2）全玻璃门有框亮子安装按全玻璃有框门扇安装项目执行，人工乘以系数 0.75，地弹簧换为膨胀螺栓，消耗量调整为 277.55 个/100m²；无框亮子安装按固定玻璃安装项目执行。

（3）电子感应自动门传感装置、伸缩门电动装置安装已包括调试用工。

（六）门钢架、门窗套

（1）门钢架基层、面层项目未包括封边线条，设计要求时，另按其他装饰工程种相应线条项目执行。

（2）门窗套、门筒子板均执行门窗套（筒子板）项目。

（3）门窗套（筒子板）项目未包括封边线条，设计要求时，另按其他装饰工程中相应线条项目执行。

三、全国消耗量定额工程量计算规则

（一）木门

（1）成品木门框安装按设计图示框的中心线长度计算。

（2）成品木门扇安装按设计图示扇面积计算。

（3）成品套装木门安装按设计图示数量计算。

（4）木质防火门安装按设计图示洞口面积计算。

（二）金属门

（1）铝合金门、塑钢门均按设计图示门洞口面积计算。

（2）门连窗按设计图示洞口面积分别计算门、窗面积。其中窗的宽度算至门框的外边线。

（3）纱门扇按设计图示扇外围面积计算。

（4）钢制防火门、防盗门按设计图示门洞口面积计算。

（5）彩板钢门按设计图示门洞口面积计算。彩板钢门附框按中心线长度计算。

（三）金属卷帘（闸）

金属卷帘（闸）按设计图示卷帘门宽度乘以卷帘门高度（包括卷帘箱高度）以面积计算。电动装置安装按设计图示套数计算。

（四）厂库房大门、特种门

厂库房大门、特种门按设计图示门洞口面积计算。

（五）其他门

（1）全玻有框门扇按设计图示扇边框外边线尺寸以扇面积计算。

（2）全玻无框（条夹）门扇按设计图示扇面积计算，高度算至条夹外边线、宽度算至玻璃外边线。

（3）全玻无框（点夹）门扇按设计图示玻璃外边线尺寸以扇面积计算。

（4）无框亮子按设计图示门框与横梁或立柱内边缘尺寸玻璃面积计算。

（5）全玻转门按设计图示数量计算。

（6）不锈钢伸缩门按设计图示延长米计算。

（7）传感和电动装置按设计图示套数计算。

（六）门钢架、门窗套

（1）门钢架按设计图示尺寸以质量计算。

（2）门钢架基层、面层按设计图示饰面外围尺寸展开面积计算。

（3）门窗套（筒子板）龙骨、面层、基层均按设计图示饰面外围尺寸展开面积计算。

（4）成品门窗套按设计图示饰面外围展开面积计算。

四、应用案例

【案例 12-1】　某工程的木门如图 12-1 所示。根据招标人提供的资料：带纱门扇半截玻璃镶板门、双扇带亮（上亮无纱扇）6 樘，木材为红松，一类薄板，要求成品。其中，企业管理费按人工费的 17.0% 计取，利润按人工费的 8% 计取。编制木门工程量清单及综合清单报价。

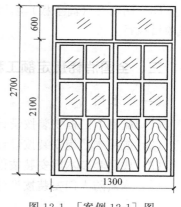

图 12-1 ［案例 12-1］图

解：1. 编制木门工程量清单

木门工程量＝6 樘，或 $1.30 \times 2.70 \times 6 = 21.06 \text{m}^2$，工程量清单见表 12-1。

表 12-1　分部分项工程量清单

工程名称：某工程

序号	项目编码	项目名称	项目特征	计量单位	工程量
1	010801001001	镶板木门	① 带纱半截玻璃镶板木门，双扇带亮； ② 红松，一类薄板，框断面 95mm×55mm	樘	6
				m²	21.06

2. 木门工程量清单计价表的编制

该项目发生的工程内容：门框、门扇制作和安装，纱门扇的制作和安装，门窗配件的安装。

① 木门工程量＝$1.30 \times 2.70 \times 6 = 21.06(\text{m}^2)$

② 木门框工程量＝(2.7×2＋1.3)×6＝40.6(m)

木门相关消耗量定额子目见表12-2。

表 12-2　木门相关定额消耗量

定额编号			8-1	8-2	市场价格/元
项　　目			成品木门扇安装	成品木门框安装	
			100m²	100m	
名　　称		单位	消耗量		
人工	普工	工日	3.52	1.423	100
	一般技工	工日	7.038	2.846	160
	高级技工	工日	1.173	0.474	240
材料	成品装饰门扇	m²	100.0	—	520
	成品木门框	m	—	102.0	60.0
	防腐油	kg	—	6.71	1.50
	木材	m³	0.003	0.106	2500
	不锈钢合页	个	115.07	—	12.0
	沉头木螺钉 L32	个	724.941	—	0.03
	水砂纸	张	24.51	—	0.5
	圆钉	kg	—	1.04	7.0
	水泥砂浆 1∶3	m³	—	0.11	200.0
人、材、机费用合计			8-1 子目：1759.6＋53422＝55181.94(元) 8-2 子目：711.42＋6424.35＝7135.77(元)		
综合单价			8-1 子目：55181.94＋1759.6×25%＝55621.84(元/100m²) 8-2 子目：7135.77＋711.42×25%＝7313.62(元/100m)		

每樘木门综合单价＝(55621.84 元/100m²×21.06m²＋7313.62 元/100m×40.6m)÷6
　　　　＝538.93 元

木门综合单价＝(55621.84 元/100m²×21.06m²＋7313.62 元/100m×40.6m)÷21.06m²
　　　　＝697.21 元/m²

工程量清单计价见表12-3。

表 12-3　分部分项工程量清单计价表

工程名称：某工程

序号	项目编码	项目名称	项目特征描述	计量单位	工程量	综合单价	合价
1	010801001001	镶板木门	① 带纱半截玻璃镶板木门，双扇带亮；	樘	6	2447.22	14683.32
			② 红松，一类薄板，框断面 95mm×55mm	m²	21.06	697.21	14683.24

第二节 窗工程计量与计价

一、清单计算规范相关规定

1. 木窗工程量计算规则

木窗工程量清单项目设置、项目特征描述、计量单位及工程量计算规则应按表 H. 6 的规定执行。

表 H. 6 木窗（编码：010806）

项目编码	项目名称	项目特征	计量单位	工程量清单计价规则	工作内容
010806001	木质窗	1. 窗代号及洞口尺寸 2. 玻璃品种、厚度	1. 樘 2. m²	1. 以樘计量，按设计图示数量计算 2. 以平方米计量，按设计图示洞口尺寸以面积计算	1. 窗安装 2. 五金、玻璃安装
010806002	木飘窗				
010806003	木橱窗	1. 窗代号 2. 框截面及外围展开面积 3. 玻璃品种、厚度 4. 防护材料种类		1. 以樘计量，按设计图示数量计算 2. 以平方米计量，按设计图示尺寸以框的外围展开面积计算	1. 窗制作、运输、安装 2. 五金、玻璃安装 3. 刷防护材料
010806004	木纱窗	1. 窗代号几框的外围尺寸 2. 窗纱材料品种、规格		1. 以樘计量，按设计图示数量计算 2. 以平方米计量，按框的外围尺寸以面积计算	1. 窗安装 2. 五金安装

注：1. 木质窗应区分木百叶窗、木组合窗、木天窗、木固定窗、木装饰空花窗等项目，分别编码列项。

2. 以樘计量项目特征必须描述洞口尺寸，没有洞口尺寸必须描述窗框外围尺寸；以平方米计量，项目特征可不描述洞口尺寸或框的外围尺寸。

3. 以平方米计量，无设计图示洞口尺寸，按窗框外面以面积计算。

4. 木橱窗，木飘窗以樘计量，项目特征必须描述框截面及外围展开面积。

2. 金属窗工程量计算规则

金属窗工程量清单项目设置、项目特征描述、计量单位及工程量计算规则应按表 H. 7 的规定执行。

表 H. 7 金属窗（编码：010807）

项目编码	项目名称	项目特征	计量单位	工程量清单计价规则	工作内容
010807001	金属（塑钢、断桥）窗	1. 窗代号及洞口尺寸 2. 框、扇材质 3. 玻璃品种、厚度	1. 樘 2. m²	1. 以樘计量，按设计图示数量计算 2. 以平方米计量，按设计图示洞口尺寸以面积计算	1. 窗安装 2. 五金、玻璃安装
010807002	金属防火窗				
010807003	金属百叶窗				
010807004	金属纱窗	1. 窗代号及洞口尺寸 2. 框、扇材质 3. 窗纱材料品种、厚度		1. 以樘计量，按设计图示数量计算 2. 以平方米计量，按框的外围尺寸以面积计算	

项目编码	项目名称	项目特征	计量单位	工程量清单计价规则	工作内容
010807005	金属格栅窗	1.窗代号及洞口尺寸 2.框、扇材质 3.框外围尺寸		1.以樘计量,按设计图示数量计算 2.以平方米计量,按设计图示洞口尺寸以面积计算	1.窗安装 2.五金、玻璃安装
010807006	金属(塑钢、断桥)橱窗	1.窗代号 2.框外围展开面积 3.框、扇材质 4.玻璃品种、厚度 5.防护材料种类	1.樘 2.m²	1.以樘计量,按设计图示数量计算 2.以平方米计量,按设计图示尺寸以框的外围展开面积计算	1.窗制作、运输、安装 2.五金、玻璃安装 3.刷防护材料
010807007	金属(塑钢、断桥)飘(凸)窗	1.窗代号 2.框外围展开面积 3.框、扇材质 4.玻璃品种、厚度			1.窗安装 2.五金、玻璃安装
010807008	彩板窗	1.窗代号及洞口尺寸 2.框外围展开面积 3.框、扇材质 4.玻璃品种、厚度		1.以樘计量,按设计图示数量计算 2.以平方米计量,按设计图示洞口尺寸或框的外围以面积计算	
010807009	复合材料窗				

注:1.金属窗应区分金属组合窗、防盗窗等项目,分别编码列项。

2.以樘计量项目特征必须描述洞口尺寸;没有洞口尺寸必须描述框外围尺寸;以平方米计量,项目特征可不描述洞口尺寸及框的外围尺寸。

3.以平方米计量,无设计图示洞口尺寸,按窗框外面以面积计算。

4.金属橱窗、飘窗以樘计量,项目特征必须描述框外围展开面积。

3.门窗套工程量计算规则

门窗套工程量清单项目设置、项目特征描述、计量单位及工程量计算规则应按表 H.8 的规定执行。

表 H.8　门窗套（编码：010808）

项目编码	项目名称	项目特征	计量单位	工程量清单计价规则	工作内容
010808001	木门窗套	1.窗代号及洞口尺寸 2.门窗套展开宽度 3.基层材料种类 4.面层材料品种、规格 5.防护材料种类	1.樘 2.m² 3.m	1.以樘计量,按设计图示数量计算 2.以平方米计量,按设计图示尺寸以展开面积计算 3.以米计量,按设计图示中心线以延长米计算	1.清理基层 2.立筋制作、安装 3.基层板安装 4.面层铺贴 5.线条安装 6.刷防护材料
010808002	木筒子板	1.筒子板宽度 2.基层材料种类 3.线条品种、规格 4.面层材料品种、规格 5.防护材料种类			
010808003	饰面夹板筒子板				
010808004	金属门窗套	1.窗代号及洞口尺寸 2.门窗套展开宽度 3.基层材料种类 4.面层材料品种、规格 5.防护材料种类			1.清理基层 2.立筋制作、安装 3.基层板安装 4.面层铺贴 5.刷防护材料

续表

项目编码	项目名称	项目特征	计量单位	工程量清单计价规则	工作内容
010808005	石材门窗套	1.窗代号及洞口尺寸 2.门窗套展开宽度 3.黏结层厚度、砂浆配合比 4.面层材料品种、规格 5.线条品种、规格	1.樘 2.m² 3.m	1.以樘计量,按设计图示数量计算 2.以平方米计量,按设计图示尺寸以展开面积计算 3.以米计量,按设计图示中心线以延长米计算	1.清理基层 2.立筋制作、安装 3.基层抹灰 4.面层铺贴 5.线条安装
010808006	门窗木贴脸	1.门窗代号及洞口尺寸 2.贴脸板宽度 3.防护材料种类	1.樘 2.m	1.以樘计量,按设计图示数量计算 2.以米计量,按设计图示中心线以延长米计算	安装
010808007	成品木门窗套	1.窗代号及洞口尺寸 2.门窗套展开宽度 3.门窗套材料品种、规格	1.樘 2.m² 3.m	1.以樘计量,按设计图示数量计算 2.以平方米计量,按设计图示尺寸以展开面积计算 3.以米计量,按设计图示中心线以延长米计算	1.清理基层 2.立筋制作、安装 3.板安装

注：1.以樘计量项目特征必须描述洞口尺寸、门窗套展开宽度。
2.以平方米计量,项目特征可不描述洞口尺寸、门窗套展开宽度。
3.以米计量,项目特征必须描述门窗套展开宽度、筒子板及贴脸宽度。
4.木门窗套适用于单独门窗套的制作、安装。

4.窗台板工程计算规则

窗台板工程量清单项目设置、项目特征描述、计量单位及工程量计算规则应按表 H.9 的规定执行。

计算规则见表 H.9。

表 H.9　窗台板（编码：010809）

项目编码	项目名称	项目特征	计量单位	工程量清单计价规则	工作内容
010809001	木窗台板	1.基层材料种类 2.窗台面板材质、规格、颜色 3.防护材料种类	m²	按设计图示尺寸以展开面积计算	1.清理基层 2.基层制作、安装 3.窗台板制作安装 4.刷防护材料
010809002	铝塑窗台板				
010809003	金属窗台板				
010809004	石材窗台板	1.黏结层厚度、砂浆配合比 2.窗台面板材质、规格、颜色			1.清理基层 2.抹找平层 3.窗台板制作安装

5.窗帘、窗帘盒、轨工程量计算规则

窗帘、窗帘盒、轨工程量清单项目设置、项目特征描述、计量单位及工程量计算规则应按表 H.10 的规定执行。

表 H.10　窗帘、窗帘盒、轨（编码：010810）

项目编码	项目名称	项目特征	计量单位	工程量清单计价规则	工作内容
010810001	窗帘	1. 窗帘材质 2. 窗帘高度、宽度 3. 窗帘层数 4. 带幔要求	1. m 2. m²	1. 以米计量，按设计图示尺寸以成活后长度计算 2. 以平方米计量，按图示尺寸以成活后展开面积计算	1. 制作、运输 2. 安装
010810002	木窗帘盒				
010810003	饰面夹板、塑料窗帘盒	1. 窗帘盒材质、规格 2. 防护材料种类	m	按设计图示尺寸以长度计算	1. 制作、运输、安装 2. 刷防护材料
010810004	铝合金属窗帘盒				
010810005	窗帘轨	1. 窗帘轨材质、种类 2. 轨的数量 3. 防护材料种类			

注：1. 窗帘若是双层，项目特征必须描述每层材质。
　　2. 窗帘以米计量，项目特征必须描述窗帘高度和宽。

二、全国消耗量定额相关规定

（一）金属窗

（1）铝合金成品窗安装项目按隔热断桥铝合金型材考虑，当设计为普通铝合金型材时，按相应项目执行，其中工人乘以系数 0.8。

（2）金属门连窗，门、窗应分别执行相应项目。

（3）彩板钢窗附框安装执行彩板钢门附框安装项目。

（二）门窗套

（1）门窗套、门筒子板均执行门窗套（筒子板）项目。

（2）门窗套（筒子板）项目未包括封边线条，设计要求时，另按其他装饰工程种相应线条项目执行。

（三）窗台板

（1）窗台板与暖气罩相连时，窗台板并入暖气罩，按其他装饰工程中相应暖气罩项目执行。

（2）石材窗台板安装项目按成品窗台板考虑。实际为非成品需现场加工时，石材加工另按其他装饰工程中石材加工相应项目执行。

三、全国消耗量定额工程量计算规则

（一）金属窗

（1）铝合金窗（飘窗、阳台封闭窗除外）、塑钢门窗均按设计图示，窗洞口面积计算。

（2）门连窗按设计图示洞口面积分别计算门、窗面积。其中窗的宽度算至门框的外边线。

（3）纱窗扇按设计图示扇外围面积计算。

（4）飘窗、阳台封闭窗按设计图示框型材外边线尺寸以展开面积计算。

（5）防盗窗按设计图示窗框外围面积计算。

（6）彩板钢窗按设计图示窗洞口面积计算。彩板钢窗附框按中心线长度计算。

（二）门窗套

（1）窗套（筒子板）龙骨、面层、基层均按设计图示饰面外围尺寸展开面积计算。

（2）成品门窗套按设计图示饰面外围展开面积计算。

（三）窗台板、窗帘盒、轨

（1）窗台板按设计图示长度乘以宽度以面积计算。图纸未注明尺寸的，窗台板长度可按窗框的外围宽度两边共加 100mm 计算。窗台板凸出墙面的宽度按墙面外加 50mm 计算。

（2）窗帘盒、窗帘轨按设计图示长度计算。

四、应用案例

【案例 12-2】 某工程的有铝合金断桥铝中空玻璃平开窗 1800m²，要求安装铝合金纱窗，工程量为 820m²。其中，企业管理费按人工费的 17.0% 计取，利润按人工费的 8% 计取。编制铝合金窗户工程量清单及综合清单报价。

解：1. 编制木门工程量清单

铝合金窗工程量＝1800m²，铝合金窗纱工程量＝820m²。

工程量清单见表 12-4。

表 12-4 分部分项工程量清单

工程名称：某工程

序号	项目编码	项目名称	项目特征	计量单位	工程量
1	010807001001	金属窗	① 材质：中空断桥铝合金； ② 玻璃材质：双层中空玻璃 6mm＋9mm＋6mm	m²	1800
2	010807004001	金属纱窗	铝合金材质、白色窗纱	m²	820

2. 金属窗工程量清单计价表的编制

① 铝合金窗工程量＝1800m²

② 铝合金窗纱工程量＝820m²。

金属窗相关消耗量定额子目见表 12-5。

表 12-5 金属窗定额消耗量

单位：100m²

定额编号			8-63	8-71	市场价格 /元
项 目			隔热断桥铝合金	铝合金窗纱扇安装	
			平开普通窗安装	100m	
名 称		单位	消耗量		
人工	普工	工日	6.745	2.923	100
	一般技工	工日	13.489	5.848	160
	高级技工	工日	2.248	0.975	240

续表

定额编号			8-63	8-71	市场价格/元
项目			隔热断桥铝合金平开普通窗安装	铝合金窗纱扇安装 100m	
名称		单位	消耗量		
材料	铝合金隔热断桥平开窗(含中空玻璃)	m^2	94.59	—	500
	铝合金平开纱窗扇	m^2	—	100.0	85.0
	铝合金门窗配件	个	714.555	—	0.80
	聚氨酯发泡密封胶	支	151.372	—	25
	硅酮耐侯密封胶	kg	102.24	—	42.0
	镀锌自攻螺钉 ST5×16	个	742.854	—	0.03
	塑料膨胀螺栓	套	721.630	—	0.5
	电	kg	7.0	—	0.7
	其他材料费	%	0.2	—	—
人、材、机费用合计		8-63 子目:3372.26+56445.69=59817.95(元) 8-71 子目:1461.98+8500=9961.98(元)			
综合单价	8-63 子目:59817.95+3372.26×25%=60661.02(元/100m^2) 8-71 子目:9961.98+1461.98×25%=10327.48(元/100m^2)				

金属窗综合单价=60661.02 元/100m^2×1800m^2÷1800m^2=606.61 元/m^2

金属纱窗综合单价=10327.48 元/100m^2×820m^2÷820m^2=103.27 元/m^2

工程量清单计价见表 12-6。

表 12-6 分部分项工程量清单计价表

工程名称：某工程

序号	项目编码	项目名称	项目特征描述	计量单位	工程量	金额/元	
						综合单价	合价
1	010807001001	金属窗	① 材质:中空断桥铝合金; ② 玻璃材质:双层中空玻璃 6mm+9mm+6mm	m^2	1800	606.61	1091898.00
	010807004001	金属纱窗	铝合金材质、白色窗纱	m^2	820	103.27	84681.4

第十三章

屋面防水及保温隔热防腐工程计量与计价

第一节　屋面及防水工程计量与计价

一、计价规范与计价办法相关规定

《房屋建筑及装饰工程工程量计算规范》附录 J 屋面及防水工程有 J.1 瓦、型材及其他屋面（编码：010901）、J.2 屋面防水及其他（编码：010902）、J.3 墙面防水、防潮（编码：010903）、J.4 楼（地）面防水、防潮（编码：010904）四部分组成。

表 J.1　瓦、型材及其他屋面

项目编码	项目名称	项目特征	计量单位	工程量计算规则	工作内容
010901001	瓦屋面	1.瓦品种、规格 2.黏结层砂浆的配合比	m²	按设计图示尺寸以斜面积计算。 不扣除房上烟囱、风帽底座、风道、小气窗、斜沟等所占面积。小气窗的出檐部分不增加面积	1.砂浆制作、运输、摊铺、养护 2.安瓦、作瓦脊
010901002	型材屋面	1.型材品种、规格 2.金属檩条材料品种、规格 3.接缝、嵌缝材料种类			1.檩条制作、运输、安装 2.屋面型材安装 3.接缝、嵌缝
010901003	阳光板屋面	1.阳光板品种、规格 2.骨架材料品种、规格 3.接缝、嵌缝材料种类 4.油漆品种、刷漆遍数		按设计图示尺寸以斜面积计算。 不扣除屋面面积≤0.3m²孔洞所占面积	1.骨架制作、运输、安装、刷防护材料、油漆 2.阳光板安装 3.接缝、嵌缝
010901004	玻璃钢屋面	1.玻璃钢品种、规格 2.骨架材料品种、规格 3.玻璃钢固定方式 4.接缝、嵌缝材料种类 5.油漆品种、刷漆遍数			1.骨架制作、运输、安装、刷防护材料、油漆 2.玻璃钢制作、安装 3.接缝、嵌缝
010901005	膜结构屋面	1.膜布品种、规格 2.支柱（网架）钢材品种、规格 3.钢丝绳品种、规格 4.锚固基座做法 5.油漆品种、刷漆遍数		按设计图示尺寸以需要覆盖的水平投影面积计算	1.膜布热压胶接 2.支柱（网架）制作、安装 3.膜布安装 4.穿钢丝绳、锚头锚固 5.锚固基座挖土、回填 6.刷防护材料，油漆

表 J.2 屋面防水及其他（编码：010902）

项目编码	项目名称	项目特征	计量单位	工程量计算规则	工作内容
010902001	屋面卷材防水	1.卷材品种、规格、厚度 2.防水层数 3.防水层做法	m²	按设计图示尺寸以面积计算。 1.斜屋顶(不包括平屋顶找坡)按斜面积计算,平屋顶按水平投影面积计算 2.不扣除房上烟囱、风帽底座、风道、屋面小气窗和斜沟所占面积 3.屋面的女儿墙、伸缩缝和天窗等处的弯起部分,并入屋面工程量内	1.基层处理 2.刷底油 3.铺油毡卷材、接缝
010902002	屋面涂膜防水	1.防水膜品种 2.涂膜厚度、遍数 3.增强材料种类			1.基层处理 2.刷基层处理剂 3.铺布、喷涂防水层
010902003	屋面刚性层	1.刚性层厚度 2.混凝土种类、强度等级 3.嵌缝材料种类 4.钢筋规格、型号		按设计图示尺寸以面积计算。不扣除房上烟囱、风帽底座、风道等所占面积	1.基层处理 2.混凝土制作、运输、铺筑、养护 3.钢筋制作安装
010902004	屋面排水管	1.排水管品种、规格 2.雨水斗、山墙出水口品种、规格 3.接缝、嵌缝材料种类 4.油漆品种、刷漆遍数	m	按设计图示尺寸以长度计算。如设计未标注尺寸,以檐口至设计室外散水上表面垂直距离计算	1.排水管及配件安装、固定 2.雨水斗、山墙出水口、雨水篦子安装 3.接缝、嵌缝 4.刷漆
010902005	屋面排(透)气管	1.排(透)气管品种规格 2.接缝、嵌缝材料种类 3.油漆品种、刷漆遍数		按设计图示尺寸以长度计算	1.排(透)气管及配件安装、固定 2.铁件制作、安装 3.接缝、嵌缝 4.刷漆
010902006	屋面(廊、阳台)吐水管	1.吐水管品种、规格 2.接缝、嵌缝材料种类 3.吐水管长度 4.油漆品种、刷漆遍数	根(个)	按设计图示数量计算	1.吐水管及配件安装、固定 2.接缝、嵌缝 3.刷漆
010902007	屋面天沟、檐沟	1.材料品种、规格 2.接缝、嵌缝材料种类	m²	按设计图示尺寸以展开面积计算	1.天沟材料铺设 2.天沟配件安装 3.接缝、嵌缝 4.刷防护材料
010902008	屋面变形缝	1.嵌缝材料种类 2.止水带材料种类 3.盖缝材料 4.防护材料种类	m	按设计图示以长度计算	1.清缝 2.填塞防水材料 3.止水带安装 4.盖缝制作、安装 5.刷防护材料

注：1.瓦屋面若是在木基层上铺瓦,项目特征不必描述黏结层砂浆的配合比,瓦屋面铺防水层,按本规范附录 J.2 屋面防水及其他中相关项目编码列项。

2.型材屋面,阳光板屋面,玻璃钢屋面的柱、梁、屋架,按本规范附录 F 金属结构工程、附录 G 木结构工程中相关项目编码列项。

3.屋面刚性层无钢筋,其钢筋项目特征不必描述。

4.屋面找平层按本规范附录 L 楼地面装饰工程"平面砂浆找平层"项目编码列项。

5.屋面防水搭接及附加层用量不另行计算,在综合单价中考虑。

6.屋面保温找坡层按本规范附录 K 保温、隔热、防腐工程"保温隔热屋面"项目编码列项。

7.墙面防水搭接及附加层用量不另行计算,在综合单价中考虑。

8.墙面变形缝,若做双面,工程量乘以系数 2。

9.墙面找平层按本规范附录 M 墙、柱面装饰与隔断、幕墙工程"立面砂浆找平层"项目编码列项。

二、全国消耗量定额相关规定

本分部中，瓦屋面、金属板屋面、采光板屋面、玻璃采光顶、卷材防水、水落管、水口、水斗、沥青砂浆填缝、变形缝盖板、止水带等项目是按标准或常用材料编制，设计与定额不同时，材料可以换算，人工、机械不变；屋面保温等项目执行保温、隔热、防腐工程相应项目，找平层等项目执行楼地面装饰工程相应项目。

（一）屋面工程

（1）黏土瓦若穿铁丝钉圆钉，每 100m² 增加 11 工日，增加镀锌低碳钢丝（22#）3.5kg；若用挂瓦条，每 100m² 增加 4 工日，增加挂瓦条（尺寸 25mm×25mm）300.3m，圆钉 2.5kg。

（2）金属板屋面中一般金属板屋面，执行彩钢板和彩钢夹心板项目；装配式单层金属压型板屋面区分檩距不同执行定额项目。

（3）采光板屋面如设计为滑动式采光板，可以按设计增加 U 形滑动盖帽等部件，调整材料、人工乘以系数 1.05。

（4）膜结构屋面的钢支柱、锚固支座混凝土基础等执行其他章节相应项目。

（5）25%＜坡度≤45%及人字形、锯齿形、弧形等不规则瓦屋面，人工乘以系数 1.3；坡度＞45%的，人工乘以系数 1.43。

（二）防水工程及其他

1. 防水

（1）细石混凝土防水层，使用钢筋网时，执行混凝土及钢筋混凝土工程相应项目。

（2）平（屋）面以坡度≤15%为准，15%＜坡度≤25%的，按相应项目的人工乘以系数 1.18；25%＜坡度≤45%及人字形、锯齿形、弧形等不规则瓦屋面，人工乘以系数 1.3；坡度＞45%的，人工乘以系数 1.43。

（3）防水卷材、防水涂料及防水砂浆，定额以平面和立面列项，实际施工桩头、地沟、零星部位时，人工乘以系数 1.43；单个房间楼地面面积≤8m² 时，人工乘以系数 1.3。

（4）卷材防水附加层套用卷材防水相应项目，人工乘以系数 1.43。

（5）立面是以直行为依据编制的，弧形者，相应项目的人工乘以系数 1.18。

（6）冷粘法以满铺为依据编制的，点、条铺粘者按其相应的人工乘以系数 0.91，黏合剂乘以系数 0.7。

2. 屋面排水

（1）水落管、水口、水斗均按材料成品、现场安装考虑。

（2）铁皮屋面及铁皮排水项目内已包括铁皮咬口和搭接的工料。

（3）采用不锈钢水落管排水时，执行镀锌钢管项目，材料按实换算，人工乘以系数 1.1。

3. 变形缝与止水带

（1）变形缝嵌填缝定额项目中，建筑油膏、聚氯乙烯胶泥设计断面取定为 30mm×20mm；油浸木丝板取定为 150mm×25mm；其他填料取定为 150mm×30mm。

（2）变形缝盖板，木板盖板断面取定为 200mm×25mm；铝合金盖板厚度取定为 1mm；不锈钢板厚度取定为 1mm。

（3）钢板（紫铜板）止水带展开宽度为400mm，氯丁橡胶宽度为300mm，涂刷式氯丁胶贴玻璃纤维止水片宽度为350mm。

三、工程量计算规则

（一）屋面工程

（1）各种屋面和型材屋面（包括挑檐部分）均按设计图示尺寸以面积计算（斜屋面按斜面面积计算）。不扣除房上烟囱、风帽底座、风道、小气窗、斜沟和脊瓦等所占面积，小气窗的出檐部分不增加面积。但天窗出檐部分重叠的面积应并入相应屋面工程量内计算。屋面斜面积可按屋面水平投影面积乘以表13-1中的坡度系数计算。

表 13-1　屋面坡度系数表

坡度			延尺系数 C	隅延尺系数 D
$B/A(A=1)$	$B/2A$	角度 α		
1	1/2	45°	1.4142	1.7321
0.75		36°52′	1.2500	1.6008
0.70		35°	1.2207	1.5779
0.666	1/3	33°40′	1.2015	1.5620
0.65		33°01′	1.1926	1.5564
0.60		30°58′	1.1662	1.5362
0.577		30°	1.1547	1.5270
0.55		28°49′	1.1413	1.5170
0.50	1/4	26°34′	1.1180	1.5000
0.45		24°14′	1.0966	1.4839
0.40	1/5	21°48′	1.0770	1.4697
0.35		19°17′	1.0594	1.4569
0.30		16°42′	1.0440	1.4457
0.25		14°02′	1.0308	1.4362
0.20	1/10	11°19′	1.0198	1.4283
0.15		8°32′	1.0112	1.4221
0.125		7°8′	1.0078	1.4191
0.100	1/20	5°42′	1.0050	1.4177
0.083		4°45′	1.0035	1.4166
0.066	1/30	3°49′	1.0022	1.4157

注：1. 两坡排水屋面面积为屋面水平投影面积乘以延尺系数 C。

2. 四坡排水屋面斜脊长度 $=A\times D$（当 $S=A$ 时）；

3. 沿山墙泛水长度 $=A\times C$。如图13-1所示。

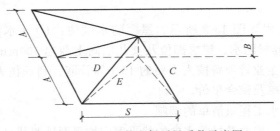

图 13-1　延尺系数和偶延尺系数示意图

（2）西班牙瓦、瓷质波形瓦、英红瓦屋面的正斜脊瓦、檐口线，按设计图示尺寸以长度计算。

（3）采光板屋面和玻璃采光顶屋面按设计图示尺寸以面积计算；不扣除面积≤0.3m² 孔洞所占面积。

（4）膜结构屋面按设计图示尺寸以需要覆盖的水平投影面积计算，膜材料可以调整含量。

（二）防水工程及其他

1.防水

（1）屋面防水，按设计图示尺寸以面积计算（斜屋面按斜面面积计算），不扣除房上烟囱、风帽底座、风道、屋面小气窗等所占面积，上翻部分也不另计算；屋面的女儿墙、伸缩缝和天窗等处的弯起部分，按设计图示尺寸计算；设计无规定时，伸缩缝、女儿墙、天窗的弯起部分可按500mm计算，计入立面工程量内。

（2）楼地面防水、防潮层按设计图示主墙间的净空面积计算，扣除凸出地面构筑物、设备基础、室内铁道、地沟等所占面积，不扣除间壁墙及单个面积≤0.3m²柱、垛、附墙烟囱和孔洞所占面积。平面与立面交接处，上翻高度≤300mm时，按展开面积计算，并入平面工程量内；高度＞300mm时，按立面防水层计算。

（3）墙基防水、防潮层，外墙按外墙中心线、内墙按墙体净长线长度乘以宽度以面积计算。

（4）墙的立面防水、防潮层，不论内墙、外墙，均按设计图示尺寸以面积计算。

（5）基础底板的防水、防潮层按设计图示尺寸以面积计算，不扣除桩头所占面积。桩头处外包防水按桩头投影外扩300mm以面积计算，地沟处防水按展开面积计算，均计入平面工程量，执行相应规定。

（6）屋面、楼地面及墙面、基础底板等，其防水搭接、拼缝、搭接、留槎用量已综合考虑，不另行计算，卷材防水附加层按设计铺贴尺寸以面积计算。

（7）屋面分格缝，按设计图示尺寸，以长度计算。

2.屋面排水

（1）水落管、镀锌铁皮天沟、檐沟按设计图示尺寸，以长度计算。

（2）水斗、下水口、雨水口、弯头、短管等均以设计数量计算。

（3）种植屋面排水按设计尺寸以铺设排水管面积计算；不扣除房上烟囱、风帽底座、风道、小气窗、斜沟和脊瓦等所占面积，以及面积≤0.3m²的孔洞所占面积，屋面小气窗的出檐部分不增加面积。

3.变形缝与止水带

变形缝（嵌填缝与盖板）与止水带按设计图示尺寸，以长度计算。

四、应用案例

【案例13-1】　某工程如图13-2所示。屋面防水做法：1:3水泥砂浆找平20mm厚，4mm厚SBS改性沥青卷材防水，错层部位及女儿墙向上翻起500mm，20mm厚1:2水泥砂浆抹光压平。其中，企业管理费按人工费的15.0%计取，利润按人工费的11.65%计取。编制屋面防水工程量清单及综合单价。

解：1.屋面卷材防水工程量清单的编制

根据清单规则规定，屋面卷材防水中的找平层应按平面砂浆找平层列项。

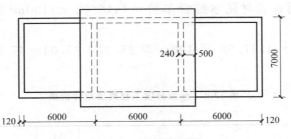

图 13-2　屋顶平面图

屋面卷材防水工程量(平面)＝(6.00-0.24)×(7.00-0.24)×2+(6.00+0.24+1.00)×(7.00+0.24+1.00)＝137.53(m²),

屋面卷材防水工程量(立面)＝(6.00-0.24+7.00-0.24)×2×0.5×2＝25.04(m²),工程量清单见表 13-2。

表 13-2　分部分项工程量清单表

工程名称：某工程

序号	项目编码	项目名称	项目特征	计量单位	工程量	金额/元	
						综合单价	合价
1	010902001001	屋面卷材防水	4mm 厚 SBS 防水卷材,平面	m²	137.53		
2	010902001002	屋面卷材防水	4mm 厚 SBS 防水卷材,立面	m²	25.04		

2. 屋面卷材防水工程量清单计价表的编制

屋面卷材防水项目发生的工程内容：水泥砂浆找平、卷材防水、保护层。

① 屋面卷材防水工程量（平面）＝137.53m²

② 屋面卷材防水工程量（立面）＝25.04m²

改性沥青卷材相关消耗量定额见表 13-3。

表 13-3　改性沥青卷材定额消耗量　　　　单位：100m²

定额编号			9-34	9-35	市场价格/元
项　目			改性沥青卷材		
			热熔法一层平面	热熔法一层立面	
名　称		单位	消耗量		
人工	普工	工日	0.733	1.274	100
	一般技工	工日	1.467	2.546	160
	高级技工	工日	0.245	0.424	240
材料	SBS 改性沥青防水卷材	m²	115.635	115.635	30.0
	改性沥青嵌缝油膏	kg	5.977	5.977	12.0
	液化石油气	kg	26.992	26.992	4.5
	SBS 弹性改性沥青防水胶	kg	28.920	28.920	10.0
人、材、机费用合计			9-34 子目:366.82+3951.44＝4318.26(元)		
			9-35 子目:636.52+3951.44＝4587.96(元)		
综合单价			9-34 子目:4318.26+366.82×26.65％＝4416.02(元/100m²)		
			9-35 子目:4587.96+636.52×26.65％＝4757.59(元/100m²)		

平面 SBS 改性沥青卷材防水综合单价＝4416.02 元/100m² × 137.53 ÷ 137.53 ＝ 44.16 元/m²

找平层综合单价＝4757.59 元/100m² × 25.04 ÷ 25.04 ＝ 47.58 元/m²，如表 13-4 所示。

表 13-4　分部分项工程量清单计价表

工程名称：某工程

序号	项目编码	项目名称	项目特征	计量单位	工程量	金额/元	
						综合单价	合价
1	010902001001	屋面卷材防水	4mm 厚 SBS 防水卷材，平面	m²	137.53	44.16	6073.32
2	010902001002	屋面卷材防水	4mm 厚 SBS 防水卷材，立面	m²	25.04	47.58	1191.40

【案例 13-2】　某地下室工程外防水做法如图 13-3 所示，1：3 水泥砂浆找平 20 厚，聚氯乙烯卷材防水，外墙防水高度做到±0.000。其中，企业管理费按人工费的 15.0％计取，利润按人工费的 11.65％计取。编制工程量清单及综合单价。

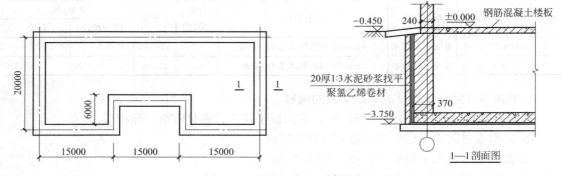

图 13-3　地下室平面、剖面图

解：1. 卷材防水工程量清单的编制

墙面卷材防水工程量＝(45.00＋0.50)×(20.00＋0.50)−6.00×(15.00−0.50)＝845.75(m²)

地面卷材防水工程量＝(45.00＋0.50＋20.00＋0.50＋6.00)×2×3.75＝540.0(m²)，工程量清单见表 13-5。

表 13-5　分部分项工程量清单

工程名称：某工程

序号	项目编码	项目名称	项目特征	计量单位	工程量	金额/元	
						综合单价	合价
1	010903001001	墙面卷材防水	聚氯乙烯卷材冷粘	m²	540.0		
2	010904001001	地面卷材防水	聚氯乙烯卷材防水冷粘	m²	845.75		

2. 卷材防水工程量清单计价表的编制

卷材防水项目发生的工程内容：三元乙丙橡胶卷材防水。

① 地面聚氯乙烯卷材防水工程量＝845.75m²

② 墙面聚氯乙烯卷材防水工程量＝540.00m²

聚氯乙烯相关消耗量定额见表 13-6。

表 13-6　聚氯乙烯卷材定额消耗量　　　　　单位：100m²

定额编号			9-47	9-48	市场价格/元
项　目			聚氯乙烯卷材		
			冷粘法一层平面	冷粘法一层立面	
名　称		单位	消耗量		
人工	普工	工日	0.930	1.540	100
	一般技工	工日	1.859	3.08	160
	高级技工	工日	0.310	0.513	240
材料	聚氯乙烯防水卷材	m²	117.10	117.10	16.0
	FL-15 胶黏剂	kg	115.635	115.635	18.0
人、材、机费用合计			9-47 子目：464.84＋3955.03＝4419.87(元) 9-48 子目：769.92＋3955.03＝4724.95(元)		
综合单价			9-47 子目：4419.87＋464.84×26.65%＝4543.75(元/100m²) 9-48 子目：4724.95＋769.92×26.65%＝4930.13(元/100m²)		

卷材防水（墙面）综合单价＝4930.13 元/100m²×540.0m²÷540.0m²＝49.30 元/m²

卷材防水（地面）综合单价＝4543.75 元/100m²×845.75m²÷845.75m²＝45.44 元/m²

工程量清单计价见表 13-7。

表 13-7　分部分项工程量清单计价表

工程名称：某工程

序号	项目编码	项目名称	项目特征	计量单位	工程量	金额/元	
						综合单价	合价
1	010903001001	墙面卷材防水	聚氯乙烯卷材冷粘	m²	540.0	49.30	26622
2	010904001001	地面卷材防水	聚氯乙烯卷材防水冷粘	m²	845.75	45.44	38430.88

第二节　保温、隔热、防腐工程计量与计价

一、清单计算规范相关规定

《房屋建筑及装饰工程工程量计算规范》附录 K 保温、隔热、防腐工程包括 K.1 保温、隔热，K.2 防腐面层，K.3 其他防腐 3 个分项工程清单项目。

表 K.1 保温、隔热（编码：011001）

项目编码	项目名称	项目特征	计量单位	工程量计算规则	工作内容
011001001	保温隔热屋面	1.保温隔热材料品种、规格、性能；2.保温隔气材料品种、规格、厚度；3.黏结材料种类；4.防护材料种类及做法	m²	按设计图示尺寸以面积计算。扣除面积＞0.3m² 孔洞所占面积	1.基层清理；2.刷黏结材料；3.铺粘保温层；4.刷防护材料
011001002	保温隔热天棚	1.保温隔热面层材料品种、规格、性能；2.保温隔热材料品种、规格、厚度；3.黏结材料种类；4.防护材料种类及做法		按设计图示尺寸以面积计算。扣除面积＞0.3m² 以上柱、垛、孔洞所占面积，与天棚相连的梁按展开面积计算并入天棚工程量内	1.基层清理；2.刷黏结材料；3.铺粘保温层；4.刷防护材料
011001003	保温隔热墙面	1.保温隔热部位；2.保温隔热方式；3.踢脚线、勒脚线保温做法；4.龙骨材料品种、规格；5.保温隔热面层材料品种、规格、性能；6.保温隔热材料品种、规格及厚度；7.增强网及抗裂防水砂浆种类；8.黏结材料种类；9.防护材料种类及做法		按设计图示尺寸以面积计算。扣除门窗洞口及面积＞0.3m² 以上梁、孔洞所占面积，门窗洞口侧壁以及与墙相连的柱，并入天棚工程量内	1.基层清理；2.刷界面剂；3.安装龙骨 4.填贴保温材料 5.保温板安装 6.粘贴面层 7.铺设增强网格、摸抗裂、防水砂浆面层 8.嵌缝；9.铺刷防护材料
011001004	保温柱、梁			按设计图示尺寸以面积计算。1.柱按设计图上柱断面保温层中心线展开长度乘保温层高度以面积计算；2.梁按设计图示梁断面保温层中心线展开长度乘以保温层长度以面积计算	
011001005	保温隔热楼地面	1.保温隔热部位；2.保温隔热材料品种、规格、厚度；3.隔气层材料品种、厚度；4.黏结材料种类、做法；5.防护材料种类及做法		按设计图示尺寸以面积计算。扣除面积＞0.3m² 柱、垛、孔洞等所占面积，门洞、空圈、暖气包槽、壁龛的开口部分不增加面积	1.基层清理；2.刷黏结材料；3.铺粘保温层；4.刷防护材料
011001006	其他保温隔热	1.保温隔热部位；2.保温隔热方式；3.隔气层材料品种、厚度；4.保温隔热面层材料品种、规格、性能；5.保温隔热材料品种、规格及厚度；6.增强网及抗裂防水砂浆种类；7.黏结材料种类；8.防护材料种类及做法		按设计图示尺寸以面积计算。扣除面积＞0.3m² 孔洞及占位面积	1.基层清理；2.刷界面剂；3.安装龙骨 4.填贴保温材料 5.保温板安装 6.粘贴面层 7.铺设增强网格、摸抗裂、防水砂浆面层 8.嵌缝；9.铺刷防护材料

表 K.2　防腐面层（编码：011002）

项目编码	项目名称	项目特征	计量单位	工程量计算规则	工作内容
011002001	防腐混凝土面层	1.防腐部位； 2.面层厚度； 3.混凝土种类； 4.胶泥种类、配合比			1.基层清理； 2.基层刷稀胶泥； 3.混凝土制作、运输、摊铺、养护
011002002	防腐砂浆面层	1.防腐部位； 2.面层厚度； 3.砂浆、胶泥种类、配合比		按设计图示尺寸以面积计算。 1.平面防腐:扣除凸出地面的构筑物、设备基础等以及面积>0.3m²柱、垛、孔洞等所占面积，门洞、空圈、暖气包槽、壁龛的开口部分不增加面积。 2.立面防腐:扣除门、窗、洞口以及面积>0.3m²孔洞、梁所占面积，门、窗、洞口侧壁、垛突出部分按展开面积并入墙面计算	1.基层清理； 2.刷黏结材料； 3.砂浆制作、运输、摊铺、养护。
011002003	防腐胶泥面层	1.防腐部位； 2.面层厚度； 3.胶泥种类、配合比			1.基层清理； 2.胶泥调制、摊铺；
011002004	玻璃钢防腐面层	1.防腐部位； 2.玻璃钢种类； 3.贴布材料种类、层数； 4.面层材料品种	m²		1.基层清理； 2.刷底漆、刮腻子； 3.胶浆配制、涂刷； 4.粘布、涂刷面层
011002005	聚氯乙烯板面层	1.防腐部位； 2.面层材料品种、厚度； 3.黏结材料种类			1.基层清理； 2.配料、涂胶； 3.聚氯乙烯板铺设
011002006	块料防腐面层	1.防腐部位； 2.块料品种、规格； 3.黏结材料种类； 4.勾缝材料种类			1.基层清理； 2.铺贴块料； 3.胶泥调制、勾缝
011002007	池、槽块料防腐面层	1.防腐池、槽名称、代号； 2.块料品种、规格； 3.黏结材料种类； 4.勾缝材料种类		按设计图示尺寸以展开面积计算	1.基层清理； 2.铺贴块料； 3.胶泥调制、勾缝

表 K.3　其他防腐（编号：011003）

项目编码	项目名称	项目特征	计量单位	工程量计算规则	工作内容
011003001	隔离层	1.隔离层部位； 2.隔离层材料品种； 3.隔离层做法； 4.粘贴材料种类	m²	按设计图示尺寸以面积计算。 平面防腐:扣除凸出地面的构筑物、设备基础等以及面积>0.3m²的空洞、柱、垛等所占面积，门洞、空圈、暖气包槽、壁龛的开口部分不增加面积。 立面防腐:扣除凸出地面的构筑物、设备基础等以及面积>0.3m²的空洞、柱、垛等所占面积，门、窗、洞口侧壁、垛突出部分按展开面积并入墙面积内	1.基层清理、刷油； 2.煮沥青； 3.胶泥调制； 4.隔离层铺设

续表

项目编码	项目名称	项目特征	计量单位	工程量计算规则	工作内容
011003002	砌筑沥青浸渍砖	1.砌筑部位；2.浸渍砖规格；3.胶泥种类；4.浸渍砖砌法	m³	按设计图示尺寸以体积计算	1.基层清理；2.胶泥调制；3.浸渍砖铺设
011003003	防腐涂料	1.涂刷部位；2.基层材料类型；3.刮腻子的种类、遍数；4.涂料品种、刷涂遍数	m²	按设计图示尺寸以面积计算。 平面防腐：扣除凸出地面的构筑物、设备基础等以及面积>0.3m²的空洞、柱、垛等所占面积，门洞、空圈、暖气包槽、壁龛的开口部分不增加面积； 立面防腐：扣除凸出地面的构筑物、设备基础等以及面积>0.3m²的空洞、柱、垛等所占面积，门、窗、洞口侧壁、垛突出部分按展开面积并入墙面积内	1.基层清理；2.刮腻子；3.刷涂料

二、全国消耗量定额相关规定

（一）保温、隔热工程

（1）保温层的保温材料配合比、材质、厚度、与设计不同时，可以换算。

（2）弧形墙墙面保温隔热层，按相应项目的人工乘以系数1.1。

（3）柱面保温根据墙面保温定额项目人工乘以系数1.19、材料乘以系数1.04。

（4）墙面岩棉板保温、聚苯乙烯板保温及保温装饰一体板保温如使用钢骨架，钢骨架按墙、柱面装饰与隔断、幕墙工程相应项目执行。

（5）抗裂保护层工程如采用塑料膨胀螺栓固定时，每1m²增加：人工0.03工日，塑料膨胀螺栓6.12套。

（6）保温隔热材料应根据设计规范，必须达到国家规定要求的等级标准。

（二）防腐工程

（1）各种胶泥、砂浆、混凝土配合比以及各种整体面层的厚度，如设计与定额不同时，可以换算。定额已综合考虑了各种块料面层的结合层、胶结料厚度及计灰缝宽度。

（2）花岗岩面层以六面剁斧的块料为准，结合层厚度为15mm，如底板为毛面时，其结合层胶结料用量按设计厚度调整。

（3）整体面层踢脚板按整体面层相应项目执行，块料面层踢脚板按立面砌块相应项目人工乘以系数1.2。

（4）环氧自流平洁净地面中间层（刮腻子）按每层1mm厚度考虑，如设计要求厚度不同时，按厚度可以调整。

（5）卷材防腐接缝、附加层、收头工料已包括在定额内，不再另行计算。

（6）块料防腐中面层材料的规格、材料与设计不同时，可以换算。

三、全国消耗量定额的工程量计算规则

（一）保温隔热工程

（1）屋面保温隔热层工程量按设计图示尺寸以面积计算。扣除＞0.3m² 孔洞所占面积。其他项目按设计图示尺寸以定额项目规定的计量单位计算。

（2）天棚保温隔热工程量按设计图示尺寸以面积计算。扣除面积＞0.3m² 柱、垛、孔洞所占面积，与天棚相连的梁按展开面积计算，其工程量并入天棚内。

（3）墙面保温隔热层工程量按设计图示尺寸以面积计算。扣除门窗洞口及面积＞0.3m² 梁、孔洞所占面积；门窗洞口侧壁以及与墙相连的柱，并入保温墙体工程量内。墙体及混凝土板下铺贴隔热层不扣除木框架及木龙骨的体积。其中外墙按隔热层中心线长度计算，内墙按隔热层净长度计算。

（4）柱、梁保温隔热层工程量按设计图示尺寸以面积计算。柱按设计图示柱断面保温层中心线展开长度乘以高度以面积计算，扣除面积＞0.3m² 梁所占面积。梁按设计图示梁断面保温层中心线展开长度乘以保温层长度以面积计算。

（5）楼地面保温隔热层工程量按设计图示尺寸以面积计算。扣除柱、垛及单个＞0.3m² 孔洞所占面积。

（6）其他保温隔热层工程量按设计图示尺寸以展开面积计算。扣除面积＞0.3m² 孔洞及占位面积。

（7）大于 0.3m² 孔洞侧壁周围及梁头、连系梁等其他零星工程保温隔热工程量，并入墙面的保温隔热工程量内。

（8）柱帽保温隔热层，并入天棚保温隔热层工程量内。

（9）保温层排气管按设计图示尺寸以长度计算，不扣除管件所占长度，保温层排气孔以数量计算。

（10）防火隔离带工程量按设计图示尺寸以面积计算。

（二）防腐工程

（1）防腐工程面层、隔离层及防腐油漆工程量均按设计图示尺寸以面积计算。

（2）平面防腐工程量应扣除凸出地面的构筑物、设备基础等以及面积＞0.3m² 孔洞、柱、垛等所占面积，门洞、空圈、暖气包槽、壁龛的开口部分不增加面积。

（3）立面防腐工程量应扣除门、窗、洞口以及面积＞0.3m² 孔洞、梁所占面积，门、窗、洞口侧壁、垛凸出部分按展开面积并入墙面积内。

（4）池、槽块料防腐面层工程量按设计图示尺寸以展开面积计算。

（5）砌筑沥青浸渍砖工程量按设计图示尺寸以面积计算。

（6）踢脚板防腐工程量按设计图示长度乘以高度以面积计算，扣除门洞所占面积，并相应增加侧壁展开面积。

（7）混凝土面及抹灰防腐按设计图示尺寸以面积计算。

四、应用案例

【案例 13-3】 某仓库抹铁屑砂浆防腐地面厚度 30mm，踢脚线抹环氧砂浆，厚度 5mm，

如图 13-4 所示。其中，企业管理费按人工费的 15.24% 计取，利润按人工费的 9.0% 计取。编制防腐砂浆工程量清单及清单报价。

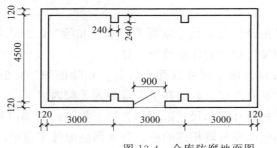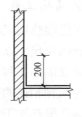

图 13-4　仓库防腐地面图

解：1.防腐砂浆面层工程量清单的编制

地面防腐砂浆工程量$=(9.00-0.24)\times(4.50-0.24)=37.32(m^2)$

踢脚线防腐砂浆工程量$=[(9.00-0.24+0.24\times4+4.50-0.24)\times2-0.90+0.12\times2]\times0.2=5.46(m^2)$，工程量清单见表 13-8。

表 13-8　分部分项工程量清单

工程名称：某工程

序号	项目编码	项目名称	项目特征	计量单位	工程量	金额/元	
						综合单价	合价
1	011002002001	防腐砂浆面层	① 砂浆种类：铁屑砂浆； ② 面层厚度：30mm； ③ 防腐部位：地面	m²	37.32		
2	011105001001	防腐砂浆踢脚线	① 砂浆种类：环氧砂浆； ② 面层厚度：5mm； ③ 防腐部位：踢脚线	m²	5.46		

2.防腐砂浆面层工程量清单计价表的编制

防腐砂浆面层项目发生的工程内容：面层摊铺养护。

① 地面工程量$=(9.00-0.24)\times(4.50-0.24)=37.32(m^2)$

② 踢脚线工程量$=[(9.00-0.24+0.24\times4+4.50-0.24)\times2-0.90+0.12\times2]\times0.2=5.46(m^2)$

防腐砂浆相关定额子目见表 13-9。

表 13-9　防腐砂浆相关定额消耗量　　　　　　　　　　单位：100m²

定额编号			10-125	10-129	市场价格/元
项　　目			环氧砂浆	钢屑砂浆	
			厚度 5mm	一般抹灰厚 30mm	
名　　称		单位	消耗量		
人工	普工	工日	10.709	2.095	100
	一般技工	工日	21.419	10.189	160
	高级技工	工日	3.57	1.698	240

续表

定额编号		10-125	10-129	市场价格 /元
项　目		环氧砂浆	钢屑砂浆	
		厚度5mm	一般抹灰厚30mm	
名　称	单位	消耗量		
材料 环氧树脂砂浆	m³	0.510	—	1700
环氧树脂打底料	m³	0.030	—	16000
其他材料	%	1.0	—	—
素水泥浆	m³	—	0.101	420
钢屑砂浆	m³	—	3.030	610
水	m³	—	8.40	5.0
机械 轴流通风机功率7.5kW	台班	2.00	—	40
灰浆搅拌机筒容量200L	台班	—	0.505	160
人、材、机费用合计		10-125子目：5354.74+1360.47+80=6795.21（元） 10-129子目：2247.26+1932.72+80.8=4668.76（元）		
综合单价		10-125子目：6795.21+5354.74×24.24%=8093.20（元/100m²） 10-129子目：4668.76+2247.26×24.24%=5213.50（元/100m²）		

平面防腐综合单价＝5213.50元/100m²×37.32m²÷37.32m²＝52.14元/m²

踢脚线防腐综合单价＝8093.20元/100m²×5.46m²÷5.46m²＝80.93元/m²

工程量清单计价见表13-10。

表13-10　分部分项工程量清单计价表

工程名称：某工程

序号	项目编码	项目名称	项目特征	计量单位	工程量	金额/元	
						综合单价	合价
1	011002002001	防腐砂浆面层	① 砂浆种类：铁屑砂浆； ② 面层厚度：20mm； ③ 防腐部位：地面	m²	37.32	52.14	1945.86
2	011105001001	防腐砂浆踢脚线	① 砂浆种类：铁屑砂浆； ② 面层厚度：20mm； ③ 防腐部位：踢脚线	m²	5.46	80.93	441.88

习　题

一、选择题

1. 在地下建筑物墙体做好后，把卷材防水层直接铺贴在墙上，然后砌筑保护墙，这种地下防水做法称（　　）。

A. 外防内贴法　　　B. 外防外贴法　　　C. 外贴法　　　D. 内贴法

2. 当屋面坡度小于3%时，卷材铺贴方向应（　　）。

A. 垂直于屋脊　　　B. 平行于屋脊　　　C. 与屋脊相交　　　D. 任意方向

3. 防水卷材可分为（　　）。

A. 沥青防水卷材　　B. 高聚物改性沥青防水卷材

C. 合成高分子防水卷材　　D. SBS

E. 聚氯乙稀防水卷材

4. 建筑防水工程，按工程部位分（　　）。

A. 室内防水　　B. 室外防水　　C. 屋面防水

D. 地下防水　　E. 楼地面防水

二、简答题

1. 试述防水卷材的种类、特点和使用范围?

2. 试述防水涂料种类、防水机理及特点。

3. 试述卷材防水屋面各构造层的做法及施工工艺。

4. 试述油毡热铺法和冷铺法施工工艺。

5. 试述卷材屋面的质量保证措施。

6. 试述涂抹防水层施工特点。

7. 屋面防水工程施工质量和安全措施是什么?

三、计算题

1. 某屋面如图 13-5 所示，砖墙上圆擦木、20mm 厚平口杉木屋面板单面刨光，油毡一层，上有 36× 80@500 顺水条，25×25 挂瓦条盖黏土平瓦，屋面坡度为 $B/2A=1/4$，按清单计价规范编制瓦屋面的工程量清单并计算综合单价。

720
5000
5000
720
720
30000
720
平面
20×200
吊顶封板
墙体
檐口吊顶
63×50
50
720

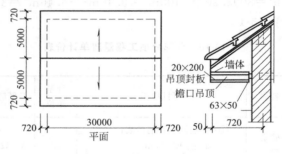

图 13-5　某屋面示意图

2. 某住宅刚性屋面做法如图 13-6 所示，已算得清单工程量为 112.09m²，铺设预制架空板 83.987m²，按清单计价规范计算刚性防水屋面工程量清单并计算综合单价。

35×800×800预制薄板(架空)
40厚C20现浇钢丝网细石混凝土
纸筋灰隔离层
氯丁橡胶油毡一层
100mm厚水泥珍珠岩板保温层
20厚水泥砂浆找平层
砚浇钢筋混凝土板

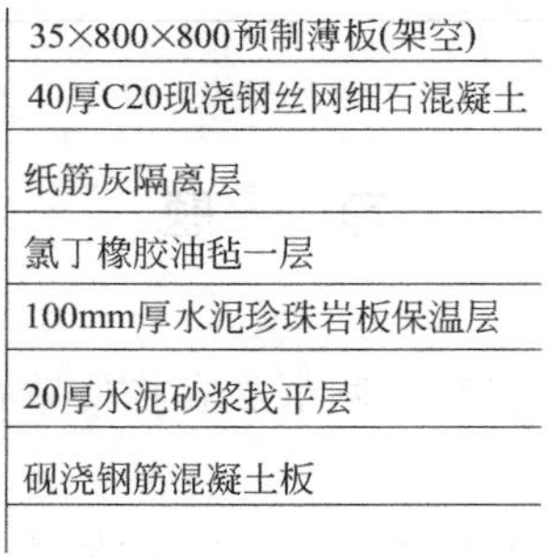

图 13-6　宅刚性屋面做法

3. 如图 13-7 所示，计算环氧砂浆地面面层清单工程量（设计为环氧砂浆，8mm 厚）并按照河南省定额报价。

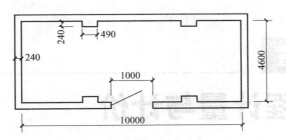

图 13-7　环氧砂浆地面示意图

4. 如图 13-8 所示，求花岗岩面层耐酸沥青砂浆砌铺清单工程量并按照河南省定额报价。

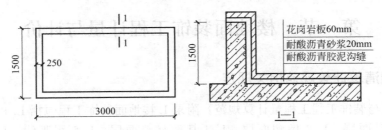

图 13-8　地面铺花岗岩示意图

第十四章

装饰工程计量与计价

第一节　楼地面装饰工程计量与计价

一、全国清单计算规范相关规定

《房屋建筑与装饰工程工程量计算规范》附录 L 楼地面装饰工程包括 L.1 整体面层及找平层、L.2 块料面层、L.3 橡塑面层、L.4 其他材料面层、L.5 踢脚线、L.6 楼梯面层、L.7 台阶装饰、L.8 零星装饰项目等 8 部分。

1. 整体面层及找平层工程量计算规则

整体面层及找平层工程量清单项目的设置、项目特征描述的内容、计量单位及工程量计算规则应按表 L.1 的规定执行。

表 L.1　整体面层及找平层（编码：011101）

项目编码	项目名称	项目特征	计量单位	工程量计算规则	工作内容
011101001	水泥砂浆楼地面	1.找平层厚度、砂浆配合比;2.素水泥浆遍数;3.面层厚度、砂浆配合比;4.面层做法要求			1.基层清理;2.抹找平层;3.抹面层;4.材料运输
011101002	现浇水磨石楼地面	1.找平层厚度、砂浆配合比;2.面层厚度、砂浆配合比;3.嵌条材料种类、规格;4.石子种类、规格、颜色;5.颜料种类、颜色;6.图案要求;7.磨光、酸洗、打蜡要求	m²	按设计图示尺寸以面积计算。扣除凸出地面构筑物、设备基础、室内铁道、地沟等所占面积,不扣除间壁墙和≤0.3m² 的柱、垛、附墙烟囱及孔洞所占面积。门洞、空圈、暖气包槽、壁龛的开口部分不增加面积	1.基层清理;2.抹找平层;3.面层铺设;4.嵌缝条安装;5.磨光、酸洗打蜡;6.材料运输
011101003	细石混凝土楼地面	1.找平层厚度、砂浆配合比;2.面层厚度、砂浆配合比			1.基层清理;2.抹找平层;3.面层铺设;4.材料运输

续表

项目编码	项目名称	项目特征	计量单位	工程量计算规则	工作内容
011101004	菱苦土楼地面	1. 找平层厚度、砂浆配合比；2. 面层厚度；3. 打蜡要求		按设计图示尺寸以面积计算。扣除凸出地面构筑物、设备基础、室内铁道、地沟等所占面积，不扣除间壁墙和≤0.3m² 的柱、垛、附墙烟囱及孔洞所占面积。门洞、空圈、暖气包槽、壁龛的开口部分不增加面积	1. 基层清理；2. 抹找平层；3. 面层铺设；4. 打蜡；5. 材料运输
011101005	自流坪楼地面	1. 找平层厚度、砂浆配合比；2. 界面剂材料种类；3. 中层漆材料种类、厚度；4. 面漆材料种类、厚度；5. 面层材料种类	m²		1. 基层清理；2. 抹找平层；3. 涂界面剂；4. 涂刷中层漆；5. 打磨、吸尘；6. 镘自流平面漆；7. 拌合自流平浆料；8. 铺面层
011101006	平面砂浆找平层	找平层厚度、砂浆配合比		按设计图示尺寸以面积计算	1. 基层清理；2. 抹找平层；3. 材料运输

2. 块料面层工程量计算规则

块料面层工程量清单项目的设置、项目特征描述的内容、计量单位及工程量计算规则应按表 L.2 的规定执行。

表 L.2　块料面层（编码：011102）

项目编码	项目名称	项目特征	计量单位	工程量计算规则	工作内容
011102001	石材楼地面	1. 找平层厚度、砂浆配合比；2 结合层厚度、砂浆配合比；3. 面层材料品种、规格颜色；4. 嵌缝材料种类；5. 防护层材料种类；6. 酸洗、打蜡要求	m²	按设计图示尺寸以面积计算。门洞、空圈、暖气包槽、壁龛的开口部分并入相应工程量内	1. 基层清理；2. 抹找平层；3. 面层铺设、磨边；4. 嵌缝；5. 刷防护材料；6. 酸洗打蜡；7. 材料运输
011102002	碎石材楼地面				
011102003	块料楼地面				

3. 橡塑面层工程量计算规则

橡塑面层工程量清单项目的设置、项目特征描述的内容、计量单位及工程量计算规则应按表 L.3 的规定执行。

表 L.3　橡塑面层（编码：011103）

项目编码	项目名称	项目特征	计量单位	工程量计算规则	工作内容
011103001	橡胶板楼地面	1. 黏结材料厚度、材料种类 2. 面层材料品种、规格、颜色 3. 压线条种类	m²	按设计图示尺寸以面积计算。门洞、空圈、暖气包槽、壁龛的开口部分并入相应的工程量内	1. 基层清理 2. 面层铺贴 3. 压缝条装钉 4. 材料运输
011103002	橡胶板卷材楼地面				
011103003	塑料板楼地面				
011103004	塑料卷材楼地面				

4. 其他材料面层工程量计算规则

其他材料面层工程量清单项目的设置、项目特征描述的内容、计量单位及工程量计算规则应按表 L.4 的规定执行。

表 L.4　其他材料面层（编码：011104）

项目编码	项目名称	项目特征	计量单位	工程量计算规则	工作内容
011104001	地毯楼地面	1. 黏结层厚度、材料种类 2. 面层材料品种、规格、颜色 3. 压线条种类	m²	按设计图示尺寸以面积计算。门洞、空圈、暖气包槽、壁龛的开口部分并入相应的工程量内	1. 基层清理 2. 面层铺贴 3. 压缝条装钉 4. 材料运输
011104002	竹木地板				
011104003	防静电活动地板				
011104004	金属复合地板				

5. 踢脚线工程量计算规则

踢脚线工程量清单项目的设置、项目特征描述的内容、计量单位及工程量计算规则应按表 L.5 的规定执行。

表 L.5　踢脚线（编码：011105）

项目编码	项目名称	项目特征	计量单位	工程量计算规则	工作内容
011105001	水泥砂浆踢脚线	1. 踢脚线高度 2. 底层厚度、砂浆配合比 3. 面层厚度、砂浆配合比	1. m² 2. m	1. 以立方米计量，按设计图示长度乘以高度以面积计算 2. 以米计量，按延长米计算	1. 基层清理 2. 底层和面层抹灰 3. 材料运输
011105002	石材踢脚线	1. 踢脚线高度 2. 黏结层厚度、材料种类 3. 面层材料品种、规格、颜色 4. 防护材料种类			1. 基层清理 2. 底层抹灰 3. 面层铺贴、磨边 4. 擦缝 5. 磨光、酸洗、打蜡 6. 刷防护材料 7. 材料运输
011105003	块料踢脚线				
011105004	塑料板踢脚线	1. 踢脚线高度 2. 黏结层厚度、材料种类 3. 面层材料品种、规格、颜色			1. 基层清理 2. 基层铺贴 3. 面层铺贴 4. 材料运输
011105005	木质踢脚线	1. 踢脚线高度 2. 基层材料种类、规格 3. 面层材料品种、规格、颜色			
011105006	金属踢脚线				
011105007	防静电踢脚线				

6. 楼梯面层装饰工程量计算规则

楼梯面层装饰工程量清单项目的设置、项目特征描述的内容、计量单位及工程量计算规则应按表 L.6 的规定执行。

表 L.6 楼梯面层 （编码：011106）

项目编码	项目名称	项目特征	计量单位	工程量计算规则	工作内容
011106001	石材楼梯面层	1.找平层厚度、砂浆配合比；2.结合层厚度、砂浆配合比；3.面层材料品种、规格颜色；4.防滑条材料种类、规格；5.勾缝材料种类；6.防护材料种类；7.酸洗、打蜡要求	m²	按设计图示尺寸以楼梯（包括踏步、休息平台及≤500mm的楼梯井）水平投影面积计算。楼梯与楼地面相连时，算至梯口梁内侧边沿；无梯口梁者，算至最上一层踏步边沿加300mm	1.基层清理2.抹找平层3.面层铺贴、磨边4.贴嵌5.勾缝6.酸洗、打蜡7.刷防护材料8.材料运输
011106002	块料楼梯面层				
011106003	拼碎块料楼梯面层				

注：此表仅列举部分项目。

7. 台阶装饰工程量计算规则

台阶装饰工程量清单项目的设置、项目特征描述的内容、计量单位及工程量计算规则应按表 L.7 的规定执行。

表 L.7 台阶装饰 （编码：011107）

项目编码	项目名称	项目特征	计量单位	工程量计算规则	工作内容
011107001	石材台阶面	1.找平层厚度、砂浆配合比；2.黏结材料种类；3.面层材料品种、规格颜色；4.防滑条材料种类、规格；5.勾缝材料种类；6.防护材料种类	m²	按设计图示尺寸以台阶（包括最上层踏步边沿加300mm）水平投影面积计算	1.基层清理2.抹找平层3.面层铺贴4.贴嵌防滑条5.勾缝6.刷防护材料7.材料运输
011107002	块料台阶面				
011107003	拼碎块料台阶面				

注：此表仅列举部分项目。

8. 零星装饰项目工程量计算规则

零星装饰项目工程量清单项目的设置、项目特征描述的内容、计量单位及工程量计算规则应按表 L.8 的规定执行。

表 L.8 零星装饰项目 （编码：011108）

项目编码	项目名称	项目特征	计量单位	工程量计算规则	工作内容
011108001	石材零星项目	1.工程部位；2.找平层厚度、砂浆配合比；3.结合层厚度、砂浆配合比；4.面层材料品种、规格颜色；5.勾缝材料种类；6.防护材料种类；7.酸洗、打蜡要求	m²	按设计图示尺寸以面积计算	1.基层清理；2.抹找平层；3.面层铺贴；4.勾缝；5.刷防护材料；6.酸洗、打蜡；7.材料运输
011108002	碎拼石材零星项目				
011108003	块料零星项目				
011108004	水泥砂浆零星项目	1.工程部位；2.找平层厚度、砂浆配合比；3.面层厚度、砂浆厚度			1.基层清理；2.抹找平层；3.抹面层；4.材料运输

二、全国消耗量定额相关规定

（1）水磨石地面水泥石子浆的配合比，设计与定额不同时，可以调整。

（2）同一铺贴面上有不同种类、材质的材料，应分别按相应项目调整。

（3）厚度≤60mm的细石混凝土按找平层项目执行，厚度>60mm的按混凝土垫层项目执行。

（4）采用地暖的地板垫层，按不同材料执行相应项目，人工乘以系数1.3，材料乘以系数0.95。

（5）块料面层

① 镶贴块料项目是按规格料考虑的，如需现场倒角、磨边者按其他装饰工程相应项目执行。

② 石材楼地面拼花按成品考虑。

③ 镶嵌规格在100mm×100mm以内的石材执行点缀项目。

④ 玻化砖按陶瓷地面砖相应项目执行。

⑤ 石材楼地面需做分格、分色的，按相应项目人工乘以系数1.10。

（6）木地板

① 木地板安装按成品企口考虑，若采用平口安装，其人工乘以系数0.85。

② 木地板填充材料按定额保温隔热防腐工程相应项目执行。

（7）弧形踢脚线、楼梯段踢脚线按相应项目人工、脚线乘以系数1.15。

（8）弧形踢脚线、楼梯段踢脚线楼梯项目人工乘以系数1.2。

（9）零星项目面层适用于楼梯侧面、台阶的牵边，小便池、蹲台、池槽，以及面积在0.5m² 以内且未列项目的工程。

（10）圆弧形等不规则地面镶贴面层、饰面面层按相应项目人工乘以系数1.15，块料消耗量损耗按实调整。

（11）水磨石地面包含酸洗打蜡，其他块料项目如需做酸洗打蜡者，单独执行相应酸洗打蜡项目。

三、全国消耗量定额工程量计算规则

（1）楼地面找平层及整体面层按设计图示尺寸以面积计算。扣除凸出地面构筑物、设备基础、室内铁道、地沟等所占面积，不扣除间壁墙及单个面积≤0.3m² 的柱、垛、附墙烟囱及孔洞所占面积。门洞、空圈、暖气包槽、壁龛的开口部分不增加面积。

（2）块料面层、橡塑面层和其他材料面层按设计图示尺寸以面积计算。门洞、空圈、暖气包槽、壁龛的开口部分并入相应的工程量内。

（3）石材拼花按最大外围尺寸以矩形面积计算。有拼花的石材地面，按设计图示尺寸扣除拼花的最大外围矩形面积计算面积。

（4）点缀按"个"计算，计算主体铺贴地面面积时，不扣除点缀所占面积。

（5）石材地面刷养护液包括侧面涂刷，工程量按设计图示尺寸以底面积计算。

（6）石材表面刷保护液按设计图示尺寸以表面积计算。

（7）石材勾缝按石材设计图示尺寸以面积计算。

（8）踢脚线按设计图示长度乘以高度以面积计算。楼梯靠墙踢脚线（含锯齿形部分）贴块料按设计图示面积计算。

（9）楼梯面层按设计图示尺寸以楼梯（包括踏步、休息平台及宽500mm以内的楼梯井）水平投影面积计算。楼梯与楼地面相连时，算至梯口梁内侧边沿；无梯口梁者，算至最上一层踏步边沿加300mm。

（10）台阶面层按设计图示尺寸以台阶（包括上层踏步边沿加300mm）水平投影面积计算。

（11）零星项目按设计图示尺寸以面积计算。

（12）分格嵌条按设计图示"延长米"计算。

（13）块料楼地面做酸洗打蜡者，按设计图示尺寸以面积计算。

四、应用案例

【案例14-1】 某住宅楼一层住户平面如图14-1所示。地面做法：3∶7灰土垫层300mm厚，60mm厚C15细石混凝土找平层，30mm厚1∶3水泥砂浆面层。其中，企业管理费按人工费的14%计取，利润按人工费的8%计取。试编制整体面层工程量清单及综合单价。

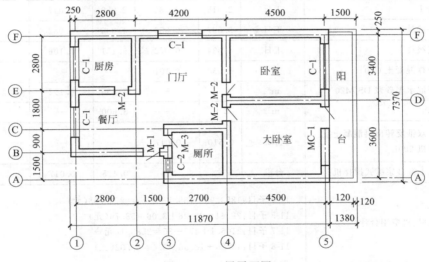

图14-1 一层平面图

解：1. 整体面层工程量清单的编制

整体楼地面清单仅包含面层和找平层，3∶7灰土垫层按非混凝土垫层部分编码列项。

整体面层工程量＝（厨房）(2.80－0.24)×(2.80－0.24)＋（餐厅）(2.80＋1.50－0.24)×(0.90＋1.80－0.24)＋（门厅）(4.20－0.24)×(1.80＋2.80－0.24)－(1.50－0.24)×(1.80－0.24)＋（厕所）(2.70－0.24)×(1.50＋0.90－0.24)＋（卧室）(4.50－0.24)×(3.40－0.24)＋（大卧室）(4.50－0.24)×(3.60－0.24)＋（阳台）(1.38－0.12)×(7.37－0.24×2)＝6.554＋9.988＋15.3＋7.774＋13.462＋14.314＋8.681＝76.07(m²)，工程量清单见表14-1。

表14-1 分部分项工程量清单

工程名称：某工程

序号	项目编码	项目名称	项目特征	计量单位	工程量	金额/元	
						综合单价	合价
1	011101001001	水泥砂浆地面	① 30mm厚地面砂浆；② 60mm厚C20细石混凝土	m²	76.07		

2. 整体面层工程量清单计价表的编制

整体面层项目发生的工程内容：灰土垫层、混凝土找平层、混凝土制作、水泥砂浆面层。

① 整体面层工程量＝76.07m²

② 混凝土找平层工程量＝76.07m²

③ 每增10mm混凝土找平层工程量＝76.07×3＝228.21(m²)

找平及整体面层相关定额子目见表14-2。

表 14-2　找平及整体面层相关定额消耗量　　　　　　计量单位：100m²

定额编号			11-4	11-5	11-7	11-8	市场价格 /元
项　　目			细石混凝土地面找平层		水泥砂浆楼地面		
			30mm	每增减1mm	20mm	每增减1mm	
名　　称		单位	消耗量				
人工	普工	工日	2.015	0.032	2.289	0.047	100
	一般技工	工日	3.527	0.056	4.006	0.082	160
	高级技工	工日	4.534	0.072	5.151	0.106	240
材料	预拌混凝土 C20	m³	3.030	0.101			260
	干混水泥砂浆 DS M20	m³			2.550	0.102	180
	水	m³	0.40	—	3.600		5.0
机械	双锥反转出料混凝土搅拌机 200L	台班	0.510	0.017			180
	干混砂浆罐式搅拌机	台班			0.425	0.017	200
人、材、机费用合计			11-4 子目：1853.98＋789.8＋91.8＝2735.58(元) 11-5 子目：29.44＋26.26＋3.06＝58.76(元) 11-7 子目：2106.1＋477＋85＝2583.1(元) 11-8 子目：43.26＋18.36＋3.4＝65.02(元)				
综合单价			11-4 子目：2735.58＋1853.98×22％＝3143.46(元/100m²) 11-5 子目：58.76＋29.44×22％＝65.23(元/100m²) 11-7 子目：2583.1＋2106.1×22％＝3046.44(元/100m²) 11-8 子目：65.02＋43.26×22％＝74.54(元/100m²)				

整体面层综合单价＝[(3143.46 元＋65.23×30)/100m²×76.07m²＋(3046.44＋74.54×10)元/100m²×76.07m²]÷76.07m²＝88.92 元/m²

水泥砂浆地面工程量清单计价表见表14-3。

表 14-3　分部分项工程量清单计价表

工程名称：某工程

序号	项目编码	项目名称	项目特征	计量单位	工程量	金额/元	
						综合单价	合价
1	011101001001	水泥砂浆地面	① 30mm 厚地面砂浆； ② 60mm 厚 C20 细石混凝土	m²	76.07	88.92	6764.14

【案例 14-2】 某展览厅花岗石地面如图 14-2 所示。墙厚 240mm，门洞口宽 1000mm，地面找平层 C20 细石混凝土 40mm 厚，细石混凝土现场搅拌。地面中有钢筋混凝土柱 8 根，直径 800mm；3 个花岗石图案为圆形，直径 1.8m，图案外边线 2.4m×2.4m；其余为规格块料点缀图案，规格块料 600mm×600mm，点缀 32 个，100mm×100mm。250mm 宽济南青花岗岩围边，均用 1：2.5 水泥砂浆粘贴。其中，企业管理费按人工费的 14％ 计取，利润按人工费的 8％ 计取。编制石材楼地面工程工程量清单和清单报价。

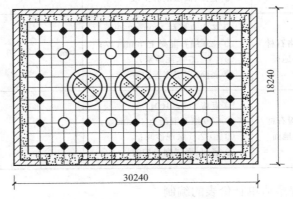

图 14-2 ［案例 14-2］图

解：1. 石材楼地面工程量清单的编制

① 花岗石规格材工程量＝(30.24－0.24－0.50)×(18.24－0.24－0.50)－2.40×2.40×3－1.20×1.20×8＝487.45(m²)

② 花岗石拼花图案工程量＝3.14×0.90²×3＝7.63(m²)

③ 异形块料工程量＝2.40×2.40×3－7.63＋(1.20×1.20－3.14×0.40²)×8＝17.15(m²)

④ 济南青花岗岩围边工程量＝(30.24－0.24－0.25＋18.24－0.24－0.25)×2×0.25＋1.00×0.24×2(门洞空圈面积)＝24.23(m²)

⑤ 花岗岩点缀工程量＝32(个)

工程量清单见表 14-4。

表 14-4 分部分项工程量清单

工程名称：某装饰工程

序号	项目编码	项目名称	项目特征	计量单位	工程量	金额/元	
						综合单价	合价
1	011102001001	规格石材楼地面	① 规格石材 600×600； ② C20 细石混凝土 40mm 厚； ③ 1：2.5 水泥砂浆； ④ 底面、面层刷养护液	m²	487.45		
2	011102001002	拼花石材楼地面	① 拼花图案圆形； ② C20 细石混凝土 40mm 厚； ③ 1：2.5 水泥砂浆； ④ 底面、面层刷养护液	m²	7.63		

续表

序号	项目编码	项目名称	项目特征	计量单位	工程量	金额/元 综合单价	金额/元 合价
3	011102001003	异形石材楼地面	① 圆弧形石材； ② C20 细石混凝土 40mm 厚； ③ 1:2.5 水泥砂浆； ④ 底面、面层刷养护液	m²	17.15		
4	011102001004	规格石材楼地面	① 济南青石材 1200×250； ② C20 细石混凝土 40mm 厚； ③ 1:2.5 水泥砂浆； ④ 底面、面层刷养护液	m²	24.23		
5	011102001005	点缀石材楼地面	① 点缀 100×100； ② C20 细石混凝土 40mm 厚； ③ 1:2.5 水泥砂浆； ④ 底面、面层刷养护液	个	32		

2. 石材楼地面工程量清单计价表的编制

石材楼地面项目发生的工程内容：铺设找平层、大理石面层、地面酸洗打蜡。

① 细石混凝土找平层工程量＝536.46m²

② 规格石材工程量＝(30.24－0.24－0.50)×(18.24－0.24－0.50)－2.40×2.40×3－1.20×1.20×8＝487.45(m²)

③ 拼花图案工程量＝3.14×0.90²×3＝7.63(m²)

④ 异形块料工程量＝2.40×2.40×3－7.63＋(1.20×1.20－3.14×0.40²)×8＝17.15(m²)

异形花岗石消耗规格材料＝0.60×0.60×12×3×1.02＋0.60×0.60×4×8×1.02＝24.97(m²)

图案周边异形花岗石块料实际消耗量定额＝24.97/17.15＝1.46(m²/m²)

⑤ 济南青花岗岩围边工程量＝(30.24－0.24－0.25＋18.24－0.24－0.25)×2×0.25＋1.00×0.24×2(门洞空圈面积)＝24.23(m²)

⑥ 花岗岩点缀工程量＝32 个

⑦ 地面酸洗打蜡工程量＝7.63＋17.15＋487.45＋24.23＝536.46(m²)

石材楼地面相关定额子目见表 14-5、表 14-6 所示。

表 14-5　石材楼地面相关定额消耗量　　　　　　计量单位：100m²

定额编号			11-4	11-5	11-27	11-28	11-29	市场价格/元
项　　目			细石混凝土地面找平层		石材刷养护液			
			30mm	每增减 1mm	底光面	底麻面	表面	
名　　称		单位	消耗量					
人工	普工	工日	2.015	0.032	0.735	0.881	0.735	100
	一般技工	工日	3.527	0.056	1.285	1.542	1.285	160
	高级技工	工日	4.534	0.072	1.652	1.983	1.652	240

定额编号		11-4	11-5	11-27	11-28	11-29	市场价格 /元
项　目		细石混凝土地面找平层		石材刷养护液			
		30mm	每增减1mm	底光面	底麻面	表面	
名　称	单位	消耗量					
材料	预拌混凝土 C20	m³	3.030	0.101	—	—	—	260
	水	m³	0.40	—	—	—	—	5.0
	石材养护液	kg	—	—	21.50	30.0	—	10
	石材养护液	kg	—	—	—	—	25.0	40
机械	双锥反转出料混凝土搅拌机 200L	台班	0.510	0.017	—	—	—	180
	干混砂浆罐式搅拌机	台班	—	—	—	—	—	200

人、材、机费用合计
11-4 子目:1853.98+789.8+91.8=2735.58(元)
11-5 子目:29.44+26.26+3.06=58.76(元)
11-27 子目:675.58+215=890.58(元)
11-28 子目:810.74+300=1110.74(元)
11-29 子目:675.58+1000=1675.58(元)

综合单价
11-4 子目:2735.58+1853.98×22%=3143.46(元/100m²)
11-5 子目:58.76+29.44×22%=65.23(元/100m²)
11-27 子目:890.58+675.58×22%=1039.21(元/100m²)
11-28 子目:1110.74+810.74×22%=1289.10(元/100m²)
11-29 子目:1675.58+675.58×22%=1824.21(元/100m²)

表 14-6　石材楼地面相关定额消耗量　　　　计量单位:100m²

定额编号		11-17	11-18	11-20	11-21	市场价格 /元
项　目		石材楼地面(每块面积)		石材楼地面		
		0.36 以内	0.64 以内	拼花	点缀(100 个)	
名　称	单位	消耗量				
人工	普工	工日	4.040	4.538	6.637	5.540	100
	一般技工	工日	7.071	7.942	11.615	9.695	160
	高级技工	工日	9.091	10.211	14.933	12.465	240
材料	天然石材饰面板 600×600	m²	102	—	—	—	160
	天然石材饰面板 800×800	m²	—	102	—	—	200
	天然石材饰面板	m²	—	—	104	—	120
	石材板点缀	个	—	—	—	104	72
	干混地面砂浆 DS M20	m³	2.040	2.040	2.040	—	180
	石料切割锯片	片	0.615	0.615	—	0.67	32
	白水泥	kg	10.20	10.20	10.30	—	0.6
	胶黏剂 DTA 砂浆	m³	0.10	0.10	0.10	—	500
	棉纱头	kg	1.00	1.00	1.00	—	12.0
	锯木屑	m³	0.60	0.60	0.60	—	18.0
	水	m³	2.30	2.30	2.30	—	5.0
	电	kW·h	11.07	11.07	—	12.06	0.7

续表

定额编号		11-17	11-18	11-20	11-21	市场价格/元
项　目		石材楼地面（每块面积）		石材楼地面		
		0.36 以内	0.64 以内	拼花	点缀（100 个）	
名　　称	单位	消耗量				
机械　干混砂浆罐式搅拌机	台班	0.340	0.340	0.34	—	200
人、材、机费用合计		11-17 子目：3717.2+16805.05+68=20590.25（元） 11-18 子目：4175.16+20885.05+68=25128.21（元） 11-20 子目：6106.02+12937.68+68=19112.42（元） 11-21 子目：5096.8+7517.88=12614.68（元）				
综合单价		11-17 子目：20590.25+3717.2×22%=21408.03（元/100m²） 11-18 子目：25128.21+4175.16×22%=21408.03（元/100m²） 11-20 子目：19112.42+6106.02×22%=20455.74（元/100m²） 11-21 子目：12614.68+5096.8×22%=13735.98（元/100 个）				

规格石材楼地面综合单价＝[（3143.46＋65.23×10）元/100m²＋21408.03 元/100m²＋1289.10 元/100m²＋1824.21 元/100m²]×487.45m²÷487.45m²=283.17 元/m²

拼花石材地面综合单价＝[（3143.46＋65.23×10）元/100m²＋20455.74 元/100m²＋1289.10 元/100m²＋1824.21 元/100m²]×7.63m²÷7.63m²=273.65 元/m²

异形石材地面综合单价＝[（3143.46＋65.23×10）元/100m²＋（人工费乘以系数 1.15，材料按实际调整）(21408.03＋3717.2×0.15＋100×160×0.46）元/100m²＋1289.10 元/100m²＋1824.21 元/100m²]×17.15m²÷17.15m²=362.35 元/m²

规格石材济南青楼地面综合单价＝[（3143.46＋65.23×10）元/100m²＋21408.03 元/100m²＋1289.10 元/100m²＋1824.21 元/100m²]×24.23m²÷24.23m²=283.17 元/m²

点缀综合单价＝[（3143.46＋65.23×10）元/100m²＋1289.10 元/100m²＋1824.21 元/100m²]×(0.1×0.1m²×32 个)÷32 个+13735.98 元/100 个=138.05 元/个

工程量清单计价见表 14-7。

表 14-7　分部分项工程量清单计价表

工程名称：某装饰工程

序号	项目编码	项目名称	项目特征	计量单位	工程量	综合单价	合价
1	011102001001	规格石材楼地面	① 规格石材 600×600； ② C20 细石混凝土 40mm 厚； ③ 1：2.5 水泥砂浆铺贴； ④ 底面、面层刷养护液	m²	487.45	283.17	138031.22
2	011102001002	拼花石材楼地面	① 拼花图案圆形； ② C20 细石混凝土 40mm 厚； ③ 1：2.5 水泥砂浆； ④ 底面、面层刷养护液	m²	7.63	273.65	2087.95
3	011102001003	异形石材楼地面	① 圆弧形石材； ② C20 细石混凝土 40mm 厚； ③ 1：2.5 水泥砂浆； ④ 底面、面层刷养护液	m²	17.15	362.35	6214.30

续表

序号	项目编码	项目名称	项目特征	计量单位	工程量	金额/元	
						综合单价	合价
4	011102001004	规格石材楼地面	① 济南青石材 1200×250; ② C20 细石混凝土 40mm 厚; ③ 1:2.5 水泥砂浆; ④ 底面、面层刷养护液	m²	24.23	283.17	6861.21
5	011102001005	点缀石材楼地面	① 点缀 100×100; ② C20 细石混凝土 40mm 厚; ③ 1:2.5 水泥砂浆; ④ 底面、面层刷养护液	个	32	138.05	4417.6

第二节　墙、柱面装饰与隔断、幕墙工程

一、《房屋建筑与装饰工程工程量计算规范》规定

1. 墙面抹灰工程量计算规则

墙面抹灰工程量清单项目的设置、项目特征描述的内容、计量单位及工程量计算规则应按表 M.1 的规定执行。

表 M.1　墙面抹灰（编码：011201）

项目编码	项目名称	项目特征	计量单位	工程量计算规则	工作内容
011201001	墙面一般抹灰	1.墙体类型;2.底层厚度、砂浆配合比;3.面层厚度、砂浆配合比;4.装饰面材料种类;5.分格缝宽度、材料种类	m²	按设计图示尺寸以面积计算。扣除墙裙、门窗洞口及单个>0.3m²的孔洞面积,不扣除踢脚线、挂镜线和墙与构件交接处的面积,门窗洞口和孔洞的侧壁及顶面不增加面积。附墙柱、梁、垛、烟囱侧壁并入相应的墙面面积内。 1.外墙抹灰面积按外墙垂直投影面积计算; 2.外墙裙抹灰面积按其长度乘以高度计算;	1.基层清理; 2.砂浆制作、运输; 3.底层抹灰; 4.抹面层; 5.抹装饰面; 6.勾分隔缝
011201002	墙面装饰抹灰				
011201003	墙面勾缝	1.勾缝类型; 2.勾缝材料种类		3.内墙抹灰面积按主墙间的净长乘以高度计算; 1)无墙裙的,高度按室内楼地面至天棚底面计算; 2)有墙裙的,高度按墙裙顶至天棚底面计算; 3)有吊顶天棚抹灰,高度算至天棚底; 4.内墙裙抹灰面按内墙净长乘以高度计算	1.基层清理; 2.砂浆制作、运输; 3.勾缝
011201004	立面砂浆找平层	1.基层类型; 2.找平层砂浆厚度、配合比			1.基层清理; 2.砂浆制作、运输; 3.抹灰找平

注：1. 立面砂浆找平项目适用于仅做找平层的立面抹灰。

2. 墙面抹石灰砂浆、水泥砂浆、混合砂浆、聚合物水泥砂浆、麻刀石灰浆、石膏灰浆等按墙面一般抹灰列项,墙面水刷石、斩假石、干粘石、假面砖等按本表中墙面装饰抹灰列项。

3. 飘窗凸出外墙面增加的抹灰并入外墙工程量内。

4. 有吊顶天棚的内墙抹灰,抹至吊顶以上部分在综合单价中考虑。

2. 柱（梁）面抹灰工程量计算规则

柱（梁）面抹灰工程量清单项目的设置、项目特征描述的内容、计量单位及工程量计算规则应按表 M.2 的规定执行。

表 M.2 柱（梁）面抹灰（编码：011202）

项目编码	项目名称	项目特征	计量单位	工程量计算规则	工作内容
011202001	柱、梁面一般抹灰	1. 柱体类型；2. 底层厚度、砂浆配合比；3. 面层厚度、砂浆配合比；4. 装饰面材料种类；5. 分格缝宽度、材料种类	m²	1. 柱面抹灰：按设计图示柱断面周长乘以高度以面积计算；2. 梁面抹灰：按设计图示梁断面周长乘以长度以面积计算	1. 基层清理；2. 砂浆制作、运输；3. 底层抹灰；4. 抹面层；5. 勾分隔缝
011202002	柱、梁面装饰抹灰				
011202003	柱、梁面砂浆找平	1. 柱体类型；2. 找平层砂浆厚度、配合比		按设计图示柱断面周长乘以高度以面积计算	1. 基层清理；2. 砂浆制作、运输；3. 抹灰找平
011202004	柱面勾缝	1. 勾缝类型；2. 勾缝材料种类			1. 基层清理；2. 砂浆制作、运输；3. 勾缝

3. 零星抹灰工程量计算规则

零星抹灰工程量清单项目的设置、项目特征描述的内容、计量单位及工程量计算规则应按表 M.3 的规定执行。

表 M.3 零星抹灰（编码：011203）

项目编码	项目名称	项目特征	计量单位	工程量计算规则	工作内容
011203001	零星项目一般抹灰	1. 基层类型、部位2. 底层厚度、砂浆配合比3. 面层厚度、砂浆配合比	m²	按设计图示尺寸以面积计算	1. 基层清理2. 砂浆制作、运输3. 底层抹灰4. 抹面层5. 抹装饰面6. 勾分隔缝
011203002	零星项目装饰抹灰	4. 装饰面材料种类5. 分格缝宽度、材料种类			
011203003	零星项目砂浆找平	1. 基础类型、部位2. 找平的砂浆厚度、配合比			1. 基层清理2. 砂浆制作、运输3. 抹灰找平

4. 墙面块料工程量计算规则

墙面块料工程量清单项目的设置、项目特征描述的内容、计量单位及工程量计算规则应按表 M.4 的规定执行。

表 M.4　墙面镶贴块料面层（编码：011204）

项目编码	项目名称	项目特征	计量单位	工程量计算规则	工作内容
011204001	石材墙面	1.墙体类型 2.安装方式 3.面层材料品种、规格、颜色 4.缝宽、嵌缝材料种类 5.防护材料种类 6.磨光、酸洗、打蜡要求	m²	按镶贴表面积计算	1.基层清理 2.砂浆制作、运输 3.黏结层铺贴 4.面层安装 5.嵌缝 6.刷防护材料 7.磨光酸洗打蜡
011204002	碎拼石材墙面				
011204003	块料墙面				
011204004	干挂石材钢骨架	1.骨架种类、规格 2.防锈漆品种遍数	t	按设计图示尺寸以质量计算	1.骨架制作、运输、安装 2.刷漆

5.柱（梁）面镶贴块料工程量计算规则

柱（梁）面镶贴块料工程量清单项目的设置、项目特征描述的内容、计量单位及工程量计算规则应按表 M.5 的规定执行。

表 M.5　柱面镶贴块料面层（编码：011205）

项目编码	项目名称	项目特征	计量单位	工程量计算规则	工作内容
011205001	石材柱面	1.柱截面类型、尺寸 2.安装方式 3.面层材料品种、规格、颜色 4.缝宽、嵌缝材料种类 5.防护材料种类 6.磨光、酸洗、打蜡要求	m²	按镶贴表面积计算	1.基层清理 2.砂浆制作、运输 3.粘结层铺贴 4.面层安装 5.嵌缝 6.刷防护材料 7.磨光酸洗打蜡
011205002	块料柱面				
011205003	拼碎石材柱面				
011205004	石材梁面	1.安装方式 2.面层材料品种、规格、颜色 3.缝宽、嵌缝材料种类 4.防护材料种类 5.磨光、酸洗、打蜡要求			
011205005	块料梁面				

6.零星镶贴块料工程量计算规则

零星镶贴块料工程量清单项目的设置、项目特征描述的内容、计量单位及工程量计算规则应按表 M.6 的规定执行。

表 M.6　零星镶贴块料（编码：011206）

项目编码	项目名称	项目特征	计量单位	工程量计算规则	工作内容
011206001	石材零星项目	1.柱截面类型、尺寸 2.安装方式 3.面层材料品种、规格、颜色 4.缝宽、嵌缝材料种类 5.防护材料种类 6.磨光、酸洗、打蜡要求	m²	按镶贴表面积计算	1.基层清理 2.砂浆制作、运输 3.面层安装 4.嵌缝 5.刷防护材料 6.磨光酸洗打蜡
011206002	块料零星项目				
011206003	拼碎块零星项目				

7. 墙饰面工程量计算规则

墙饰面工程量清单项目的设置、项目特征描述的内容、计量单位及工程量计算规则应按表 M.7 的规定执行。

表 M.7 墙饰面 （编码：011207）

项目编码	项目名称	项目特征	计量单位	工程量计算规则	工作内容
011207001	墙面装饰板	1. 龙骨材料种类、规格、中距 2. 隔离层材料种类 3. 基层材料种类、规格 4. 面层材料品种、规格、颜色 5. 压条材料种类、规格	m²	按设计图示墙净长乘以净高以面积计算。扣除门窗洞口及单个>0.3m²的孔洞所占面积	1. 清理基层 2. 骨架制作、运输、安装 3. 钉隔离层 4. 基层铺钉 5. 面层铺贴
011207002	墙面装饰浮雕	1. 基层类型 2. 浮雕材料种类 3. 浮雕样式		按设计图示尺寸以面积计算	1. 清理基层 2. 骨架制作、运输、安装 3. 安装成型

8. 柱（梁）饰面工程量计算规则

柱（梁）饰面工程量清单项目的设置、项目特征描述的内容、计量单位及工程量计算规则应按表 M.8 的规定执行。

表 M.8 柱（梁）饰面 （编码：011208）

项目编码	项目名称	项目特征	计量单位	工程量计算规则	工作内容
011208001	柱（梁）面装饰	1. 龙骨材料种类、规格、中距 2. 隔离层材料种类 3. 基层材料种类、规格 4. 面层材料品种、规格、颜色 5. 压条材料种类、规格	m²	按设计图示饰面外围尺寸以面积计算。柱帽、柱墩并入相应柱饰面工程量内	1. 清理基层 2. 骨架制作、运输、安装 3. 钉隔离层 4. 基层铺钉 5. 面层铺贴
011208001	成品装饰柱	1. 柱截面、高度 2. 柱材质	1. 根 2. m	1. 以根计量，按设计数量计算 2. 以米计量，按设计长度计算	柱运输、固定、安装

9. 幕墙工程量计算规则

幕墙工程工程量清单项目的设置、项目特征描述的内容、计量单位及工程量计算规则应按表 M.9 的规定执行。

表 M.9 幕墙工程 （编码：011209）

项目编码	项目名称	项目特征	计量单位	工程量计算规则	工作内容
011209001	带骨架幕墙	1. 骨架材料种类、规格、中框 2. 面层材料品种、规格、颜色 3. 面层固定方式 隔离带、边框封闭材料种类、规格 4. 嵌缝、塞口材料种类	m²	按设计图示框外围尺寸以面积计算。与幕墙同种材质的窗所占面积不扣除	1. 骨架制作、运输、安装 2. 面层安装 3. 隔离带、框边封闭 4. 嵌缝、塞口 5. 清洗

续表

项目编码	项目名称	项目特征	计量单位	工程量计算规则	工作内容
011209002	全玻幕墙	1. 玻璃品种、规格、颜色 2. 黏结塞口材料种类 3. 固定方式	m²	按设计图示尺寸以面积计算。带肋全玻璃墙按展开面积计算	1. 幕墙安装 2. 嵌缝、塞口 3. 清洗

10. 隔断工程量计算规则

隔断工程量清单项目的设置、项目特征描述的内容、计量单位及工程量计算规则应按表 M. 10 的规定执行。

表 M. 10　隔断工程（编码：011210）

项目编码	项目名称	项目特征	计量单位	工程量计算规则	工作内容
011210001	木隔断	1. 骨架、边框材料种类、规格 2. 隔板材料品种、规格、颜色 3. 嵌缝、塞口材料品种 4. 压条材料种类、规格	m²	按设计图示框外围尺寸以面积计算。不扣除≤0.3m² 的孔洞所占面积；浴厕门的材质与隔断相同时，门的面积并入隔断面积内	1. 骨架机边框制作、运输、安装 2. 隔板制作、运输、安装 3. 嵌缝、塞口 4. 装钉压条
011210002	金属隔断	1. 骨架、边框材料种类、规格 2. 隔板材料品种、规格、颜色 3. 嵌缝、塞口材料品种 4. 压条材料种类、规格			1. 骨架机边框制作、运输、安装 2. 隔板制作、运输、安装 3. 嵌缝、塞口

注：仅列出部分项目。

二、全国消耗量定额相关规定

（1）圆弧形、锯齿形、异形等不规则墙面抹灰、镶贴块料、幕墙按相应项目乘以系数 1.15。

（2）干挂石材骨架及玻璃幕墙型钢骨架均按钢骨架项目执行。

（3）女儿墙内侧、阳台栏板内侧与阳台板外侧抹灰工程量按其投影面积计算，块料按展开面积计算，女儿墙无泛水挑砖者，人工及机械乘以系数 1.1，女儿墙带泛水挑砖者，人工及机械乘以系数 1.3 按墙面相应项目执行。女儿墙外侧并入外墙计算。

（4）抹灰面层

① 抹灰项目中砂浆配合比与设计不同者，按设计要求调整，如设计厚度与定额厚度不同者，按相应增减厚度项目调整。

② 砖墙中的钢筋混凝土梁、柱侧面抹灰＞0.5m² 的并入相应墙面项目执行，≤0.5m² 的按零星抹灰项目执行。

③ 抹灰工程的零星抹灰项目适用于各种壁柜、碗柜、飘窗板、空调隔板、暖气罩、池槽、花台以及≤0.5m² 的其他各种零星抹灰。

④ 抹灰工程的装饰线条适用于门窗套、挑檐、腰线、压顶、遮阳板外边、宣传栏边框

等项目的抹灰，以及突出墙面且展开宽度≤300mm 的竖、横线条抹灰。线条展开宽度＞300mm 且≤400mm 者，按相应项目乘以系数 1.33；展开面积＞400mm 且≤500mm 者，按相应项目乘以系数 1.67。

（5）块料面层

① 墙面贴块料、饰面高度在 300mm 以内者，按踢脚线项目执行。

② 勾缝镶贴面砖子目，面砖消耗量分别按缝宽 5mm 和 10mm 考虑，如灰缝宽度与取定不同者，其块料及灰缝材料允许调整。

③ 玻化砖、干挂玻化砖或玻岩板按面砖相应项目执行。

（6）除已列有挂贴石材柱帽、柱墩项目外，其他项目的柱帽、柱墩并入相应柱面积内，每个柱帽或柱墩另增人工：抹灰 0.25 工日，块料 0.38 工日。饰面 0.5 工日。

（7）木龙骨基层是按双向计算的，如设计为单向时，材料、人工乘以系数 0.55。

（8）隔断、幕墙

① 玻璃幕墙中的玻璃按成品玻璃考虑；幕墙柱的避雷装置已综合，但幕墙的封边、封顶的费用另行计算。型钢、挂件设计用量与定额取定用量不同时，可以调整。

② 幕墙饰面中的结构胶与耐候胶设计用量与定额取定用量不同时，消耗量按设计计算的用量加 15% 的施工损耗计算。

③ 玻璃幕墙设计带有平、推拉窗者，并入幕墙面积计算，窗的型材用量应予以调整，窗的五金用量相应增加，五金施工损耗按 2% 计算。

④ 面层、隔墙（间壁）、隔断（护壁）项目内，除注明者外均未包括压边、收边、装饰线，如设计要求时，应按其他装饰工程相应项目执行；浴厕隔断已综合了隔断门所增加的工料。

⑤ 隔墙（间壁）、隔断（护壁）、幕墙等项目中龙骨间距、规格如与设计不同时，允许调整。

（9）设计要求做防火处理者，应按油漆、涂料、裱糊工程相应项目执行。

三、全国消耗量定额工程量计算规则

（一）抹灰

（1）墙面抹灰按设计图示尺寸以面积计算。扣除墙裙、门窗洞口及单个 0.3m² 以上的孔洞面积，不扣除踢脚线、挂镜线和墙与构件交接处的面积，门窗洞口和孔洞的侧壁及顶面不增加面积。附墙柱、梁、垛、烟囱侧壁并入相应的墙面面积内。具体计算方法如下。

① 外墙抹灰面积按外墙垂直投影面积计算。

② 外墙裙抹灰面积按其长度乘以高度计算。

③ 内墙抹灰面积按主墙间的净长乘以高度计算；无墙裙的，高度按室内楼地面至天棚底面计算；有墙裙的，高度按墙裙顶至天棚底面计算。

④ 内墙裙抹灰面按内墙净长乘以高度计算。

（2）柱面抹灰按结构断面周长乘以抹灰高度计算。

（3）装饰线条抹灰按设计图示尺寸以长度计算。

（4）装饰抹灰分格嵌缝按抹灰面面积计算。

(5) 零星项目按设计图示尺寸以展开面积计算。

（二）块料面层

(1) 挂贴石材零星项目中柱墩、柱帽是按圆弧形成品考虑的，按其圆的最大外径以周长计算；其他类型的柱帽、柱墩工程量按设计图示尺寸以展开面积计算。

(2) 镶贴块料面层，按镶贴表面积计算。

(3) 柱镶贴块料面层按设计图示饰面外围尺寸乘以高度以面积计算。

（三）墙饰面

(1) 龙骨、基层、面层墙饰面项目按设计图示饰面尺寸以面积计算，扣除门窗洞口及单个面积＞0.3m² 以上的孔圈所占面积，不扣除单个面积≤0.3m² 的孔洞所占面积，门窗洞口及孔洞侧壁面积亦不增加。

(2) 柱（梁）饰面的龙骨、基层、面层按设计图示饰面尺寸以面积计算，柱帽、柱墩并入相应柱面积计算。

（四）幕墙、隔断

(1) 玻璃幕墙、铝板幕墙以框外围面积计算；半玻璃隔断、全玻璃幕墙如有加强肋者，工程量按其展开面积计算。

(2) 隔断按设计图示框外围尺寸以面积计算，扣除门窗洞及单个面积＞0.3m² 的孔洞所占面积。

四、应用案例

【案例 14-3】 某砖混结构工程如图 14-3 所示。内墙面抹 1∶2 水泥砂浆打底，1∶3 水泥砂浆找平层，共 20mm 厚。内墙裙采用 1∶3 水泥砂浆打底（19 厚），1∶2.5 水泥砂浆面层（6 厚），砂子均为购买过筛净砂。其中，企业管理费按人工费的 17％计取，利润按人工费的 11.6％计取。编制墙面一般抹灰工程量清单和清单报价。

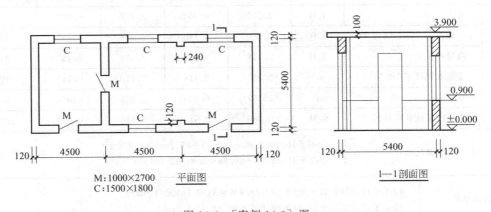

M:1000×2700   平面图
C:1500×1800

1—1剖面图

图 14-3　［案例 14-3］图

解：1. 墙面一般抹灰工程量清单的编制

内墙面抹灰工程量＝[(4.50×3−0.12×2)×2+(5.40−0.24)×4]
　　　　×(3.90−0.10−0.90)−1.00×(2.70−0.90)×4−1.50×1.80×4＝118.76(m²)

内墙裙工程量＝[(4.50×3－0.12×2)×2＋(5.40－0.24)×4－1.00×4]×0.90＝38.84(m²)，工程量清单见表14-8。

表14-8　分部分项工程量清单

工程名称：某装饰工程

序号	项目编码	项目名称	项目特征	计量单位	工程量	金额/元	
						综合单价	合价
1	011201001001	墙面一般抹灰	① 砖墙内墙面； ② 1：2 水泥砂浆底，1：3 石灰砂浆找平层，共 20mm 厚	m²	118.76		
2	011201001002	墙面一般抹灰	① 砖墙内墙裙面； ② 1：3 水泥砂浆打底(19 厚)，1：2.5 水泥砂浆面层(6 厚)	m²	38.84		

2. 墙面一般抹灰工程量清单计价表的编制

(1) 内墙面抹灰项目发生的工程内容为砖墙面抹灰砂浆。

内墙面抹灰工程量＝118.76m²

(2) 内墙裙抹灰项目发生的工程内容：砖墙面抹水泥砂浆。

内墙裙抹灰工程量＝38.84m²

墙面抹灰相关消耗量定额见表14-9所示。

表14-9　墙面抹灰相关消耗量定额　　　　　　　单位：100m²

定额编号		12-1	12-3	12-2	12-4	市场价格/元
项目		内墙		外墙		
		(14＋6)mm	每增减 1mm	(14＋6)mm	每增减 1mm	
名称	单位	消耗量				
人工　普工	工日	2.275	0.063	3.702	0.069	100
人工　一般技工	工日	3.980	0.110	6.478	0.122	160
人工　高级技工	工日	5.117	0.142	8.329	0.157	240
材料　干混水泥砂浆 DP M10	m³	2.320	0.116	2.320	0.116	180
材料　水	m³	1.057	0.020	1.057	0.020	5.0
机械　干混砂浆罐式搅拌机	台班	0.386	0.019	0.386	0.019	200
人、材、机费用合计		12-1 子目：2092.38＋422.89＋77.2＝2592.47(元) 12-3 子目：57.98＋20.98＋3.8＝82.76(元)				
综合单价		12-1 子目：2592.47＋2092.38×28.6％＝3190.89(元/100m²) 12-3 子目：82.76＋57.98×28.6％＝99.34(元/100m²)				

内墙抹灰综合单价＝3190.89 元/100m²×118.76m²÷118.76m²＝31.91 元/m²

内墙裙抹灰综合单价＝(3190.89＋99.34×5)元/100m²×38.84m²÷38.84m²＝36.88 元/m²，工程量清单计价见表14-10。

表 14-10　分部分项工程量清单计价表

工程名称：某装饰工程

序号	项目编码	项目名称	项目特征	计量单位	工程量	金额/元	
						综合单价	合价
1	011201001001	墙面一般抹灰	① 砖墙内墙面； ② 1：2 水泥砂浆底，1：3 石灰砂浆找平层，共 20mm 厚	m²	118.76	31.91	3789.63
2	011201001002	墙面一般抹灰	① 砖墙内墙裙面； ② 1：3 水泥砂浆打底(19 厚)，1：2.5 水泥砂浆面层(6 厚)	m²	38.84	36.88	1432.42

【**案例 14-4**】　某变电室外墙面尺寸如图 14-4 所示。M：1500mm×2000mm；C1：1500mm×1500mm，C2：1200mm×800mm；门窗侧面宽度 100mm。外墙水泥砂浆粘贴规格 194mm×94mm 瓷质外墙砖，灰缝 5mm，阳角 45°角对缝。其中，企业管理费按人工费的 17% 计取，利润按人工费的 11.6% 计取。编制块料墙面工程量清单，确定综合单价。

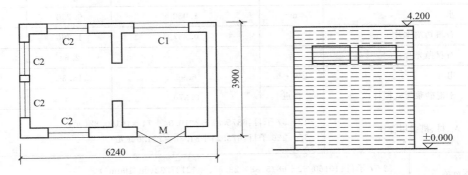

图 14-4　[案例 14-4] 图

解：1. 块料墙面工程量清单的编制

块料墙面工程量＝(6.24＋3.90)×2×4.20－(1.50×2.00)－(1.50×1.50)－1.20×0.80×4＋[1.50＋2.0×2＋1.50×4＋(1.20＋0.80)×2×4]×0.10＝78.84(m²)，

工程量清单见表 14-11。

表 14-11　分部分项工程量清单

工程名称：某装饰工程

序号	项目编码	项目名称	项目特征	计量单位	工程量	金额/元	
						综合单价	合价
1	011204003001	块料墙面	① 墙体类型：砖墙面； ② 水泥砂浆粘贴规格 194mm×94mm 瓷质外墙砖，灰缝 5mm，阳角 45 度角对缝	m²	78.84		

2.块料墙面工程量清单计价表的编制

块料墙面项目发生的工程内容：水泥砂浆粘贴瓷质外墙砖。

① 外墙面砖工程量＝78.84m²

② 外墙面砖45°角对缝工程量＝4.20×4＋1.50＋2.00×2＋1.50×4＋(1.20＋0.80)×2×4＝44.30(m)

块料墙面相关消耗量定额见表14-12。

表 14-12 块料墙面相关消耗量定额 单位：100m²

定额编号		12-57	15-226	市场价格/元
项　　目		面砖 每块面积 0.02m² 以内	瓷砖倒角、抛光	
		预拌砂浆,面砖灰缝 5mm	100m	
名　　称	单位	消耗量		
人工 普工	工日	7.474	0.732	100
一般技工	工日	13.079	1.281	160
高级技工	工日	16.816	1.647	240
材料 面砖	m²	93.112	—	30
干混水泥砂浆 DP M10	m³	2.222	—	180
水	m³	1.032	0.230	5.0
石料切割锯片	片	0.237	1.760	32
石材抛光片	片	—	2.64	5.0
电	kW·h	6.96	15.30	0.70
机械 干混砂浆罐式搅拌机	台班	0.370	—	200
人、材、机费用合计		12-57 子目:6875.88＋3210.94＋74＝10160.82(元) 15-226 子目:673.24＋81.38＝754.62(元)		
综合单价		12-57 子目:10160.82＋6875.88×28.6%＝12127.32(元/100m²) 12-3 子目:754.62＋673.24×28.6%＝947.17(元/100m)		

综合单价＝（12127.32 元/100m² ×78.84m²＋947.17 元/100m×44.30m）÷78.84＝126.60 元/m²

工程量清单计价见表14-13。

表 14-13 分部分项工程量清单计价表

工程名称：某装饰工程

序号	项目编码	项目名称	项目特征	计量单位	工程量	金额/元	
						综合单价	合价
1	011204003001	块料墙面	① 墙体类型:砖墙面; ② 水泥砂浆粘贴规格 194mm×94mm 瓷质外墙砖,灰缝 5mm,阳角 45 度角对缝	m²	78.84	126.60	9981.14

第三节　天棚工程计量与计价

一、《房屋建筑与装饰工程工程量计算规范》（GB 50500—2013）工程量计算规则

1. 天棚抹灰工程量计算规则

天棚抹灰工程量清单项目的设置、项目特征描述的内容、计量单位及工程量计算规则应按表 N.1 的规定执行。

表 N.1　天棚抹灰（编码：011301）

项目编码	项目名称	项目特征	计量单位	工程量计算规则	工作内容
01130100	天棚抹灰	1.基层类型 2.抹灰厚度、材料种类 3.砂浆配合比	m²	按设计图示尺寸以水平投影面积计算。不扣除间壁墙、垛、柱、附墙烟囱、检查口和管道所占的面积，带梁天棚、梁两侧抹灰面积并入天棚面积内，板式楼梯底面抹灰按斜面积计算，锯齿形楼梯底板抹灰按展开面积计算	1.基层清理 2.底层抹灰 3.抹面层

2. 天棚吊顶工程量计算规则

天棚吊顶工程量清单项目的设置、项目特征描述的内容、计量单位及工程量计算规则应按表 N.2 的规定执行。

表 N.2　天棚吊顶（编码：011302）

项目编码	项目名称	项目特征	计量单位	工程量计算规则	工作内容
011302001	天棚吊顶	1.吊顶形式、吊杆规格、高度 2.龙骨材料种类、规格、中距 3.基层材料种类、规格 4.面层材料品种、规格 5.压条材料种类、规格 6.嵌缝材料种类 7.防护材料种类	m²	按设计图示尺寸以水平投影面积计算。天棚面中的灯槽及跌级、锯齿形、吊挂式、藻井式天棚面积不展开计算。不扣除间壁墙、检查口、附墙烟囱、柱垛和管道所占面积，扣除单个>0.3m²的孔洞、独立柱及与天棚相连的窗帘盒所占的面积	1.基层清理、吊杆安装 2.龙骨安装 3.基层板铺贴 4.面层铺贴 5.嵌缝 6.刷防护材料
011302002	格栅吊顶	1.龙骨材料种类、规格、中距 2.基层材料种类、规格 3.面层材料品种、规格 4.防护材料种类		按设计图示尺寸以水平投影面积计算	1.基层清理 2.安装龙骨 3.基层板铺贴 4.面层铺贴 5.刷防护材料
011302003	吊筒吊顶	1.吊筒形状、规格 2.吊筒材料种类 3.防护材料种类			1.基层清理 2.吊筒制作安装 3.刷防护材料

续表

项目编码	项目名称	项目特征	计量单位	工程量计算规则	工作内容
011302004	藤条造型悬挂吊顶	1. 骨架材料种类、规格 2. 面层材料品种、规格	m²	按设计图示尺寸以水平投影面积计算	1. 基层清理 2. 龙骨安装 3. 铺贴面层
011302005	织物软雕吊顶				
011302006	装饰网架吊顶	网架材料品种、规格			1. 基层清理 2. 网架制作安装

3. 采光天棚工程量计算规则

采光天棚工程量清单项目的设置、项目特征描述的内容、计量单位及工程量计算规则应按表 N.3 的规定执行。

表 N.3　采光天棚（编码：011303）

项目编码	项目名称	项目特征	计量单位	工程量计算规则	工作内容
011303001	采光天棚	1. 骨架类型 2. 固定类型、固定材料品种、规格 3. 面层材料品种、规格 4. 嵌缝、塞口材料种类	m²	按框外围展开面积计算	1. 清理基层 2. 面层制作安装 3. 嵌缝、塞口 4. 清洗

4. 天棚其他装饰工程量计算规则

天棚其他装饰工程量清单项目的设置、项目特征描述的内容、计量单位及工程量计算规则应按表 N.4 的规定执行。

表 N.4　天棚其他装饰（编码：011304）

项目编码	项目名称	项目特征	计量单位	工程量计算规则	工作内容
011304001	灯带(槽)	1. 灯带型式、尺寸 2. 格栅片材料品种、规格 3. 安装固定方式	m²	按设计图示尺寸以框外围面积计算	安装、固定
011304002	送风口、回风口	1. 风口材料品种、规格 2. 安装固定方式 3. 防护材料种类	个	按设计图示数量计算	1. 安装、固定 2. 刷防护材料

二、全国消耗量定额相关规定

(1) 抹灰项目中砂浆配合比与设计不同时，可按设计要求予以换算；如设计厚度与定额取定厚度不同时，按相应项目调整。

(2) 如混凝土天棚刷素水泥浆或界面剂，按墙柱面装饰相应项目人工乘以系数 1.15。

（3）吊顶天棚

① 除烤漆龙骨天棚为龙骨、面层合并列项外，其余均为天棚龙骨、基层、面层分别列项编制。

② 龙骨的种类、间距、规格和基层、面层材料的型号、规格是按常用材料和常用做法考虑的，如设计要求不同时，材料可以调整，人工、机械不变。

③ 天棚面层在同一标高者为平面天棚，天棚面层不在同一标高者为跌级天棚。跌级天棚其面层按相应项目人工乘以系数 1.30。

④ 轻钢龙骨、铝合金龙骨项目中龙骨按双向结构考虑，即中、小龙骨紧贴大龙骨底面吊挂，如为单层结构时，即大、中龙骨底面在同一水平上者，人工乘以系数 0.85。

⑤ 轻钢龙骨、铝合金龙骨项目中，如面层规格与定额不同时，按相近规格的项目执行。

⑥ 轻钢龙骨和铝合金龙骨不上人型吊杆长度为 0.6m，上人型吊杆长度为 1.4m。吊杆长度与定额不同时可按实际调整，人工不变。

⑦ 平面天棚和跌级天棚指一般直线形天棚，不包括灯光槽的制作安装。灯光槽的制作安装应按天棚其他装饰相应项目执行。

⑧ 天棚面层不在同一标高，且高出在 400mm 以下、跌级三级以内的一般直线形平面天棚按跌级天棚相应项目执行；高差在 400mm 以上或跌级超过三级，以及圆弧形、拱形等造型天棚按吊顶天棚中的艺术造型天棚相应项目执行。

⑨ 天棚检查孔的工料已包括在项目内，不另行计算。

⑩ 龙骨、基层、面层的防火处理及天棚龙骨的刷防腐油，石膏板刮嵌缝膏、贴绷带，按油漆涂料裱糊工程相应项目执行。

⑪ 天棚压条、装饰线条按其他装饰工程相应项目执行。

（4）格栅吊顶、吊筒吊顶、藤条造型悬挂吊顶、织物软雕吊顶、装饰网架吊顶，龙骨、面层合并列项编制。

（5）楼梯底板抹灰按相应项目执行，其中锯齿形楼梯按相应项目人工乘以系数 1.35。

三、全国消耗量定额工程量计算规则

（1）天棚抹灰，按设计图示尺寸以展开面积计算。不扣除间壁墙、垛、柱、附墙烟囱、检查口和管道所占的面积，带梁天棚、梁两侧抹灰面积并入天棚面积内。板式楼梯底面抹灰面积（包括踏步、休息平台以及≤500mm 宽的楼梯井）按水平投影面积乘以系数 1.15 计算，锯齿形楼梯底板抹灰面积（包括踏步、休息平台以及≤500mm 宽的楼梯井）按水平投影面积乘以系数 1.37 计算。

（2）天棚吊顶

① 天棚龙骨按主墙间水平投影面积计算，不扣除间壁墙、检查口、附墙烟囱、柱、垛和管道所占面积，扣除单个＞0.3m² 的孔洞、独立柱及与天棚相连的窗帘盒所占的面积。斜面龙骨按斜面积计算。

② 天棚吊顶的基层和面层均按设计图示尺寸以展开面积计算。天棚中的灯槽及跌级、阶梯式、锯齿式、吊挂式、藻井式天棚面积按展开计算。不扣除间壁墙、检查口、附墙烟囱、附墙垛和管道所占面积，应扣除单个＞0.3m² 的孔洞、独立柱及与天棚相连的窗帘盒所占的面积。

③ 栅格吊顶、藤条造型悬挂吊顶、织物软雕吊顶和装饰网架吊顶，按设计图示尺寸与水平投影面积计算。吊筒吊顶以最大外围水平投影尺寸，与外接矩形面积计算。

（3）天棚其他装饰

① 灯带按设计图示尺寸以框外围面积计算。

② 送风口、回风口及灯光孔按设计图示数量计算。

四、应用案例

【案例 14-5】 某工程现浇井字梁天棚如图 14-5 所示，10mm 厚水泥砂浆抹灰，其中，企业管理费按人工费的 18.6% 计取，利润按人工费的 13.4% 计取。试计算抹灰清单工程量并进行综合单价报价。

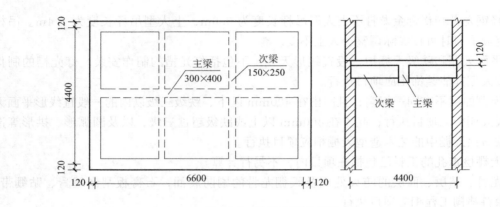

图 14-5 现浇井字梁天棚

解：1. 天棚抹灰工程量清单的编制

天棚抹灰工程量＝墙间的净长度×主墙间的净宽度＋梁侧面面积

天棚抹灰工程量＝$(6.60-0.24)\times(4.40-0.24)\text{m}^2+(0.40-0.12)\times(6.6-0.24-0.15\times2)\times2\text{m}^2+(0.25-0.12)\times(4.4-0.24-0.3\times2)\times2\times2\text{m}^2=31.70\text{m}^2$，工程量清单见表 14-14。

表 14-14 分部分项工程量清单

工程名称：某工程

序号	项目编码	项目名称	项目特征	计量单位	工程量	金额/元	
						综合单价	合价
1	011301001001	天棚抹灰	① 基层类型:现浇钢筋混凝土 ② 面层材料种类:麻刀石灰浆面层	m²	31.70		

2. 天棚抹灰工程量清单计价表的编制

天棚抹灰工程量＝31.70m²

天棚抹灰相关定额消耗量见表 14-15。

表 14-15　天棚抹灰相关消耗量定额　　　　　　　单位：100m²

定额编号			13-1	13-2	13-3	市场价格 /元
项　目			混凝土天棚			
			一次抹灰10mm	砂浆每增减1mm	拉毛	
名　称		单位	消耗量			
人工	普工	工日	2.029	0.202	3.041	100
	一般技工	工日	3.553	0.354	5.322	160
	高级技工	工日	4.568	0.455	6.843	240
材料	干混水泥砂浆 DP M10	m³	1.130	0.113	1.695	180
	水	m³	0.712	0.066	1.028	5.0
机械	干混砂浆罐式搅拌机	台班	0.188	0.017	0.283	200
人、材、机费用合计			13-1子目:1867.7+206.96+37.6＝2112.26(元)			
综合单价			13-1子目:2112.26+1867.7×32％＝2709.92(元/100m²)			

综合单价＝2709.92 元/100m²×31.70m²÷31.70m²＝27.10 元/m²，详见表 14-16。

表 14-16　分部分项工程量清单计价表

工程名称：某工程

序号	项目编码	项目名称	项目特征	计量单位	工程量	金额/元	
						综合单价	合价
1	011301001001	天棚抹灰	① 基层类型:现浇钢筋混凝土 ② 面层材料种类:麻刀石灰浆面层	m²	31.70	27.10	859.07

【**案例 14-6**】 某酒店包间天棚装饰如图 14-6 所示。现浇钢筋混凝土板底，吊不上人装配式 U 形轻钢龙骨，间距 450mm×450mm，不计算窗帘盒工程量，龙骨上铺钉纸面石膏板，面层刮腻子 3 遍，刷乳胶漆 3 遍，周边布两条石膏线，石膏线 100 宽。其中，企业管理费按人工费的 18.6％计取，利润按人工费的 13.4％计取。编制天棚吊顶工程量清单和清单报价。

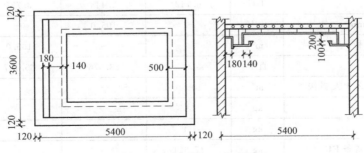

图 14-6　［案例 14-6］图

解：1. 天棚吊顶工程量清单的编制

天棚吊顶工程量＝（5.40－0.24－0.18）×（3.60－0.24）＝16.73（m²），

工程量清单见表 14-17。

表 14-17　分部分项工程量清单

工程名称：某装饰工程

序号	项目编码	项目名称	项目特征	计量单位	工程量	金额/元 综合单价	金额/元 合价
1	011302001001	天棚吊顶	① 吊顶形式：二级天棚； ② 不上人形装配式 U 形轻钢龙骨，间距 450mm×450mm； ③ 基层、面层材料种类：龙骨上铺钉纸面石膏板	m²	16.73		

2. 天棚吊顶工程量清单计价表的编制

该项目发生的工程内容：轻钢龙骨制作安装、轻钢龙骨制作安装、细木工板基层、铺钉纸面石膏板、石膏板嵌缝、刷防火涂料两遍。

面层刮腻子 3 遍和刷乳胶漆 3 遍应按涂料编码列项，周边布两条石膏线应按其他装饰编码列项。不在此列项。

① 轻钢龙骨制作安装工程量=(5.40−0.24)×(3.60−0.24)=17.34(m²)

② 顶棚龙骨上铺钉纸面石膏板工程量=(5.40−0.24−0.18)×(3.60−0.24)+(4.26−0.14+2.64−0.14)×2×0.14+(4.26+2.64)×2×0.30=16.73+1.854+4.14=22.72(m²)。

天棚吊顶相关定额消耗量见表 14-18。

表 14-18　天棚吊顶相关消耗量定额　　　　单位：100m²

定额编号			13-31	13-80	13-101	市场价格/元
项目			U 形轻钢龙骨 450mm×450mm，跌级	胶合板基层 9mm 厚	石膏板面层 在 U 形龙骨上	
名称		单位	消耗量			
人工	普工	工日	2.996	1.085	1.669	100
	一般技工	工日	5.243	1.900	2.919	160
	高级技工	工日	6.742	2.443	3.753	240
材料	胶合板 9mm	m²	—	105.0	—	180
	纸面石膏板	m²	—	—	105.0	13.0
	自攻螺丝	百个	—	23.676	35.187	4.0
	轻钢龙骨不上人 跌级	m²	105.0	—	—	25.0
	吊杆	kg	36	—	—	5
	六角螺栓	kg	1.8	—	—	7.5
	低合金钢焊条 E43	kg	17.924	—	—	15
	射钉	10 个	15.5	—	—	1.5
	角钢 综合	kg	40	—	—	3.5
	杉木板	m³	0.07	—	—	1450
	铁件 综合	kg	0.7	—	—	5.0

续表

定额编号		13-31	13-80	13-101	市场价格/元
项　　目		U形轻钢龙骨	胶合板基层	石膏板面层	
		450mm×450mm，跌级	9mm 厚	在U形龙骨上	
名　　称	单位	消耗量			
方钢管 25mm×25mm×2.5mm	m	6.12	—	—	10.5
扁钢 综合	kg	1.54	—	—	3.0
钢板 综合	kg	0.47	—	—	3.5
机械　交流弧焊机 容量32	台班	3.688			85
人、材、机费用合计		13-31 子目：2756.56＋3426.135＋313.48＝6496.18 元 13-101 子目：1534.66＋1505.75＝3040.41 元			
综合单价		13-31 子目：6496.18＋2756.56×32%＝7378.28(元/100m²) 13-101 子目：3040.41＋1534.66×32%＝3531.50(元/100m²)			

综合单价＝(7378.28 元/100m²×17.34m²＋3531.50 元/100m²×22.72m²)÷16.73m²＝124.43 元/m²

工程量清单计价见表 14-19。

表 14-19　分部分项工程量清单计价表

工程名称：某装饰工程

序号	项目编码	项目名称、项目特征描述	计量单位	工程量	金额/元	
					综合单价	合价
1	011302001001	天棚吊顶 ① 吊顶形式：二级天棚； ② 不上人型装配式U形轻钢龙骨，间距450mm×450mm； ③ 骨上铺钉纸面石膏板	m²	16.73	124.43	2081.71

第四节　油漆、涂料、裱糊工程计量与计价

一、《房屋建筑与装饰工程工程量计算规范》工程量计算规则

1.门油漆工程量计算规则

门油漆工程量清单项目的设置、项目特征描述的内容、计量单位及工程量计算规则应按表 P.1 的规定执行。

表 P.1　门油漆（编码：011401）

项目编码	项目名称	项目特征	计量单位	工程量计算规则	工作内容
011401001	木门油漆	1. 门类型 2. 门代号及洞口尺寸 3. 腻子种类 4. 刮腻子遍数 5. 防护材料种类 6. 油漆品种、刷漆遍数	1. 樘 2. m²	1. 以樘计量，按设计图示数量计算 2. 以平方米计量，按设计图示洞口尺寸以面积计算	1. 基层清理 2. 刮腻子 3. 刷防护材料、油漆
011401002	金属门油漆				1. 除锈、基层清理 2. 刮腻子 3. 刷防护材料、油漆

2. 窗油漆工程量计算规则

窗油漆工程量清单项目的设置、项目特征描述的内容、计量单位及工程量计算规则应按表 P.2 的规定执行。

表 P.2　窗油漆（编码：011402）

项目编码	项目名称	项目特征	计量单位	工程量计算规则	工作内容
011402001	木窗油漆	1. 窗类型 2. 窗代号及洞口尺寸 3. 腻子种类 4. 刮腻子遍数 5. 防护材料种类 6. 油漆品种、刷漆遍数	1. 樘 2. m²	1. 以樘计量，按设计图示数量计算 2. 以平方米计量，按设计图示洞口尺寸以面积计算	1. 基层清理 2. 刮腻子 3. 刷防护材料、油漆
0114002001	金属窗油漆				1. 除锈、基层清理 2. 刮腻子 3. 刷防护材料、油漆

3. 木扶手及其他板条线条油漆工程量计算规则

木扶手及其他板条线条油漆工程量清单项目的设置、项目特征描述的内容、计量单位及工程量计算规则应按表 P.3 的规定执行。

表 P.3　木扶手及其他板条线条油漆（编码：011403）

项目编码	项目名称	项目特征	计量单位	工程量计算规则	工作内容
011403001	木扶手油漆	1. 断面尺寸 2. 腻子种类 3. 刮腻子遍数 4. 防护材料种类 5. 油漆品种、刷漆遍数	m	按图示尺寸以长度计算	1. 基层清理 2. 刮腻子 3. 刷防护材料、油漆
011403002	窗帘盒油漆				
011403003	封檐板、顺水板油漆				
011403004	挂衣板、黑板框油漆				
011403005	挂镜线、窗帘棍、单独木线油漆				

4. 木材面油漆工程量计算规则

木材面油漆工程量清单项目的设置、项目特征描述的内容、计量单位及工程量计算规则应按表 P.4 的规定执行。

表 P.4　木扶手及其他板条线条油漆（编码：011404）

项目编码	项目名称	项目特征	计量单位	工程量计算规则	工作内容
011404001	木护墙、木墙裙油漆			按设计图示尺寸以面积计算	
011404002	窗台板、筒子板、盖板、门窗套、踢脚线油漆				
011404003	清水板条天棚、檐口油漆				
011404004	木方格吊顶天棚油漆	1. 腻子种类 2. 刮腻子遍数 3. 防护材料种类 4. 油漆品种、刷漆遍数	m²		1. 基层清理 2. 刮腻子 3. 刷防护材料、油漆
011404005	吸声板墙面、天棚面油漆				
011404006	暖气罩油漆				
011404007	其他木材面				
011404008	木间壁、木隔断油漆				
011404009	玻璃间壁露明墙筋油漆			按设计图示尺寸以单面外围面积计算	
011404010	木栅栏、木栏杆（带扶手）油漆				
011404011	衣柜、壁柜油漆			按设计图示尺寸以油漆部分展开面积计算	
011404012	梁柱饰面油漆				
011404013	零星木装修油漆				
011404014	木地板油漆			按设计图示尺寸以面积计算。空洞、空圈、暖气包槽、壁龛的开口部分并入相应的工程量内	
011404015	木地板烫硬蜡面	1. 硬蜡品种 2. 面层处理要求			1. 基层清理 2. 烫蜡

5. 金属面油漆工程量计算规则

金属面油漆工程量清单项目的设置、项目特征描述的内容、计量单位及工程量计算规则应按表 P.5 的规定执行。

表 P.5　金属面油漆（编码：011405）

项目编码	项目名称	项目特征	计量单位	工程量计算规则	工作内容
011405001	金属面油漆	1. 构件名称 2. 腻子种类 3. 刮腻子要求 4. 防护材料种类 5. 油漆品种、刷漆遍数	1. t 2. m²	1. 以吨计量，按设计图示尺寸以质量计算 2. 以平方米计量，按设计展开面积计算	1. 基层清理 2. 刮腻子 3. 刷防护材料、油漆

6.抹灰面油漆工程量计算规则

抹灰面油漆工程量清单项目的设置、项目特征描述的内容、计量单位及工程量计算规则应按表 P.6 的规定执行。

表 P.6　抹灰面油漆（编码：011406）

项目编码	项目名称	项目特征	计量单位	工程量计算规则	工作内容
011406001	抹灰面油漆	1.基层类型 2.腻子种类 3.刮腻子遍数 4.油漆品种、刷漆遍数 5.防护材料种类 6.部位	m²	按设计图示尺寸以面积计算	1.基层清理 2.刮腻子 3.刷防护材料、油漆
011406002	抹灰线条油漆	1.线条宽度、道数 2.腻子种类 3.刮腻子遍数 4.油漆品种、刷漆遍数 5.防护材料种类	m	按设计图示尺寸以长度计算	
011406003	满刮腻子	1.基层类型 2.腻子种类 3.刮腻子遍数	m²	按设计图示尺寸以面积计算	1.基层清理 2.刮腻子

7.喷刷涂料工程量计算规则

喷刷涂料工程量清单项目的设置、项目特征描述的内容、计量单位及工程量计算规则应按表 P.7 的规定执行。

表 P.7　喷刷涂料（编码：011407）

项目编码	项目名称	项目特征	计量单位	工程量计算规则	工作内容
011407001	墙面刷喷涂料	1.基层类型 2.喷刷涂料部位 3.腻子种类 4.刮腻子要求 5.涂料品种、喷刷遍数	m²	按设计图示尺寸以面积计算	1.基层清理 2.刮腻子 3.刷、喷涂料
011407002	天棚喷刷涂料				
011407003	空花格、栏杆刷涂料	1.腻子种类 2.刮腻子遍数 3.涂料品种、喷刷遍数	m²	按设计图示尺寸以面积计算	
011407004	线条刷涂料	1.基层清理 2.线条宽度 3.刮腻子遍 4.刷防护材料、油漆	m	按设计图示尺寸以长度计算	
011407005	金属构件刷防火涂料	1.喷刷防火涂料构件名称 2.防火等级要求 3.涂料品种、喷刷遍数	1.t 2.m²	1.以吨计量，按设计图示尺寸以质量计算 2.以平方米计量，按设计展开面积计算	1.基层清理 2.刷防护材料、油漆
011407006	木材构件喷刷防火涂料		m²	以平方米计量，按设计图示尺寸以面积计算	1.基层清理 2.刷防火材料

8.裱糊工程量计算规则

裱糊工程量清单项目的设置、项目特征描述的内容、计量单位及工程量计算规则应按表P.8的规定执行。

表 P.8　裱糊（编码：011408）

项目编码	项目名称	项目特征	计量单位	工程量计算规则	工作内容
011408001	墙纸裱糊	1.基层类型 2.裱糊部位 3.腻子种类 4.刮腻子遍数 5.黏结材料种类 6.防护材料种类 7.面层材料品种、规格、颜色	m²	按设计图示尺寸以面积计算	1.基层清理 2.刮腻子 3.面层铺粘 4.刷防护材料
	织锦缎裱糊				

二、全国消耗量定额相关规定

（1）当设计与定额取定的喷、涂、刷遍数不同时，可按每增加一遍项目进行调整。

（2）油漆、涂料定额中均已考虑刮腻子。当抹灰面油漆、喷刷涂料设计与定额取定的刮腻子遍数不同时，可按刮腻子每增减一遍项目进行调整。喷刷涂料中刮腻子项目仅适用于单独刮腻子工程。

（3）附着安装在同材质装饰面上的木线条、石膏线条等油漆、涂料，与装饰面同色者，并入装饰面计算；与装饰面分色者，单独计算。

（4）门窗套、窗台板、腰线、压顶、扶手灯抹灰面油漆、涂料，与整体墙面同色者，并入墙面计算；与整体墙面分色者，单独计算，按墙面相应项目执行，其中人工乘以系数1.43。

（5）纸面石膏板等装饰板材面刮腻子刷油漆、涂料，按抹灰面刮腻子油漆、涂料相应项目执行。

（6）附墙柱抹灰面喷刷油漆、涂料、裱糊，按墙面相应项目执行；独立柱抹灰面喷刷油漆、涂料、裱糊，按墙面相应项目执行，其中人工乘以系数1.2。

（7）油漆

1）油漆浅、中、深各种颜色已在定额中综合考虑，颜色不同时，不另行调整。

2）定额综合考虑了在同一平面上的分色，但美术图案需另外计算。

3）木材面硝基清漆项目中每增加刷理漆片一遍项目和每增加硝基清漆一遍项目均适用于三遍以内。

4）木材面聚酯清漆、聚酯色漆项目，当设计与定额取定的底漆遍数不同时，可按每增加聚酯清漆（或聚酯色漆）一遍项目进行调整，其中聚酯清漆调整为聚酯底漆，消耗量不变。

5）木材面刷底油一遍、清油一遍可按相应底油一遍、熟桐油一遍项目执行，其中熟桐油调整为清油，消耗量不变。

6）木门、木扶手、其他木材面等刷漆，按熟桐油、底油、生漆二遍项目执行。

7）当设计要求金属面刷二遍防锈漆时，按金属面刷防锈漆一遍项目执行，其中人工乘以系数1.74，材料均乘以系数1.90。

8）金属面油漆项目均考虑了手工除锈，如实际为机械除锈，按金属结构工程中的相应项目执行，油漆项目中的除锈用工亦不扣除。

9）喷塑（一塑三油）：底油、装饰漆、面油，其规格划分如下。

① 大压花：喷点压平，点面积在1.2cm²以上；

② 中压花：喷点压平，点面积在1～1.2cm²；

③ 喷中点、幼点：喷点面积在1cm²以下。

10）墙面真石漆、氟碳漆项目不包括分格嵌缝，当设计要求做分格嵌缝时，费用另行计算。

（8）涂料

1）木龙骨刷防火涂料按四面涂刷考虑，木龙骨刷防腐涂料按一面涂刷考虑。

2）金属面防火涂料项目按涂料密度500kg/m³和项目中注明的涂刷厚度计算，当设计与定额取定的涂料密度、涂刷厚度不同时，防火涂料消耗量可作调整。

3）艺术造型天棚吊顶、墙面装饰的基层板缝粘贴胶带，按相应项目执行时人工乘以系数1.2。

三、全国消耗量定额工程量计算规则

（一）木门油漆工程

执行单层木门油漆的项目，其工程量计算规则及相应系数见表14-20。

表14-20　木门油漆工程量计算规则和系数表

项目名称	调整系数	工程量计算规则
单层木门	1.00	门洞口面积
单层半玻门	0.85	
单层全玻门	0.75	
半截百叶门	1.50	
全百叶门	1.70	
厂库大门	1.10	
纱门扇	0.80	
特种门	1.00	
装饰门扇	0.90	扇外围尺寸面积
间壁、隔断	1.00	单面外围面积
玻璃间壁楼明墙筋	0.80	
木栅栏、木栏杆	0.90	

（二）木扶手及其他板条、线条油漆工程

（1）执行木扶手（不带托板）油漆项目，其工程量计算规则及相应系数见表14-21。

表 14-21　木扶手及其他板条、线条油漆工程量计算规则和系数表

项目名称	调整系数	工程量计算规则
木扶手(不带托板)	1.00	延长米
木扶手(带托板)	2.50	
封檐板、博风板	1.70	
黑板框、生活园地框	0.50	

（2）木线条油漆按设计图示尺寸以长度计算。

（三）其他木材面油漆工程

（1）执行其他木材面油漆的项目，其工程量计算规则及相应系数见表 14-22。

表 14-22　其他木材面油漆综合单价计算系数表

项目名称	调整系数	工程量计算方法
木板、胶合板天棚	1.00	长×宽
屋面板(带檩条)	1.10	斜长×宽
清水板条檐口天棚	1.10	
吸音板(墙面或天棚)	0.87	长×宽
鱼鳞板墙	2.40	
木护墙、木墙裙、木踢脚	0.83	
窗台板、窗帘盒	0.83	
出入口盖板、检查口	0.87	
壁橱	0.83	展开面积
木屋架	1.77	跨度(长)×中高×0.5
以上未包括的其余木材面油漆	0.83	展开面积

（2）木地板油漆按设计图示尺寸以面积计算。空洞、空圈、暖气包槽、壁龛的开口部分并入相应的工程量内。

（3）木龙骨刷防火、防腐涂料按设计图示尺寸以龙骨投影面积计算。

（4）基层板刷防火、防腐涂料按实际刷面积计算。

（5）油漆面抛光打蜡按相应刷油部位油漆工程量计算规则计算。

（四）金属面油漆工程

（1）执行金属面油漆、涂料项目，其工程量按设计图示尺寸以展开面积计算。质量在500kg 以内的单个金属构件，按表 14-23 中相应的系数，将质量折算为面积。

表 14-23　质量折算面积参考系数表

项目	系数
钢栅栏门、栏杆、窗栅	64.98
钢爬梯	44.84
踏步式钢扶梯	39.90
轻型屋架	53.20
零星铁件	58.00

（2）执行金属平板屋面、镀锌铁皮面（涂刷磷化、锌黄底漆）油漆的项目，其工程量计算规则及相应的系数见表14-24。

表14-24 工程量计算规则和系数表

项目	系数	工程量计算规则
平板屋面	1.00	斜长×宽
瓦垄板屋面	1.20	
排水、伸缩缝盖板	1.05	展开面积
吸气罩	2.20	水平投影面积
包镀锌薄钢板门	2.20	门窗洞口面积

（五）抹灰面油漆、涂料工程

（1）抹灰面油漆、涂料按设计图示尺寸以面积计算。

（2）踢脚线刷耐磨漆按设计图示尺寸以长度计算。

（3）槽形底板、混凝土折瓦板、有梁板底、密勒梁板底、井字梁板底刷油漆、涂料按设计图示尺寸展开面积计算。

（4）墙面及天棚面刷石灰油浆、白水泥、石灰浆、石灰大白浆、普通水泥浆、可赛银浆、大白浆等涂料工程量按抹灰面积工程量计算规则。

（5）混凝土花格窗、栏杆花饰刷油漆、涂料按设计图示洞口面积计算。

（6）天棚、墙、柱面基层板缝粘贴胶带纸按相应天棚、墙、柱面基层板面积计算。

（六）裱糊工程

墙面、天棚面裱糊按设计图示尺寸以面积计算。

四、应用案例

【案例14-7】 某工程如图14-7所示，内墙抹灰面满刮腻子两遍，贴对花墙纸；挂镜线刷底油一遍，调合漆两遍；挂镜线以上及顶棚刷仿瓷涂料三遍，其中，企业管理费按人工费的13.9%计取，利润按人工费的11.4%计取。试计算清单工程量及综合单价。

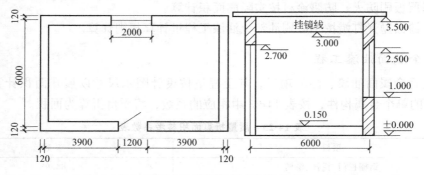

图14-7 ［案例14-7］图

解：1.工程量清单的编制

（1）墙纸裱糊工程量

计算公式：墙壁面贴对花墙纸工程量＝净长度×净高－门窗洞口＋垛及门窗侧面

墙面贴对花墙纸工程量$=(9.00-0.24+6.00-0.24)\times2\times(3.00-0.15)m^2-1.20\times$
$(2.70-0.15)m^2-2.00\times1.50+[1.20+(2.70-0.15)\times2+(2.00+1.50)\times2]\times0.12m^2=$
$78.3m^2$

（2）挂镜线油漆工程量

计算公式：挂镜线油漆工程量＝设计图示长度

挂镜线油漆工程量$=(9.00-0.24+6.00-0.24)\times2m=29.04m$

（3）刷喷涂料工程量

计算公式：天棚刷喷涂料工程量＝主墙间净长度×主墙间净宽度＋梁侧面面积

室内墙面刷喷涂料工程量＝设计图示尺寸面积

仿瓷涂料工程量$=(9.00-0.24+6.00-0.24)\times2\times0.50m^2+(9.00-0.24)(6.00-$
$0.24)m^2=64.98m^2$

工程量清单表如表 14-25 所示。

表 14-25　分部分项工程量清单

工程名称：某工程

序号	项目编码	项目名称	项目特征	计量单位	工程量	金额/元	
						综合单价	合价
1	011407002001	天棚喷刷涂料	满刮腻子上喷刷仿瓷涂料 3 遍	m²	64.98		
2	011407004001	线条刷涂料	刷底油 1 遍，调和漆 2 遍	m	29.04		
3	011408001001	墙纸裱糊	在腻子上贴对花墙纸	m²	78.3		

2. 工程量清单计价表的编制

定额工程量如下。

（1）满刮腻子两遍的工程量　贴墙纸和刷涂料前都需要满刮腻子两遍，但刷涂料子目中已经包含满刮腻子，所以此处仅计算贴墙纸处的刮腻子。

满刮腻子工程量$=(9.00-0.24+6.00-0.24)\times2\times(3.00-0.15)m^2-1.20\times(2.70-$
$0.15)m^2-2.00\times1.50+[1.20+(2.70-0.15)\times2+(2.00+1.50)\times2]\times0.12m^2=78.3m^2$

（2）刷喷涂料工程量

计算公式：天棚刷喷涂料工程量＝主墙间净长度×主墙间净宽度＋梁侧面面积

室内墙面刷喷涂料工程量＝设计图示尺寸面积

仿瓷涂料工程量$=(9.00-0.24+6.00-0.24)\times2\times0.50m^2+(9.00-0.24)(6.00-$
$0.24)m^2=64.98m^2$

（3）挂镜线油漆工程量

计算公式：挂镜线油漆工程量＝设计图示长度

挂镜线油漆工程量$=(9.00-0.24+6.00-0.24)\times2m=29.04(m)$

（4）墙纸裱糊工程量

计算公式：墙壁面贴对花墙纸工程量＝净长度×净高－门窗洞＋垛及门窗侧面

墙面贴对花墙纸工程量$=(9.00-0.24+6.00-0.24)\times2\times(3.00-0.15)m^2-1.20\times$
$(2.70-0.15)m^2-2.00\times1.50+[1.20+(2.70-0.15)\times2+(2.00+1.50)\times2]\times0.12m^2=$
$78.3m^2$

相关消耗量定额子目见表 14-26。

表 14-26　天棚抹灰相关消耗量定额　　　单位：100m²

定额编号			14-206	14-218	14-249	14-257	市场价格/元
项　　目			乳胶漆	仿瓷涂料	刮腻子	墙面普通壁纸	
			线条宽≤50mm				
			单位：100m	天棚面	墙面	对花	
名　　称		单位	消耗量				
人工	普工	工日	0.475	2.375	1.239	1.546	100
	一般技工	工日	0.832	4.156	2.169	2.707	160
	高级技工	工日	1.069	5.344	2.788	3.480	240
材料	苯丙清漆	kg	1.39	—	—	—	12.50
	苯丙乳胶漆内墙用	kg	3.333	—	—	—	8.0
	仿瓷涂料	kg	—	127.00	—	—	1.70
	壁纸	m²	—	—	—	116.00	25.0
	成品腻子粉	kg	1.220	128.52	204.12	52.92	0.70
	羧甲基纤维素	kg	—	—	—	0.113	8.50
	建筑胶	kg	—	—	—	6.237	1.50
	壁纸专用粘贴剂	kg	—	—	—	27.81	30.0
	水	m³	—	0.060	0.095	0.030	5.0
	其他材料	%	1.00	2.00	—	2.00	
	砂纸	张	0.747	7.00	4.00	—	0.50
	油漆溶剂油	kg	0.15	—	—	—	5.0
人、材、机费用合计			14-206 子目：437.18＋46.48＝483.66（元） 14-218 子目：2185.02＋315.86＝2500.88（元） 14-249 子目：1140.06＋145.36＝1285.42（元） 14-257 子目：1422.92＋3857.45＝5280.37（元）				
综合单价			14-206 子目：483.66＋437.18×25.3%＝594.27（元/100m） 14-218 子目：2500.88＋2185.02×25.3%＝3053.69（元/100m²） 14-249 子目：1285.42＋1140.06×25.3%＝1573.86（元/100m²） 14-257 子目：5280.37＋1422.92×25.3%＝5640.37（元/100m²）				

墙纸裱糊综合单价＝（5640.37＋1573.86）元/100m²×78.3m²÷78.3m²＝72.14 元/m²；

挂镜线油漆综合单价＝594.27 元/100m×29.04m÷29.04m＝5.94 元/m；

天棚刷涂料综合单价＝3053.69 元/100m²×64.98m²÷64.98m²＝30.54 元/m²。

工程量清单计价表如表 14-27 所示。

表 14-27　分部分项工程量清单计价表

工程名称：某工程

序号	项目编码	项目名称	项目特征	计量单位	工程量	综合单价	合价
1	011407002001	天棚喷刷涂料	满刮腻子上喷刷仿瓷涂料 3 遍	m²	64.98	30.54	1984.49
2	011407004001	线条刷涂料	刷底油 1 遍，调和漆 2 遍	m	29.04	5.94	172.50
3	011408001001	墙纸裱糊	在腻子上贴对花墙纸	m²	78.3	72.14	5648.56

第五节　其他装饰工程计量与计价

一、《房屋建筑与装饰工程工程量计算规范》工程量计算规则

1. 柜类、货架工程量计算规则

柜类、货架工程量清单项目的设置、项目特征描述的内容、计量单位及工程量计算规则应按表 Q.1 的规定执行。

表 Q.1　柜类、货架（编号：011501）

项目编码	项目名称	项目特征	计量单位	工程量清单计价规则	工作内容
011501001	柜台				
011501002	酒柜				
011501003	衣柜				
011501004	存包柜				
011501005	鞋柜				
011501006	书柜				
011501007	厨房壁柜				
011501008	木壁柜			1. 以个计量,按设计图示数量计算	1. 台柜制作、运输、安装
011501009	厨房低柜	1. 台柜规格	1. 个	2. 以米计量,按设计图示尺寸以延长米计算	2. 刷防护材料、油漆
011501010	厨房吊柜	2. 材料种类、规格	2. m		
011501011	矮柜	3. 五金种类、规格	3. m³	3. 以立方米计量,按设计图示尺寸体积计算	3. 五金件安装
011501012	吧台背柜	4. 防护材料种类			
011501013	酒吧吊柜	5. 油漆品种、刷漆遍数			
011501014	酒吧台				
011501015	展台				
011501016	收银台				
011501017	试衣间				
011501018	货架				
011501019	书架				
011501020	服务台				

2. 压条、装饰线工程量计算规则

压条、装饰线工程量清单项目的设置、项目特征描述的内容、计量单位及工程量计算规则应按表 Q.2 的规定执行。

表 Q.2　压条、装饰线（编号：011502）

项目编码	项目名称	项目特征	计量单位	工程量清单计价规则	工作内容
011502001	金属装饰线	1. 基层类型			1. 线条制作、安装
011502002	木质装饰线	2. 线条材料品种、规格、颜色	m	按设计图示尺寸以长度计算	
011502003	石材装饰线				2. 刷防护材料
011502004	石膏装饰线	3. 防护材料种类			

续表

项目编码	项目名称	项目特征	计量单位	工程量清单计价规则	工作内容
011502005	镜面装饰线	1.基层类型 2.线条材料品种、规格、颜色 3.防护材料种类	m	按设计图示尺寸以长度计算	1.线条制作、安装 2.刷防护材料
011502006	铝塑装饰线				
011502007	塑料装饰线				
011502008	GRC装饰线条	1.基层类型 2.线条规格 3.线条安装部位 4.填充材料种类			线条制作安装

3.扶手、栏杆、栏板装饰工程量计算规则

扶手、栏杆、栏板装饰工程量清单项目的设置、项目特征描述的内容、计量单位及工程量计算规则应按表 Q.3 的规定执行。

表 Q.3　扶手、栏杆、栏板装饰（编号：011503）

项目编码	项目名称	项目特征	计量单位	工程量清单计价规则	工作内容
011503001	金属扶手带栏杆、栏板	1.扶手材料种类、规格 2.栏杆材料种类、规格 3.栏板材料种类、规格、颜色 4.固定配件种类 5.防护材料种类	m	按设计图示尺寸以扶手中心线长度（包括弯头长度）计算	1.制作 2.运输 3.安装 4.刷防护材料
011503002	硬木扶手带栏杆、栏板				
011503003	塑料扶手带栏杆、栏板				
011503004	GRC栏杆、扶手	1.栏杆的规格 2.安装间距 3.扶手类型规格 4.填充材料种类			
011503005	金属靠墙扶手	1.扶手材料种类、规格 2.固定配件种类 3.防护材料种类			
011503006	硬木靠墙扶手				
011503007	塑料靠墙扶手				
011503008	玻璃栏板	1.栏杆玻璃的种类、规格、颜色 2.固定方式 3.固定配件种类			

4.暖气罩工程量计算规则

暖气罩工程量清单项目的设置、项目特征描述的内容、计量单位及工程量计算规则应按表 Q.4 的规定执行。

表 Q.4　暖气罩（编号：011504）

项目编码	项目名称	项目特征	计量单位	工程量清单计价规则	工作内容
011504001	饰面板暖气罩	1.暖气罩材质 2.防护材料种类	m²	按设计图示尺寸以垂直投影面积（不展开）计算	1.暖气罩制作、运输、安装 2.刷防护材料
011504002	塑料板暖气罩				
011504003	金属暖气罩				

5.浴厕配件工程量计算规则

浴厕配件工程量清单项目的设置、项目特征描述的内容、计量单位及工程量计算规则应按表 Q.5 的规定执行。

表 Q.5　浴厕配件（编号：011505）

项目编码	项目名称	项目特征	计量单位	工程量清单计价规则	工作内容
011505001	洗漱台	1.材料品种、规格、颜色 2.支架、配件品种、规格	1.m² 2.个	1.按设计图示尺寸以台面外接矩形面积计算。不扣除孔洞、挖弯、削角所占面积，挡板、吊沿板面积并入台面面积内 2.按设计图示数量计算	1.台面及支架运输、安装 2.杆、环、盒、配件安装 3.刷油漆
011505002	晒衣架	1.材料品种、规格、颜色 2.支架、配件品种、规格	个	按设计图示数量计算	1.台面及支架运输、安装 2.杆、环、盒、配件安装 3.刷油漆
011505003	帘子杆				
011505004	浴缸拉手				
011505005	卫生间扶手				
011505006	毛巾杆（架）		套		1.台面及支架运输、安装 2.杆、环、盒、配件安装 3.刷油漆
011505007	毛巾环		副		
011505008	卫生纸盒		个		
011505009	肥皂盒				
011505010	镜面玻璃	1.镜面玻璃品种、规格 2.框材质、断面尺寸 3.基层材料种类 4.防护材料种类	m²	按设计图示尺寸以边框外围面积计算	1.基层安装 2.玻璃及框制作、运输、安装
011505011	镜箱	1.箱体材质、规格 2.玻璃品种、规格 3.基层材料种类 4.防护材料种类 5.油漆品种、刷漆遍数	个	按设计图示数量计算	1.基层安装 2.箱体制作、运输、安装 3.玻璃安装 4.刷防护材料、油漆

6.雨篷、旗杆工程量计算规则

雨篷、旗杆工程量清单项目的设置、项目特征描述的内容、计量单位及工程量计算规则应按表 Q.6 的规定执行。

表 Q.6　雨篷、旗杆（编号：011506）

项目编码	项目名称	项目特征	计量单位	工程量清单计价规则	工作内容
011506001	雨篷吊挂饰面	1. 基层类型 2. 龙骨材料种类、规格、中距 3. 面层材料品种、规格 4. 吊顶材料 5. 嵌缝材料种类 6. 防护材料种类	m²	按设计图示尺寸以水平投影面积计算	1. 底层抹灰 2. 龙骨基层安装 3. 面层安装 4. 刷防护材料、油漆
011506002	金属旗杆	1. 旗杆材料、种类、规格 2. 旗杆高度 3. 基础材料种类 4. 基座材料种类 5. 基座面层材料、种类、规格	根	按设计图示数量计算	1. 土石挖填运 2. 基础混凝土浇筑 3. 旗杆制作、安装 4. 旗杆台座制作、饰面
011506003	玻璃雨棚	1. 玻璃雨棚固定方式 2. 龙骨材料种类、规格、中距 3. 玻璃材料品种、规格 4. 嵌缝材料种类 5. 防护材料种类	m²	按设计图示尺寸以水平投影面积计算	1. 龙骨基层安装 2. 面层安装 3. 刷防护材料、油漆

7. 招牌、灯箱工程量计算规则

招牌、灯箱工程量清单项目的设置、项目特征描述的内容、计量单位及工程量计算规则应按表 Q.7 的规定执行。

表 Q.7　招牌、灯箱（编号：011506）

项目编码	项目名称	项目特征	计量单位	工程量清单计价规则	工作内容
011507001	平面、箱式招牌	1. 箱体规格 2. 基层材料种类 3. 面层材料种类 4. 防护材料种类	m²	按设计图示尺寸以正立面边框外围面积计算。复杂形的凸凹造型部分不增加面积	1. 基层安装 2. 箱体及支架制作、运输、安装 3. 面层制作、安装 4. 刷防护材料、油漆
011507002	竖式标箱				
011507003	灯箱				
011507004	信报箱	1. 箱体规格 2. 基层材料种类 3. 面层材料种类 4. 防护材料种类 5. 户数	个	按设计图示数量计算	

8. 美术字工程量计算规则

美术字工程量清单项目的设置、项目特征描述的内容、计量单位及工程量计算规则应按表 Q.8 的规定执行。

表 Q.8 美术字（编号：011506）

项目编码	项目名称	项目特征	计量单位	工程量清单计算规则	工作内容
011508001	泡沫塑料字	1.基层类型 2.字体材料品种、颜色 3.字体规格 4.固定方式 5.油漆品种、刷漆遍数	个	按设计图示数量计算	1.字制作、运输、安装 2.刷油漆
011508002	有机玻璃字				
011508003	木质字				
011508004	金属字				
011508005	吸塑字				

二、全国消耗量定额相关规定

（一）柜类、货架

（1）柜、台、架以现场加工，手工制作为主，按常用规格编制。设计与定额不同时，应进行调整换算。

（2）柜、台、架项目包括五金配件，未考虑压板拼花及饰面板上贴其他材料的花饰、造型艺术品。

（3）木质柜、台、架项目中板材按胶合板考虑，如设计为生态板（三聚氰胺板）等其他板材时，可以换算材料。

（二）压条、装饰线

（1）压条、装饰线均按成品安装考虑。

（2）装饰线条（顶角装饰线除外）按直线形在墙面安装考虑。墙面安装圆弧形装饰线条、天棚面安装直线形、圆弧形装饰线条，按相应项目乘以系数执行。

① 墙面安装圆弧形装饰线条，人工乘以系数1.2、材料乘以系数1.1；

② 天棚面安装直线形装饰线条，人工乘以系数1.34；

③ 天棚面安装圆弧形装饰线条，人工乘以系数1.6，材料乘以系数1.1；

④ 装饰线条直接安装在金属龙骨上，人工乘以系数1.68。

（三）扶手、栏杆、栏板装饰

（1）扶手、栏杆、栏板项目（护窗栏杆除外）适用于楼梯、走廊、回廊及其他装饰性扶手、栏杆、栏板。

（2）扶手、栏杆、栏板项目已综合考虑扶手弯头的费用。如遇木扶手、大理石扶手为整体弯头，弯头另按相应项目执行。

（3）当设计栏板、栏杆的主材消耗量与定额不同时，其消耗量可以调整。

（四）暖气罩

（1）刮板式是指暖气罩直接钩挂在暖气片上；平墙式是指暖气片凹嵌入墙中，暖气罩与墙面平齐；明式是指暖气片全凸或半凸出墙面，暖气罩凸出于墙外。

（2）暖气罩项目未包括封边线、装饰线，另按相应装饰线条项目执行。

（五）浴厕配件

（1）大理石洗漱台项目不包括石材磨边、倒角及开面盆洞口，另按相应项目执行。

（2）浴厕配件项目按成品安装考虑。

（六）雨篷、旗杆

（1）点支式、托架式雨篷的型钢、爪件的规格、数量是按常用做法考虑的，当设计要求与定额不同时，材料消耗量可以调整，人工。机械不变。托架式雨篷的斜拉杆费用另计。

（2）铝塑板、不锈钢面层雨篷项目按平面雨篷考虑，不包括雨篷侧面。

（3）旗杆项目按常用做法考虑，未包括旗杆基层、旗杆台座及其饰面。

（七）招牌、灯箱

（1）招牌、灯箱项目，当设计与定额考虑的材料品种、规格不同时，材料可以换算。

（2）一般平面广告牌是指正立面平整无凹凸面，复杂平面广告牌是指正立面有凹凸面造型的，箱式广告牌是指具有多面体的广告牌。

（3）广告牌基层以扶墙方式考虑，当设计为独立式的，按相应项目执行，人工乘以系数 1.1。

（4）招牌、灯箱项目均不包括广告牌喷绘、灯饰、灯光、店徽、其他艺术装饰及配套机械。

（八）美术字

（1）美术字项目均按成品安装考虑。

（2）美术字按最大外接矩形面积区分规格，按相应项目执行。

（九）石材、瓷砖加工

石材瓷砖倒角、磨制圆边、开槽、开孔等项目均按现场加工考虑。

三、全国消耗量定额工程量计算规则

（一）柜类、货架

柜类、货架工程量按各项目计量单位计算。其中以 "m²" 为计量单位的项目，其工程量均按正立面的高度（包括脚的高度在内）乘以宽度计算。

（二）压条、装饰线

（1）压条、装饰线条按线条中心线长度计算。

（2）石膏角花、灯盘按设计图示数量计算。

（三）扶手、栏杆、栏板装饰

（1）扶手、栏杆、栏板、成品栏杆（带扶手）均按中心线长度计算，不扣除弯头长度。如遇木扶手、大理石扶手为整体弯头时，扶手消耗量需扣除整体弯头的长度，设计不明确者，每只整体弯头按 400mm 扣除。

（2）单独弯头按设计图示数量计算。

（四）暖气罩

暖气罩按边框外围尺寸垂直投影面积计算，成品暖气罩安装按设计图示数量计算。

（五）浴厕配件

（1）大理石洗漱台按设计图示尺寸以展开面积计算，挡板、吊沿板面积并入其中，不扣除孔洞、挖弯、削角所占面积。

（2）大理石台面面盆开孔按设计图示数量计算。

（3）盥洗室台镜、盥洗室木镜箱按边框外围面积计算。

（4）盥洗室塑料镜箱、毛巾杆、毛巾环、浴帘杆、浴缸拉手、肥皂盒、卫生纸盒、晒衣架、晾衣绳等按设计图示数量计算。

（六）雨篷、旗杆

（1）雨篷按设计图示尺寸水平投影面积计算。

（2）不锈钢旗杆按设计图示数量计算。

（3）电动升降系统和风动系统按套数计算。

（七）招牌、灯箱

（1）柱面、墙面灯箱基层，按设计图示尺寸以展开面积计算。

（2）一般平面广告牌基层，按设计图示尺寸以正立面边框外围面积计算。复杂平面广告牌基层，按设计图示尺寸以展开面积计算。

（3）箱式广告牌基层，按设计图示尺寸以基层外围体积计算。

（4）广告牌面层，按设计图示尺寸以展开面积计算。

（八）美术字

美术字按设计图示数量计算。

（九）石材、瓷砖加工

（1）石材、瓷砖倒角按块料设计倒角长度计算。

（2）石材磨边按成型圆边长度计算。

（3）石材开槽按块料成型开槽长度计算。

（4）石材、瓷砖开孔按成型孔洞数量计算。

习 题

1. 某一层建筑平面图如图 14-8 所示，室内地坪标高±0.00，室外地坪标高−0.45m。该地面做法：①1：2 水泥砂浆面层 20mm；②C15 混凝土垫层 80mm；③碎石垫层 100mm；④夯填地面土。踢脚线：120mm 高水泥砂浆踢脚线；Z：300mm×300mm；M1：1200mm×2000mm。台阶踏步高 150mm 做法：①1：2 水泥砂浆面层 20mm；②C15 混凝土垫层 80mm；③碎石垫层 100mm；④夯填地面土。散水坡：宽 600mm，具体做法：①20 厚 1：2.5 水泥砂浆面层压光；②素水泥浆一道；③C15 混凝土 60 厚；④150 厚 5—32 卵石灌 M2.5 混合砂浆；⑤素土夯实。求地面、台阶、散水坡清单工程量，并根据河南省定额计算综合单价。

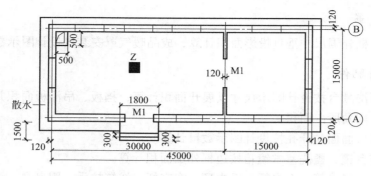

图 14-8　一层建筑平面图

2.某平房室内抹水泥砂浆，如图 14-9 所示，层高为 3.6m，水泥砂浆踢脚线高 150mm，门窗洞口 M-1 为 1200mm×2400mm，M-2 为 900mm×2000mm，C-1 为 1500mm×1800mm，试计算内墙面抹水泥砂浆清单工程量并报价。

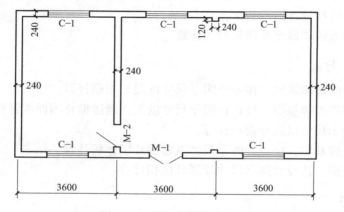

图 14-9　某平房室内平面图

3.某房间平面图如图 14-10 所示，地面做法要求：1∶3 水泥砂浆找平层 20mm 厚，1∶1 水泥砂浆黏结层 8mm 厚，大理石面层规格为 500mm×500mm，酸洗打蜡。试计算清单工程量并报价。

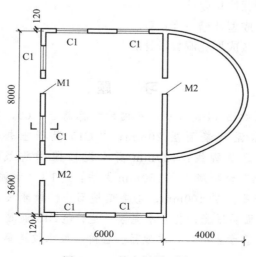

图 14-10　某房间平面图

4. 某房间净尺寸为 6m×3m，采用木龙骨夹板吊平顶（吊在混凝土板下），木吊筋为 40mm×50mm，高度为 350mm，大龙骨断面 55mm×40mm，中距 600mm（沿 3m 方向布置），小龙骨断面 45mm×40mm，中距 300mm（双向布置），木龙骨上安装三夹板面层，试计算清单工程量并报价。

第十五章

拆除工程计量与计价

第一节　主体工程拆除计量与计价

一、《房屋建筑与装饰工程工程量计算规范》 (GB 50500—2013)规定

R.1　砖砌体拆除

砖砌体拆除工程量清单项目的设置、项目特征描述的内容、计量单位及工程量计算规则应按表 R.1 的规定执行。

表 R.1　砖砌体拆除 （编码：011601）

项目编码	项目名称	项目特征	计量单位	工程量计算规则	工作内容
011601001	砖砌体拆除	1.砌体名称 2.砌体材质 3.拆除高度 4.拆除砌体的截面尺寸 5.砌体表面的附着物种类	1. m³ 2. m	1.以立方米计量,按拆除的体积计算 2.以米计量,按拆除的延长米计算	1.拆除 2.控制扬尘 3.清理 4.建渣场内、外运输

R.2　混凝土及钢筋混凝土构件拆除

混凝土及钢筋混凝土构件拆除工程量清单项目的设置、项目特征描述的内容、计量单位及工程量计算规则应按表 R.2 的规定执行。

表 R.2　混凝土及钢筋混凝土构件拆除 （编码：011602）

项目编码	项目名称	项目特征	计量单位	工程量计算规则	工作内容
011602001	混凝土构件拆除	1.构件名称 2.拆除构件的厚度或规格尺寸 3.构件表面的附着物种类	1. m³ 2. m 3. m²	1.以立方米计量,按拆除构件的混凝土体积计算 2.以米计量,按拆除部位的延长米计算 3.以平方米计量,按拆除部位的面积计算	1.拆除 2.控制扬尘 3.清理 4.建渣场内、外运输
011602002	钢筋混凝土构件拆除				

R.3　木构件拆除

木构件拆除工程量清单项目的设置、项目特征描述的内容、计量单位及工程量计算规则应按表 R.3 的规定执行。

表 R.3　木构件拆除（编码：011603）

项目编码	项目名称	项目特征	计量单位	工程量计算规则	工作内容
011603001	木构件拆除	1 构件名称 2. 拆除构件的厚度或规格尺寸 3. 构件表面的附着物种类	1. m³ 2. m 3. m²	1.以立方米计量,按拆除构件的体积计算 2.以米计量,按拆除的延长米计算 3.以平方米计量,按拆除面积计算	1.拆除 2.控制扬尘 3.清理 4.建渣场内、外运输

注：拆除木构件应按木梁、木柱、木楼梯、木屋架、承重木楼板等分别在构件名称中描述

R.7　屋面拆除

屋面拆除工程量清单项目的设置、项目特征描述的内容、计量单位及工程量计算规则应按表 R.7 的规定执行。

表 R.7　屋面拆除（编码：011607）

项目编码	项目名称	项目特征	计量单位	工程量计算规则	工作内容
011607001	刚性层拆除	刚性层厚度	m²	按铲除部位的面积计算	1.拆除 2.控制扬尘 3.清理 4.建渣场内、外运输
011607002	防水层拆除	防水层种类			

R.11　金属构件拆除

金属构件拆除工程量清单项目的设置、项目特征描述的内容、计量单位及工程量计算规则应按表 R.11 的规定执行。

表 R.11　金属构件拆除（编码：011610）

项目编码	项目名称	项目特征	计量单位	工程量计算规则	工作内容
011611001	钢梁拆除		1. t 2. m	1.以吨计量,按拆除构件的质量计算 2.以米计量,按拆除延长米计算	1.拆除 2.控制扬尘 3.清理 4.建渣场内、外运输
011611002	钢柱拆除				
011611003	钢网架拆除	1. 构件名称 2. 扣除构件的规格尺寸	t	按拆除构件的质量计算	
011611004	钢支撑、钢墙架拆除		1. t 2. m	1.以吨计量,按拆除构件的质量计算 2.以米计量,按拆除延长米计算	
011611005	其他金属构件拆除				

R.14　其他构件拆除

其他构件拆除工程量清单项目的设置、项目特征描述的内容、计量单位及工程量计算规则应按表 R.14 的规定执行。

表 R. 14   其他构件拆除 （编码：011614）

项目编码	项目名称	项目特征	计量单位	工程量计算规则	工作内容
011614001	暖气罩拆除	暖气罩材质	1. 个 2. m	1. 以个计量，按拆除个数计算 2. 以米计量，按拆除延长米计算	1. 拆除 2. 控制扬尘 3. 清理 4. 建渣场内、外运输
011614002	柜体拆除	1. 柜体材质 2. 柜体尺寸			
011614003	窗台板拆除	窗台板平面尺寸	1. 块 2. m	1. 以块计量，按拆除数量计算 2. 以米计量，按拆除延长米计算	
011614004	筒子板拆除	筒子板平面尺寸			
011614005	窗帘盒拆除	窗帘盒平面尺寸	m	按拆除的延长米计算	
011614006	窗帘轨拆除	窗帘轨材质			

二、全国消耗量定额相关规定

（1）墙体凿门窗洞口者套用相应墙体拆除项目，洞口面积在 0.5m² 以内者，相应项目的人工乘以系数 3.0，洞口面积在 1.0m² 以内者，相应项目的人工乘以系数 2.4。

（2）混凝土构件拆除机械按风炮机编制，如采用切割机械无损拆除局部混凝土构件，另按无损切割项目执行。

（3）地面抹灰层与块料面层铲除不包括找平层，如需铲除找平层者，每 10m² 增加人工 0.20 工日。

（4）拆除带支架防静电地板按带龙骨木地板项目人工乘以系数 1.30。

（5）整樘门窗、门窗框及钢门窗拆除，按每樘面积 2.5m² 以内考虑，面积在 4m² 以内者，人工乘以系数 1.30；面积超过 4m² 者，人工乘以系数 1.50。

（6）钢筋混凝土构件、木屋架。金属压型板屋面、采光屋面、金属构件拆除按起重机械配合拆除考虑，实际使用机械与定额取定机械型号规格不同者，按定额执行。

（7）楼层运出垃圾其垂直运输机械不分卷扬机、施工电梯或塔吊，均按定额执行，如采用人力运输，每 10m³ 按垂直运输距离每 5m 增加人工 0.78 工日，并取消楼层运出垃圾项目中的相应机械费。

三、全国消耗量定额工程量计算规则

（1）墙体拆除：各种墙体拆除按实拆墙体体积以“m³”计算，不扣除 0.3m² 以内孔洞和构件所占的体积。隔墙及隔断的拆除按设计面积以“m²”计算。

（2）钢筋混凝土构件拆除：混凝土及钢筋混凝土的拆除按实拆体积以“m³”计算，楼梯拆除按水平投影面积以“m²”计算，无损切割按切割构件断面以“m²”计算，钻芯按实钻孔数以“孔”计算。

（3）木构件拆除：各种屋架、半屋架拆除按跨度分类以榀计算，檩、椽拆除不分长短按实拆根数计算，望板、油毡、瓦条拆除按实拆屋面面积以“m²”计算。

（4）抹灰层拆除：楼地面面层按水平投影面积以“m²”计算，踢脚线按实际铲除长度以“m”计算，各种墙、柱面面层的拆除或铲除均按实拆面积以“m²”计算，天棚面层拆除按水平投影面积以“m²”计算。

（5）块料面层铲除：各种龙骨及饰面拆除均按实拆投影面积以"m²"计算。

（6）龙骨及饰面拆除：各种龙骨及饰面拆除均按实拆投影面积以"m²"计算。

（7）屋面拆除：屋面拆除按屋面的实拆面积以"m²"计算。

（8）铲除油漆涂料裱糊面：油漆涂料裱糊面层铲除均按实际铲除面积以"m²"计算。

（9）栏杆扶手拆除：栏杆扶手拆除均按实拆长度以"m"计算。

（10）门窗拆除：拆整樘门、窗均按樘计算，拆门、窗扇以"扇"计算。

（11）金属构件拆除：各种金属构件拆除均按实拆构件质量以"t"计算。

（12）管道拆除：管道拆除按实拆长度以"m"计算。

（13）卫生洁具拆除：卫生洁具拆除按实拆数量以"套"计算。

（14）灯具拆除：各种灯具、插座拆除均按实拆数量以"套、只"计算。

（15）其他构配件拆除：暖气罩、嵌入式柜体拆除按正立面边框外围尺寸垂直投影面积计算，窗台板拆除按实拆长度计算，筒子板拆除按洞口内侧长度计算，窗帘盒、窗帘轨拆除按实拆长度计算，干挂石材骨架拆除按构件的质量以"t"计算，干挂预埋件拆除以"块"计算，防火隔离带按实拆长度计算。

（16）建筑垃圾外运按虚方体积计算。

四、应用案例

【**案例 15-1**】 现要拆除某车库工程钢筋混凝土柱、墙、板尺寸如图 15-1 所示。门洞 4.0m×3.0m。其中，企业管理费按人工费的 13.6％ 计取，利润按人工费的 9.1％ 计取。试编制钢筋混凝土拆除工程量清单及综合单价。

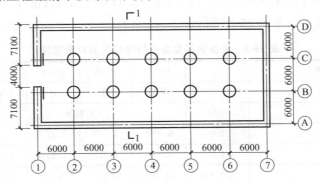

柱网布置示意图

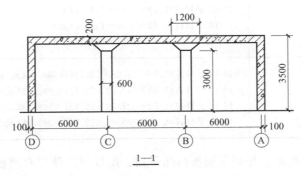

1—1

图 15-1 ［案例 15-1］图

解：1.现浇混凝土构件拆除工程量清单的编制

(1) 混凝土墙拆除工程量＝[(6.00×6+6.00×3)×2×3.50−4.00×3.00]×0.20＝73.20(m³)，

(2) 混凝土无梁柱拆除工程量＝3.14×0.3²×3×10＝8.48(m³)

(3) 混凝土无梁板拆除工程量＝(6×6−0.2)(3×6−0.2)×0.2+(3.14×0.3²+3.14×0.6²+3.14×0.3×0.6)×0.2/3×10＝127.448+1.319＝128.77(m³)

工程量清单见表 15-1。

表 15-1　分部分项工程量清单

工程名称：某工程

序号	项目编码	项目名称	项目特征	计量单位	工程数量	金额/元	
						综合单价	合价
1	011602002001	钢筋混凝土构件拆除	混凝土外墙厚 200mm	m³	73.20		
2	011602002002	钢筋混凝土构件拆除	直径 600mm 无梁柱	m³	8.48		
3	011602002003	钢筋混凝土构件拆除	200mmm 厚无梁板	m³	128.77		

2.现浇混凝土构件拆除工程量清单综合单价的编制

(1) 混凝土墙拆除工程量＝[(6.00×6+6.00×3)×2×3.50−4.00×3.00]×0.20＝73.20(m³)

(2) 混凝土无梁柱拆除工程量＝3.14×0.3²×3×10＝8.48(m³)

(3) 混凝土无梁板拆除工程量＝(6×6−0.2)(3×6−0.2)×0.2+(3.14×0.3²+3.14×0.6²+3.14×0.3×0.6)×0.2/3×10＝127.448+1.319＝128.77(m³)

相关定额消耗量子目见表 15-2 所示。

表 15-2　现浇钢筋混凝土拆除相关消耗量定额　　　　单位：m³

定额编号		16-14	16-15	16-16	16-17	市场价格/元
项　目		单梁	墙	柱	有梁板	
名　称	单位	消耗量				
人工　普工	工日	5.152	5.270	5.270	5.005	100
一般技工	工日	1.288	1.317	1.317	1.251	160
材料　电	kW·h	5.310	5.430	5.430	5.16	0.70
人材机费用合计		16-14 子目：721.28＋3.72＝725.0(元) 16-15 子目：737.72＋3.80＝741.52(元) 16-16 子目：737.72＋3.80＝741.52(元) 16-17 子目：700.66＋3.61＝704.27(元)				
综合单价		16-14 子目：725.0＋721.28×22.7%＝888.73(元/m³) 16-15 子目：741.52＋737.72×22.7%＝908.98(元/m³) 16-16 子目：741.52＋737.72×22.7%＝908.98(元/m³) 16-17 子目：704.27＋700.66×22.7%＝863.32(元/m³)				

由于定额子目中没有单独开列无梁板拆除子目，所以可以使用有梁板子目代替。

工程量清单综合单价计价表见表 15-3。

表 15-3   分部分项工程量清单计价表

工程名称：某工程

序号	项目编码	项目名称	项目特征	计量单位	工程数量	金额/元	
						综合单价	合价
1	011602002001	钢筋混凝土构件拆除	混凝土外墙厚 200mm	m³	73.20	908.98	66537.34
2	011602002002	钢筋混凝土构件拆除	直径 600mm 无梁柱	m³	8.48	908.98	7708.15
3	011602002003	钢筋混凝土构件拆除	200mm 厚无梁板	m³	128.77	863.32	111169.72

第二节   装饰工程拆除计量与计价

一、《房屋建筑与装饰工程工程量计算规范》（GB 50500—2013)规定

R.4   抹灰层拆除

抹灰层拆除工程量清单项目的设置、项目特征描述的内容、计量单位及工程量计算规则应按表 R.4 的规定执行。

表 R.4   抹灰层拆除（编码：011604)

项目编码	项目名称	项目特征	计量单位	工程量计算规则	工作内容
011604001	平面抹灰层拆除	1.拆除部位 2.抹灰层种类	m²	按拆除部位的面积计算	1.拆除 2.控制扬尘 3.清理 4.建渣场内、外运输
011604002	立面抹灰层拆除				
011604003	天棚抹灰层拆除				

R.5   块料面层拆除

块料面层拆除工程量清单项目的设置、项目特征描述的内容、计量单位及工程量计算规则应按表 R.5 的规定执行。

表 R.5   块料面层拆除（编码：011605)

项目编码	项目名称	项目特征	计量单位	工程量计算规则	工作内容
011605001	平面块料拆除	1.拆除的基层类型 2.饰面材料种类	m²	按拆除面积计算	1.拆除 2.控制扬尘 3.清理 4.建渣场内、外运输
011605002	立面块料拆除				

R.6   龙骨及饰面拆除

龙骨及饰面拆除工程量清单项目的设置、项目特征描述的内容、计量单位及工程量计算规则应按表 R.6 的规定执行。

表 R.6 龙骨及饰面拆除（编码：011606）

项目编码	项目名称	项目特征	计量单位	工程量计算规则	工作内容
011606001	楼地面龙骨及饰面拆除	1.拆除的基层类型 2.饰面材料种类	m²	按拆除面积计算	1.拆除 2.控制扬尘 3.清理 4.建渣场内、外运输
011606002	墙柱面龙骨及饰面拆除				
011606003	天棚面龙骨及饰面拆除				

R.8 铲除油漆涂料裱糊面

铲除油漆涂料裱糊面工程量清单项目的设置、项目特征描述的内容、计量单位及工程量计算规则应按表 R.8 的规定执行。

表 R.8 铲除油漆涂料裱糊面（编码：011608）

项目编码	项目名称	项目特征	计量单位	工程量计算规则	工作内容
011608001	铲除油漆面	1.铲除部位名称 2.铲除部位的截面尺寸	1. m² 2. m	1.以平方米计量，按铲除部位的面积计算 2.以米计量，按铲除的延长米计算	1.拆除 2.控制扬尘 3.清理 4.建渣场内、外运输
011608002	铲除涂料面				
011608003	铲除裱糊面				

R.9 栏杆栏板、轻质隔断隔墙拆除

栏杆栏板、轻质隔断隔墙拆除工程量清单项目的设置、项目特征描述的内容、计量单位及工程量计算规则应按表 R.9 的规定执行。

表 R.9 栏杆栏板、轻质隔断隔墙拆除（编码：011609）

项目编码	项目名称	项目特征	计量单位	工程量计算规则	工作内容
011609001	栏杆、栏板拆除	1.栏杆（板）的高度 2.栏杆、栏板种类	1. m² 2. m	1.以平方米计量，按拆除部位的面积计算 2.以米计量，按拆除的延长米计算	1.拆除 2.控制扬尘 3.清理 4.建渣场内、外运输
011609002	隔断隔墙拆除	1.拆除隔墙的骨架种类 2.拆除隔墙的饰面种类	m²	按拆除部位的面积计算	

R.10 门窗拆除

门窗拆除工程量清单项目的设置、项目特征描述的内容、计量单位及工程量计算规则应按表 R.10 的规定执行。

表 R.10 门窗拆除（编码：011610）

项目编码	项目名称	项目特征	计量单位	工程量计算规则	工作内容
011610001	木门窗拆除	1.室内高度 2.门窗洞口尺寸	1. m² 2. 樘	1.以平方米计量，按拆除面积计算 2.以樘计量，按拆除樘数计算	1.拆除 2.控制扬尘 3.清理 4.建渣场内、外运输
011610002	金属门窗拆除				

R. 12　管道及卫生洁具拆除

管道及卫生洁具拆除工程量清单项目的设置、项目特征描述的内容、计量单位及工程量计算规则应按表 R.12 的规定执行。

表 R. 12　管道及卫生洁具拆除（编码：011612）

项目编码	项目名称	项目特征	计量单位	工程量计算规则	工作内容
011612001	管道拆除	1.管道种类、材质 2.管道上的附着物种类	m	按拆除管道的延长米计算	1.拆除 2.控制扬尘 3.清理 4.建渣场内、外运输
011612002	卫生洁具拆除	卫生洁具种类	1.套 2.个	按拆除的数量计算	

R. 13　灯具、玻璃拆除

灯具、玻璃拆除工程量清单项目的设置、项目特征描述的内容、计量单位及工程量计算规则应按表 R.13 的规定执行。

表 R. 13　灯具、玻璃拆除（编码：011613）

项目编码	项目名称	项目特征	计量单位	工程量计算规则	工作内容
011613001	灯具拆除	1.拆除灯具高度 2.灯具种类	套	按拆除的数量计算	1.拆除 2.控制扬尘 3.清理 4.建渣场内、外运输
011613002	玻璃拆除	1.玻璃厚度 2.拆除部位	m^2	按拆除的面积计算	

R. 15　开孔（打洞）

开孔（打洞）工程量清单项目的设置、项目特征描述的内容、计量单位及工程量计算规则应按表 R.15 的规定执行。

表 R. 15　开孔（打洞）（编码：011615）

项目编码	项目名称	项目特征	计量单位	工程量计算规则	工作内容
011615001	开孔（打洞）	1.部位 2.打洞部位材质 3.洞尺寸	个	按数量计算	1.拆除 2.控制扬尘 3.清理 4.建渣场内、外运输

二、全国消耗量定额相关规定

（1）墙体凿门窗洞口者套用相应墙体拆除项目，洞口面积在 $0.5m^2$ 以内者，相应项目的人工乘以系数 3.0，洞口面积在 $1.0m^2$ 以内者，相应项目的人工乘以系数 2.4。

（2）混凝土构件拆除机械按风炮机编制，如采用切割机械无损拆除局部混凝土构件，另按无损切割项目执行。

（3）地面抹灰层与块料面层铲除不包括找平层，如需铲除找平层者，每 $10m^2$ 增加人工 0.20 工日。

（4）拆除带支架防静电地板按带龙骨木地板项目人工乘以系数 1.30。

（5）整樘门窗、门窗框及钢门窗拆除，按每樘面积 $2.5m^2$ 以内考虑，面积在 $4m^2$ 以内者，人工乘以系数 1.30；面积超过 4m² 者，人工乘以系数 1.50。

（6）钢筋混凝土构件、木屋架。金属压型板屋面、采光屋面、金属构件拆除按起重机械配合拆除考虑，实际使用机械与定额取定机械型号规格不同者，按定额执行。

（7）楼层运出垃圾其垂直运输机械不分卷扬机、施工电梯或塔吊，均按定额执行，如采用人力运输，每 10m³ 按垂直运输距离每 5m 增加人工 0.78 工日，并取消楼层运出垃圾项目中的相应机械费。

三、全国消耗量定额工程量计算规则

（1）墙体拆除：各种墙体拆除按实拆墙体体积以"m³"计算，不扣除 0.3m² 以内孔洞和构件所占的体积。隔墙及隔断的拆除按设计面积以"m²"计算。

（2）钢筋混凝土构件拆除：混凝土及钢筋混凝土的拆除按实拆体积以"m³"计算，楼梯拆除按水平投影面积以"m²"计算，无损切割按切割构件断面以"m²"计算，钻芯按实钻孔数以"孔"计算。

（3）木构件拆除：各种屋架、半屋架拆除按跨度分类以榀计算，檩、椽拆除不分长短按实拆根数计算，望板、油毡、瓦条拆除按实拆屋面面积以"m²"计算。

（4）抹灰层拆除：楼地面面层按水平投影面积以"m²"计算，踢脚线按实际铲除长度以"m"计算，各种墙、柱面面层的拆除或铲除均按实拆面积以"m²"计算，天棚面层拆除按水平投影面积以"m²"计算。

（5）块料面层铲除：各种龙骨及饰面拆除均按实拆投影面积以"m²"计算。

（6）龙骨及饰面拆除：各种龙骨及饰面拆除均按实拆投影面积以"m²"计算。

（7）屋面拆除：屋面拆除按屋面的实拆面积以"m²"计算。

（8）铲除油漆涂料裱糊面：油漆涂料裱糊面层铲除均按实际铲除面积以"m²"计算。

（9）栏杆扶手拆除：栏杆扶手拆除均按实拆长度以"m"计算。

（10）门窗拆除：拆整樘门、窗均按樘计算，拆门、窗扇以"扇"计算。

（11）金属构件拆除：各种金属构件拆除均按实拆构件质量以"t"计算。

（12）管道拆除：管道拆除按实拆长度以"m"计算。

（13）卫生洁具拆除：卫生洁具拆除按实拆数量以"套"计算。

（14）灯具拆除：各种灯具、插座拆除均按实拆数量以"套、只"计算。

（15）其他构配件拆除：暖气罩、嵌入式柜体拆除按正立面边框外围尺寸垂直投影面积计算，窗台板拆除按实拆长度计算，筒子板拆除按洞口内侧长度计算，窗帘盒、窗帘轨拆除按实拆长度计算，干挂石材骨架拆除按构件的质量以"t"计算，干挂预埋件拆除以"块"计算，防火隔离带按实拆长度计算。

（16）建筑垃圾外运按虚方体积计算。

四、应用案例

【案例 15-2】 某住户进行二次装修前需拆除整樘木门 6 樘，铲除墙面石灰砂浆抹灰 56m²，其中，企业管理费按人工费的 13.6% 计取，利润按人工费的 9.1% 计取。试计算需要多少费用？

解：1.清单工程量

门拆除＝6 樘；铲除墙面抹灰＝56m²；工程量清单见表 15-4。

表 15-4 分部分项工程量清单

工程名称：某工程

序号	项目编码	项目名称	项目特征	计量单位	工程数量	金额/元	
						综合单价	合价
1	011604002001	立面抹灰层拆除	墙面石灰砂浆	m²	56		
2	011610001001	木门窗拆除	木门带框 1.0×3.0	樘	6		

2.计算清单综合单价及计价表

门拆除＝6 樘；铲除墙面抹灰＝56m²；相关定额消耗量子目见表 15-5 所示。

表 15-5 相关拆除相关消耗量定额 单位：10m²

定额编号			16-42	16-75	市场价格/元
项 目			墙柱面抹灰铲除	整樘门窗拆除	
				单位:10樘	
名 称		单位	消耗量		
人工	普工	工日	0.706	1.556	100
	一般技工	工日	0.176	0.389	160
人材机费用合计		16-42 子目:98.76 元 16-75 子目:217.84 元			
综合单价		16-42 子目:98.76＋98.76×22.7％＝121.18(元/10m²) 16-75 子目:217.84＋217.84×22.7％＝267.29(元/10 樘)			

墙面抹灰铲除综合单价＝121.18 元/10m²×56m²÷56m²＝12.12 元/m²

木门带框拆除综合单价＝267.29 元/10 樘×6 樘÷6 樘＝26.73 元/樘

工程量清单见表 15-6。

表 15-6 分部分项工程量清单计价表

工程名称：某工程

序号	项目编码	项目名称	项目特征	计量单位	工程数量	金额/元	
						综合单价	合价
1	011604002001	立面抹灰层拆除	墙面石灰砂浆	m²	56	12.12	678.72
2	011610001001	木门窗拆除	木门带框 1.0×3.0	樘	6	26.73	160.38

习 题

1.某工程有内墙抹灰面满刮腻子贴对花墙纸 500m²，由于年久失修，需要拆除后重新装修。试计算该装修的拆除工程清单工程量及综合单价。

2.某住户需拆除 500mm×500mm 地砖 125m²，2.2m 高墙砖 30m²。试编制拆除工程量清单及综合单价。其中，企业管理费按人工费的 13.6％计取，利润按人工费的 9.1％计取。

第十六章

措施项目计量与计价

措施项目是指完成工程项目施工，发生于该工程施工前和施工过程中技术、生活、安全等方面的非工程实体项目。措施项目费即实施措施项目所发生的费用。措施项目费由组织措施项目费和技术措施项目费组成。

组织措施费包括现场安全文明施工措施费，二次搬运费，夜间施工增加费，非夜间施工照明、冬雨季施工增加费，地上、地下设施、建筑物的临时保护设施费，已完工程及设备保护费，分别以规定的费率计取。

技术措施项目费包括施工排水、降水费，大型机械设备进出场、安拆费，现浇混凝土及预制构件模板使用费，脚手架使用费，垂直运输费，现浇混凝土泵送费，分别按本分部相应的子目计算。

第一节　脚手架工程计量与计价

一、《房屋建筑与装饰工程工程量计算规范》（GB 50500—2013）规定

脚手架工程量清单项目的设置、项目特征描述的内容、计量单位及工程量计算规则应按表 S.1 的规定执行。

表 S.1　脚手架工程（011701）

项目编码	项目名称	项目特征	计量单位	工程量计算规则	工作内容
011701001	综合脚手架	1.建筑结构形式 2.檐口高度	m²	按建筑面积计算	1.场内、场外材料搬运 2.搭、拆脚手架、斜道、上料平台 3.安全网的铺设 4.选择附墙点与主体连接 5.测试电动装置、安全锁等 6.拆除脚手架后材料的堆放

续表

项目编码	项目名称	项目特征	计量单位	工程量计算规则	工作内容
011701002	外脚手架	1. 搭设方式 2. 搭设高度 3. 脚手架材质	m²	按服务对象的垂直投影面积计算	1. 场内、场外材料搬运 2. 搭、拆脚手架、斜道、上料平台 3. 安全网的铺设 4. 拆除脚手架后材料的堆放
011701003	里脚手架				
011701004	悬空脚手架	1. 搭设方式 2. 悬挑宽度 3. 脚手架材质		按搭设的水平投影面积计算	
011701005	挑脚手架		m	按搭设长度乘以搭设层数以延长米计算	
011701006	满堂脚手架	1. 搭设方式 2. 搭设高度 3. 脚手架材质		按搭设的水平投影面积计算	
011701007	整体脚手架	1. 搭设方式及启动装置 2. 搭设高度	m²	按服务对象的垂直投影面积计算	1. 场内、场外材料搬运 2. 搭、拆脚手架、斜道、上料平台 3. 安全网的铺设 4. 选择附墙点与主体连接 5. 测试电动装置、安全锁等 6. 拆除脚手架后材料的堆放
011701008	外装饰吊篮	1. 升降方式及启动装置 2. 搭设高度及吊篮型号		按服务对象的垂直投影面积计算	1. 场内、场外材料搬运 2. 吊篮安装 3. 测试电动装置、安全锁、平衡控制器 4. 吊篮的拆卸

注：1. 使用综合脚手架时，不再使用外脚手架、里脚手架等单项脚手架；综合脚手架适用于能够按"建筑面积计算规则"计算建筑面积的建筑工程脚手架，不适用于房屋加层、构筑物及附属工程脚手架。

2. 同一建筑物有不同檐高时，按建筑物竖向切面分别按不同檐高编列清单项目。

3. 整体提升架已包括 2m 高的防护架体设施。

4. 脚手架材质可以不描述，但应注明由投标人根据工程实际情况按照《建筑施工扣件式钢管脚手架安全技术规范》JGJ 130、《建筑施工附着升降脚手架管理规定》（建建〔2000〕230 号）等规范自行确定。

二、 全国消耗量定额相关规定

（1）建筑物檐高以设计室外地坪至檐口滴水高度（平屋顶系指屋面板底高度，斜屋面系指外墙外边线与斜屋面板底的交点）为准。突出主体建筑屋顶的楼梯间、电梯间、水箱间、屋面天窗等不计入檐口高度之内。

（2）同一建筑物有不同檐高时，按建筑物的不同檐高纵向分割，分别计算建筑面积，并按各自的檐口高度执行相应项目。建筑物多种结构，按不同结构分别计算。

（3）脚手架工程

1. 一般说明

（1）脚手架措施项目是指施工需要的脚手架搭、拆、运输及脚手架摊销的工料消耗。

（2）脚手架措施项目材料均按钢管式脚手架编制。

（3）各项脚手架消耗量中未包括脚手架经常加固。基础加固是指脚手架立杆下端以下或脚手架底座下皮以下的一切做法。

（4）高度在 3.6m 以外墙面装饰不能利用原砌筑脚手架时，可计算装饰脚手架。装饰脚手架执行双排脚手架定额乘以系数 0.3。室内凡计算了满堂脚手架，墙面装饰不再计算墙面粉饰脚手架，只按每 100m² 墙面垂直投影面积增加改架一般技工 1.28 工日。

2.综合脚手架

（1）单层建筑综合脚手架适用于檐高 20m 以内的单层建筑工程。

（2）凡单层建筑工程执行单层建筑综合脚手架项目，二层及二层以上的建筑工程执行多层建筑综合脚手架项目，地下室部分执行地下室综合脚手架项目。

（3）综合脚手架中包括外墙砌筑及外墙粉饰、3.6m 以内的内墙砌筑及混凝土浇捣用脚手架以及内墙面和天棚粉饰脚手架。

（4）执行综合脚手架，有下列情况者，可另执行单项脚手架项目。

① 满堂基础或者高度（垫层上皮至基础顶面）在 1.2m 以外的混凝土或钢筋混凝土基础，按满堂脚手架基本层定额乘以系数 0.3；高度超过 3.6m，每增加 1m 按满堂脚手架增加层定额乘以系数 0.3。

② 砌筑高度在 3.6m 以外的砖内墙，按单排脚手架定额乘以系数 0.3；砌筑高度在 3.6m 以外的砌块内墙，按相应双排外脚手架定额乘以系数 0.3。

③ 砌筑高度在 1.2 以外的屋顶烟囱的脚手架，按设计图示烟囱外围周长另加 3.6m 乘以烟囱出屋顶高度以面积计算，执行里脚手架项目。

④ 砌筑高度在 1.2m 以外的管沟墙及砖基础，按设计图示砌筑长度乘以高度以面积计算，执行里脚手架项目。

⑤ 墙面粉饰高度在 3.6m 以外的执行内墙面粉饰脚手架项目。

⑥ 按照建筑面积计算规范的有关规定未计入建筑面积，但施工过程中需搭设脚手架的施工部位。

（5）凡不适宜使用综合脚手架的项目，可按相应的单项脚手架项目执行。

3.单项脚手架

（1）建筑物外墙脚手架，设计室外地坪至檐口的砌筑高度在 15m 以内的按单排脚手架计算；砌筑高度在 15m 以外或砌筑高度虽不足 15m，但外墙门窗及装饰面积超过外墙表面积 60% 时，执行双排脚手架项目。

（2）外脚手架消耗量中已综合斜道、上料平台、护卫栏杆等。

（3）建筑物内墙脚手架，设计室内地坪至板底（或山墙高度的 1/2 处）的砌筑高度在 3.6m 以内的，执行里脚手架项目。

（4）围墙脚手架，室外地坪至围墙顶面的砌筑高度在 3.6m 以内的，按里脚手架计算；砌筑高度在 3.6m 以外的，执行单排外脚手架项目。

（5）石砌墙体，砌筑高度在 1.2m 以外时，执行双排外脚手架项目。

（6）大型设备基础，凡距地坪高度在 1.2m 以外的，执行双排外脚手架项目。

（7）挑脚手架适用于外檐挑檐等部位的局部装饰。

（8）悬空脚手架适用于有露明屋架的屋面板勾缝、油漆或喷浆等部位。

（9）整体提升架适用于高层建筑的外墙施工。

（10）独立柱、现浇混凝土单梁执行双排外脚手架定额项目乘以系数 0.3。

4.其他脚手架。

电梯井架每一电梯台数为一孔。

三、全国消耗量定额脚手架计算规则

（1）综合脚手架按设计图示尺寸以建筑面积计算。同一建筑物檐高不同时，应按不同檐高分别计算。

（2）单项脚手架中外脚手架、整体提升架按按外墙外边线长度乘以外墙高度以面积计算。

（3）计算内外墙脚手架时，均不扣除门、窗、洞口、空圈等所占面积。同一建筑物高度不同时，应按不同高度分别计算。

（4）里脚手架按墙面垂直投影面积计算。

（5）独立柱按设计图示尺寸，以结构外围周长另加 3.6m 乘以高度以面积计算。执行双排脚手架定额项目乘以系数。

（6）现浇钢筋混凝土梁按梁顶面至地面（或楼面）间的高度乘以梁净长以面积计算。执行双排外脚手架定额项目乘以系数。

（7）满堂脚手架按室内净面积计算，其高度在 3.6~5.2m 之间时计算基本层，5.2m 以外，每增加 1.2m 计算一个增加层，不足 0.6m 按一个增加层乘以系数 0.5 计算。

（8）挑脚手架按搭设长度乘以层数以长度计算。

（9）悬空脚手架按搭设水平投影面积计算。

（10）吊篮脚手架按外墙垂直投影面积计算，不扣除门窗洞口所占面积。

（11）内墙面粉饰脚手架按内墙面垂直投影面积计算，不扣除门窗洞口所占面积。

（12）立挂式安全网按架网部分的实挂长度乘以实挂高度以面积计算。

（13）挑出式安全网按挑出的水平投影面积计算。

（14）电梯井架按单孔以"座"计算。

四、应用案例

【案例 16-1】　某多层单身宿舍楼，标准层平面图及剖面图如图 16-1 所示。施工组织设计中，内、外脚手架均为钢管脚手架，其中，企业管理费按人工费的 23.14% 计取，利润按人工费的 14.71% 计取。试着计算脚手架工程量并进行计价。

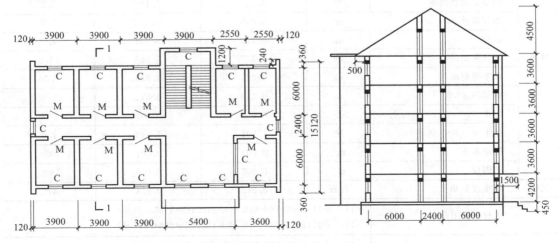

标准层平面图1—1剖面图

图 16-1　［案例 16-1］图

解：1.措施项目工程量清单表的编制

综合脚手架工程量＝[(长度)(0.12＋3.90×3＋5.40＋3.60＋0.12)×(宽度)(15.12－0.24×2)＋(楼梯外侧)1.20×(3.90＋0.24)]×5＋(坡屋顶)20.94×2×(7.7×2.4÷4.5＋7.7×0.9÷4.5÷2)＝1557.65m²＋204.24m²＝1761.89(m²)

分部分项工程量清单表见表16-1所示。

表 16-1　分部分项工程量清单

工程名称：某工程

序号	项目编码	项目名称	项目特征	计量单位	工程数量	金额/元	
						综合单价	合价
1	011701001001	综合脚手架	砖混结构,檐口高度19.05m	m²	1761.89		

2.工程量清单计价表的编制

该项目发生的工程内容为：材料运输、搭拆脚手架、拆除后的材料堆放。

综合脚手架工程量＝1761.89m²

相关定额消耗量子目见表16-2所示。

表 16-2　脚手架相关消耗量定额　　　　　　　　　　　　单位：100m²

定额编号		17-7	17-8	
项　　　目		多层建筑综合脚手架		市场价格/元
		混合结构(檐高 m 以内)		
		20	30	
名　　称	单位	消耗量		
人工	普工	工日	2.333	3.067	100
	一般技工	工日	4.665	6.134	160
	高级技工	工日	0.777	1.022	240
材料	钢管脚手架	kg	34.626	59.185	5.0
	扣件	个	13.932	24.882	6.0
	木脚手板	m³	0.106	0.143	1700
	脚手架钢管底座	个	0.165	0.180	5.0
	镀锌铁丝 φ4.0	m³	9.039	10.267	5.5
	圆钉	kg	8.718	8.951	7.0
	红丹防锈漆	kg	3.387	5.980	15.0
	油漆溶剂油	kg	0.321	0.556	4.50
	钢丝绳 φ8.0	m	0.150	0.674	3.50
	原木	m³	0.002	0.002	1300
	垫木 60×60×60	块	1.391	1.444	1.0
	防滑木条	m³	0.001	0.001	1350
	挡脚板	m³	0.005	0.006	1800
机械	载重汽车 6t	台班	0.242	0.281	470
人材机费用合计		17-7 子目:1166.18＋615.60＋113.74＝1895.52(元) 17-8 子目:1533.42＋919.10＋132.07＝2584.59(元)		
综合单价		17-7 子目:1895.52＋1166.18×37.85%＝2339.82(元/100m²) 17-8 子目:2584.59＋1533.42×37.85%＝3164.99(元/100m²)		

檐口高度 19.05m，套 20m 以内综合脚手架：17-7（2339.82 元/100m²）。

综合脚手架综合单价＝2339.82 元/100m²×1761.89m²÷1761.89m²＝23.4 元/m²

措施项目清单计价见表 16-3。

表 16-3　措施项目清单计价表

工程名称：某工程

序号	项目编码	项目名称	项目特征	计量单位	工程数量	金额/元	
						综合单价	合价
1	011701001001	综合脚手架	砖混结构,檐口高度19.05m	m²	1761.89	23.4	41228.23

【案例 16-2】　某小礼堂如图 16-2 所示，圆柱直径为 500mm，240 砖外墙，根据施工方案，舞台为后置，舞台及其两侧吊顶标高相同。计算钢管满堂脚手架工程量，并进行投标报价。

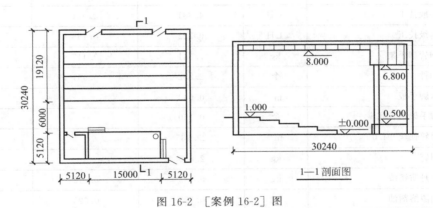

图 16-2　[案例 16-2] 图

解：1. 措施项目工程量清单的编制

满堂脚手架清单工程量＝室内净长度×室内净宽度

满堂脚手架清单工程量＝(30.24－0.24)×(5.12＋15.00＋5.12－0.24)＝30.00×25.00＝750.00(m²)

分部分项工程量清单表见表 16-4 所示。

表 16-4　分部分项工程量清单

工程名称：某工程

序号	项目编码	项目名称	项目特征	计量单位	工程数量	金额/元	
						综合单价	合价
1	011701006001	满堂脚手架	① 搭设高度:6~8m ② 钢管脚手架	m²	750		

2. 工程量清单计价表的编制

该项目发生的工程内容：材料运输、搭拆脚手架、拆除后的材料堆放。

满堂脚手架基本层＝(30.24－0.24)×(5.12＋15.00＋5.12－0.24)＝30.00×25.00＝750.00(m²)

满堂脚手架增加层：

舞台部分＝(6.80－5.20)/1.2＝1.33(层)，取 1 层；

台前部分＝(8.00－5.20)/1.2＝2.33(层)，取 2 层；

台阶部分＝(8.00－0.60 平均高度－5.20)/1.2＝1.83 层，取 2 层。

增加层工程量＝750.00＋(6.00＋19.12－0.12)×25.00＝1375.00(m²)

相关定额消耗量子目见表 16-5 所示。

表 16-5　满堂脚手架相关消耗量定额　　　　　　　　单位：100m²

定额编号			17-59	17-60	市场价格 /元
项　目			满堂脚手架		
			基本层(3.6～5.2m)	增加层 1.2m	
名　称		单位	消耗量		
人工	普工	工日	2.165	0.466	100
	一般技工	工日	4.331	0.931	160
	高级技工	工日	0.722	0.155	240
材料	钢管脚手架	kg	7.341	2.447	5.0
	扣件	个	2.852	0.951	6.0
	木脚手板	m³	0.063	—	1700
	脚手架钢管底座	个	0.150	—	5.0
	镀锌铁丝 Φ4.0	m³	29.335	—	5.5
	圆钉	kg	2.846	—	7.0
	红丹防锈漆	kg	0.642	0.215	15.0
	油漆溶剂油	kg	0.073	0.025	4.50
	挡脚板	m³	0.002	—	1800
机械	载重汽车 6t	台班	0.309	0.049	470
人材机费用合计			17-59 子目：1082.74＋356.49＋145.23＝1584.46(元) 17-60 子目：232.76＋21.28＋23.03＝277.07(元)		
综合单价			17-7 子目：1584.46＋1082.74×37.85％＝1994.28(元/100m²) 17-8 子目：277.07＋232.76×37.85％＝365.17(元/100m²)		

满堂脚手架综合单价＝(1994.28 元/100m²×750m²＋365.17 元/100m²×1375.00m²)÷750m²＝10432.98 元÷750m²＝13.91 元/m²

措施项目清单计价见表 16-6。

表 16-6　措施项目清单计价表

工程名称：某工程

序号	项目编码	项目名称	项目特征	计量单位	工程数量	金额/元	
						综合单价	合价
1	011701006001	满堂脚手架	① 搭设高度：6～8m ② 钢管脚手架	m²	750	26.64	19980

第二节　混凝土模板及支架 (撑)工程计量与计价

一、《房屋建筑与装饰工程工程量计算规范》 (GB 50500—2013)规定

混凝土模板及支架（撑）工程量清单项目的设置、项目特征描述的内容、计量单位及工程量计算规则应按表 S.2 的规定执行。

表 S.2　混凝土模板及支架（撑）（编码：011702）

项目编码	项目名称	项目特征	计量单位	工程量计算规则	工作内容
011702001	基础	基础类型			
011702002	矩形柱				
011702003	构造柱				
011702004	异形柱	柱截面形状			
011702005	基础梁	梁截面形状			
011702006	矩形梁	支撑高度			
011702007	异形梁	1. 梁截面形状 2. 支撑高度		按模板与现浇混凝土构件的接触面积计算。 　① 现浇钢筋混凝土墙、板单孔面积≤0.3m² 的孔洞不予扣除,洞侧壁模板亦不增加;单孔面积＞0.3m² 时应予扣除,洞侧壁模板面积并入墙、板工程量内计算。 　② 现浇框架分别按梁、板、柱有关规定计算;附墙柱、暗梁、暗柱并入墙内工程量内计算。 　③ 柱、梁、墙、板相互连接的重叠部分,均不计算模板面积。 　④ 构造柱按图示外露部分计算模板面积	1. 模板制作 2. 模板安装、拆除、整理堆放及场内外运输 3. 清理模板黏结物及模板内杂物、刷隔离剂等
011702008	圈梁				
011702009	过梁				
011702010	弧形、拱形梁	1. 梁截面形状 2. 支撑高度	m²		
011702011	直行墙				
011702012	弧形墙				
011702013	短肢剪力墙、电梯井壁				
011702014	有梁板				
011702015	无梁板				
011702016	平板				
011702017	拱板	支撑高度			
011702018	薄壳板				
011702019	空心板				
011702020	其他板				
011702021	栏板				
011702022	天沟、檐沟	构件类型		按模板与现浇混凝土构件的接触面积计算	
011702023	雨篷、悬挑板、阳台板	1. 构件类型 2. 板厚度		按图示外挑部分尺寸的水平投影面积计算,挑出外墙的悬臂梁及板边不另计算	
011702024	楼梯	类型		按楼梯(包括休息平台、平台梁、斜梁和楼层板的连接梁)的水平投影面积计算,不扣除宽度≤500mm 的楼梯井所占面积,楼梯踏步、踏步板、平台梁等侧面模板不另计算,伸入墙内部分亦不增加	

续表

项目编码	项目名称	项目特征	计量单位	工程量计算规则	工作内容
011702025	其他现浇构件	构件类型		按模板与现浇混凝土构件的接触面积计算	1. 模板制作 2. 模板安装、拆除、整理堆放及场内外运输 3. 清理模板黏结物及模板内杂物、刷隔离剂等
011702026	电缆沟、地沟	沟类型沟截面		按模板与电缆沟、地沟的接触面积计算	
011702027	台阶	台阶踏步宽	m²	按图示台阶水平投影面积计算，台阶端头两侧不另计算模板面积。架空式混凝土台阶，按现浇楼梯计算	
011702028	扶手	扶手断面尺寸		按模板与扶手的接触面积计算	
011702029	散水			按模板与散水的接触面积计算	
011702030	后浇带	后浇带部位		按模板与后浇带的接触面积计算	
011702031	化粪池	1. 化粪池部位 2. 化粪池规格		按模板与混凝土的接触面积计算	
011702032	检查井	1. 检查井部位 2. 检查井规格			

注：1. 原槽浇灌的混凝土基础，不计算模板。

2. 混凝土模板及支撑（架）项目，只适用于以平方米计量，按模板与混凝土构件的接触面积计算，以"立方米"计量，模板及支撑（支架）不再单列，按混凝土及钢筋混凝土实体项目执行，综合单价中应包含模板及支架。

3. 采用清水模板时，应在特征中注明。

4. 若现浇混凝土梁、板支撑高度超过 3.6m 时，项目特征应描述支撑高度。

二、全国消耗量定额相关规定

（1）模板分组合钢模板、大钢模板、复合模板、木模板，定额未注明模板类型的，均按木模板考虑。

（2）模板按企业自有编制。组合钢模板包括装箱，且已包括回库维修消耗量。

（3）圆弧形带形基础模板执行带形基础相应项目，人工、材料、机械乘以系数 1.15。

（4）地下室底板模板执行满堂基础，满堂基础模板已包括集水井模板杯壳。

（5）独立桩承台执行独立基础项目；带形桩承台执行带形基础项目；与满堂基础相连的桩承台执行满堂基础项目。高杯基础杯口高度大于杯口长度 3 倍以上时，杯口高度部分执行柱项目，杯形基础执行柱项目。

（6）现浇混凝土柱（不含构造柱）、墙、梁（不含圈、过梁）、板是按高度（板面或地面、垫层面至上层板面的高度）3.6m 综合考虑的，如遇斜板面结构时，柱分别按各柱的中心高度为准；墙按分段墙的平均高度为准；框架梁按每跨两端的支座平均高度为准；板（含梁板合计的梁）按高点与低点的平均高度为准。

支模高度 3.6m 以上、8m 以下时，执行支撑超高项目；支模高度超过 8m、或者搭设跨度 18m、或施工总荷载 15kN/m² 及以上、或集中线荷载大于 20kN/m 的高大模板支撑系统，按批准的施工方案另行计算，不再执行相应支模项目。

异形柱、梁，是指柱、梁的断面形状为：L 形、十字形、T 形、Z 形的柱、梁。

（7）柱模板如遇弧形和异形组合时，执行圆柱项目。

（8）短肢剪力墙是指截面厚度≤300mm，各肢截面高度与厚度之比的最大值＞4 但≤8 的剪力墙；各肢截面高度与厚度之比的最大值≤4 的剪力墙执行柱项目。

（9）外墙设计采用一次摊销止水螺杆方式支模时，将对拉螺栓材料换为止水螺杆，其消耗量按对拉螺栓数量乘以系数 12，取消塑料套管消耗量，其余不变。墙面模板未考虑定位支撑因素。

柱、梁面对拉螺栓堵眼增加费，执行墙面螺栓堵眼增加费项目，柱面螺栓堵眼人工、机械乘以系数 0.3、梁面螺栓堵眼人工、机械乘以系数 0.35。

（10）板或拱形结构按板顶平均高度确定支模高度，电梯井壁按建筑物自然层层高确定支模高度。

（11）斜梁（板）按坡度大于 10°且小于 30°综合考虑。斜梁（板）坡度在 10°以内的执行梁、板项目；坡度在 30°以上、45°以内时人工乘以系数 1.05；坡度在 45°以上、60°以内时人工乘以系数 1.10；坡度在 60°以上时，人工乘以系数 1.20。

（12）混凝土梁、板分别计算执行相应项目。混凝土板适用于截面厚度≤250mm；板中暗梁并入板内计算；墙、梁弧形且半径≤9m 时，执行弧形墙、梁项目。

（13）现浇空心板执行平板项目，内膜安装另行计算。

（14）薄壳板模板不分筒式、球形、双曲形等，均执行同一项目。

（15）屋面混凝土女儿墙高度＞1.2m 时执行相应墙项目，≤1.2m 时执行相应栏板项目。

（16）混凝土栏板高度（含压顶扶手及翻沿），净高度按 1.2m 以内考虑，超 1.2m 时执行相应墙项目。

（17）现浇混凝土阳台板、雨篷板按三面悬挑形式的阳台、雨篷编制，如一面为弧形栏板且半径≤9m 时，执行圆弧形阳台板、雨篷板项目；如非三面悬挑形式的阳台、雨篷，则执行梁、板相应项目。

（18）挑檐、天沟壁高度≤400mm，执行挑檐项目；挑檐、天沟壁高度＞400mm 时，按全高执行栏板项目。单件体积 0.1m³ 以内，执行小型构件项目。

（19）预制板间补现浇板缝执行平板项目。

（20）现浇飘窗板、空调板执行悬挑板项目。

（21）楼梯是按建筑物一个自然层双跑楼梯考虑，如单坡直行楼梯、剪刀楼梯按相应项目人工、材料、机械乘以系数 1.2；三跑楼梯按相应项目人工、材料、机械乘以系数 0.9；四跑楼梯按相应项目人工、材料、机械相应系数 0.75。

（22）与主体结构不同时浇捣的厨房、卫生间等处墙体下部现浇混凝土翻边的模板执行圈梁相应项目。

（23）散水模板执行垫层相应项目。

（24）凸出混凝土柱、梁、墙面的线条，并入相应构件内计算，再按凸出的线条道数执行模板增加费项目；但单独窗台板、栏板扶手、墙上压顶的单阶挑沿不另计算模板增加费；其他单阶线条凸出宽度＞200mm 的执行挑檐项目。

（25）外形尺寸体积在 1m³ 以内的独立池槽执行小型构件项目，1m³ 以上的独立池槽及与建筑物相连的梁、板、墙结构式水池，分别执行梁、板、墙相应项目。

（26）小型构件是指单件体积 0.1m³ 以内的构件。

（27）当设计要求为清水混凝土模板时，执行相应模板项目，并作如下调整：复合模板材料换算为镜面胶合板，机械不变，其人工按表 16-7 增加工日。

表 16-7　清水混凝土模板增加工日表

| 项目 | 柱 | | | 梁 | | | 墙 | | 有梁板、无梁板、平板 |
	矩形柱	圆形柱	异形柱	矩形梁	异形梁	弧形、拱形梁	直行墙、弧形墙、电梯井壁墙	短肢剪力墙	
工日	4	5.2	6.2	5	5.2	5.8	3	2.4	4

（28）预制构件地模的摊销，已包括在预制构件的模板中。

三、全国消耗量定额模板工程量计算规则

（一）现浇混凝土模板

（1）现浇混凝土构件模板，除另有规定者外，均按模板与混凝土的接触面积（扣除后浇带所占面积）计算。

（2）基础模板计算。

① 有肋式带形基础，肋高≤1.2m 时，合并计算；＞1.2m 时，基础底板模板按无肋带形基础项目计算，扩大面以上部分模板按混凝土墙项目计算。

② 独立基础：高度从垫层上表面计算到柱基上表面。

③ 满堂基础：无梁式满堂基础有扩大或角锥形柱墩时，并入无梁式满堂基础计算。有梁式满堂基础梁高≤1.2m 时，基础与梁合并计算；＞1.2m 时，底板按无梁式满堂基础模板项目计算，梁按混凝土墙模板项目计算。箱式满堂基础应分别按无梁式满堂基础、柱、墙、梁、板的有关规定计算。地下室底板按无梁式满堂基础模板项目计算。

（3）构造柱均应按图示外露部分计算模板面积。带马牙槎构造柱的宽度按马牙槎处的宽度计算。

（4）现浇混凝土墙、板上的单孔面积在 0.3m² 以内的空洞，不予扣除，洞侧壁模板亦不增加；单孔面积在 0.3m² 以外时，应予扣除，洞侧壁模板面积并入墙、板模板工程量以内计算。

（5）现浇混凝土框架分别按梁、板、柱有关规定计算，附墙柱凸出墙面部分按柱工程量计算，暗梁、暗柱并入墙内工程量计算。

（6）柱、墙、梁、板、栏板相互连接的重叠部分，均不扣除模板面积。

（7）挑檐、天沟与板连接时，以外墙外边线为分界线，与梁连接时，以梁外边线为分界线；外边线以外为挑檐、天沟。

（8）现浇混凝土悬挑板、雨篷、阳台按图示外挑部分尺寸的水平投影面积计算，挑出外墙的悬臂梁及板边不另计算。

（9）现浇混凝土楼梯按水平投影面积计算。不扣除宽度小于 500mm 楼梯井所占面积，楼梯的踏步、踏步板、平台梁等侧面模板不另行计算，伸入墙内部分亦不增加。当整体楼梯与现浇楼板无梯梁连接时，以楼梯的最后一个踏步边缘加 300mm 为界。

（10）混凝土台阶不包括梯带，按图示台阶尺寸的水平投影面积计算，台阶端头两侧不另计算模板面积；架控式混凝土台阶按现浇楼梯计算；场馆看台按设计图示尺寸，以水平投影面积计算。

（11）凸出的线条模板增加费，以凸出棱线的道数分别按长度计算，两条及多条线条相互之间净距小于 100mm 的，每两条按一条计算。

（12）后浇带按模板与后浇带的接触面积计算。

（二）预制混凝土构件模板

预制混凝土模板按模板与混凝土的接触面计算，地模不计算接触面积。

四、应用案例

【**案例 16-3**】 如图 16-3 所示，现浇混凝土框架柱 20 根，组合钢模板、钢支撑。现浇花篮梁（中间矩形梁）5 支，胶合板模板、木支撑。其中，企业管理费按人工费的 26.4% 计取，利润按人工费的 15.4% 计取。计算柱、梁模板及支撑工程量及相应措施费用。

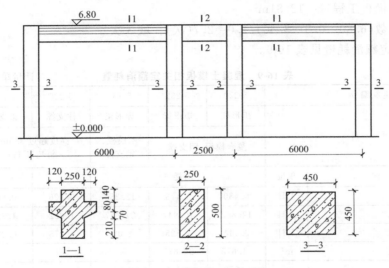

图 16-3 ［案例 16-3］图

解：1. 模板及支架清单工程量的计算

（1）柱模板清单工程量

矩形柱模板量＝0.45×4×6.8×20－0.25×0.5×2×5－[0.25×0.5＋0.12×(0.08＋0.07＋0.08)]×2×5×2＝244.8－1.25－3.05＝240.5(m²)

（2）矩形梁模板清单工程量

(0.5＋0.5＋0.25)×(2.5－0.45)×5＝12.81(m²)

（3）异形梁模板清单工程量

[(0.21＋0.139＋0.08＋0.12＋0.14)×2＋0.25]×(6－0.45)×10＝90.35(m²)

分部分项工程量清单表见表 16-8 所示。

表 16-8 分部分项工程量清单

工程名称：某工程

序号	项目编码	项目名称	项目特征	计量单位	工程数量	金额/元	
						综合单价	合价
1	011702002001	矩形柱	柱高 6.8m	m²	240.5		
2	011702006001	矩形梁	梁支撑高 6.3m	m²	12.81		
3	011702007001	异形梁	花篮异形梁支撑高 6.3m	m²	90.35		

2.措施项目清单综合单价的编制

(1) 柱模板发生的工程内容：模板制作、模板安拆和刷隔离剂等。

① 现浇混凝土框架柱混凝土工程量＝240.5m²

② 超高次数＝(6.80－3.60)/1.00＝3.2(次)

超高1m、2m、3m的工程量均为：0.45m×4×1m＝1.8m²

超高4m的工程量为：0.45m×4×0.2m＝0.36m²

超高总工程量＝1.8×20×(1＋2＋3＋4×0.2)＝244.8m²

(2) 梁模板发生的工程内容为：模板制作、模板安拆和刷隔离剂等。

① 异形梁模板工程量＝90.35m²

② 矩形梁模板工程量＝12.81m²

③ 超高次数(6.80－0.5－3.60)/1.0＝2.7(次)，取3次。

相关模板定额消耗量见表16-9。

表 16-9　混凝土模板相关定额消耗量　　　　　计量单位：100m²

定额编号			5-220	5-232	5-233	5-226	5-242	
项　目			矩形柱	矩形梁	异形梁	柱支撑	梁支撑	市场价格/元
			复合模板、钢支撑		木模板、钢支撑	高度超过3.6m，每超过1m		
名　称		单位	消耗量					
人工	普工	工日	6.430	5.473	12.258	0.826	0.862	100
	一般技工	工日	12.862	10.947	24.517	1.652	1.724	160
	高级技工	工日	2.144	1.825	4.086	0.275	0.287	240
材料	复合模板	m²	24.675	24.675	—	—	—	40.0
	板枋材	m³	0.372	0.447	0.910	—	—	2100
	钢支撑及配件	kg	45.484	69.480	69.48	3.337	11.881	5.0
	木支撑	m³	0.182	0.029	0.029	0.021	—	1800
	圆钉	kg	0.982	1.224	29.57	—	—	7.00
	隔离剂	kg	10.0	10.0	10.0	—	—	1.00
	水泥砂浆1:2	m³	—	0.012	0.003	—	—	240
	镀锌铁丝 φ0.7	kg	—	0.18	0.180	—	—	6.0
	硬塑料管 φ20	m	117.766	14.193	—	—	—	2.50
	塑料粘胶带 20mm×50mm	卷	2.50	4.50	—	—	—	20.0
	对拉螺栓	kg	19.013	5.794	—	—	—	8.50
	模板嵌缝料	kg	—	—	10.0	—	—	1.80
机械	木工圆锯机 500mm	台班	0.055	0.037	0.819			26.0
人、材、机费用合计			5-220子目:3215.48＋2846.12＋1.43＝6063.03(元) 5-232子目:2736.82＋2522.56＋0.962＝5260.34(元) 5-233子目:6129.16＋2519.39＋21.29＝8669.84(元) 5-226子目:412.92＋54.49＝467.41(元) 5-242子目:430.92＋59.41＝490.33(元)					
综合单价			5-220子目:6063.03＋3215.48×41.8％＝7407.10(元/100m²) 5-232子目:5260.34＋2736.82×41.8％＝6404.33(元/100m²) 5-233子目:8669.84＋6129.16×41.8％＝11231.83(元/100m²) 5-226子目:467.41＋412.92×41.8％＝640.01(元/100m²) 5-242子目:490.33＋430.92×41.8％＝670.45(元/100m²)					

矩形柱模板综合单价＝（7407.10 元/100m² ×240.5m² ＋640.01 元/100m² ×244.8m²）÷ 240.5m² ＝80.59 元/m²

异形梁模板综合单价＝（11231.83 元/100m² ＋670.45 元/100m² ×3）×90.35m² ÷ 90.35m² ＝132.43 元/m²

矩形梁模板综合单价＝（6404.33 元/100m² ＋670.45 元/100m² ×3）×12.81m² ÷ 12.81m² ＝84.16 元/m²

措施项目清单计价见表 16-10。

表 16-10　措施项目清单计价表

工程名称：某工程

序号	项目编码	项目名称	项目特征	计量单位	工程数量	金额/元	
						综合单价	合价
1	011702002001	矩形柱	柱高 6.8m	m²	240.5	80.59	19381.90
2	011702006001	矩形梁	梁支撑高 6.3m	m²	12.81	132.43	1696.43
3	011702007001	异形梁	花篮异形梁支撑高 6.3m	m²	90.35	84.16	7603.86

第三节　垂直运输及超高增加费计量与计价

一、《房屋建筑与装饰工程工程量计算规范》 GB 50500—2013 规定

（1）垂直运输工程量清单项目的设置、项目特征描述的内容、计量单位及工程量计算规则应按表 S.3 的规定执行。

表 S.3　垂直运输（011703）

项目编码	项目名称	项目特征	计量单位	工程量计算规则	工作内容
011703001	垂直运输	1.建筑物建筑类型及结构形式 2.地下室建筑面积 3.建筑物檐口高度、层数	1. m² 2. 天	1.按建筑面积计算 2.按施工工期日历天数计算	1.垂直运输机械的固定装置、基础制作、安装 2.行走式垂直运输机械轨道的铺设、拆除、摊销

注：1.建筑物的檐口高度是指设计室外地坪至檐口滴水的高度（平屋顶系指屋面板底高度），突出主体建筑物屋顶的电梯机房、楼梯出口间、水箱间、瞭望塔、排烟机房等不计入檐口高度。

2.垂直运输机械指施工工程在合理工期内所需垂直运输机械。

3.同一建筑物有不同檐高时，按建筑物的不同檐高做纵向分割，分别计算建筑面积，以不同檐高分别编码列项。

（2）超高施工增加工程量清单项目的设置、项目特征描述的内容、计量单位及工程量计算规则应按表 S.4 的规定执行。

表 S.4 超高施工增加 (011704)

项目编码	项目名称	项目特征	计量单位	工程量计算规则	工作内容
011704001	超高施工增加	1. 建筑物建筑类型及结构形式 2. 建筑物檐口高度、层数 3. 单层建筑物檐口高度超过 20m，多层建筑物超过 6 层部分的建筑面积	m²	按建筑物超高部分的建筑面积计算	1. 建筑物超高引起的人工工效降低以及由于人工工效降低引起的机械降效 2. 高层施工用水加压水泵的安装、拆除及工作台班 3. 通信联络设备的使用及摊销

注：1. 单层建筑物檐口高度超过 20m、多层建筑物超过 6 层时，可按超高部分的建筑面积计算超高施工增加。计算层数时，地下室不计入层数。

2. 同一建筑物有不同檐高时，可按不同高度的建筑面积分别计算建筑面积，以不同檐高分别编码列项。

二、全国消耗量定额相关规定

（一）垂直运输工程

（1）垂直运输费的工作内容，包括单位工程在合理工期内完成全部工程项目所需的垂直运输机械台班；不包括机械的场外往返运输、一次安装拆除及路基铺垫和轨道铺拆等的费用。

（2）檐高 3.6m 以内的单层建筑，不计算垂直运输机械台班。

（3）定额层高按 3.6m 考虑，超过 3.6m 者，应另计层高超高垂直运输增加费，每超过 1m，其超高部分按相应定额增加 10%，超高不足 1m 者按 1m 计算。

（4）垂直运输是按现行工期定额中规定的 Ⅱ 类地区标准编制的，Ⅰ、Ⅲ 类地区按相应定额分别乘以系数 0.95、1.10。

（二）建筑物超高增加费

（1）建筑物超高增加人工、机械定额适用于单层建筑物檐口高度超过 20m、多层建筑物超过 6 层的项目。

（2）计算层数时，地下室不计入层数；半地下室的地上部分，从设计室外地坪算起向上超过 1m 时，可按 1 层计入层数内。高度指设计室外地坪至檐口屋面结构板面的垂直距离。突出主体建筑屋顶的楼梯间、水箱间等不计入高度之内。

（3）超高费用包含的内容如下。

① 超高施工的人工及机械降效。

② 自来水加压及附属设施。

③ 其他。

三、全国消耗量定额工程量计算规则

（一）垂直运输工程量计算

（1）建筑物垂直运输机械台班用量，区分不同建筑物结构及檐高按建筑面积计算。地下室与地上面积合并计算。

（2）垂直运输是按泵送混凝土考虑的，如采用非泵送，垂直运输费按以下方法增加：相应项目乘以调增系数（5%～10%），再乘以非泵送混凝土数量占全部混凝土数量的百分比。

（二）建筑物超高增加工程量计算

（1）定额中包括的内容指单层建筑物檐口高度超过20m、多层建筑物超过6层的全部工程项目，但不包括垂直运输、各类构件的水平运输及各项脚手架。

（2）建筑物超高增加费的人工、机械按建筑物超高部分的建筑面积计算。

四、应用案例

【案例16-4】 已知某现浇框架结构办公楼地上18层，地下一层，其中一层层高4.5m，二、三层层高4.2m，4～18层为标准层，层高3.0m，室外地坪标高−0.45m，又知地下一层建筑面积5700m²，1～3层每层建筑面积为4502m²，4～18层每层建筑面积为3842m²。其中，垂直运输费中的企业管理费按人工费与机械费之和的14%计取，利润按人工费与机械费之和的9%计取；超高增加费中的企业管理费按人工费的22.42%计取，利润按人工费的14.25%计取。

求：（1）该建筑物的垂直运输费？

（2）超高增加费？

解：1.工程量清单表的编制

（1）垂直运输工程量

垂直运输工程量＝5700m²＋4502×3＋3842×15＝76836m²

（2）超高增加工程量

第7～18层超高工程量＝3842×12＝46104（m²）

分部分项工程量清单表见表16-11。

表16-11 分部分项工程量清单

工程名称：某工程

序号	项目编码	项目名称	项目特征	计量单位	工程数量	金额/元	
						综合单价	合价
1	011703001001	垂直运输	框剪结构住宅，檐口高58.35m	m²	76836		
2	011704001001	超高施工增加	框剪结构住宅，18层，檐口高58.35m	m²	46104		

2.工程量清单计价表的编制

（1）垂直运输工程量

垂直运输工程量：层高超过3.6m部分＝4502×3＝13506（m²）

层高不超过3.6m部分＝5700m²＋3842×15m²＝63330m²

（2）超高增加工程量

第7～18层工程量＝3842×12＝46104（m²）

檐口高度＝0.45＋4.5＋4.2×2＋3.0×15＝58.35（m）。

相关垂直运输和超高增加定额消耗量见表16-12所示。

表 16-12　垂直运输和超高增加相关定额消耗量　　　　计量单位：100m²

定额编号		17-86	17-87	17-104	17-105	市场价格/元
项　目		垂直运输现浇框架		超高增加建筑物		
		建筑物檐高/m（以内）		檐高/m（以内）		
		40	70	40	60	
名　称	单位	消耗量				
人工　普工	工日	6.597	6.840	7.314	12.630	100
一般技工	工日	0.733	0.760	14.628	24.378	160
高级技工	工日	—	—	2.438	4.063	240
机械　自升式塔式起重机 400kN·m	台班	2.930	—	—	—	550
自升式塔式起重机 600kN·m	台班	—	2.800	—	—	580
对讲机（一对）	台班	2.93	4.00	—	—	5.0
单笼施工电梯 1t、75m	台班	2.440	—	—	—	300
双笼施工电梯 2×1t、100m	台班	—	3.330	—	—	520
电动多级离心清水泵 50mm	台班	—	—	0.256	—	50.0
电动多级离心清水泵 100mm、120m 以下	台班	—	—	—	0.465	160
电动多级离心清水泵停滞 φ50	台班	—	—	0.256	—	6.0
电动多级离心清水泵停滞 φ100	台班	—	—	—	0.465	10.0
其他机械降效	%	—	—	7.50	12.50	—
人、材、机费用合计		17-86 子目：776.98+2358.15＝3135.13（元） 17-87 子目：805.6+3375.6＝4181.2（元） 17-104 子目：3657+15.41＝3672.41（元） 17-105 子目：6138.6+88.93＝6227.53（元）				
综合单价		17-86 子目：3135.13×（1+23%）＝3856.21（元/100m²） 17-87 子目：4181.2×（1+23%）＝5142.88（元/100m²） 17-104 子目：3672.41+3657×36.67%＝5013.43（元/100m²） 17-105 子目：6227.53+6138.6×36.67%＝8478.55（元/100m²）				

垂直运输费用＝5142.88 元/100m²×（1＋10%）×13506m²＋5142.88 元/100m²×63330m²＝4021043.01 元

综合单价＝4021043.01 元÷76836m²＝52.33 元/m²

超高增加费＝46104.00m²×8478.55 元/100m²＝3908950.69 元

综合单价＝3908950.69 元÷46104m²＝84.79 元/m²

措施项目清单计价见表 16-13。

表 16-13　措施项目清单计价表

工程名称：某工程

序号	项目编码	项目名称	项目特征	计量单位	工程数量	综合单价	合价
1	011703001001	垂直运输	框剪结构住宅，檐口高 58.35m	m²	76836	52.33	4020827.88
2	011704001001	超高施工增加	框剪结构住宅，18 层，檐口高 58.35m	m²	46104	84.79	3909158.16

第四节　大型机械设备进出场及安拆计量与计价

一、《房屋建筑与装饰工程工程量计算规范》（GB 50500—2013）规定

大型机械设备进出场及安拆工程量清单项目的设置、项目特征描述的内容、计量单位及工程量计算规则应按表 S.5 的规定执行。

表 S.5　大型机械设备进出场及安拆（编码：011705）

项目编码	项目名称	项目特征	计量单位	工程量计算规则	工作内容
011705001	大型机械设备进出场及安拆	1. 机械设备名称 2. 机械设备规格型号	台次	按使用机械设备的数量计算	1. 安拆费包括施工机械、设备在现场进行安装拆卸所需人工、材料、机械和试运转以及机械辅助设备的折旧、搭设、拆除等费用 2. 进场费包括施工机械、设备整体或分体自停放地点运至另一施工地点所发生的运输、装卸、辅助材料等费用

二、全国消耗量定额相关规定

（1）大型机械设备进出场、安拆费是指机械整体或分体自停放场地运至施工现场或由一个施工地点运至另一个施工地点，所发生的机械进出场运输和转移费用，以及机械在施工现场进行安装、拆卸所需的人工费、材料费、机械费、试运转费和安装所需的辅助设施的费用。

（2）塔式起重机及施工电梯基础

① 轨道铺拆费按直线轨道考虑，如铺设弧线轨道时，乘以系数 1.15。

② 固定式基础适用于混凝土体积在 $10m^3$ 以内的塔式起重机基础，如超出者按实际混凝土工程、模板工程、钢筋工程分包计算工程量，按"混凝土及钢筋混凝土工程"部分相应项目执行。

③ 固定式基础如需打桩时，打桩费另计算。

（3）大型机械设备安拆费

① 机械安拆费是安装、拆卸的一次性费用。

② 机械安拆费中包括机械安装完毕后的试运转费用。

③ 柴油打桩机的安拆费中，已包括轨道的安拆费用。

④ 自升式塔式起重机安拆费按塔高 45m 确定，＞45m 且檐高≤200m，塔高每增加 10m，按相应定额增加费用 10%，尾数不足 10m 按 10m 计算。

（4）大型机械设备进出场费

① 进出场费中包括往返一次的费用，其中回程费按单程运费的 25% 考虑。

② 进出场费中已包括了臂杆、铲斗及附件、道木、轨道的运费。

③ 机械运输路途中的台班费，不另计取。

（5）大型机械设备现场的行驶路线需修整铺垫时，其人工修整可按实际计算。同一施工现场各建筑物之间的运输，定额按 100m 以内综合考虑，如转移距离超过 100m，在 300m

以内的，按相应场外运输费用乘以系数 0.3；在 500m 以内的，按相应场外运输费用乘以系数 0.6。使用道木铺垫按 15 次摊销，使用碎石零星铺垫按一次摊销。

三、全国消耗量定额工程量计算规则

（1）大型机械设备安拆费按台次计算。

（2）大型机械设备进出场费按台次计算。

四、应用案例

【案例 16-5】 某科技馆工程檐口高度 91m，使用塔式起重机（8t）2 台，塔式起重机的基础为 9m³。其中，进出场费中的企业管理费按人工费与机械费之和的 8.3％计取，利润按人工费与机械费之和的 5.3％计取；安拆费中的企业管理费按人工费的 26.34％计取，利润按人工费的 16.75％计取；塔吊基础施工费用中的企业管理费按人工费的 22.8％计取，利润按人工费的 14.5％计取。

进行大型机械设备进出场及安装的计算。

解：1. 措施项目工程量清单表的编制

塔式起重机（8t）安装拆卸及场外运输工程量＝2 台次

分部分项工程量清单表见表 16-14 所示。

表 16-14　分部分项工程量清单

工程名称：某工程

序号	项目编码	项目名称	项目特征	计量单位	工程数量	金额/元	
						综合单价	合价
1	011705001001	大型机械设备进出场及安拆	塔式(8t)	台次	2		

2. 措施项目清单计价表的编制

该项目发生的工程内容：塔式起重机场外运输、安拆，塔吊混凝土基础的浇筑、养护，基础拆除，基础混凝土现场搅拌。

塔式起重机（8t）安装拆卸及场外运输工程量＝2 台次

塔式起重机混凝土基础工程量＝2 座

大型机械设备进出场及安拆相关定额消耗量见表 16-15。

表 16-15　大型机械设备进出场及安拆相关定额消耗量　　　计量单位：台次

定额编号			17-113	17-116	17-147	市场价格/元
项目			塔式起重机	自升式塔式起重机安拆费	进出场费	
			固定式基础（带配重）		自升式塔式起重机	
			单位：座			
	名称	单位	消耗量			
人工	普工	工日	4.656	36.0	36.0	100
	一般技工	工日	9.312	72.0	4.0	160
	高级技工	工日	1.552	12.0	—	240

续表

定额编号		17-113	17-116	17-147	市场价格/元
项　目		塔式起重机	自升式塔式起重机安拆费	进出场费	
		固定式基础(带配重)		自升式塔式起重机	
		单位:座			
名　称	单位	消耗量			
材料	预拌混凝土 C30	m³	7.930	—	—	260
	钢筋 φ10 以内	kg	396.0	—	—	3.50
	组合钢模板	kg	7.020	—	—	4.50
	木模板	m³	0.106	—	—	1800
	水	m³	6.370	—	—	5.0
	零星卡具	kg	2.610	—	—	5.0
	其他材料费	%	2.00	—	—	—
	六角螺栓带螺母	套	—	64.0	—	0.20
	镀锌铁丝综合	kg	—	50.0	10.0	6.0
	枕木	m³	—	—	0.08	1050
	草袋	m²	—	—	23.62	2.0
机械	钢筋调直机 14mm	台班	0.105	—	—	36.0
	钢筋切断机 40mm	台班	0.05	—	—	40.0
	钢筋弯曲机 40mm	台班	0.14	—	—	25.0
	电动夯实机 250N·m	台班	0.108	—	—	26.0
	汽车式起重机 8t	台班	0.008	—	4.0	700.0
	汽车式起重机 20t	台班	—	5.0	6.0	1000.0
	汽车式起重机 40t	台班	—	5.0	—	1500.0
	载重汽车 6t	台班	0.029	—	—	470
	载重汽车 8t	台班	—	—	8.00	650
	载重汽车 15t	台班	—	—	4.00	850
	机动翻斗车 1t	台班	0.215	—	—	210
	木工圆锯机 500mm	台班	0.093	—	—	26.0
	直升式塔式起重机 2500kN·m	台班	—	0.50	—	1000.0
	平板拖车 40t	台班	—	—	1.00	1350
	回程费	%	—	—	20.00	—
人、材、机费用合计		17-113 子目:2328+3789.39+78.9=6196.29(元) 17-116 子目:18000+312.8+13000=31312.8(元) 17-147 子目:4240+191.24+22500=26931.24(元)			
综合单价		17-113 子目:6196.29+2328×37.3%=7064.63(元/座) 17-116 子目:31312.8+18000×43.09%=39069(元/台次) 17-147 子目 26931.24+(4240+22500)×13.6%=30567.88(元/台次)			

注:17-113 子目中,混凝土消耗量是 7.93m³。

塔式起重机进出场及安拆费综合单价＝[(39069 元/台次×(1＋50％)×2＋30567.88 元/台次×2＋(7064.63＋260×9－260×7.93)元/座×2]÷2＝96514.21 元/台次

措施项目清单计价见表 16-16。

表 16-16　措施项目清单计价表

工程名称：某工程

序号	项目编码	项目名称	项目特征	计量单位	工程数量	金额/元	
						综合单价	合价
1	011705001001	大型机械设备进出场及安拆	塔式(8t)	台次	2	96514.21	193028.42

第五节　施工排水、降水计量与计价

一、《房屋建筑与装饰工程工程量计算规范》（GB 50500—2013)规定

施工排水、降水工程量清单项目的设置、项目特征描述的内容、计量单位及工程量计算规则应按表 S.6 的规定执行。

表 S.6　施工排水、降水（编码：011706)

项目编码	项目名称	计量单位	工程量计算规则
011706001	成井	m	按设计图示尺寸以钻井深度计算
011706002	排水、降水	昼夜	按排、降水日历天数计算

二、全国消耗量定额相关规定

(1) 轻型井点以 50 根为一套，喷射井点以 30 根为一套，使用时累计根数轻型井点少于 25 根，喷射井点少于 15 根，使用费按相应定额乘以系数 0.7。

(2) 井管间距应根据地质条件和施工降水要求，按施工组织设计确定，施工组织设计未考虑时，可按轻型井点管距 1.2m、喷射井点管距 2.5m 确定。

(3) 直流深井降水成孔直径不同时，只调整相应的黄砂含量，其余不变；PVC-U 加筋管直径不同时，调整管材价格的同时，按管子周长的比例调整相应的密目网及铁丝。

(4) 排水井分集水井和大口井两种。集水井定额项目按基坑内设置考虑，井深在 4m 以内，按本定额计算，如井深超过 4m，定额按比例调整。

三、全国消耗量定额工程量计算规则

(1) 轻型井点、喷射井点排水的井管安装、拆除以"根"为单位计算，使用以"套·天"计算；真空深井、自流深井排水的安装拆除以每口井计算，使用以每口"井·天"计算。

(2) 使用天数以每昼夜（24h）为一天，并按施工组织设计要求的使用天数计算。

(3) 集水井按设计图示数量以"座"计算，大口井按累计井深以长度计算。

四、应用案例

【案例 16-6】 某工程轻型井点，如图 16-4 所示。降水管深 7m，井点间距 1.2m，降水 60 天。其中，轻型井点中的企业管理费按人工费的 33% 记取，利润按人工费的 22% 记取，求轻型井点降水工程量及其费用。

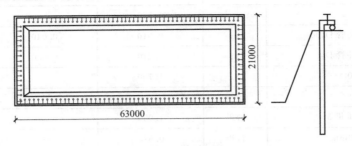

图 16-4 ［案例 16-6］图

解：1. 轻型井点降水清单工程量计算

成井：$(63+21)\times2/1.2\times7=980$m

排水、降水：60 天

分部分项工程量清单表见表 16-17 所示。

表 16-17 分部分项工程量清单

工程名称：某工程

序号	项目编码	项目名称	项目特征	计量单位	工程数量	金额/元	
						综合单价	合价
1	011706001001	成井	轻型井点成井深 7m、间距 1.2m，安装、拆除	m	980		
2	011706002001	排水、降水	轻型井点 3 套	昼夜	60		

2. 措施项目清单计价表的编制

该项目发生的工程内容：降水设备安装拆除、设备使用。

① 井管安装、拆除工程量＝$(63+21)\times2/1.2=140$（根）

② 设备使用套数＝$140/50\approx3$（套）

设备使用工程量＝$3\times60=180$（套·天）

施工排水、降水相关定额消耗量见表 16-18 所示。

表 16-18 施工排水、降水相关定额消耗量

定额编号			17-155	17-165	市场价格/元
项 目			成井、轻型井点	降水、轻型井点	
			单位：10 根	单位：套·天	
名 称		单位	消耗量		
人工	普工	工日	11.25	1.350	100
	一般技工	工日	1.250	0.150	160
	高级技工	工日	——	——	240

续表

定额编号		17-155	17-165	市场价格/元
项　目		成井、轻型井点	降水、轻型井点	
		单位:10 根	单位:套·天	
名　称	单位	消耗量		
材料	黄砂毛砂	t	4.720		90.0
	轻型井点总管 D100	m	0.010	0.040	55.0
	轻型井点井管 D40	m	0.210	0.830	25.0
	橡胶管 D50	m	1.700	—	20.0
	水	m³	53.360		5.0
机械	履带式起重机 5t	台班	1.050	—	510.0
	污水泵 100mm	台班	0.570	—	105.0
	电动多级离心清水 150mm 180 以下	台班	0.570	—	260.0
	射流井点泵 9.5m	台班	—	1.150	60.0
人、材、机费用合计		17-155 子目:1325＋731.4＋743.55＝2799.95(元) 17-165 子目:159＋22.95＋69＝250.95(元)		
综合单价		17-155 子目:2799.95＋1325×55％＝3528.7(元/10 根) 17-165 子目:250.95＋159×55％＝338.4(元/套·天)		

施工成井＝3528.7 元/10 根×140÷980m＝50.41 元/m

排水降水费＝250.95 元/套·天×180 套·天÷60 天＝752.85 元/昼夜

措施项目清单计价见表 16-19。

表 16-19　措施项目清单计价表

工程名称：某工程

序号	项目编码	项目名称	项目特征	计量单位	工程数量	金额/元	
						综合单价	合价
1	011706001001	成井	轻型井点成井深 7m、间距 1.2m,安装、拆除	m	980	50.41	49401.8
2	011706002001	排水、降水	轻型井点 3 套	昼夜	60	752.85	45171

习　题

1.某综合楼各层及檐高如图 16-5 所示，A、B 单元各层建筑面积如表 16-20 所示。超高施工增加费项目清单如下表所列。假设人工、材料、机械台班的价格与定额取定价相同。

试编制：

① 该工程综合脚手架工程量清单并报价；

② 该工程垂直运输工程量清单并报价；

③ 该工程超高施工增加费项目清单并报价。

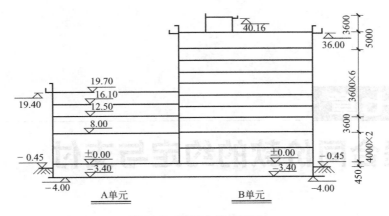

图 16-5 某综合楼立面图

表 16-20 A、B 单元建筑面积分布表

层数	A 单元			B 单元		
	层数	层高	建筑面积/m²	层数	层高	建筑面积/m²
地下室	1	3.4	800	1	3.4	1200
首层	1	8	800	1	4	1200
二层	1	4.5	800	1	4	1200
标准层	1	3.6	800	7	3.6	7000
顶层	1	3.6	800	5		1000
屋顶				1	3.6	20
合计	5		4000	12		11620

2. 某工程二层楼面结构如图 16-6 所示，已知楼面结构标高为 4.5m，①～②轴楼板厚 120mm，③～④轴楼板厚 90mm。试计算该工程二层楼面结构的梁、板模板工程量（采用混凝土与模板的接触面积计算），并计算模板及支架的施工技术措施费用。为方便计算，假设人工、材料、机械台班的消耗量及单价暂按 2016 版河南省房屋建筑与装饰工程预算定额计算（其他省份可以结合地方现行定额计算）。

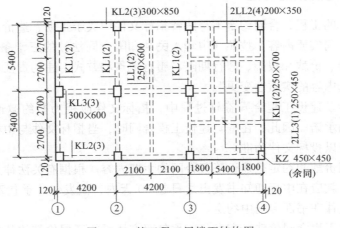

图 16-6 某工程二层楼面结构图

第十七章
工程合同价款的约定与支付

第一节　工程合同价款的约定

一、工程合同价款的概念

工程合同价款，也称签约合同价，是在工程发承包交易完成后，由发承包双方以合同形式确定的工程承包价格。即包括了分部分项工程费、措施项目费、其他项目费、规费和税金的合同总金额。

根据招投标法及合同法等法律的相关规定，采用招标发包的工程，要按照招标文件和投标文件订立书面合同，中标后双方不能协调修改中标价。发包方和承包方就合同进行谈判，不是重新谈判投标价格和合同双方的权利义务，谈判主要是确定某些不违背招标文件实质性内容的待定问题。所以，发承包双方签约合同价应为投标人的中标价，也即投标人的投标报价。

实行工程量清单计价的工程，在约定工程合同价款时，应明确约定清单项目的工程量，清单项目的综合单价是否允许调整，以及允许调整时的调整方式、方法等。现行的工程量清单计价一般宜采用单价合同方式，工程量按实结算。

二、工程合同价款的约定

（1）实行招标的工程，合同约定不得违背招标文件中关于工期、造价、资质等方面的实质性内容。所谓合同实质内容，按照《中华人民共和国合同法》的三十条规定："有关合同标的、数量、质量、价款和报酬、履行期限、履行地点和方式、违约责任和解决争议方法等的变更，是对要约内容的实质性变更"。

在工程招投标及建设工程合同签订过程中，招标文件应视为要约邀请，投标文件为要约，中标通知书为承诺。因此，在签订建设工程合同时，当招标文件与中标人的投标文件有不一致的地方，应以投标文件为准。

（2）工程合同价款的约定是建设工程合同的主要内容。根据有关法律条款的规定，实行招标的工程合同价款应在中标通知书发出之日起 30 天内，由发包、承包双方依据招标文件和中标人的投标文件在书面合同中约定。

不实行招标的工程合同价款，在发包、承包双方认可的工程价款的基础上，由发包、承包双方在合同中约定。

工程合同价款的约定应满足以下几个方面的要求：①约定的依据要求：招标人向中标的投标人发出的中标通知书。②约定的时间要求：自招标人发出的中标通知书之日起 30 天内。③约定的内容要求：招标文件和中标人的投标文件。④合同的形式要求：书面合同。

（3）合同形式。工程建设合同的形式主要有单价合同和总价合同两种。合同的形式对工程量清单计价的适用性不构成影响，无论是单价合同还是总价合同均可以采用工程量清单计价。区别仅在于工程量清单中所填写的工程量的合同约束力。采用单价合同形式时，工程量清单是合同文件必不可少的组成内容，其中的工程量一般具备合同约束力（量可调），工程款结算时按照合同中约定应予计量并实际完成的工程量计算进行调整，由招标人提供统一的工程量清单彰显了工程量清单计价的主要优点。而对总价合同形式，工程量清单中的工程量不具备合同约束力（量不可调），工程量以合同图纸的标示内容为准，工程量以外的其他内容一般均赋予合同约束力，以方便合同变更的计量和计价。

《建设工程量清单计价规范》（GB 50500—2013）7.1.3 条规定："实行工程量清单计价的工程，应采用单价合同形式；建设规模较小、技术难度较低、工期较短，且施工图设计已审查批准的建设工程可采用总价合同；紧急抢险、救灾以及施工技术特别复杂的建设工程可采用成本加酬金合同。"合同约定的工程价款中所包含的工程量清单项目综合单价在约定的条件外，允许调整。但调整方式、方法应在合同中约定。

（4）合同价款的约定内容。发包、承包双方应在合同条款中对下列事项进行约定；合同中没有约定或约定不明的，由双方协商确定；协商不一致的，按《建设工程工程量清单计价规范》（GB 50500—2013）执行。

① 预付工程款的数额、支付时间及抵扣方式。预付款是发包人为解决承包人在施工准备阶段资金周转问题提供的协助。如使用大宗材料，可根据工程具体情况设置工程材料预付款。

② 安全文明施工措施费的支付计划，使用要求等。

③ 工程计量与支付工程进度款的方式、数额及时间。

④ 工程价款的调整因素、方法、程序、支付及时间。

⑤ 施工索赔与现场签证的程序、金额确认与支付时间。

⑥ 承担计价风险的内容、范围以及超出约定内容、范围的调整办法。

⑦ 工程竣工价款结算编制与核对、支付及时间。

⑧ 工程质量保证金的数额、预留方式及时间。

⑨ 违约责任以及发生工程价款争议的解决方法及时间。

⑩ 与履行合同、支付价款有关的其他事项等。

由于合同中涉及工程价款的事项较多，能够详细约定的事项应尽可能具体的约定，约定的用词应尽可能唯一，如有几种解释，最好对用词进行定义，尽量避免因理解上的歧义造成合同纠纷。

第二节　工程预付款和安全文明施工费的支付

一、工程预付款

1. 工程预付款的概念

工程预付款是指在开工前，发包人按照合同约定，预先支付给承包人用于购买合同工程施工所需的材料、工程设备，以及组织施工机械和人员进场等的款项。它是施工准备和所需主要材料、结构件等流动资金的主要来源，国内习惯上又称为预付备料款。工程预付款的支付，表明该工程已经实质性启动。

承包人应将预付款专用于合同工程。

2. 预付款的支付额度

预付款的支付额度应当在专用合同条款中约定，包工包料工程的预付款的支付比例不得低于签约合同价（扣除暂列金额）的10%，不宜高于签约合同价（扣除暂列金额）的30%。

预付款支付额度计算公式：

$$工程预付款＝工程合同价×预付款比例$$

3. 预付款的支付前提

承包人在签订合同或向发包人提供与预付款等额的预付款保函后向发包人提出预付款支付申请。

4. 预付款的支付时限及延误后果

发包人应在收到预付款申请的7天内进行核实，向承包人发出预付款支付证书，并在签发支付证书后的7天内向承包人支付预付款。

发包人没有按合同约定按时支付预付款的，承包人可催告发包人支付；发包人在预付款期满后的7天内仍未支付的，承包人可在付款期满后的第8天起暂停施工。发包人应承担由此增加的费用和延误的工期，并向承包人支付合理利润。

5. 预付款的扣回

预付款应从每一个支付期应支付给承包人的工程进度款中扣回，直到扣回的金额达到合同约定的预付款金额为止。《建设工程施工合同（示范文本）》中，有关工程预付款的扣回作了如下约定：除专用合同条款另有约定外，预付款在进度付款中同比例扣回。

发包人支付给承包人的工程备料款的性质是"预支"。随着工程进度的推进，拨付的工程进度款数额不断增加，工程所需主要材料、构件的用量逐渐减少，原已支付的预付款应以抵扣的方式予以陆续扣回。扣款的方法，是从未施工工程尚需的主要材料及构件的价值相当于预付备料款数额时扣起，从每次中间结算工程价款中，按材料及构件比重扣抵工程价款，至竣工之前全部扣清。因此确定起扣点是工程预付款起扣的关键。

确定工程预付款起扣点的依据是：未完施工工程所需主要材料和构件的费用，等于工程预付款的数额。

工程预付款起扣点可按下式计算：

$$T＝P－M/N$$

式中　T——起扣点，即预付备料款开始扣回的累计完成工作量金额；

　　　M——预付备料款数额；

　　　N——主要材料，构件所占比重；

　　　P——承包工程价款总额（或建安工作量价值）。

【例17-1】　某项工程合同价100万，预付备料款数额为24万，主要材料、构件所占比重60%，问：起扣点为多少万元？

按起扣点计算公式：$T＝P－M/N＝100－24/0.6＝60(万元)$

则当工程量完成60万元时，本项工程预付款开始起扣。

二、安全文明施工费的支付与使用

1. 安全文明施工费的内容

（1）环境保护费

①现场施工机械设备降低噪声、防扰民措施；②水泥和其他易飞扬细颗粒建筑材料密封存放或采取覆盖措施等；③工程防扬尘洒水；④土石方、建渣外运车辆防护措施；现场污染源的控制、生活垃圾清理外运、场地排水排污措施；⑤其他环境保护措施。

（2）文明施工

①"五牌一图"，即在进门处悬挂工程概况、管理人员名单及监督电话、安全生产、文明施工、消防保卫五牌，施工现场总平面图；②现场围挡的墙面美化（包括内外粉刷、刷白、标语等）、压顶装饰；③现场厕所便槽刷白、贴面砖，水泥砂浆地面或地砖，建筑物内临时便溺设施；④其他施工现场临时设施装饰装修、美化措施；⑤现场生活卫生设施；⑥符合卫生要求的饮水设备、淋浴、消毒灯设施；⑦生活用洁净燃料；⑧防煤气中毒、防蚊虫叮咬等措施；⑨施工现场操作场地的硬化；⑩现场绿化、治安综合治理；⑪现场配备医药保健器材、物品和急救人员培训；⑫现场工人的防暑降温、电风扇、空调等设备及用电；⑬其他文明施工措施。

（3）安全施工

①安全资料、特殊作业专项方案的编制，安全施工标志的购置及安全宣传；②"三宝"（安全帽、安全带、安全网）、"四口"（楼梯口、电梯井口、通道口、预留洞口）、"五临边"（阳台围边、楼板围边、屋面围边、槽坑围边、卸料平台两侧），水平防护架、垂直防护架、外架封闭等防护；③施工安全用电，包括配电箱三级配电、两级保护装置、外电防护措施；④起重机、塔吊等起重设备（含井架、门架）及外用电梯的安全防护措施（含警示标志）及卸料平台的临边防护、层间安全门、防护棚等设施；⑤建筑工地起重机械的检验检测；⑥施工机具防护棚及其围栏的安全防护设施；⑦施工安全防护通道；⑧工人的安全防护用品、用具购置；⑨消防设施与消防器材的配置；⑩电气保护、安全照明设施及其他安全防护措施。

（4）临时设施

①施工现场采用彩色定型钢板，砖、混凝土砌块等围挡的安砌、维修、拆除；②施工现场临时建筑物、构筑物的搭设、维修、拆除，如临时宿舍、办公室，食堂、厨房、厕所、诊疗所、临时文化福利房、临时仓库、加工场、搅拌台、临时供电管线、小型临时设施等；③施工现场规定范围内临时简易道路铺设，临时排水沟、排水设施安砌、维修、拆除；④其他临时设施搭设、维修、拆除。

2. 安全文明施工费的支付

发包人应在工程开工后的28天内预付不低于当年施工进度计划的安全文明施工费总额的60%，其余部分与进度款同期支付。

3. 未按时支付安全文明施工费的后果

发包人在付款期满后的7天内仍未支付的，若发生安全事故的，发包人应承担相应责任。

4. 安全文明施工费的使用

承包人应对安全文明施工费专款专用，在财务账目中单独列项备查，不得挪作他用，否则发包人有权要求其限期改正；逾期未改正的，造成的损失和延误的工期由承包人承担。

第三节　工程计量与进度款支付

一、工程计量

1. 工程计量的概念

工程计量是指发承包双方根据合同约定，对承包人完成合同工程的数量进行的计算和确认。具体地说，就是双方根据设计图纸、技术规范以及施工合同约定的计量方式和计算方法，对承包人以及完成的质量合格的工程实体进行测量与计算，并以物理计量单位或自然计量单位进行表示、确认的过程。

招标工程量清单中所列的数量，通常是根据设计图纸计算的数量，是对合同工程的估计工程量。施工过程中，通常会由于一些原因导致承包人实际完成工程量与工程量清单中所列工程量数量不一致，比如：招标工程量清单缺项、漏项或项目特征描述与实际不符；工程变更；现场施工条件的变化；现场签证；暂列金额中的专业工程发包等。因此，在工程合同价款结算前，必须对承包人履行合同义务所完成的实际工程进行准确的计量。

2. 工程计量的原则

工程计量原则包括下列三个方面。

(1) 不符合合同文件要求的工程不予计量。即工程必需满足设计图纸、技术规范等合同文件对其在工程质量上的要求，同时有关的工程质量验收资料齐全、手续完备，满足合同文件对其在工程管理上的要求。

(2) 按合同文件所规定的方法、范围、内容和单位计量。工程计量的方法、范围、内容和单位受合同文件所约束，其中工程量清单、计算规范、合同条款均会从不同角度、不同侧面涉及这方面的内容。在计量中要严格遵循这些文件的规定，并且一定要结合起来使用。

(3) 因承包人原因造成的超出合同工程范围施工或返工的工程量，发包人不予计量。

3. 工程计量的范围和依据

(1) 工程计量的范围。工程计量的范围包括：工程量清单及工程变更所修订的工程量清单的内容；合同文件中规定的各种费用支付项目，如费用索赔、各种预付款、价格调整、违约金等。

(2) 工程计量的依据。工程计量的依据包括：工程量清单及说明；合同图纸；工程变更令及其修订的工程量清单；合同条件；计算规范；有关计量的补充协议；质量合格证书等。

4. 工程计量的方法

根据《建设工程工程量清单计价规范》（GB 50500—2013）的规定，工程量必需按照相关工程现行国家计量规范规定的工程量计算规则计算。正确的计量是承包人支付合同价款的前提和依据。工程计量可以选择按月或按工程形象进度分段计量，具体计量周期应在合同中约定。但因承包人原因造成的超出合同工程范围施工或返工的工程量，发包人不予计量。通常区分单价合同和总价合同规定不同的计量方法。本处仅介绍单价合同的计量方法。

单价合同工程量必须以承包人完成的合同工程应予计量的按照现场国家计量规范规定的工程量计算规则计算得到的工程量确定。施工中工程计量时，若发现招标工程量清单中出现缺项、工程量偏差，或因工程变更引起工程量的增减，应按承包人在履行合同义务中完成的工程量计算。具体的计量方法如下。

（1）承包人应对按照合同约定的计量周期和时间，向发包人提交当期已完工程量报告。发包人应在收到报告后 7 天内核实，并将核实计量结果通知承包人。发包人未在约定时间内进行核实的，则承包人提交的计量报告中所列的工程量视为承包人实际完成的工程量。

（2）发包人认为需要进行现场计量核实时，应在计量前 24h 通知承包人，承包人应为计量提供便利条件并派人参加。双方均同意核实结果时，则双方应在上述记录上签字确认。承包人收到通知后不派人参加计量，视为认可发包人的计量核实结果。发包人不按照约定时间通知承包人，致使承包人未能派人参加计量，计量核实结果无效。

（3）如承包人认为发包人核实后的计量结果有误，应在收到计量结果通知后的 7 天内向发包人提出书面意见，并附上其认为正确的计量结果和详细的计算资料。发包人收到书面意见后，应在 7 天内对承包人的计量结果进行复核后通知承包人。承包人对复核计量结果仍有异议的，按照合同约定的争议解决办法处理。

（4）承包人完成已标价工程量清单中每个项目的工程量后，发包人要求承包人派人共同对每个项目的历次计量报表进行汇总，以核实最终结算工程量。发承包双方应在汇总表上签字确认。

二、进度款支付

合同价款的期中支付，是指发包人在合同工程施工过程中，按照合同约定对付款周期内承包人完成的合同基坑给予支付的款项，也就是工程进度款的结算支付。发承包双方应按照合同约定的时间、程序和方法，根据工程计量结果，办理期中价款结算，支付进度，进度款支付周期，应与合同约定的工程计量周期一致。

1. 期中支付价款的计算

（1）已完工程的结算价款。已标价工程量清单中的单价项目，承包人应按工程计量确认的工程量与综合单价计算。如综合单价发生调整的，以承发包双方确认调整的综合单价计算进度款。

已标价工程量清单中的总价项目，承包人应按合同中约定的进度款支付分解，分别列入进度款支付申请中的安全文明施工费和本周期应支付的总价项目的金额中。

（2）结算价款的调整。承包人现场签证和得到发包人确认的索赔金额列入本周期应增加的金额中。由发包人提供的材料、工程设备金额，应按照发包人签约提供的单价和数量从进度款支付中扣出，列入本周期应扣减的金额中。

2. 期中支付的程序

（1）承包人提交进度款支付申请。承包人应在每个计量周期到期后的 7 天内向发包人提交已完工程进度款支付申请一式四份，详细说明此周期认为有权得到的款额，包括分包人已完成工程的价款。支付申请的内容如下。

① 累计已完成的合同价款。

② 累计已实际支付的合同价款。

③ 本周期合计完成的合同价款，其中包括：a. 本周期已完成单价项目的金额；b. 本周期应支付的总价项目的金额；c. 本周期已完成的计日工价款；d. 本周期应支付的安全文明施工费；e. 本周期应增加的金额。

④ 本周期合计应扣减的金额，其中包括：a. 本周期应扣回的预付款；b. 本周期应扣减的金额。

⑤ 本周期实际应支付的合同价款。

（2）发包人签发进度款支付证书。发包人应在收到承包人进度支付申请后的 14 天内，根据记录结果和合同约定对申请内容予以核实，确认后向承包人出具进度款支付证书。若发承包双方对有的清单项目的计量结果出现争议，发包人应对无争议部分的工程计量结果向承包人出具进度款支付证书。

（3）发包人支付进度款。发包人应在签发进度款支付证书后的 14 天内，按照支付证书列明的金额向承包人支付进度款。若发包人逾期未签发进度款支付证书，则视为承包人提交的进度款支付申请已被发包人认可，承包人可向发包人发出催告付款的通知。发包人应在收到通知后的 14 天内，按照承包人支付申请的金额向承包人支付进度款。发包人未按照规定的程序支付进度款的，承包人可催告发包人支付，并有权获得延迟支付的利息；发包人在支付期满后的 7 天内仍未支付的，承包人可在付款期满后的第 8 天起暂停施工。发包人应承担由此增加的费用和延误的工期，向承包人支付合理利润，并承担违约责任。

（4）进度款的支付比例。进度款的支付比例按照合同约定，按期中结算价款总额计，不低于 60%，不高于 90%。

（5）支付证书的修正。发现已签发的任何支付证书有错、漏或重复的数据，发包人有权予以修正，承包人也有权提出修正申请。经发承包双方复核同意修正的，应在本次到期的进度款中支付或扣除。

【例 17-2】 背景材料

某业主与承包商签订了某建筑安装工程项目施工总承包合同。承包范围包括土建工程和水、电、通风、设备的安装工程，合同总价为 2000 万元。工期为 1 年。承包合同规定：

1）业主应向承包商支付当年合同价 25% 的工程预付款；

2）工程预付款应从未施工工程尚需的主要材料及构配件价值相当于工程预付款时起扣，每月以抵充工程款的方式陆续收回。主要材料及构件费比重按 60% 考虑；

3）工程质量保修金为承包合同总价的 3%，经双方协商，业主从每月承包商的工程款中按 3% 的比例扣留。在保修期满后，保修金及保修金利息扣除已支出费用后的剩余部分退还给承包商；

4）除设计变更和其他不可抗力因素外，合同总价不作调整；

5）由业主直接提供的材料和设备应在发生当月的工程款中扣回其费用。

经业主的工程师代表签认的承包商各月计划和实际完成的建安工作量以及业主直接提供的材料、设备价值见表 17-1。

表 17-1　工程结算数据表　　　　　　　　单位：万元

月份	1~6	7	8	9	10	11	12
计划完成建安工作量	900	200	200	200	190	190	120
实际完成建安工作量	900	180	220	205	195	180	120
业主直供材料设备价值	90	35	24	10	20	10	

试回答下列问题：

1）本例的工程预付款是多少？

2）工程预付款从几月份开始起扣？

3）1~6 月以及其他各月工程师代表应签证的工程款是多少？应签发付款凭证金额是多少？

解：

1）本例的工程预付款计算：工程预付款金额＝2000×25％＝500（万元）

2）工程预付款的起扣点计算：2000－500÷60％＝2000－833.3＝1166.7（万元）

开始起扣工程预付款的时间为 8 月份，因为 8 月份累计实际完成的建安工作量为：

$$900＋180＋220＝1300（万元）＞1166.7（万元）$$

3）1~6 月以及其他各月工程师代表应签证的工程款数额及应签发付款凭证金额如下。

① 1~6 月份：

1~6 月份应签证的工程款为：900×（1－3％）＝873（万元）

1~6 月份应签发付款凭证金额为：873－90＝783（万元）

② 7 月份：

7 月份应签证的工程款为：180（1－3％）＝174.6（万元）

7 月份应签发付款凭证金额为：174.6－35＝139.6（万元）

③ 8 月份：

8 月份应签证的工程款为：220×（1－3％）＝213.4（万元）

8 月份应扣工程预付款金额为：（1300－1166.7）×60％＝80（万元）

8 月份应签发付款凭证金额为：213.4－80－24＝109.4（万元）

④ 9 月份：

9 月份应签证的工程款为：205×（1－3％）＝198.85（万元）

9 月份应扣工程预付款金额为：205×60％＝123（万元）

9 月份应签发付款凭证金额为：198.85－123－10＝65.85（万元）

⑤ 10 月份：

10 月份应签证的工程款金额为：195×（1－3％）＝189.15（万元）

10 月份应扣工程预付款金额为：195×60％＝117（万元）

10 月份应签发付款凭证金额为：189.15－117－20＝52.15（万元）

⑥ 11 月份：

11 月份应签证的工程款为：180×（1－3％）＝174.6（万元）

11 月份应扣工程预付款金额为：180×60％＝108（万元）

11 月份应签发付款凭证金额为：174.6－108－10＝56.6（万元）

⑦ 12 月份：

12 月份应签证的工程款金额为：$120 \times (1-3\%) = 116.4(万元)$

12 月份应扣工程预付款金额为：$500-80-123-117-108 = 72(万元)$

12 月份应签发付款凭证金额为：$116.4-72-5 = 39.4(万元)$

第四节　工程合同价款调整

承发包双方应当在施工合同中约定合同价款，实行招标工程的合同价款由合同双方依据中标通知书的中标价款在合同协议书中约定，不实行招标工程的合同价款由合同双方依据双方确定的施工图预算的总造价在合同协议书中约定。在工程施工阶段，由于项目实际情况的变化，承发包双方在施工合同中约定的合同价款可能会出现变动。为合理分配双方的合同价款变动风险，有效地控制工程造价，承发包双方应当在施工合同中明确约定合同价款的调整事件、调整方法及调整程序。

承发包双方按照合同约定调整合同价款的若干事项，大致包括五大类：①法规变化类，主要包括法律法规变化事件；②工程变更类，主要包括工程变更、项目特征不符、工程量清单缺项、工程量偏差、计日工等事件；③物价变化类，主要包括物价波动、暂估价事件；④工程索赔类，主要包括不可抗力、提前竣工（赶工补偿）、误期赔偿、索赔等事件；⑤其他类，主要包括现场签证以及发承包双方约定的其他调整事项。

一、法规变化类合同价款调整事项

因国家法律、法规、规章和政策发生变化影响合同价款的风险，承发包双方应在合同中约定由发包人承担。

1.基准日的确定

为了合理划分承发包双方的合同风险，施工合同中应当约定一个基准日，对于基准日之后发生的、作为一个有经验的承包人在招标投标阶段不可能合理预见的风险，应当由发包人承担。对于实行招标的建设工程，一般以施工招标文件中规定的提交投标文件的截止时间前的第 28 天作为基准日；对于不实行招标的建设工程，一般以建设工程施工合同签订前的第 28 天作为基准日。

2.合同价款的调整方法

施工合同履行期间，国家颁布的法律、法规、规章和有关政策在合同工程基准日之后发生变化，且因执行相应的法律、法规、规章和政策引起工程造价发生增减变化的，合同双方当事人应当依据法律、法规、规章和有关政策的规定调整合同价款。但是，如果有关价格（如人工、材料和工程设备等价格）的变化已经包含在物价波动事件的调价公式中，则不再予以考虑。

3.工期延误期间的特殊处理

如果由于承包人的原因导致的工期延误，在工程延误期间国家的法律、行政法规和相关政策发生变化引起工程造价变化的，造成合同价款增加的，合同价款不予调整；造成合同价款减少的，合同价款予以调整。

二、工程变更类合同价款调整事项

(一) 工程变更

工程变更可以理解为是合同工程实施过程中由发包人提出或由承包人提出经发包人批准的合同工程的任何改变。工程变更指令发出后，应当迅速落实指令，全面修改相关的各种文件。承包人也应当抓紧落实，如果承包人不能全面落实变更指令，则扩大的损失应当由承包人承担。

1. 工程变更的范围

根据《标准施工招标文件》(2007 年版) 中的通用合同条款，工程变更的范围和内容如下。

(1) 取消合同中任何一项工作，但被取消的工作不能转由发包人或其他人实施。

(2) 改变合同中任何一项工作的质量或其他特性。

(3) 改变合同工程的基线、标高、位置或尺寸。

(4) 改变合同中任何一项工作的施工时间或改变已批准的施工工艺或顺序。

(5) 为完成工程需要追加的额外工作。

2. 工程变更的价款调整方法

(1) 分部分项工程费的调整。工程变更引起分部分项工程项目发生变化的，应按照下列规定调整。

① 已标价工程量清单中有适用于变更工程项目的，且工程变更导致的该清单项目的工程数量变化不足 15% 时，采用该项目的单价。

② 已标价工程量清单中没有适用、但有类似于变更工程项目的，可在合理范围内参照类似项目的单价或总价调整。

③ 已标价工程量清单中没有适用也没有类似于变更工程项目的，由承包人根据变更工程资料、计量规则和计价办法、工程造价管理机构发布的信息(参考)价格和承包人报价浮动率，提出变更工程项目的单价或总价，报发包人确认后调整。承包人报价浮动率可按下列公式计算：

实行招标的工程：承包人报价浮动率 $L = (1 - 中标价/招标控制价) \times 100\%$

不实行招标的工程：承包人报价浮动率 $L = (1 - 报价值/施工图预算) \times 100\%$

上述公式中的中标价、招标控制价、报价值、施工图预算，均不含安全文明施工费、暂列金额、专项工程费等投标时不允许竞争和修改的部分。

已标价工程量清单中没有适用也没有类似于变更工程项目，且工程造价管理机构发布的信息(参考)价格缺价的，由承包人根据变更工程资料、计量规则、计价办法和通过市场调查等取得的有合法依据的市场价格提出变更工程项目的单价或总价，报发包人确认后调整。

(2) 措施项目费的调整。工程变更引起措施项目发生变化的，承包人提出调整措施项目费的，应事先将拟实施的方案提交发包人确认，并详细说明与原方案措施项目相比的变化情况。拟实施的方案经承发包双方确认后执行。并应按照下列规定调整措施项目费。

① 安全文明施工费，按照实际发生变化的措施项目调整，不得浮动。

② 采用单价计算的措施项目费，按照实际发生变化的措施项目按前述分部分项工程费的调整方法确定单价。

③ 按总价(或系数)计算的措施项目费，除安全文明施工费外，按照实际发生变化的措施项目调整，但应考虑承包人报价浮动因素，即调整金额按照实际调整金额乘以承包人报价浮动率 (L) 计算。

如果承包人未事先将拟实施的方案提交给发包人确认，则视为工程变更不引起措施项目费的调整或承包人放弃调整措施项目费的权利。

（3）删减工程或工作的补偿。如果发包人提出的工程变更，非因承包人原因删减了合同中的某项原定工作或工程，致使承包人发生的费用或（和）得到的收益不能被包括在其他已支付或应支付的项目中，也未被包含在任何替代的工作或工程中，则承包人有权提出并得到合理的费用及利润补偿。

（二）项目特征描述不符

1. 项目特征描述

项目的特征描述是确定综合单价的重要依据之一，承包人在投标报价时应依据发包人提供的招标工程量清单中的项目特征描述，确定其清单项目的综合单价。发包人在招标工程量清单中对项目特征的描述，应被认为是准确的和全面的，并且与实际施工要求相符合。承包人应按照发包人提供的招标工程量清单，根据其项目特征描述的内容及有关要求实施合同工程，直到其被改变为止。

2. 合同价款的调整方法

承包人应按照发包人提供的设计图纸实施合同工程，若在合同履行期间，出现设计图纸（含设计变更）与招标工程量清单任一项目的特征描述不符，且该变化引起该项目的工程造价增减变化的，发承包双方应当按照实际施工的项目特征，重新确定相应工程量清单项目的综合单价，调整合同价款。

（三）招标工程量清单缺项

1. 清单缺项漏项的责任

招标工程量清单必须作为招标文件的组成部分，其准确性和完整性由招标人负责。因此，招标工程量清单是否准确和完整，其责任应当由提供工程量清单的发包人负责，作为投标人的承包人不应承担因工程量清单的缺项、漏项以及计算错误带来的风险与损失。

2. 合同价款的调整方法

（1）分部分项工程费的调整。施工合同履行期间，由于招标工程量清单中分部分项工程出现缺项漏项，造成新增工程清单项目的，应按照工程变更事件中关于分部分项工程费的调整方法，调整合同价款。

（2）措施项目费的调整。由于招标工程量清单中分部分项工程出现缺项漏项，引起措施项目发生变化的，应当按照工程变更事件中关于措施项目费的调整方法，在承包人提交的实施方案被发包人批准后，调整合同价款；由于招标工程量清单中措施项目缺项，承包人应将新增措施项目实施方案提交发包人批准后，按照工程变更事件中的有关规定调整合同价款。

（四）工程量偏差

1. 工程量偏差的概念

工程量偏差是指承包人根据发包人提供的图纸（包括由承包人提供经发包人批准的图纸）进行施工，按照现行国家计量规范规定的工程量计算规则，计算得到的完成合同工程项目应予计量的工程量与相应的招标工程量清单项目列出的工程量之间出现的量差。

2. 合同价款的调整方法

施工合同履行期间，若应予计量的实际工程量与招标工程量清单列出的工程量出现偏差，或者因工程变更等非承包人原因导致工程量偏差，该偏差对工程量清单项目的综合单价将产生影响，是否调整综合单价以及如何调整，发承包双方应当在施工合同中约定。如果合同中没有约定或约定不明的，可以按以下原则办理。

（1）综合单价的调整原则。当应予计算的实际工程量与招标工程量清单出现偏差（包括因工程变更等原因导致的工程量偏差）超过15％时，对综合单价的调整原则为：当工程量增加15％以上时，其增加部分的工程量的综合单价应予调低；当工程量减少15％以上时，减少后剩余部分的工程量的综合单价应予调高。至于具体的调整方法，则应由双方当事人在合同专用条款中约定。

（2）措施项目费的调整。当应予计算的实际工程量与招标工程量清单出现偏差（包括因工程变更等原因导致的工程量偏差）超过15％，且该变化引起措施项目相应发生变化，如该措施项目是按系数或单一总价方式计价的，对措施项目费的调整原则为：工程量增加的，措施项目费调增；工程量减少的，措施项目费调减。至于具体的调整方法，则应由双方当事人在合同专用条款中约定。

（五）计日工

1. 计日工费用的产生

发包人通知承包人以计日工方式实施的零星工作，承包人应予执行。采用计日工计价的任何一项变更工作，承包人应在该项变更的实施过程中，按合同约定提交以下报表和有关凭证送发包人复核。

（1）工作名称、内容和数量。

（2）投入该工作所有人员的姓名、工种、级别和耗用工时。

（3）投入该工作的材料名称、类别和数量。

（4）投入该工作的施工设备型号、台数和耗用台班。

（5）发包人要求提交的其他资料和凭证。

2. 计日工费用的确认和支付

任一计日工项目实施结束。承包人应按照确认的计日工现场签证报告核实该类项目的工程数量，并根据核实的工程数量和承包人已标价工程量清单中的计日工单价计算，提出应付价款；已标价工程量清单中没有该类计日工单价的，由发承包双方按工程变更的有关规定商定计日工单价计算。

每个支付期末，承包人应与进度款同期向发包人提交本期间所有计日工记录的签证汇总表，以说明本期间自己认为有权得到的计日工金额，调整合同价款，列入进度款支付。

三、物价变化类合同价款调整事项

（一）物价波动

施工合同履行期间，因人工、材料、工程设备和施工机械台班等价格波动影响合同价款时，发承包双方可以根据合同约定的调整方法，对合同价款进行调整。因物价波动引起的合同价款调整方法有两种：一种是采用价格指数调整价格差额，另一种是采用造价信息调整价格差额。承包人采购材料和工程设备的，应在合同中约定主要材料、工程设备价格变化的范围或幅度，如没有约定，则材料、工程设备单价变化超过5％，超过部分的价格按上述两种方法之一进行调整。

1. 采用价格指数调整价格差额

采用价格指数调整价格差额的方法，主要适用于施工中所用的材料品种较少，但每种材料使用量较大的土木工程，如公路、水坝等。

（1）价格调整公式。在计算调整差额时得不到现行价格指数的，可暂用上一次价格指数计算，并在以后的付款中再按实际价格指数进行调整。

（2）权重的调整。按变更范围和内容所约定的变更，导致原定合同中的权重不合理时，由承包人和发包人协商后进行调整。

（3）工期延误后的价格调整。由于发包人原因导致工期延误的，则对于计划进度日期（或竣工日期）后续施工的工程，在使用价格调整公式时，应采用计划进度日期（或竣工日期）与实际进度日期（或竣工日期）的两个价格指数中较高者作为现行价格指数。

由于承包人原因导致工期延误的，则对于计划进度日期（或竣工日期）后续施工的工程，在使用价格调整公式时，应采用计划进度日期（或竣工日期）与实际进度日期（或竣工日期）的两个价格指数中较低者作为现行价格指数。

2. 采用造价信息调整价格差额

采用造价信息调整价格差额的方法，主要适用于使用的材料品种较多，相对而言每种材料使用量较小的房屋建筑与装饰工程。

施工合同履行期间，因人工、材料、工程设备和施工机械台班价格波动影响合同价格时，人工、施工机械使用费按照国家或省、自治区、直辖市建设行政管理部门、行业建设管理部门或其授权的工程造价管理机构发布的人工成本信息、施工机械台班单价或施工机具使用费系数进行调整；需要进行价格调整的材料，其单价和采购数应由发包人复核，发包人确认需调整的材料单价及数量，作为调整合同价款差额的依据。

（1）人工单价的调整。人工单价发生变化时，发承包双方应按省级或行业建设主管部门或其授权的工程造价管理机构发布的人工成本文件调整合同价款。

（2）材料和工程设备价格的调整。材料、工程设备价格变化的价款调整，按照承包人提供主要材料和工程设备一览表，根据发承包双方约定的风险范围，按以下规定进行调整。

① 如果承包人投标报价中材料单价低于基准单价，工程施工期间材料单价涨幅以基准单价为基础超过合同约定的风险幅度值时，或材料单价跌幅以投标报价为基础超过合同约定的风险幅度值时，其超过部分按实调整。

② 如果承包人投标报价中材料单价高于基准单价，工程施工期间材料单价跌幅以基准单价为基础超过合同约定的风险幅度值时，或材料单价涨幅以投标报价为基础超过合同约定的风险幅度值时，其超过部分按实调整。

③ 如果承包人投标报价中材料单价等于基准单价，工程施工期间材料单价涨、跌幅以基准单价为基础超过合同约定的风险幅度值时，其超过部分按实调整。

④ 承包人应当在采购材料前将采购数量和新的材料单价报发包人核对，确认用于本合同工程时，发包人应当确认采购材料的数量和单价。发包人在收到承包人报送的确认资料后3个工作日不予答复的，视为已经认可，作为调整合同价款的依据。如果承包人未报经发包人核对即自行采购材料，再报发包人确认调整合同价款的，如发包人不同意，则不作调整。

（3）施工机械台班单价的调整。施工机械台班单价或施工机具使用费发生变化超过省级或行业建设主管部门或其授权的工程造价管理机构规定的范围时，按照其规定调整合同价款。

（二）暂估价

暂估价是指招标人在工程量清单中提供的用于支付必然发生但暂时不能确定价格的材料、工程设备的单价以及专业工程的金额。

1. 给定暂估价的材料、工程设备

（1）不属于依法必须招标的项目。发包人在招标工程量清单中给定暂估价的材料和工程设备不属于依法必须招标的，由承包人按照合同约定采购，经发包人确认后以此为依据取代暂估价，调整合同价款。

（2）属于依法必须招标的项目。发包人在招标工程量清单中给定暂估价的材料和工程设备属于依法必须招标的，由发承包双方以招标的方式选择供应商。依法确定中标价格后，以此为依据取代暂估价，调整合同价款。

2. 给定暂估价的专业工程

（1）不属于依法必须招标的项目。发包人在工程量清单中给定暂估价的专业工程不属于依法必须招标的，应按照前述工程变更事件的合同价款调整方法，确定专业工程价款，并以此为依据取代专业工程暂估价，调整合同价款。

（2）属于依法必须招标的项目。发包人在招标工程量清单中给定暂估价的专业工程，依法必须招标的，应当由发承包双方依法组织招标选择专业分包人，并接受有管辖权的建设工程招标投标管理机构的监督。

① 除合同另有约定外，承包人不参加投标的专业工程，应由承包人作为招标人，但拟定的招标文件、评标方法、评标结果应报送发包人批准。与组织招标工作有关的费用应当被认为已经包括在承包人的签约合同价（投标总报价）中。

② 承包人参加投标的专业工程，应由发包人作为招标人，与组织招标工作有关的费用由发包人承担。同等条件下，应优先选择承包人中标。

③ 专业工程依法进行招标后，以中标价为依据取代专业工程暂估价，调整合同价款。

四、工程索赔类合同价款调整事项

（一）不可抗力

1. 不可抗力的范围

不可抗力是指合同双方在合同履行中出现的不能预见、不能避免并不能克服的客观情况。不可抗力的范围一般包括因战争、敌对行动（无论是否宣战）、入侵、外敌行为、军事政变、恐怖主义、骚动、暴动、空中飞行物坠落或其他非合同双方当事人责任或原因造成的罢工、停工、爆炸、火灾等，以及当地气象、地震、卫生等部门规定的情形。双方当事人应当在合同专用条款中明确约定不可抗力的范围以及具体的判断标准。

2. 不可抗力造成损失的承担

（1）费用损失的承担原则。因不可抗力事件导致的人员伤亡、财产损失及其费用增加，发承包双方应按以下原则分别承担并调整合同价款和工期。

① 合同工程本身的损害、因工程损害导致第三方人员伤亡和财产损失以及运至施工场地用于施工的材料和待安装的设备的损害，由发包人承担。

② 发包人、承包人人员伤亡由其所在单位负责，并承担相应费用。

③ 承包人的施工机械设备损坏及停工损失，由承包人承担。

④ 停工期间，承包人应发包人要求留在施工场地的必要的管理人员及保卫人员的费用由发包人承担。

⑤ 工程所需清理、修复费用，由发包人承担。

（2）工期的处理。因发生不可抗力事件导致工期延误的，工期相应顺延。发包人要求赶工的，承包人应采取赶工措施，赶工费用由发包人承担。

（二）提前竣工（赶工补偿）与误期赔偿

1. 提前竣工（赶工补偿）

（1）赶工费用。发包人应当依据相关工程的工期定额合理计算工期，压缩的工期天数不得超过定额工期的 20%，超过的，应在招标文件中明示增加赶工费用。

（2）提前竣工奖励。发承包双方可以在合同中约定提前竣工的奖励条款，明确每日历天应奖励额度。约定提前竣工奖励的，如果承包人的实际竣工日期早于计划竣工日期，承包人有权向发包人提出并得到提前竣工天数与合同约定的每日历天应奖励额度的乘积计算的提前竣工奖励。一般来说，双方还应当在合同中约定提前竣工奖励的最高限额（如合同价款的5%）。提前竣工奖励列入竣工结算文件中，与结算款一并支付。发包人要求合同工程提前竣工，应征得承包人同意后与承包人商定采取加快工程进度的措施，并修订合同工程进度计划。发包人应承担承包人由此增加的赶工费。发承包双方也可在合同中约定每日历天的赶工补偿额度，此项费用作为增加合同价款，列入竣工结算文件中，与结算款一并支付。

2. 误期赔偿

发承包双方可以在合同中约定误期赔偿费，明确每日历天应赔偿额度。如果承包人的实际进度迟于计划进度，发包人有权向承包人索取并得到实际延误天数与合同约定的每日历天应赔偿额度的乘积计算的误期赔偿费。一般来说，双方还应当在合同中约定误期赔偿费的最高限额（如合同价款的5%）。误期赔偿费列入进度款支付文件或竣工结算文件中，在进度款或结算款中扣除。

合同工程发生误期的，承包人应当按照合同的约定向发包人支付误期赔偿费，如果约定的误期赔偿费低于发包人由此造成的损失的，承包人还应继续赔偿。即使承包人支付误期赔偿费，也不能免除承包人按照合同约定应承担的任何责任和义务。如果在工程竣工之前，合同工程内的某单项（或单位）工程已通过了竣工验收，且该单项（或单位）工程接收证书中表明的竣工日期并未延误，而是合同工程的其他部分产生了工期延误，则误期赔偿费应按照已颁发工程接收证书的单项（或单位）工程造价占合同价款的比例幅度予以扣减。

（三）索赔

工程索赔是指在工程合同履行过程中，合同一方当事人因对方不履行或未能正确履行合同义务或者由于其他非自身原因而遭受经济损失或权利损害，通过合同约定的程序向对方提出经济和（或）时间补偿要求的行为。

（1）按索赔的当事人分类。根据索赔的合同当事人不同，可以将工程索赔分为以下几种。

① 承包人与发包人之间的索赔。该类索赔发生在建设工程施工合同的双方当事人之间，既包括承包人向发包人的索赔，也包括发包人向承包人的索赔。但是在工程实践中，经常发生的索赔事件，大都是承包人向发包人提出的，本教材中所提及的索赔，如果未作特别说明，即是指此类情形。

② 总承包人和分包人之间的索赔。在建设工程分包合同履行过程中，索赔事件发生后，无论是发包人的原因还是总承包人的原因所致，分包人都只能向总承包人提出索赔要求，而不能直接向发包人提出。

（2）按索赔的目的和要求分类。根据索赔的目的和要求不同，可以将工程索赔分为工期索赔和费用索赔。

① 工期索赔。工期索赔一般是指承包人依据合同约定，对于非因自身原因导致的工期延误向发包人提出工期顺延的要求。工期顺延的要求获得批准后，不仅可以免除承包人承担拖期违约赔偿金的责任，而且承包人还有可能因工期提前获得赶工补偿（或奖励）。

② 费用索赔。费用索赔的目的是要求补偿承包人（或发包人）的经济损失，费用索赔的要求如果获得批准，必然会引起合同价款的调整。

（3）按索赔事件的性质分类。根据索赔事件的性质不同，可以将工程索赔分为以下几种。

① 工程延误索赔。因发包人未按合同要求提供施工条件，或因发包人指令工程暂停或不可抗力事件等原因造成工期拖延的，承包人可以向发包人提出索赔；如果由于承包人原因导致工期拖延，发包人可以向承包人提出索赔。

② 加速施工索赔。由于发包人指令承包人加快施工速度，缩短工期，引起承包人的人力、物力、财力的额外开支，承包人提出的索赔。

③ 工程变更索赔。由于发包人指令增加或减少工程量或增加附加工程、修改设计、变更工程顺序等，造成工期延长和（或）费用增加，承包人就此提出索赔。

④ 合同终止的索赔。由于发包人违约或发生不可抗力事件等原因造成合同非正常终止，承包人因其遭受经济损失而提出索赔。如果由于承包人的原因导致合同非正常终止，或者合同无法继续履行，发包人可以就此提出索赔。

⑤ 不可预见的不利条件索赔。承包人在工程施工期间，施工现场遇到一个有经验的承包人通常不能合理预见的不利施工条件或外界障碍，例如地质条件与发包人提供的资料不符，出现不可预见的地下水、地质断层、溶洞、地下障碍物等，承包人可以就因此遭受的损失提出索赔。

⑥ 不可抗力事件的索赔。工程施工期间，因不可抗力事件的发生而遭受损失的一方，可以根据合同中对不可抗力风险分担的约定，向对方当事人提出索赔。

⑦ 其他索赔。如因货币贬值、汇率变化、物价上涨、政策法令变化等原因引起的索赔。

《标准施工招标文件》（2007 年版）的通用合同条款中，按照引起索赔事件的原因不同，对一方当事人提出的索赔可能给予合理补偿工期、费用和（或）利润的情况，分别作出了相应的规定。

第五节　竣工结算与支付

工程竣工结算是指工程项目完工并经竣工验收合格后，发承包双方按照施工合同的约定对所完成的工程项目进行的工程价款的计算、调整和确认。工程竣工结算分为单位工程竣工结算、单项工程竣工结算和建设项目竣工总结算，其中，单位工程竣工结算和单项工程竣工结算也可看作是分阶段结算。

一、工程竣工结算的编制

单位工程竣工结算由承包人编制，发包人审查；实行总承包的工程，由具体承包人编制，在总包人审查的基础上，发包人审查。单项工程竣工结算或建设项目竣工总结算由总承包编制，发包人可直接进行审查，也可以委托具有相应资质的工程造价咨询机构进行审查。政府投资项目，由同级财政部门审查。单项工程竣工结算或建设项目竣工总结算经发承包签字盖章后有效。承包人应在合同约定期限内完成项目竣工结算编制工作，未在规定期限内完成的并且提不出正当理由延期的，责任自负。

1. 工程竣工结算的编制依据

工程竣工结算由承包人或受其委托具有相应资质的工程造价咨询人编制。由发包人或受其委托具有相应资质的工程造价咨询人核对。工程竣工结算编制的主要依据如下。

（1）国家有关法律、法规、规章制度和相关的司法解释。

（2）国务院建设主管部门以及各省、自治区、直辖市和有关部门发布的工程造价计价标准、计价方法、有关规定及相关解释。

（3）《建设工程工程量清单计价规范》GB 50500—2013。

（4）施工承发包合同、专业分包合同及补充合同，有关材料、设备采购合同。

（5）招投标文件，包括招标答疑文件、投标承诺、中标报价书及其组成内容。

（6）工程竣工图或施工图、施工图会审记录，经批准的施工组织设计，以及设计变更、工程洽商和相关会议纪要。

（7）经批准的开、竣工报告或停、复工报告。

（8）发承包双方实施过程中已确认的工程量及其结算的合同价款。

（9）发承包双方实施过程中已确认调整后追加（减）的合同价款。

（10）其他依据。

2. 工程竣工结算的计价原则

采用工程量清单计价的方式下，工程竣工结算的计价原则如下。

（1）分部分项工程和措施项目中的单价项目应依据双方确认的工程量与已标价工程量清单的综合单价计算；如发生调整的，以发承包双方确认调整的综合单价计算。

（2）措施项目中的总价项目应依据合同约定的项目和金额计算；如发生调整，以发承包双方确认调整的金额计算，其中安全文明施工费必需按照国家或省级、行业建设主管部门的规定计算。

（3）其他项目应按下列规定计价

① 计日工应按发包人实际签证确认的事项计算；

② 暂估价应按发承包双方按照《建设工程工程量清单计价规范》GB 50500—2013 的相关规定计算；

③ 总承包服务费应依据合同约定金额计算，如发生调整的，以发承包双方确认调整的金额计算；

④ 施工索赔费用应依据发承包双方确认的索赔事项和金额计算；

⑤ 现场签证费用应依据发承包双方签证资料确认的金额计算；

⑥ 暂列金额应减去工程价款调整金额计算，如有余额归发包人。

（4）规费和税金应按照国家或省级、行业建设主管部门的规定计算。规费中的工程排污费应按工程所在地环境保护部门规定标准缴纳后按实列入。

二、竣工结算的程序

1. 承包人提交竣工结算文件

合同工程完工后，承包人应在经发承包双方确认的合同工程期中价款结算的基础上汇总编制完成竣工结算文件，并在提交竣工验收申请的同时向发包人提交竣工结算文件。

承包人未在合同约定的时间内提交竣工结算文件，经发包人催告后14天内仍未提交或没有明确答复，发包人有权根据已有资料编制竣工结算文件，作为办理竣工结算和支付结算款的依据，承包人应予以认可。

2. 发包人核对竣工结算文件

（1）发包人应在收到承包人提交的竣工结算文件后的28天内核对。发包人经核实，认为承包人还应进一步补充资料和修改结算文件，应在28天内向承包人提出核实意见，承包人在收到核实意见后的28天内按照发包人提出的合理要求补充资料，修改竣工结算文件，并再次提交给发包人复核后批准。

（2）发包人应在收到承包人再次提交的竣工结算文件后的28天内予以复核，并将复核结果通知承包人。如果发包人、承包人对复核结果无异议的，应在7天内在竣工结算文件上签字确认，竣工结算办理完毕；如果发包人或承包人对复核结果认为有误的，无异议部分办理不完全竣工结算；有异议部分由发承包双方协商解决，协商不成的，按照合同约定的争议解决方式处理。

（3）发包人在收到承包人竣工结算文件后的28天内，不核对竣工结算或未提出核对意见的，视为承包人提交的竣工结算文件已被发包人认可，竣工结算办理完毕。

（4）承包人在收到发包人提出的核实意见后的28天内，不确认也未提出异议的，视为发包人提出的核实意见已被承包人认可，工程结算办理完毕。

三、竣工结算价款的支付

1. 承包人提交竣工结算款支付申请

承包人应根据办理的竣工结算文件，向发包人提交竣工结算支付申请。申请应包括下列内容。

（1）竣工结算合同价款总额。

（2）累计已实际支付的合同价款。

（3）应扣留的质量保证金。

（4）实际应支付的竣工结算款金额。

2. 发包人签发竣工结算支付证书

发包人应在收到承包人提交竣工结算款申请后7天内予以核实，向承包人签发竣工结算支付证书。

3. 支付竣工结算款

发包人签发竣工结算支付证书后的14天内，按照竣工结算支付证书列明的金额向承包人支付结算款。

发包人在收到承包人提交的竣工结算款支付申请后7天内不予核实，不向承包人签发竣工结算支付证书的，视为承包人的竣工结算款支付申请已被发包人认可；发包人应在收到承包人提交的竣工结算款支付申请 7 天后的 14 天内，按照承包人提交的竣工结算款支付申请列明的金额向承包人支付结算款。

发包人未按照规定的程序支付竣工结算款的，承包人可催告发包人支付，并有权获得延迟支付的利息。发包人在竣工结算支付证书签发后或者在收到承包人提交的竣工结算款支付申请 7 天后的 56 天内仍未支付的，除法律另有规定外，承包人可与发包人协商将该工程折价，也可直接向人民法院申请将该工程依法拍卖。承包人就该工程折价或拍卖的价款优先受偿。

习　题

一、单项选择题

1. 按照《建设工程施工合同（示范文本）》规定，工程变更不包括（　　）。

A. 施工条件变更　　　　　　　　　　　B. 增减合同中约定的工程量

C. 有关工程的施工时间和顺序的改变　　D. 工程师指令工程整改返修

2. 下列事项中，费用索赔不成立的是（　　）。

A. 设计单位未及时供应施工图纸　　　　B. 施工单位施工机械损坏

C. 业主原因要求暂停全部项目施工　　　D. 因设计变更而导致工程内容增加

3. 发生人工费索赔时能按计日工费计算的是（　　）。

A. 增加工作内容的人工费　　　　　　　B. 停工损失费

C. 工作效率降低引起的损失费　　　　　D. 机上工作人员的工资

4. 当索赔事件持续进行时，承包方应（　　）。

A. 视影响程度，不定期的提出中间索赔报告

B. 在事件终了后，一次性提出索赔报告

C. 阶段性发出索赔意向通知，索赔事件终止后 28 天内，向工程师提供索赔的有关资料和最终索赔报告。

D. 阶段性提出索赔报告，索赔事件终止后 14 天内，向工程师提供索赔的有关资料

5. 将承包工程的内容分解成不同的控制界面，以业主验收控制界面作为支付工程价款的前提条件。此结算方法是（　　）。

A. 分段结算　　　　　　　　　　　　　B. 竣工后一次结算

C. 目标结款方式　　　　　　　　　　　D. 其他方式结算

6. 发包方收到承包方递交的竣工结算报告及结算资料后，应给予确认或提出修改意见。根据《建设工程施工合同（示范文本）》规定的时间应是（　　）。

A. 7 天　　　　　　　B. 14 天　　　　　　　C. 28 天　　　　　　　D. 56 天

7. 根据《建设工程施工合同（示范文本）》规定，工程进度款支付内容包括（　　）。

A. 合同中规定的初始收入

B. 合同中规定的初始收入加因合同变更构成的收入

C. 合同中规定的初始收入加因合同变更、索赔、奖励等构成的收入

D. 合同中规定的初始收入加固合同变更、索赔、奖励等构成的收入减应扣回的预付款

8. 在投资偏差分析时，其结果更能显示规律性、对投资控制工作在较大范围内具有指导

作用的是（   ）。

    A. 累计偏差   B. 绝对偏差   C. 相对偏差   D. 细微偏差

9. 在投资偏差分析时，需要对偏差产生的原因进行分析，其中地基变化属于（   ）。

    A. 客观原因   B. 业主原因   C. 设计原因   D. 施工原因

10. 用表格法进行投资偏差分析时，已完工程量乘以计划单价得到的是（   ）。

    A. 拟完工程计划投资   B. 已完工程计划投资

    C. 拟完工程实际投资   D. 已完工程实际投资

11. 根据《建设工程施工招标文件范本》，采用工程量清单投标报价的，投标单位没有填写出每一单项的单价和合价，则业主将（   ）。

    A. 认为该项目取消

    B. 认为该项目费用不计入总价

    C. 认为该项目费用已包括在其他单价和合价中

    D. 认为该项目工程量不确定

12. 组合成联合体投标的，中标后联合体各方应当共同与招标人签订合同。就中标项目，联合体应向招标人承担责任的方式是（   ）。

    A. 联合体各方承担连带责任   B. 指定一方承担责任

    C. 联合体各方各自承担自己的责任   D. 由承包额最大的一方承担责任

13. 当采购在运行期内各种后续费用（备件、油料及燃料、维修等）较高的货物时，最好的评标方法应采用（   ）。

    A. 百分评定法   B. 全寿命费用评标法

    C. 综合评标法   D. 最低投标价法

14. 关于工程变更的说法，错误的是（   ）。

    A. 工程变更包括改变有关工程的施工时间和顺序

    B. 任何工程变更均需由工程师确认并签发工程变更指令

    C. 施工中承包方不得擅自对原工程设计进行变更

    D. 工程师同意采用承包方合理化建议，所发生的费用全部由业主承担

15. 在索赔的分类中，可分为单项索赔和总索赔，对总索赔方式说法正确的是（   ）。

    A. 特定情况下，被迫采用的一种方式   B. 通常采用的一种方式

    C. 解决起来较容易的一种方式   D. 容易取得索赔成功的一种方式

16. 按索赔业务性质分类，索赔可分为（   ）。

    A. 工程索赔和商务索赔   B. 工程索赔和道义索赔

    C. 商务索赔和道义索赔   D. 索赔与反索赔

17. 采用总费用法计算索赔，适用于（   ）。

    A. 采取低价中标策略后的低标价工程   B. 总索赔费用较大的工程

    C. 不易分项计算损失费用的工程   D. 固定总价合同的工程

18. 某独立土方工程，招标文件中估计工程量为 27 万立方米。合同中规定，土方工程单价为 12.5 元/m³；当实际工程量超过估计工程量 15% 时，调整单价为 9.8 元/m³，工程结束时实际完成土方工程量为 35 万立方米，则土方工程款为（   ）万元。

    A. 437.535   B. 426.835   C. 415.900   D. 343.055

19. 某工程主要设备的采购合同价为 850 万元，签订合同时原料的基本物价指数为

110%，行业人工成本指数为 105%，管理费和利润、原料成本、人工成本分别占合同价的 15%、65%、20%，当设备交付使用时原料的物价指数为 105%，行业人工成本指数为 110%，则该设备的动态结算款为（   ）万元。

  A. 850   B. 833   C. 862   D. 825

20.关于建设工程价款结算，说法正确的是（   ）。

  A. 实行工程预付款的，承包方应向发包方提交金额等于预付款数额的银行保函

  B. 工程师计量时，只要承包方未参加，则计量结果无效

  C. 应依据施工图对竣工结算的工程量进行审查

  D. 工程变更应由原设计单位出具工程变更通知单

21.下列投资偏差原因中，应列入纠偏主要对象的是（   ）。

  A. 材料涨价   B. 未及时付款

  C. 地基因素   D. 施工组织设计不合理

22.某工程 8 月份拟完工程计划投资 50 万元，实际完成工程投资 80 万元，已完工程计划投资 66 万元。则该工程投资相对偏差为（   ）。

  A. −32%   B. −21%   C. 21%   D. 32%

23.按照《建设工程施工合同》有关规定，工程变更不包括（   ）。

  A. 施工条件变更

  B. 招标文件和工程量清单中未包括的"新增工程"

  C. 有关工程的施工时间和顺序的改变

  D. 工程师指令工程整改返修

24.《建筑工程施工合同》规定，提出索赔时应有索赔事件发生时的有效证据。下列对索赔证据的要求中不正确的是（   ）。

  A. 一般要求证据必须是书面文件

  B. 有关的记录、协议、纪要必须是双方签署的

  C. 工程中的重大事件、特殊情况的记录和统计必须是承包商原始的书面文件

  D. 索赔证据相互具有关联性

25.关于承包商提出的延误索赔，正确的说法是（   ）。

  A. 属于业主的原因，只能延长工期，但不能给予费用补偿

  B. 属于工程师的原因，只能给予费用补偿，但不能延长工期

  C. 由于特殊反常的天气，只能延长工期，但不能给予费用补偿

  D. 由于工人罢工，只能给予费用补偿，但不能延长工期

26.在施工过程中，如果承包商遇到现场气候条件以外的外界障碍或条件，使承包商遭受损失，在这种情况下（   ）。

  A. 承包商可以通过索赔得到补偿

  B. 若是一位有经验的承包商能预见的，则只能得到工期补偿

  C. 即使是一位有经验的承包商也无法预见的，则可以得到延长工期和费用补偿

  D. 无论有经验的承包商是否能预见，一律得不到补偿

27.在采用总费用法计算索赔费用时，正确的条件是（   ）。

  A. 承包商应采用低价中标策略的报价

  B. 施工过程中发生的索赔事件应是单一的

C. 该方法不必出具足够的证据，证明其全部费用的合理性

D. 该方法只有在难以分项计算费用时才使用

28. 某工程合同价款是 1500 万元，其中主要材料金额占合同价款的 60%，2000 年 1 月签合同时，该主要材料综合价格指数为 102%，2001 年 1 月结算时，综合价格指数为 115%，则该主要材料的结算款为（　　）万元。

A. 1530.00　　　　B. 1014.71　　　　C. 1035.00　　　　D. 918.00

29. 根据有关规定，工程保修金扣除的正确做法是（　　）。

A. 累计拨款额达到建安工程造价的一定比例停止支付，预留造价部分作为保修金

B. 在第一次结算工程款中一次扣留

C. 在施工前预交保修金

D. 在竣工结算时一次扣留

30. 某工程施工到 2001 年 8 月，经统计分析得知，已完工程实际投资为 1500 万元，拟完工程计划投资为 1300 万元，已完工程计划投资为 1200 万元，则该工程此时的进度偏差为（　　）万元。

A. 100　　　　B. −100　　　　C. −200　　　　D. −300

二、多项选择题

1. 工程索赔依据不同的标准可按（　　）分类。

A. 合同依据　　　　　　　　　　B. 索赔目的

C. 索赔事件的性质　　　　　　　D. 索赔的当事人

E. 索赔处理的方法

2. 在运用调值公式进行工程价款价差调整时，要注意（　　）。

A. 固定要素的通常取值范围在 0.15～0.35 左右

B. 报告期和基期的价格资料搜集

C. 各项费用发生的时点和地点

D. 有关各项费用应选择用量大、价格高且有代表性的人工费和材料费

E. 根据调价文件规定

3. 根据现行规定，合同中没有适用或类似于变更工程的价格，其工程变更价款的处理原则是（　　）。

A. 由工程师提出适当的变更价格，报业主批准执行

B. 由承包方提出适当的变更价格，经工程师确认后执行

C. 当工程师与承包方对变更价格意见不一致时，由工程师确认其认为合适的价格

D. 当工程师与承包方对变更价格意见不一致时，可以由造价管理部门调解

E. 当业主与承包方对变更价格意见不一致时，由造价管理部门裁定

4. 通常在施工索赔中，不允许索赔的几项费用有（　　）。

A. 工程有关的保险费用

B. 承包商对索赔事项未采取减轻措施，而扩大的损失费用

C. 索赔款在索赔处理期间的利息

D. 承包商和发包商对索赔事项的发生原因共同负有责任的有关费用

E. 由于工程量增大而加速施工的费用

5. 设备、材料采购评标采用综合评标价法时，按预定的方法换算成相应评审价格的因素

有（　　）。

　　A. 交货期　　　　　　B. 付款条件　　　　　C. 售后服务

　　D. 产品的品牌　　　　E. 生产厂的信誉

6. 承包方要求对原工程进行变更，正确的是（　　）。

　　A. 在承包方施工中不得对原工程设计进行变更

　　B. 承包方在施工中提出更改施工组织设计须经工程师同意，延误的工期不予顺延

　　C. 承包方在施工中提出对原材料、设备的换用不须经工程师同意，由此发生的费用由承包方承担

　　D. 工程师采用承包方合理化建议所发生的费用和获得的收益，发包方和承包方另行约定分担或分享

　　E. 承包方擅自变更设计发生的费用和由此导致发包方的直接损失由承包方承担，延误的工期不予顺延

7. 根据国际惯例，在下列情况中，承包商可向业主提出利息索赔的有（　　）。

　　A. 业主拖延支付工程的利息

　　B. 承包商原因导致工期拖延而增加的流动资金贷款利息

　　C. 业主拖延支付索赔款的利息

　　D. 施工过程中业主错误扣款的利息

　　E. 承包商原因导致工期拖延而增加的项目投资贷款利息

课后习题参考答案

第二章 习题参考答案

一、单项选择题

1. D； 2. C； 3. C； 4. D； 5. D； 6. B； 7. C； 8. D； 9. A； 10. B；
11. D； 12. B； 13. B； 14. A； 15. A； 16. C； 17. C； 18. D； 19. B；
20. B； 21. B； 22. B； 23. C； 24. B； 25. B； 26. C； 27. D； 28. B；
29. C； 30. B

二、多项选择题

1. ACD； 2. ABE； 3. ACD； 4. BCDE； 5. ABCD； 6. CE；
7. ABC； 8. ABCE； 9. ABDE； 10. ADE； 11. CD； 12. ABC

三、计算题

1. 参考答案

第一年：$5000 \times 60\% \times [(1+3\%)-1] = 90$（万元）

第二年：$5000 \times 40\% \times [(1+3\%)^2 - 1] = 121.8$（万元）

建设期涨价预备费为：$90+121.8 = 211.8$（万元）

2. 参考答案

第一年贷款利息：$100 \times 0.5 \times 10\% = 5$（万元）

第二年贷款利息：$[(100+5)+100 \times 0.5] \times 10\% = 15.5$（万元）建设期贷款利息合计：$5+15.5 = 20.5$（万元）

四、综合计算题

问题1：基本预备费计算

基本预备费 $=(2400+1300+800) \times 10\% = 450$（万元）

问题2：静态投资计算

静态投资 $=2400+1300+800+450 = 4950$（万元）

问题3：涨价预备费计算

涨价预备费 $=(2400+1300+800+450) \times 60\% \times [(1+6\%)-1]^2 + (2400+1300+800+450) \times 40\%[(1+6\%)-1] = 178.2+244.728 = 422.928$（万元）$\approx 423$（万元）

问题4：建设期贷款利息的计算

实际年利率 $=(1+8\%/2)^2 - 1 = 8.16\%$

建设期第一年贷款利息 $=1200/2 \times 8.16\% = 48.96$（万元）

建设期第二年贷款利息 $=(1200+48.96+700/2) \times 8.16\% = 130.475$（万元）建设期贷款利息 $=48.96+130.475 = 179.435$（万元）≈ 179（万元）

问题5：计算汇率变化对投资额的影响

汇率上涨5%时，1美元 $=8.3 \times (1+5\%) = 8.715$ 元人民币

投资增加额 $=90 \times (8.715-8.3) = 37.35$（万元）人民币 $=37$（万元）

问题6：固定资产投资方向调节税的计算

调节税 $=(2400+1300+800+450+422.928) \times 10\% = 537.293$（万元）$\approx 537$（万元）

问题7：计算项目投资的动态投资

动态投资＝4950＋423＋179＋37＋537＝6126(万元)

第三章　习题参考答案

一、单项选择题

1. D；　2. C；　3. A；　4. B；　5. C；　6. A；　7. D；　8. C；　9. C；　10. C；
11. C；　12. C；　13. B；　14. B；　15. A；　16. B；　17. A；　18. A；　19. D；
20. B；　21. A；　22. B；　23. B

二、多项选择题

1. BCDE；　2. CE；　3. CD；　4. BD；　5. ADE；　6. ABDE

第四章　习题参考答案

一、单项选择题

1. B；　2. C；　3. C；　4. A；　5. C；　6. B

二、多项选择题

1. ADE；　2. BC

第五章　习题参考答案

一、单项选择题

1. A；　2. A；　3. D；　4. D；　5. D；　6. D；　7. A；　8. B；　9. D；　10. A

二、多项选择题

1. CDE；　2. BCD；　3. DE；　4. BE；　5. BCE

第六章　习题参考答案

一、选择题

1. C；　2. D；　3. B

第十三章　习题参考答案

一、选择题

1. B；　2. B；　3. ABC；　4. AB

第十七章　习题参考答案

一、单项选择题

1. D；　2. B；　3. C；　4. C；　5. C；　6. D；　7. A；　8. A；　9. B；　10. C；
11. A；　12. B；　13. D；　14. A；　15. A；　16. C；　17. B；　18. B；　19. A；
20. B；　21. C；　22. D；　23. C；　24. C；　25. C；　26. D；　27. B；　28. A；
29. A

二、多项选择题

1. ABC；　2. ACD；　3. BD；　4. ABCD；　5. ABC；　6. ADE；　7. AD

参 考 文 献

[1] 全国造价工程师执业资格考试培训教材编审委员会. 建设工程计价 [M]. 北京：中国计划出版社，2013.

[2] 全国造价工程师执业资格考试培训教材编审委员会. 建设工程造价管理 [M]. 北京：中国计划出版社，2013.

[3] 全国造价工程师执业资格考试培训教材编审委员会. 建设工程技术与计量（土木建筑工程）[M]. 北京：中国计划出版社，2013.

[4] 全国造价工程师执业资格考试培训教材编审委员会. 建设工程造价案例分析 [M]. 北京：中国计划出版社，2013.

[5] 中华人民共和国住房和城乡建设部，中华人民共和国质量监督检验检疫总局. 建设工程工程量计价规范 GB 50500—2013 [S]. 北京：中国计划出版社，2013.

[6] 中华人民共和国和城乡建设部，中华人民共和国质量监督检验检疫总局. 房屋建筑与装饰工程工程量计算规范 GB 50854—2013 [S]. 北京：中国计划出版社，2013.

[7] 中华人民共和国和城乡建设部. 房屋建筑与装饰工程消耗量定额 TY01-31-2015 [S]. 北京：中国计划出版社，2015.

[8] 河南省建筑工程标准定额站. 河南省房屋建筑与装饰工程预算定额（下册） [S]. 北京：中国建材工业出版社，2016.

[9] 河南省建筑工程标准定额站. 河南省房屋建筑与装饰工程预算定额（上册） [S]. 北京：中国建材工业出版社，2016.

[10] 焦作市标准定额管理站，焦作市建设工程造价管理协会. 焦作标准造价信息. 2017.2.

[11] 北京广联达软件技术有限公司. 钢筋平法实例算量和软件应用—墙、梁、板、柱 [M]. 北京：中国建材出版社，2006.

[12] 中国建筑标准设计研究院. 混凝土结构施工图平面整体表示方法制图规则和构造详图（现浇混凝土框架、剪力墙、梁、板）16G101-1 [S]. 北京：中国计划出版社，2016.

[13] 中国建筑标准设计研究院. 混凝土结构施工图平面整体表示方法制图规则和构造详图（现浇混凝土板式楼梯）16G101-2 [S]. 北京：中国计划出版社，2016.

[14] 中国建筑标准设计研究院. 混凝土结构施工图平面整体表示方法制图规则和构造详图（独立基础、条形基础、筏形基础及桩基承台）16G101-3 [S]. 北京：中国计划出版社，2016.

[15] 张建设、程建华. 工程估价 [M]. 北京：化学工业出版社，2015.

[16] 黄伟典. 建筑工程计量与计价 [M]（第三版）. 北京：中国电力出版社，2007.

[17] 张建平，吴贤国. 工程估价 [M]（第二版）. 北京：科学出版社，2011.

[18] 邢莉燕. 建筑工程估价 [M]. 北京：中国电力出版社，2010.

[19] 谭大璐. 工程估价 [M]（第四版）. 北京：中国建筑工业出版社，2014.